PLC、变频器与人机界面实战手册

（西门子篇）

蔡杏山　编著

机 械 工 业 出 版 社

本书介绍了西门子 PLC、变频器、人机界面组态技术，主要内容有 PLC 基础与西门子 PLC 入门实战、西门子 S7-200 SMART PLC 介绍、S7-200 SMART PLC 编程软件的使用、基本指令的使用与实例、顺序控制指令的使用与实例、功能指令的使用与实例、PLC 通信、西门子变频器的使用、变频器应用电路、PLC 与变频器综合应用、西门子触摸屏介绍、西门子 WinCC 组态软件快速入门、WinCC 软件常用对象的使用、西门子触摸屏操控 PLC 实战。

本书具有起点低、由浅入深、语言通俗易懂的特点，并且内容结构安排符合学习认知规律，另外本书配置了二维码教学视频，读者可用手机扫码观看视频学习。

本书适合作为 PLC、变频器和人机界面组态技术的自学图书，也适合作职业院校电类专业的 PLC、变频器和人机界面组态技术教材。

图书在版编目（CIP）数据

PLC、变频器与人机界面实战手册. 西门子篇/蔡杏山编著. —北京：机械工业出版社，2021.4

ISBN 978-7-111-67613-3

Ⅰ. ①P… Ⅱ. ①蔡… Ⅲ. ①PLC 技术－技术手册②变频器－技术手册③人机界面－技术手册 Ⅳ. ①TM571.6-62②TN773-62③TP11-62

中国版本图书馆 CIP 数据核字（2021）第 034861 号

机械工业出版社（北京市百万庄大街 22 号 邮政编码 100037）
策划编辑：任 鑫 责任编辑：任 鑫
责任校对：郑 婕 封面设计：马精明
责任印制：李 昂
北京中兴印刷有限公司印刷
2021 年 7 月第 1 版第 1 次印刷
184mm×260mm · 20 印张 · 548 千字
标准书号：ISBN 978-7-111-67613-3
定价：99.00 元

电话服务
客服电话：010-88361066
010-88379833
010-68326294

网络服务
机 工 官 网：www.cmpbook.com
机 工 官 博：weibo.com/cmp1952
金 书 网：www.golden-book.com
机工教育服务网：www.cmpedu.com

前言

PLC、变频器和人机界面是现代工业自动化控制的重要设备，这些设备的应用使得工厂的生产和制造过程更加自动化、效率化、精确化，并具有可控性和可视性，大大推动了我国的制造业自动化进程，为我国现代化的建设做出了巨大的贡献。

PLC（可编程序控制器）的外形像一只有很多接线端子和接口的箱子，接线端子分为输入端子、输出端子和电源端子，接口分为通信接口和扩展接口。通信接口用于连接计算机、变频器或触摸屏等设备；扩展接口用于连接一些特殊功能模块，增强 PLC 的控制功能。当用户从输入端子给 PLC 发送命令（如按下输入端子外接的开关）时，PLC 运行内部的程序，再从输出端子输出控制信号，去驱动外围的执行部件（如接触器线圈），从而完成控制要求。PLC 输出怎样的控制信号由内部的程序决定，该程序一般是在计算机中用专门的编程软件编写，再下载至 PLC。

变频器是一种电动机驱动设备，在工作时，先将工频（50Hz 或 60Hz）交流电源转换成频率可变的交流电源再提供给电动机，只要改变输出交流电源的频率，就能改变电动机的转速。由于变频器输出电源的频率可连续变化，故电动机的转速也可连续变化，从而实现电动机无级变速调节。

触摸屏是一种带触摸显示功能的数字输入输出设备，又称人机界面（HMI）。当触摸屏与 PLC 连接起来后，在触摸屏上不仅可以对 PLC 进行操作，还可在触摸屏上实时监视 PLC 内部一些软元件的工作状态。要使用触摸屏操作和监视 PLC，需在计算机中用专门的组态软件为触摸屏制作（又称组态）相应的操作和监视画面项目，再把画面项目下载到触摸屏。

本书主要有以下特点：

◆ 基础起点低。读者只需具有初中文化程度即可阅读。

◆ 语言通俗易懂。书中少用专业化的术语，遇到较难理解的内容用形象比喻说明，尽量避免了复杂的理论分析和烦琐的公式推导，使图书阅读起来感觉十分顺畅。

◆ 内容解说详细。考虑到自学时一般无人指导，因此在编写过程中对书中的知识技能进行了详细解说，让读者能够轻松理解所学内容。同时，在书中也给出了相关重点内容的二维码教学视频，通过扫码观看，可使读者进一步加深理解。

◆ 采用图文并茂的表现方式。书中大量采用读者喜欢的直观形象的图表方式表现内容，使阅读变得非常轻松，不易产生阅读疲劳。

◆ 内容安排符合认知规律。本书按照循序渐进、由浅入深的原则来确定各章节内容的先后顺序，读者只需从前往后阅读图书，便会水到渠成。

◆ 突出显示知识要点。为了帮助读者掌握书中的知识要点，书中用阴影和文字加粗的方法突出显示知识要点，指示学习重点。

◆ 网络免费辅导。读者在阅读时遇到难理解的问题，可添加易天电学网微信公众号 etv100，索要有关的学习资料或向老师提问进行学习。

本书在编写过程中得到了许多教师的支持，在此一并表示感谢。由于水平有限，书中的错误和疏漏在所难免，望广大读者和同仁予以批评指正。

编　者

目 录

第 1 章 PLC 基础与西门子 PLC 入门实战

1.1 PLC 与 PLC 控制

1.1.1 什么是 PLC

PLC 是英文 Programmable Logic Controller 的缩写，意为可编程序逻辑控制器，是一种专为工业应用而设计的控制器。世界上第一台 PLC 于 1969 年由美国数字设备公司（DEC）研制成功，随着技术的发展，PLC 的功能越来越强大，不仅限于逻辑控制，因此美国电气制造协会（NEMA）于 1980 年对它进行了重命名，称为可编程控制器（Programmable Controller），简称 PC，但由于 PC 容易和个人计算机（Personal Computer，PC）混淆，故人们仍习惯将 PLC 当作可编程序控制器的缩写。图 1-1 是几种常见的 PLC，从左往右依次为三菱 PLC、欧姆龙 PLC 和西门子 PLC。

扫一扫看视频

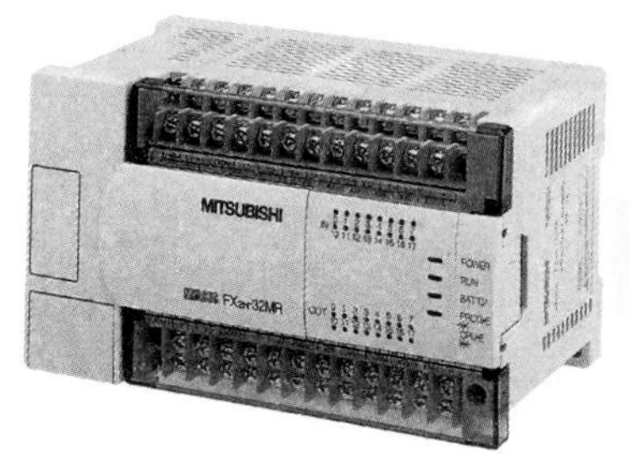

图 1-1　几种常见的 PLC

由于 PLC 一直在发展中，至今尚未对其下最后的定义。国际电工委员会（IEC）对 PLC 最新定义要点如下：

1）是一种专为工业环境下应用而设计的数字电子设备。

2）内部采用了可编程序的存储器，可进行逻辑运算、顺序控制、定时、计数和算术运算等操作。

3）通过数字量或模拟量输入端接收外部信号或操作指令，内部程序运行后从数字量或模拟量输出端输出需要的信号。

4）通过扩展接口连接扩展单元，以增强和扩展功能；还可以通过通信接口与其他设备进行通信。

1.1.2 PLC 控制与继电器控制比较

PLC 控制是在继电器控制基础上发展起来的，为了更好地了解 PLC 控制方式，下面以电动机正转控制为例对两种控制系统进行比较。

1. 继电器正转控制

图 1-2 是一种常见的继电器正转控制电路，可以对电动机进行正转和停转控制。

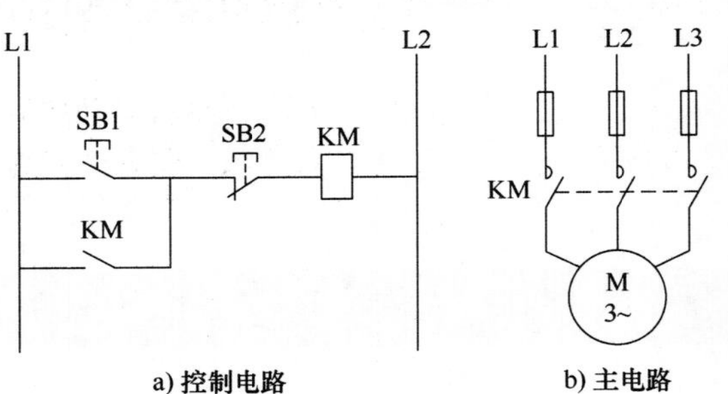

图 1-2　继电器正转控制电路

2. PLC 正转控制

图 1-3 是 PLC 正转控制电路，其可以实现与图 1-2 所示的继电器正转控制电路相同的功能。PLC 正转控制电路也可分为主电路和控制电路两部分，PLC 与外接的输入、输出设备构成控制电路，主电路与继电器正转控制主电路相同。

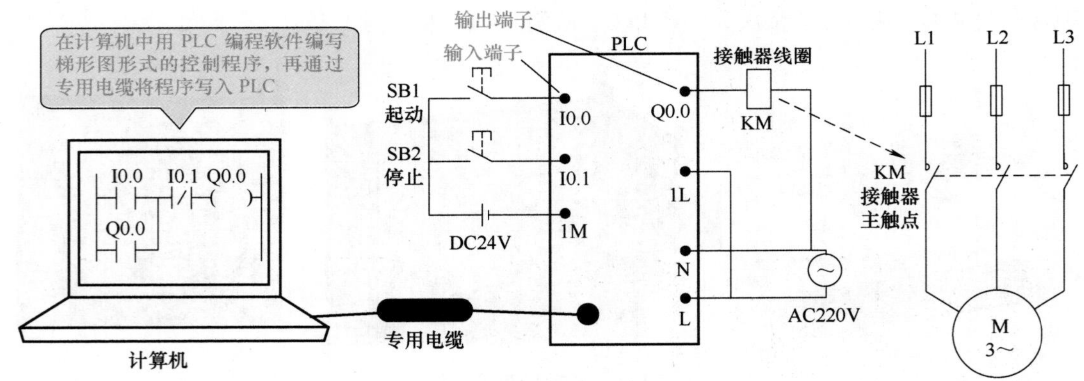

图 1-3　PLC 正转控制电路

在组建 PLC 控制系统时，除了要进行硬件接线外，还要为 PLC 编写控制程序，并将程序从计算机通过专用电缆传送给 PLC。PLC 正转控制电路的硬件接线如图 1-3 所示。PLC 输入端子连接 SB1（起动）、SB2（停止）和电源，输出端子连接接触器线圈 KM 和电源，PLC 本身也通过 L、N 端子获得供电。

PLC 正转控制电路工作过程如下：

按下起动按钮 SB1，有电流流过 I0.0 端子（电流途径：DC24V 正端→闭合的 SB1→I0.0 端子→I0.0、1M 端子之间的内部电路→1M 端子→DC24V 负端），PLC 内部程序运行，运行结果使 Q0.0、1L 端子之间的内部触点闭合，有电流流过接触器线圈（电流途径：AC220V 一端→接触器线圈→Q0.0 端子→Q0.0、1L 端子之间的内部触点→1L 端子→AC220V 另一端），接触器 KM 线圈得电，主电路中的 KM 主触点闭合，电动机运转，松开 SB1 后，I0.0 端子无电流流过，PLC 内部程序维持 Q0.0、COM 端子之间的内部触点闭合，让 KM 线圈继续得电（自锁）。

按下停止按钮 SB2，有电流流过 I0.1 端子（电流途径：DC24V 正端→闭合的 SB2→I0.1 端子→I0.1、1M 端子之间的内部电路→1M 端子→DC24V 负端），PLC 内部程序运行，运行结果使 Q0.0、1L 端子之间的内部触点断开，无电流流过接触器 KM 线圈，线圈失电，主电路中的 KM 主触点断开，电动机停转，松开 SB2 后，内部程序让 Q0.0、COM 端子之间的内部触点维持断开状态。

当 I0.0、I0.1 端子输入信号（即输入端子有电流流过）时，PLC 输出端会输出何种控制是由写入 PLC 内部的程序决定的，比如可通过修改 PLC 程序将 SB1 用作停转控制，将 SB2 用作起动控制。

1.2　PLC 种类与特点

1.2.1　PLC 的种类

PLC 的种类很多，下面按结构形式、控制规模和实现功能对 PLC 进行分类。

1. 按结构形式分类

按硬件的结构形式不同，PLC 可分为整体式和模块式，如图 1-4 所示。

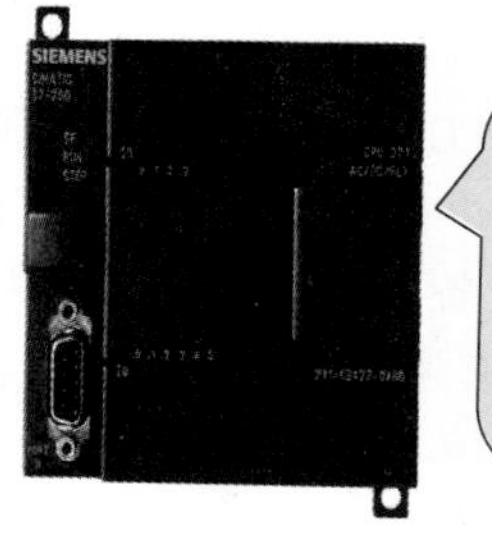

a) 整体式 PLC

b) 模块式 PLC

图 1-4　两种类型的 PLC

2. 按控制规模分类

I/O 点数（输入/输出端子的个数）是衡量 PLC 控制规模的重要参数，根据 I/O 点数多少，可将 PLC 分为小型、中型和大型三类。

1）小型 PLC。其 I/O 点数小于 256 点，采用 8 位或 16 位单 CPU，用户存储器容量在 4KB 以下。

2）中型 PLC。其 I/O 点数在 256 ~ 2048 点之间，采用双 CPU，用户存储器容量为 2 ~ 8KB。

3）大型 PLC。其 I/O 点数大于 2048 点，采用 16 位、32 位多 CPU，用户存储器容量为 8 ~ 16KB

3. 按功能分类

根据 PLC 具有的功能不同，可将 PLC 分为低档、中档、高档三类。

1）低档 PLC，具有逻辑运算、定时、计数、移位以及自诊断、监控等基本功能，有些还有少量模拟量输入/输出、算术运算、数据传送和比较、通信等功能。低档 PLC 主要用于逻辑控制、顺序控制或少量模拟量控制的单机控制系统。

2）中档 PLC，除了具有低档 PLC 的功能外，还具有较强的模拟量输入/输出、算术运算、数据传送和比较、数制转换、远程 I/O、子程序、通信联网等功能，有些还增设有中断控制、PID 控制等功能。中档 PLC 适用于比较复杂的控制系统。

3）高档 PLC，除了具有中档 PLC 的功能外，还增加了带符号算术运算、矩阵运算、位逻辑运算、平方根运算及其他特殊功能函数的运算、制表及表格传送功能等。高档 PLC 具有很强的通信联网功能，一般用于大规模过程控制或构成分布式网络控制系统，实现工厂控制自动化。

1.2.2 PLC 的特点

PLC 是一种专为工业应用而设计的控制器，主要有以下特点：

1）可靠性高，抗干扰能力强。为了适应工业应用要求，PLC 从硬件和软件方面采用了大量的技术措施，以便能在恶劣环境中长时间可靠运行。现在大多数 PLC 的平均无故障运行时间已达到几十万小时，如三菱公司的一些 PLC 平均无故障运行时间可达 30 万 h。

2）通用性强，控制程序可变，使用方便。PLC 可利用齐全的各种硬件装置来组成各种控制系统，用户不必自己再设计和制作硬件装置。用户在硬件确定以后，在生产工艺流程改变或生产设备更新的情况下，无须大量改变 PLC 的硬件设备，只需更改程序即可满足要求。

3）功能强，适应范围广。现代的 PLC 不仅有逻辑运算、计时、计数、顺序控制等功能，还具有数字量和模拟量的输入输出、功率驱动、通信、人机对话、自检、记录显示等功能，既可控制一台生产机械、一条生产线，还可控制一个生产过程。

4）编程简单，易用易学。目前大多数 PLC 采用梯形图编程方式，梯形图语言的编程元件符号和表达方式与继电器控制电路原理图相当接近，这样使大多数工厂企业电气技术人员非常容易接受和掌握。

5）系统设计、调试和维修方便。PLC 用软件来取代继电器控制系统中大量的中间继电器、时间继电器、计数器等器件，使控制柜的设计安装接线工作量大为减少。另外，PLC 程序可以在计算机上仿真调试，减少了现场的调试工作量。此外，由于 PLC 结构模块化及很强的自我诊断能力，其维修也极为方便。

1.3 PLC 的组成与工作原理

1.3.1 PLC 的组成框图

PLC 种类很多，但结构大同小异，典型的 PLC 控制系统组成框图如图 1-5 所示。在组建 PLC 控制系统时，需要给 PLC 的输入端子连接有关的输入设备（如按钮、触点和行程开关等），给输出端子连接有关的输出设备（如指示灯、电磁线圈和电磁阀等）；如果需要 PLC 与其他设备通信，可在 PLC 的通信接口连接其他设备；如果希望增强 PLC 的功能，可给 PLC 的扩展接口连接扩展单元。

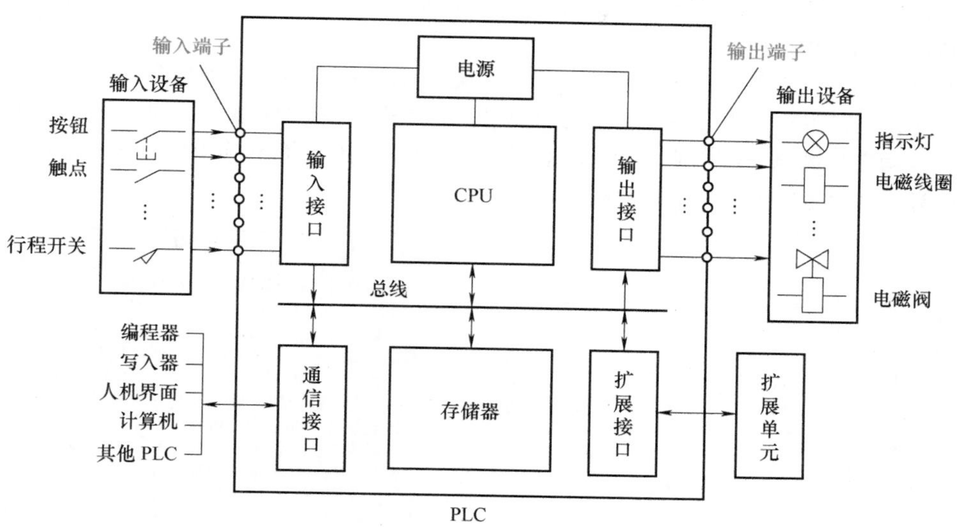

图 1-5　典型的 PLC 控制系统组成框图

1.3.2　CPU 与存储器

PLC 内部主要由 CPU、存储器、输入接口电路、输出接口电路、通信接口和扩展接口等组成。

1. CPU

CPU 又称中央处理器，是 PLC 的控制中心，它通过总线（包括数据总线、地址总线和控制总线）与存储器和各种接口连接，以控制其他器件有条不紊地工作。CPU 的性能对 PLC 工作速度和效率有较大的影响，故大型 PLC 通常采用高性能的 CPU。

CPU 的主要功能如下：

1）接收通信接口送来的程序和信息，并将它们存入存储器。

2）采用循环检测（即扫描检测）方式不断检测输入接口电路送来的状态信息，以判断输入设备的状态。

3）逐条运行存储器中的程序，并进行各种运算，再将运算结果存储下来，然后通过输出接口电路对输出设备进行有关的控制。

4）监测和诊断内部各电路的工作状态。

2. 存储器

存储器的功能是存储程序和数据。PLC 通常配有 ROM（只读存储器）和 RAM（随机存储器）两种存储器，ROM 用来存储系统程序，RAM 用来存储用户程序和程序运行时产生的数据。

系统程序由厂商编写并固化在 ROM 中，用户无法访问和修改系统程序。系统程序主要包括系统管理程序和指令解释程序。系统管理程序的功能是管理整个 PLC，让内部各个电路能有条不紊地工作。指令解释程序的功能是将用户编写的程序翻译成 CPU 可以识别和执行的代码。

用户程序是用户通过编程器输入存储器的程序，为了方便调试和修改，用户程序通常存放在 RAM 中，由于断电后 RAM 中的程序会丢失，所以 RAM 专门配有后备电池供电。有些 PLC 采用 EEPROM（电可擦写只读存储器）来存储用户程序，由于 EEPROM 中的内容可用电信号擦写，并且掉电后内容不会丢失，因此采用这种存储器可不要备用电池供电。

1.3.3 输入接口电路

输入接口电路是输入设备与 PLC 内部电路之间的连接电路，用于将输入设备的状态或产生的信号传送给 PLC 内部电路。

PLC 的输入接口电路分为开关量（又称数字量）输入接口电路和模拟量输入接口电路。数字量输入接口电路用于接收开关通断信号（或 1、0 信号），模拟量输入接口电路用于接收模拟量信号（连续变化的电压或电流）。模拟量输入接口电路采用 A/D 转换电路，将模拟量信号转换成数字信号。开关量输入接口电路如图 1-6 所示。

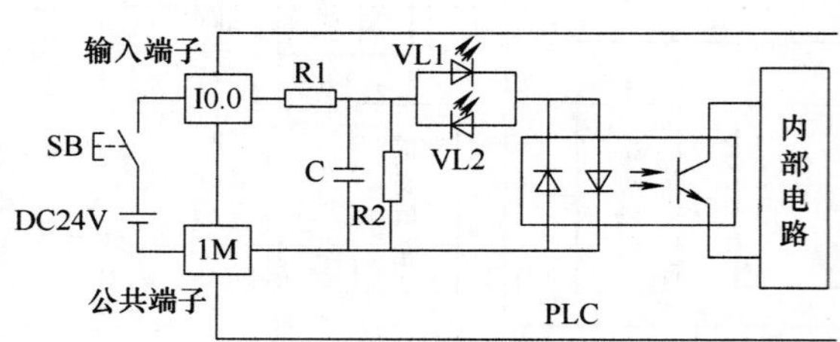

当按钮 SB 闭合后，24V 直流电源产生的电流流过 I0.0 端子内部电路，电流途径是：24V 正极→按钮 SB→I0.0 端子入→R1→发光二极管 VL1→光电耦合器中的一个发光二极管→1M 端子出→24V 负极，光电耦合器的光电晶体管受光导通，这样给内部电路输入一个 ON 信号，即 I0.0 端子输入为 ON（或称输入为 1）。由于光电耦合器内部是通过光传递信号，故可以将外部电路与内部电路进行有效的电气隔离。

输入指示灯 VL1、VL2 用于指示输入端子是否有输入。R2、C 为滤波电路，用于滤除输入端子窜入的干扰信号，R1 为限流电阻。1M 端为同一组数字量（如 I0.0~I0.7）的公共端。DC24V 电源的极性可以改变（即 24V 也可以正极接 1M 端）。

图 1-6 开关量输入接口电路

1.3.4 输出接口电路

输出接口电路是 PLC 内部电路与输出设备之间的连接电路，用于将 PLC 内部电路产生的信号传送给输出设备。PLC 的输出接口电路也分为开关量（又称数字量）输出接口电路和模拟量输出接口电路。模拟量输出接口电路采用 D/A 转换电路，将数字量信号转换成模拟量信号。开关量输出接口电路主要有三种类型：继电器输出型接口电路、晶体管输出型接口电路和晶闸管（也称双向可控硅）输出型接口电路。

1. 继电器输出型接口电路

图 1-7 为继电器输出型接口电路。继电器输出型接口电路的特点是可驱动交流或直流负载，允许通过的电流大，但其触点通断速度慢，不适合输出频率高的脉冲信号。

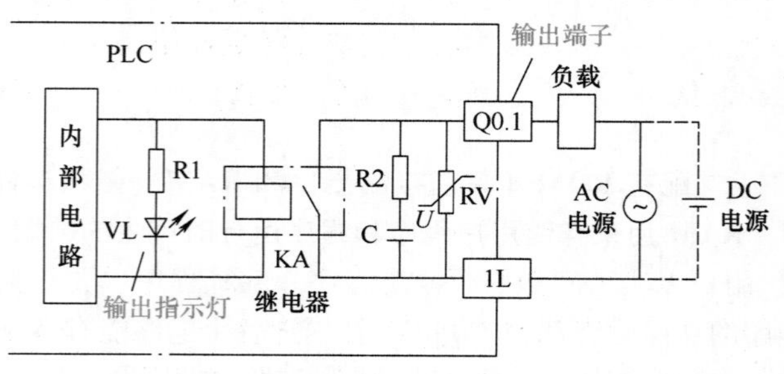

当 PLC 内部电路输出 ON 信号（或称输出为 ON）时，会输出电流流经继电器 KA 线圈，继电器常开触点 KA 闭合，负载有电流通过，电流途径是：DC 电源（或 AC 电源）的一端→负载→Q0.1 端子入→内部闭合的继电器 KA 触点→1L 端出→DC 电源（或 AC 电源）的另一端。

R2、C 和压敏电阻 RV 用来吸收继电器触点断开时负载线圈产生的瞬间反峰电压。由于继电器触点无极性，所以输出端外部电源可以是直流电源，也可以是交流电源。

图 1-7 继电器输出型接口电路

2. 晶体管输出型接口电路

图 1-8 为晶体管输出型接口电路。晶体管输出型接口电路的反应速度快、通断频率高（可达 20～200kHz），适合输出脉冲信号，但只能用于驱动直流负载，且过电流能力差。

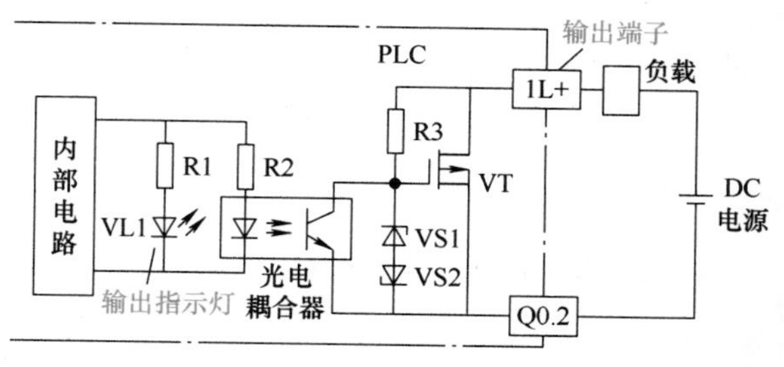

它采用光电耦合器与晶体管配合使用。当 PLC 内部电路输出 ON 信号（或称输出为 ON）时，会输出电流流过光电耦合器的发光二极管使之发光，光电晶体管受光导通，晶体管 VT 的 G 极电压下降，由于 VT 为耗尽型 P 沟道晶体管，当 G 极为高电压时截止，为低电压时导通，因此光电耦合器导通时 VT 也导通，VT 导通后相当于 1L+、Q0.2 端子内部接通，有电流流过负载，电流途径是：DC 电源正极→负载→1L+ 端子入→导通的晶体管 VT→Q0.2 端子出→DC 电源负极。

由于晶体管有极性，所以输出端外部只能接直流电源，并且晶体管的漏极只能接电源正极，源极接电源的负极。

图 1-8　晶体管输出型接口电路

3. 晶闸管输出型接口电路

图 1-9 为晶闸管输出型接口电路。晶闸管输出型接口电路的响应速度快、动作频率高，一般用于驱动交流负载。

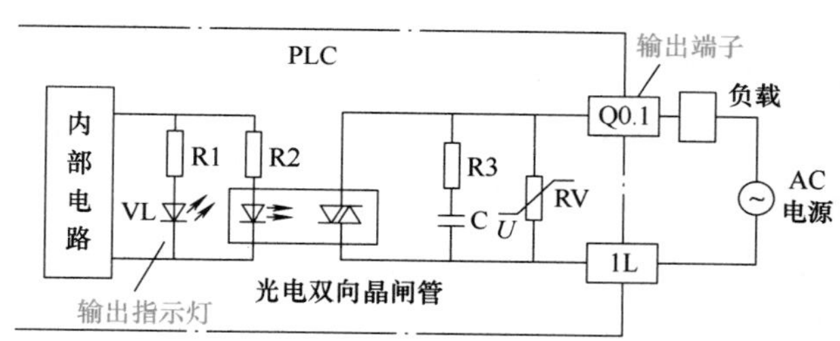

它采用晶闸管型光电耦合器。当 PLC 内部电路输出 ON 信号（或称输出为 ON）时，会输出电流流过光电双向晶闸管内部的发光二极管，内部晶闸管受光导通，电流可以从上往下流过晶闸管，也可以从下往上流过晶闸管。

由于交流电源的极性是周期性变化的，所以晶闸管输出接口电路外部通常接交流电源。

图 1-9　晶闸管输出型接口电路

1.3.5　通信接口、扩展接口与电源

1. 通信接口

PLC 配有通信接口，可通过通信接口与监视器、打印机、其他 PLC 和计算机等设备进行通信。PLC 与编程器或写入器连接，可以接收编程器或写入器输入的程序；PLC 与打印机连接，可将过程信息、系统参数等打印出来；PLC 与人机界面（如触摸屏）连接，可以在人机界面直接操作 PLC 或监视 PLC 工作状态；PLC 与其他 PLC 连接，可组成多机系统或连接成网络，实现更大规模的控制；与计算机连接，可组成多级分布式控制系统，实现控制与管理相结合。

2. 扩展接口

为了提升 PLC 的性能，增强 PLC 控制功能，可以通过扩展接口给 PLC 加接一些专用功能模块，如高速计数模块、闭环控制模块、运动控制模块、中断控制模块等。

3. 电源

PLC 一般采用开关电源供电，与普通电源相比，PLC 电源的稳定性好、抗干扰能力强。PLC 的电源对电网提供的电源稳定度要求不高，一般允许电源电压在其额定值 ±15% 的范围内波动。有些 PLC 还可以通过端子向外提供 24V 直流电源。

1.3.6　PLC 的工作方式

PLC 是一种由程序控制运行的设备，其工作方式与微型计算机不同，微型计算机运行到结束

指令 END 时，程序运行结束。PLC 运行程序时，会按顺序依次逐条执行存储器中的程序指令，当执行完最后的指令后，并不会马上停止，而是又重新开始再次执行存储器中的程序，如此周而复始。PLC 的这种工作方式称为循环扫描方式。PLC 的工作过程如图 1-10 所示。

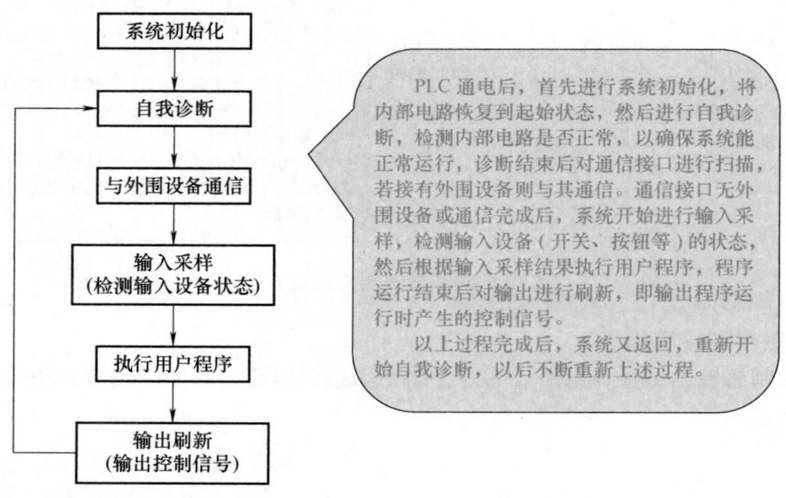

图 1-10　PLC 的工作过程

PLC 有两个工作模式：RUN（运行）模式和 STOP（停止）模式。当 PLC 处于 RUN 模式时，系统会执行用户程序；当 PLC 处于 STOP 模式时，系统不执行用户程序。PLC 正常工作时应处于 RUN 模式，而在下载和修改程序时，应让 PLC 处于 STOP 模式。PLC 两种工作模式可通过面板上的开关进行切换。

PLC 处于 RUN 模式时，执行输入采样、处理用户程序和输出刷新所需的时间称为扫描周期，一般为 1～100ms。扫描周期与用户程序的长短、指令的种类和 CPU 执行指令的速度有很大的关系。

1.3.7　例说 PLC 控制电路的软、硬件工作过程

PLC 的用户程序执行过程很复杂，下面以 PLC 正转控制电路为例进行说明。图 1-11 是 PLC 正转控制电路与内部用户程序，为了便于说明，图中画出了 PLC 内部等效图。

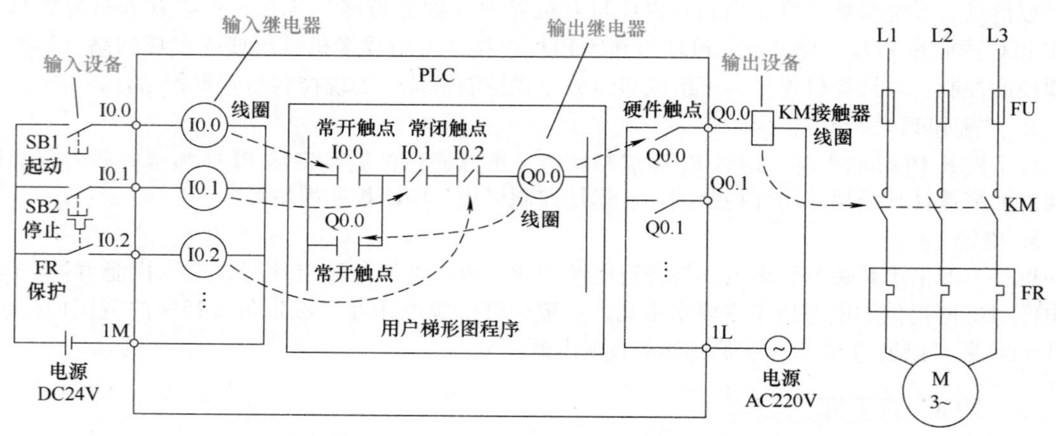

图 1-11　PLC 正转控制电路与内部用户程序

图 1-11 所示 PLC 内部等效图中的 I0.0、I0.1、I0.2 称为输入继电器，它由线圈和触点两部分组成，由于线圈与触点都是等效而来，故又称为软件线圈和软件触点。Q0.0 称为输出继电器。PLC 内部中间部分为用户程序（梯形图程序），程序形式与继电器控制电路相似，两端相当于电源线，中间为触点和线圈。

PLC 正转控制电路与内部用户程序工作过程如下：

当按下起动按钮 SB1 时，输入继电器 I0.0 线圈得电（电流途径：DC24V 正端→SB1→I0.0 端子→I0.0 线圈→1M 端子→24V 负端），I0.0 线圈得电会使用户程序中的 I0.0 常开触点（软件触点）闭合，输出继电器 Q0.0 线圈得电（得电途径：左等效电源线→已闭合的 I0.0 常开触点→I0.1、I0.2 常闭触点→Q0.0 线圈→右等效电源线），Q0.0 线圈得电一方面使用户程序中的 Q0.0 常开自锁触点闭合，对 Q0.0 线圈供电进行锁定，另一方面使输出端的 Q0.0 硬件常开触点闭合（Q0.0 硬件触点又称物理触点，实际是继电器的触点或晶体管），接触器 KM 线圈得电（电流途径：AC220V 一端→KM 线圈→Q0.0 端子→内部 Q0.0 硬件触点→1L 端子→AC220V 另一端），主电路中的接触器 KM 主触点闭合，电动机得电运转。

当按下停止按钮 SB2 时，输入继电器 I0.1 线圈得电，使用户程序中的 I0.1 常闭触点断开，输出继电器 Q0.0 线圈失电，一方面使用户程序中的 Q0.0 常开自锁触点断开，解除自锁，另一方面使输出端的 Q0.0 硬件常开触点断开，接触器 KM 线圈失电，KM 主触点断开，电动机失电停转。

若电动机在运行过程中长时间电流过大，热继电器 FR 动作，使 PLC 的 I0.2 端子外接的 FR 触点闭合，输入继电器 I0.2 线圈得电，使用户程序中的 I0.2 常闭触点断开，输出继电器 Q0.0 线圈失电，输出端的 Q0.0 硬件常开触点断开，接触器 KM 线圈失电，KM 主触点闭合，电动机失电停转，从而避免电动机长时间过电流运行。

1.4　PLC 的编程语言

写一篇相同内容的文章，既可以使用中文，也可以使用英文，还可以使用法文。同样，编制 PLC 用户程序也可以使用多种语言。PLC 常用的编程语言主要有梯形图（LAD）、功能块图（FBD）和指令语句表（STL）等，其中梯形图语言最为常用。

1.4.1　梯形图

梯形图（LAD）采用类似传统继电器控制电路的符号来编程，用梯形图编制的程序具有形象、直观、实用的特点，因此这种编程语言成为电气工程人员应用最广泛的 PLC 的编程语言。

相同功能的继电器控制电路与梯形图程序的比较，如图 1-12 所示。

图 1-12a 为继电器控制电路，当 SB1 闭合时，继电器 KA0 线圈得电，KA0 自锁触点闭合，锁定 KA0 线圈得电；当 SB2 断开时，KA0 线圈失电，KA0 自锁触点断开，解除锁定；当 SB3 闭合时，继电器 KA1 线圈得电。

图 1-12b 为梯形图程序，当常开触点 I0.1 闭合时，左母线产生的能流（可理解为电流）经 I0.1 和常闭触点 I0.2 流经输出继电器 Q0.0 线圈到达右母线（西门子 PLC 梯形图程序省去右母线），Q0.0 自锁触点闭合，锁定 Q0.0 线圈得电；当常闭触点 I0.2 断开时，Q0.0 线圈失电，Q0.0 自锁触点断开，解除锁定；当常开触点 I0.3 闭合时，继电器 Q0.1 线圈得电。

不难看出，两种图的表达方式很相似，不过梯形图使用的继电器是由软元件实现的，使用和修改灵活方便，而继电器控制电路采用实际元件，拆换元件更改电路比较麻烦。

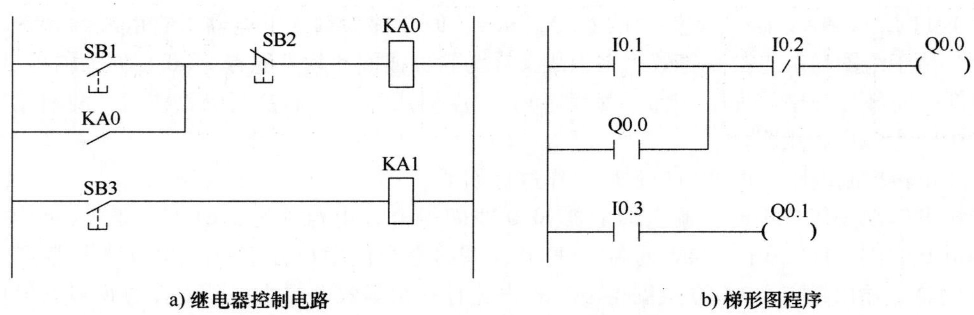

a) 继电器控制电路　　b) 梯形图程序

图 1-12　继电器控制电路与梯形图程序的比较

1.4.2　功能块图

功能块图（FBD）采用了类似数字逻辑电路的符号来编程，对于有数字电路基础的人很容易掌握这种语言。图 1-13 为功能相同的梯形图和功能块图，在功能块图中，左端为输入端，右端为输出端，输入、输出端的小圆圈表示“非运算”。

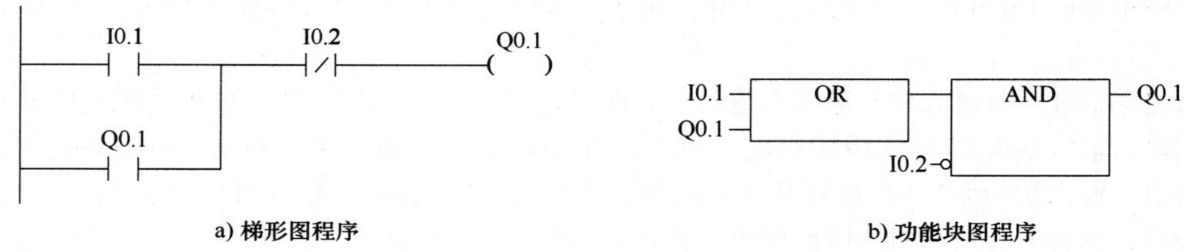

a) 梯形图程序　　b) 功能块图程序

图 1-13　梯形图程序与功能块图程序的比较

1.4.3　指令语句表

指令语句表（STL）语言与微型计算机采用的汇编语言类似，也采用助记符形式编程。在使用简易编程器对 PLC 进行编程时，一般采用指令语句表，这主要是因为简易编程器显示屏很小，难于采用梯形图语言编程。图 1-14 为功能相同的梯形图和指令语句表。不难看出，指令语句表就像是描述绘制梯形图的文字，指令语句表主要由指令助记符和操作数组成。

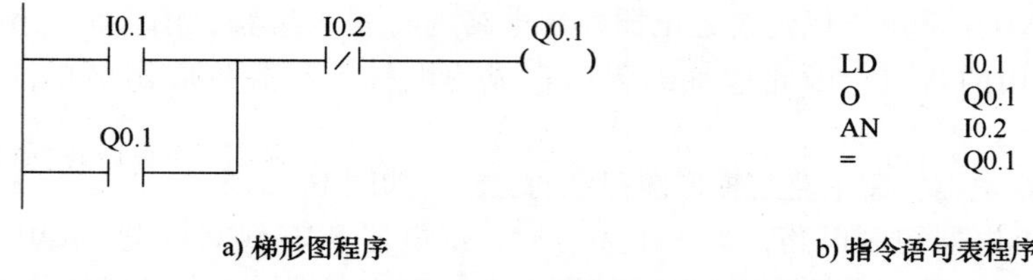

a) 梯形图程序　　b) 指令语句表程序

图 1-14　梯形图程序与指令语句表程序的比较

1.5　西门子 PLC 控制双灯亮灭的开发实例

1.5.1　PLC 应用系统开发的一般流程

PLC 应用系统开发的一般流程如图 1-15 所示。

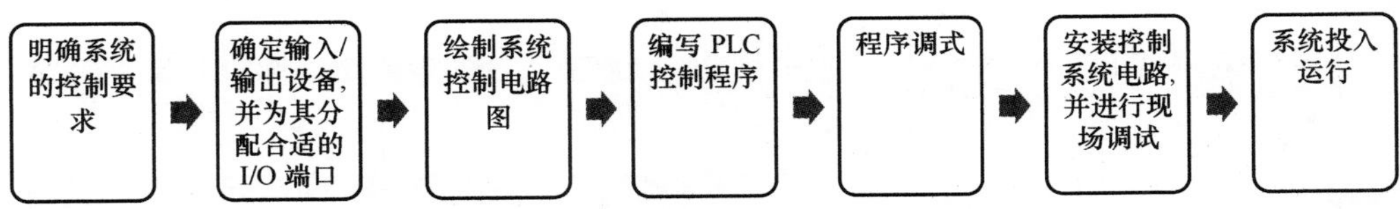

图 1-15　PLC 应用系统开发的一般流程

1.5.2　系统的控制要求

PLC 控制双灯亮灭的系统控制要求：用 SB、SA 两个开关通过 PLC 控制 A 灯和 B 灯的亮灭，按下 SB 时，A 灯亮，5s 后 B 灯亮，将开关 SA 闭合时，A、B 灯同时熄灭。

1.5.3　选择 PLC 型号并确定输入/输出设备及 I/O 端子

在选用 PLC 时，应遵循合适够用的原则，不要盲目选择功能强大的 PLC。下面使用一台 CPU 224XP DC/DC/继电器型 PLC 进行说明。表 1-1 列出了 PLC 控制双灯用到的输入/输出设备及对应使用的 PLC 端子。

表 1-1　PLC 控制双灯用到的输入/输出设备及对应使用的 PLC 端子

输入			输出		
输入设备	输入端子	功能说明	输出设备	输出端子	功能说明
SB	I0.0	开灯控制	A 灯	Q0.0	控制 A 灯亮灭
SA	I0.1	关灯控制	B 灯	Q0.1	控制 B 灯亮灭

1.5.4　绘制 PLC 控制双灯亮灭的电路图（见图 1-16）

220V 交流电压经 24V 电源适配器转换成 24V 的直流电压，送到 PLC 的 L+、M 端，24V 电压除了为 PLC 内部电路供电外，还分作一路从输入端子排的 L+、M 端输出。

在 PLC 输入端，用导线将 M、M1 端子连接起来，按钮 SB1、开关 SA 一端分别连接到 PLC 的 I0.0 和 I0.1 端子，另一端均连接到 L+ 端子。

在 PLC 输出端，A 灯、B 灯一端分别接到 PLC 的 Q0.0 和 Q0.1 端子，另一端均与 220V 交流电压的 N 线连接，220V 电压的 L 线接到 PLC 的 1L 端子。

为了防止 24V 电源和 PLC 内部电路漏电到外壳，将两者接地端与地线连接，可将漏电引入到大地，一般也可不接地线。

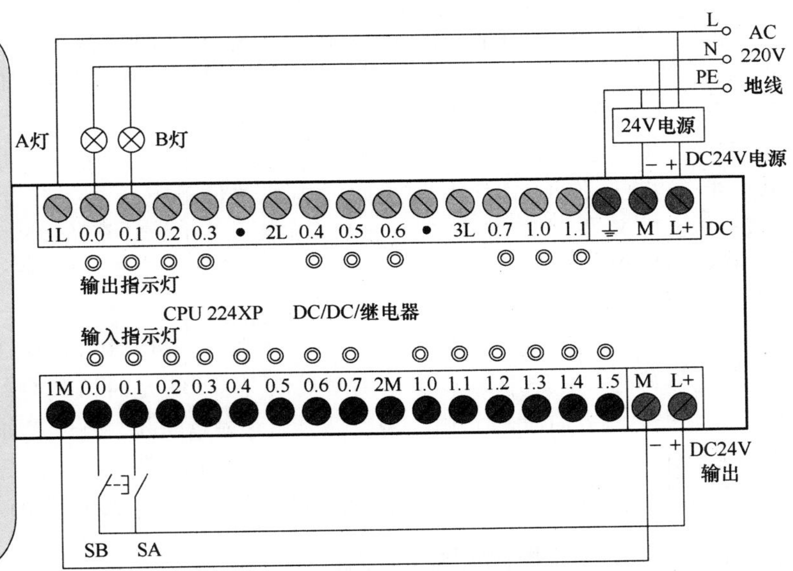

图 1-16　PLC 控制双灯亮灭的电路图

1.5.5　用编程软件编写 PLC 程序

在计算机中安装 STEP 7-Micro/WIN 软件（S7-200 PLC 的编程软件），并使用该软件编写控制双灯亮灭的 PLC 梯形图程序，如图 1-17 所示。

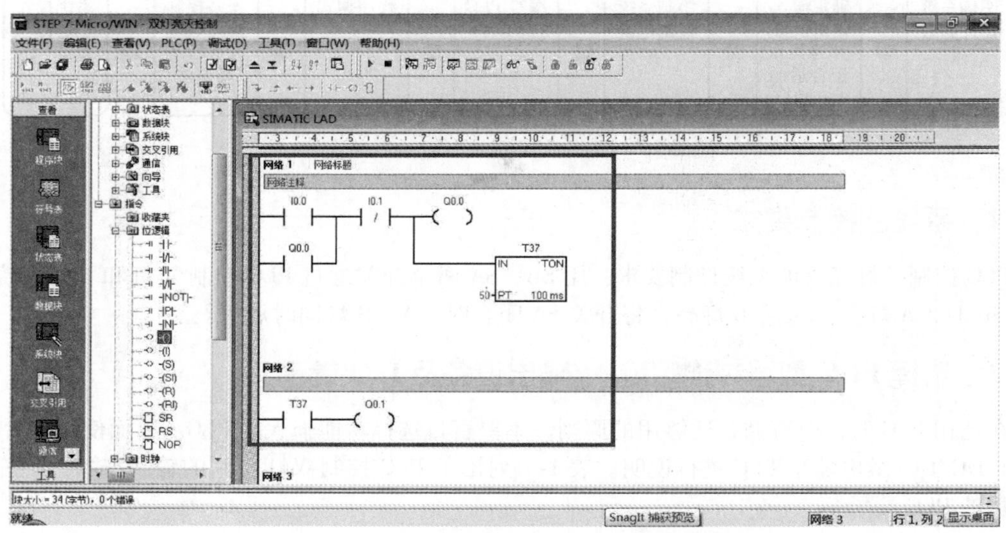

图 1-17　控制双灯亮灭的 PLC 梯形图程序

扫一扫看视频

下面对照图 1-16 来说明图 1-17 梯形图程序的工作原理：

（1）开灯控制

当按下 PLC 的 I0.0 端子外接开灯按钮 SB 时，24V 电压进入 I0.0 端子→PLC 内部的 I0.0 输入继电器得电（即状态变为 1）→程序中的 I0.0 常开触点闭合→T37 定时器和 Q0.0 输出继电器线圈均得电，Q0.0 线圈得电一方面使程序中的 Q0.0 常开自锁触点闭合，锁定 Q0.0 线圈供电，另一方面使 Q0.0 和 1L 端子间的内部硬件触点（也称物理触点，即继电器触点或晶体管）闭合，有电流流过 A 灯，电流途径为“220V 电源的 L 线→PLC 的 1L 端子→PLC 的 1L、Q0.0 端子间已闭合的内部硬件触点→Q0.0 端子→A 灯→220V 电源的 N 线”，A 灯点亮。

5s 后，T37 定时器计时时间到而动作（即定时器状态变为 1），程序中的 T37 常开触点闭合，Q0.1 线圈得电，使 Q0.1、1L 端子间的内部硬件触点闭合，有电流流过 B 灯，电流途径为“220V 电源的 L 线→PLC 的 1L 端子→PLC 的 1L、Q0.1 端子间已闭合的内部硬件触点→Q0.1 端子→B 灯→220V 电源的 N 线”，B 灯点亮。

（2）关灯控制

当将 PLC 的 I0.1 端子外接关灯开关 SA 闭合时，24V 电压进入 I0.1 端子→PLC 内部的 I0.1 输入继电器得电→程序中的 I0.1 常闭触点断开→T37 定时器和 Q0.0 输出继电器线圈均失电，Q0.0 线圈失电一方面使程序中的 Q0.0 常开自锁触点断开，另一方面使 Q0.0 和 1L 端子间的内部硬件触点断开，无电流流过 A 灯，A 灯熄灭。T37 定时器失电，状态变为 0，T37 常开触点断开，Q0.1 线圈失电，Q0.1 和 1L 端子间的内部硬件触点断开，无电流流过 B 灯，B 灯熄灭。

1.5.6　DC24V 电源适配器与电源线

PLC 供电电源有两种类型：DC24V（24V 直流电源）和 AC220V（220V 交流电源）。对于采用 220V 交流供电的 PLC，一般内置 AC220V 转 DC24V 的电源电路，对于采用 DC24V 供电的 PLC，可以在外部连接 24V 电源适配器，由其将 AC220V 转换成 DC24V 后再提供给 PLC。

1. DC24V 电源适配器介绍

DC24V 电源适配器的功能是将 220V（或 110V）交流电压转换成 24V 的直流电压输出。

图 1-18 是一种常用的 DC24V 电源适配器。

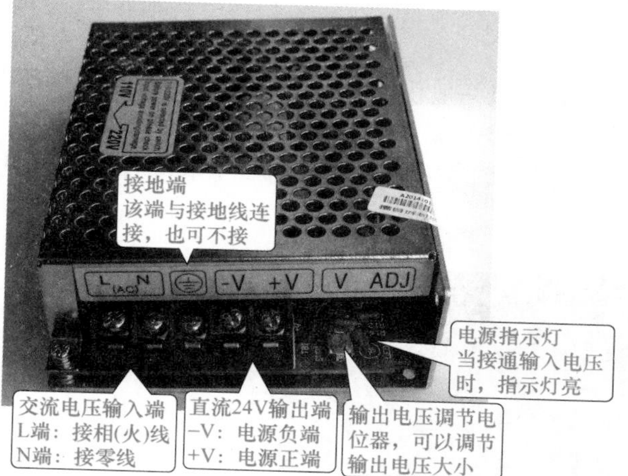

电源适配器的 L、N 端为交流电压输入端，L 端接相线（俗称火线），N 端接零线，接地端与接地线（与大地连接的导线）连接，若电源适配器出现漏电使外壳带电，外壳的漏电可以通过接地端和接地线流入大地，这样接触外壳时不会发生触电，当然接地端不接地线，电源适配器仍会正常工作。-V、+V 端为 24V 直流电压输出端，-V 端为电源负端，+V 端为电源正端。

电源适配器上有一个输出电压调节电位器，可以调节输出电压，让输出电压在 24V 左右变化，在使用时应将输出电压调到 24V。电源指示灯用于指示电源适配器是否已接通电源。

a) 接线端、调压电位器和电源指示灯

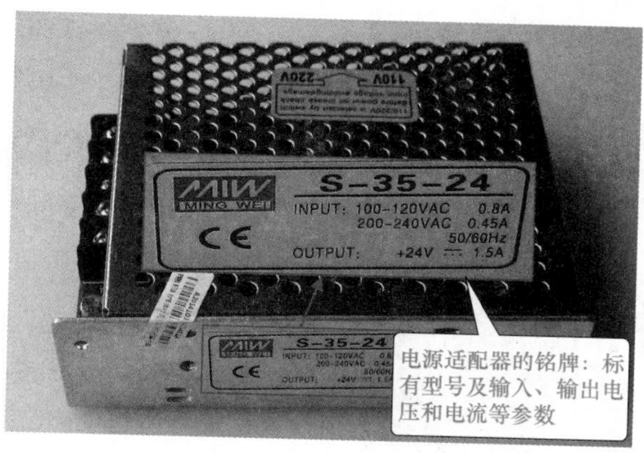

在电源适配器上一般会有一个铭牌（标签），在铭牌上会标注型号、额定输入和输出电压电流参数，从铭牌可以看出，该电源适配器输入端可接 100~120V 的交流电压，也可以接 200~240V 的交流电压，输出电压为 24V，输出电流最大为 1.5A。

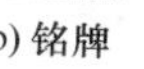

b) 铭牌

图 1-18　一种常用的 DC24V 电源适配器

扫一扫看视频

2. 电源线及插头、插座说明

图 1-19 是常见的三线电源线、插头和插座，其导线的颜色、插头和插座的极性都有规定标准。

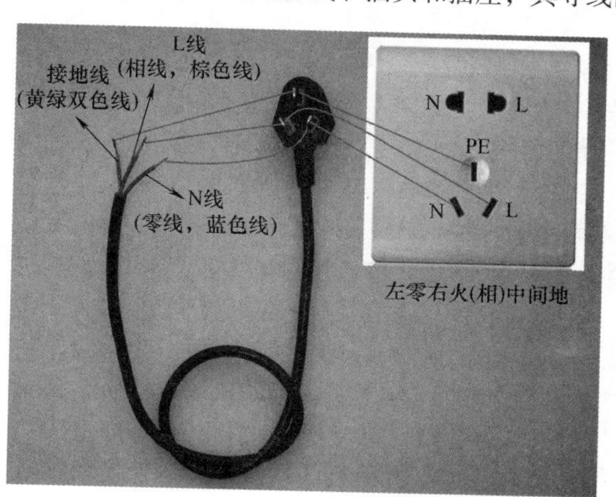

L 线可以使用红、黄、绿或棕色导线，N 线使用蓝色线，PE 线使用黄绿双色线，插头的插片和插座的插孔极性规定具体如图所示，接线时要按标准进行。

图 1-19　常见的三线电源线的颜色及插头、插座极性标准

1.5.7 用编程电缆连接计算机和 PLC

1. 编程电缆

由于现在的计算机都有 USB 接口，故编程计算机一般使用 USB-PPI 编程电缆与 PLC 连接。USB-PPI 编程电缆如图 1-20 所示，该电缆一端为 USB 接口，与计算机连接，另一端为 COM 端口，与 PLC 连接。为了让计算机能够识别使用编程电缆，需要在计算机中安装编程电缆的驱动程序。

扫一扫看视频

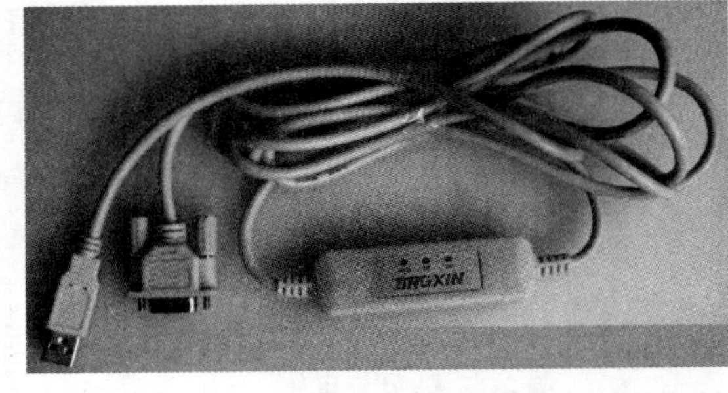

图 1-20 USB-PPI 编程电缆

扫一扫看视频

2. PLC 与计算机的通信连接及供电

用编程电缆将计算机与 PLC 连接好后，还需要给 PLC 接通电源，才能将计算机中编写的程序下载到 PLC。PLC 与计算机的通信连接及供电如图 1-21 所示。

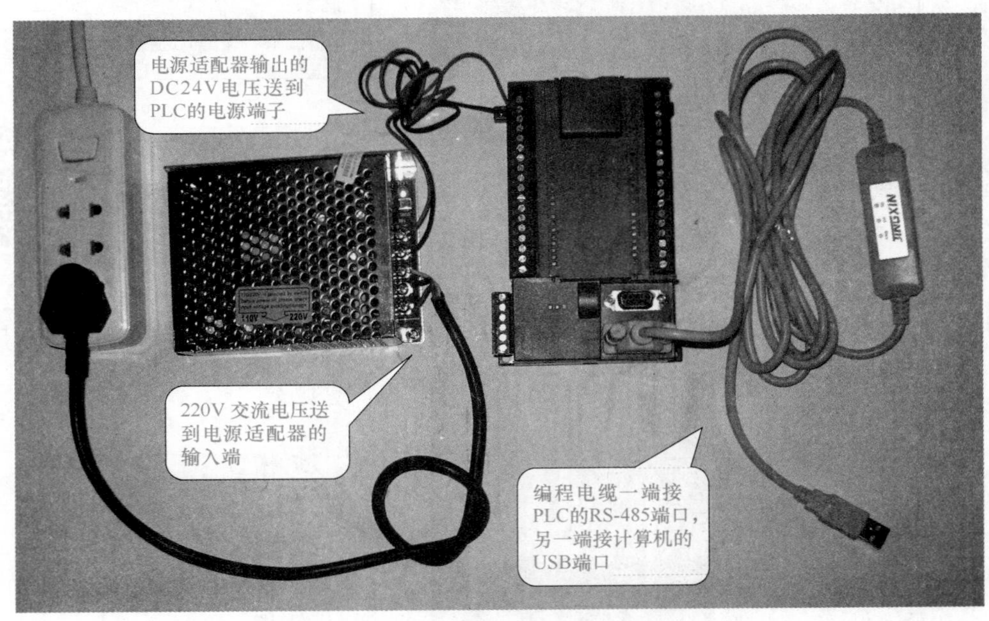

图 1-21 PLC 与计算机的通信连接及供电

1.5.8 下载程序到 PLC

PLC 与计算机用编程电缆连接起来并接通电源后，在 STEP 7-Micro/WIN 软件中打开要下载到 PLC 的程序，再单击工具栏上的（下载）工具，可将程序下载到 PLC 中，如图 1-22 所示。

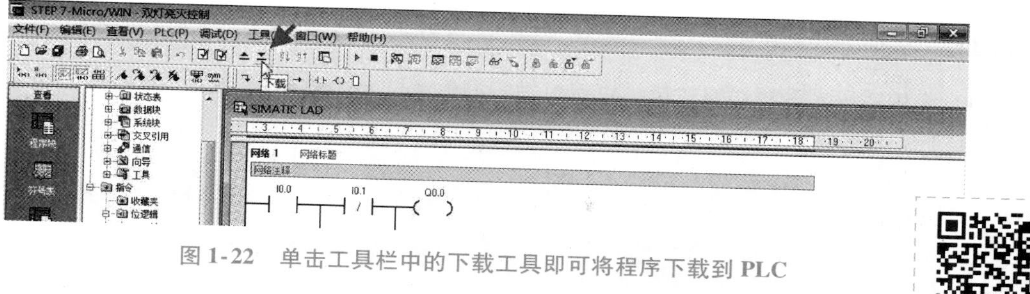

图 1-22　单击工具栏中的下载工具即可将程序下载到 PLC

扫一扫看视频

1.5.9　模拟调试

在将 PLC 接上输入输出部件前，最好先对 PLC 进行模拟调试，达到预期效果后再进行实际安装。模拟调试如图 1-23 所示。

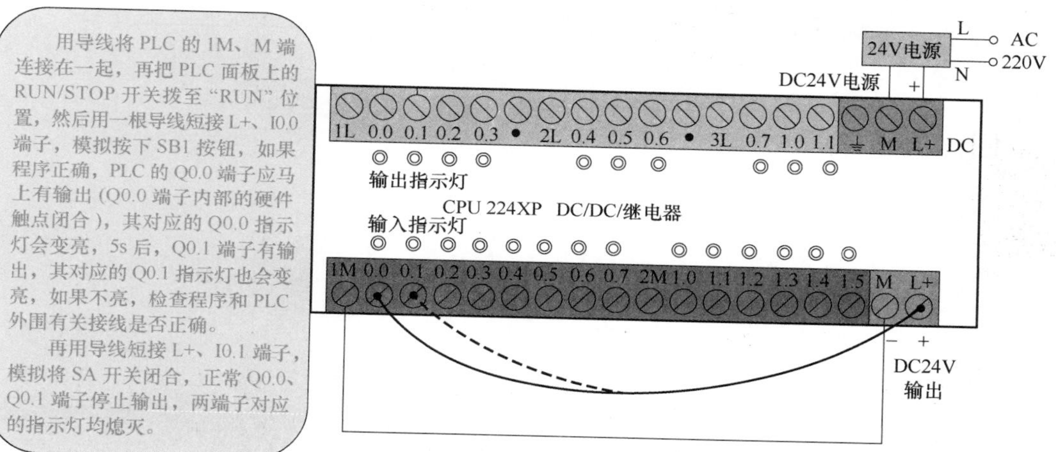

图 1-23　PLC 的模拟调试运行

1.5.10　实际接线

模拟调试运行通过后，按照图 1-16 进行实际接线，实际接线如图 1-24 所示。

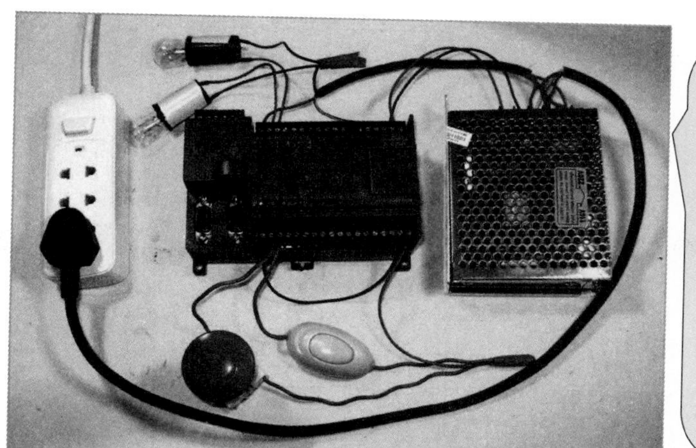

①电源接线。电源适配器的输入端接 220V 交流电压，输出端接到 PLC 的 L+、M 端，为 PLC 提供 24V 电压。

②输入端接线。在输入端子排的 L+、M 端有直流 24V 电压输出，用导线将输入端子排的 M、1M 端子直接连接起来，开关 SB、SA 一端分别与 I0.0 和 I0.1 端子连接，另一端则都连接到 L+ 端子。

③输出端接线。A 灯、B 灯一端分别接到输出端子排的 Q0.0 和 Q0.1 端子，另一端均与 220V 交流电压的 N 线连接，220V 电压的 L 线直接接到输出端子排的 1L 端子。

图 1-24　PLC 控制双灯亮灭的实际接线

1.5.11 实际操作测试

PLC 应用系统实际接线完成后，再通电进行操作测试，如图 1-25 所示。

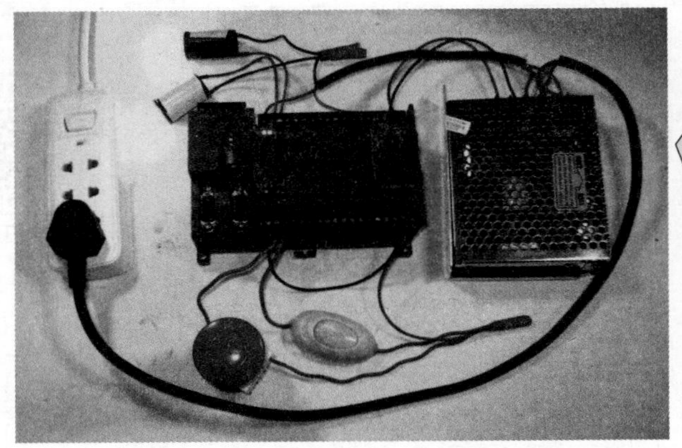

①开灯测试：在测试前，先确保关灯开关处于断开位置，然后按下开灯按钮，A 灯马上亮，5s 后，B 灯也亮。注意：如果在关灯开关处于闭合位置时按下开灯按钮，A 灯和 B 灯是不会亮的。

②关灯测试：将关灯开关拨到闭合位置，A 灯、B 灯同时熄灭。

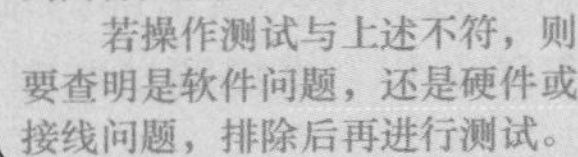

若操作测试与上述不符，则要查明是软件问题，还是硬件或接线问题，排除后再进行测试。

图 1-25 PLC 控制双灯亮灭的操作测试

第 2 章 西门子 S7-200 SMART PLC 介绍

S7-200 SMART PLC 是在 S7-200 PLC 之后推出的整体式 PLC，其软、硬件都有所增强和改进，主要特点如下：

1）机型丰富。CPU 模块的 I/O 点最多可达 60 点（S7-200 PLC 的 CPU 模块 I/O 点最多为 40 点），另外 CPU 模块分为经济型（CR 系列）和标准型（SR、ST 系列），产品配置更灵活，可最大限度为用户节省成本。

2）编程指令与 S7-200 PLC 绝大多数相同，只有少数几条指令不同，已掌握 S7-200 PLC 指令的用户几乎不用怎么学习，就可以为 S7-200 SMART PLC 编写程序。

3）CPU 模块除了可以连接扩展模块外，还可以直接安装信号板，以增加更多的通信端口或少量的 I/O 点数。

4）CPU 模块除了有 RS-485 端口外，还增加了以太网端口（俗称网线端口），可以用普通的网线连接计算机的网线端口来下载或上传程序。CPU 模块也可以通过以太网端口与西门子触摸屏、其他带有以太网端口的西门子 PLC 等进行通信。

5）CPU 模块集成了 Micro SD 卡槽，用户可以用市面上 Micro SD 卡（常用的手机存储卡），就可以更新内部程序和升级 CPU 固件（类似手机的刷机），

6）采用 STEP 7-Micro/WIN SMART 编程软件，软件体积小（安装包不到 200MB），可免费安装使用，无须序列号，软件界面友好，操作更人性化。

2.1 PLC 硬件介绍

S7-200 SMART PLC 是一种类型 PLC 的统称，可以是一台 CPU 模块（又称主机单元、基本单元等），也可以是由 CPU 模块、信号板和扩展模块组成的系统，如图 2-1 所示。CPU 模块可以单独使用，而信号板和扩展模块不能单独使用，必须与 CPU 模块连接在一起才可使用。

2.1.1 两种类型的 CPU 模块

S7-200 SMART PLC 的 CPU 模块分为标准型和经济型两类。标准型具体型号有 SR20/SR30/SR40/SR60（继电器输出型）和 ST20/ST30/ST40/ST60（晶体管输出型）；经济型只有继电器输出型（CR40/CR60），没有晶体管输出型。S7-200 SMART PLC 经济型 CPU 模块价格便宜，但只能单机使用，不能安装信号板，也不能连接扩展模块，由于只有继电器输出型，故无法实现高速脉冲输出。

S7-200 SMART PLC 两种类型 CPU 模块的主要功能比较见表 2-1。

图 2-1　S7-200 SMART PLC 的 CPU 模块、信号板和扩展模块

表 2-1　S7-200 SMART PLC 两种类型 CPU 模块的主要功能比较

S7-200 SMART PLC CPU 模块	经济型		标准型							
	CR40	CR60	SR20	SR30	SR40	SR60	ST20	ST30	ST40	ST60
高速计数	4 路 100kHz		4 路 200kHz							
高速脉冲输出	不支持		不支持				2 路 100kHz	3 路 100kHz		
通信端口数量	2		2～4							
扩展模块数量	不支持扩展模块		6							
最大开关量 I/O	40	60	216	226	236	256	216	226	236	256
最大模拟量 I/O	无		49							

2.1.2　CPU 模块面板各部件说明

S7-200 SMART PLC 的 CPU 模块面板大同小异，图 2-2 是型号为 ST20 的标准型晶体管输出型 CPU 模块，该模块上有输入/输出端子、输入/输出指示灯、运行状态指示灯、通信状态指示灯、RS-485 和以太网通信端口、信号板安装插孔和扩展模块连接插口。

2.1.3　CPU 模块的接线

1. 输入端的接线方式

S7-200 SMART PLC 的数字量（或称开关量）输入采用 24V 直流电压输入，由于内部输入电路使用了双向发光二极管的光电耦合器，故外部可采用两种接线方式，如图 2-3 所示。接线时可任意选择一种方式，实际接线时多采用图 2-3a 所示的漏型输入接线方式。

2. 输出端的接线方式

S7-200 SMART PLC 的数字量（或称开关量）输出有两种类型：继电器输出型和晶体管输出型。对于继电器输出型 PLC，外部负载电源可以是交流电源（5～250V），也可以是直流电源

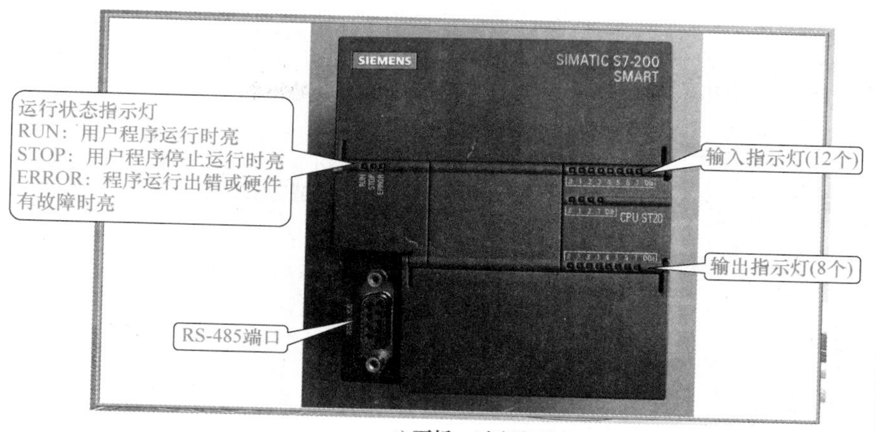

a) 面板一(未拆保护盖)

扫一扫看视频

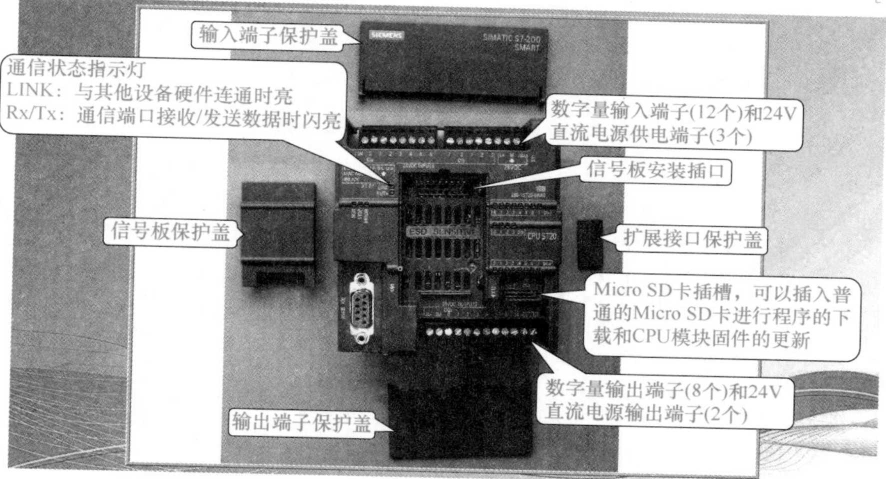

b) 面板二(拆下各种保护盖)

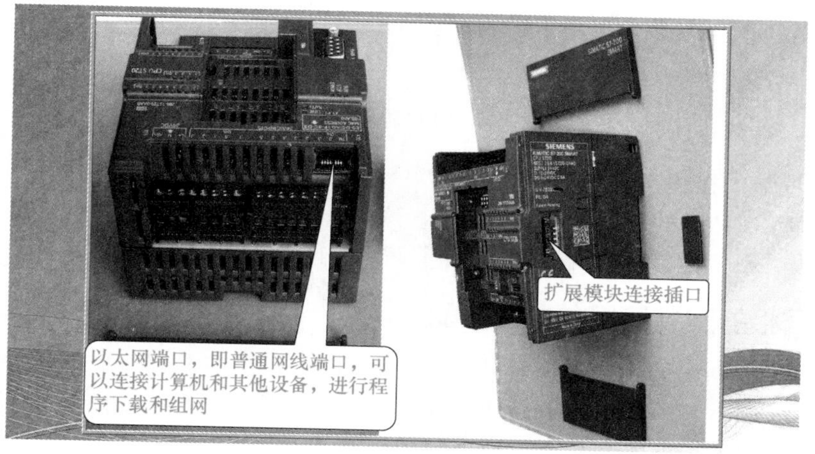

c) 面板三(以太网端口和扩展模块连接插口)

图 2-2　S7-200 SMART PLC ST20 型 CPU 模块面板的组成部件

（5～30V）；对于晶体管输出型 PLC，外部负载电源必须是直流电源（20.4～28.8V），由于晶体管有极性，故电源正极必须接到输出公共端（1L+端，内部接到晶体管的漏极）。S7-200 SMART PLC 的两种类型数字量输出端的接线如图 2-4 所示。

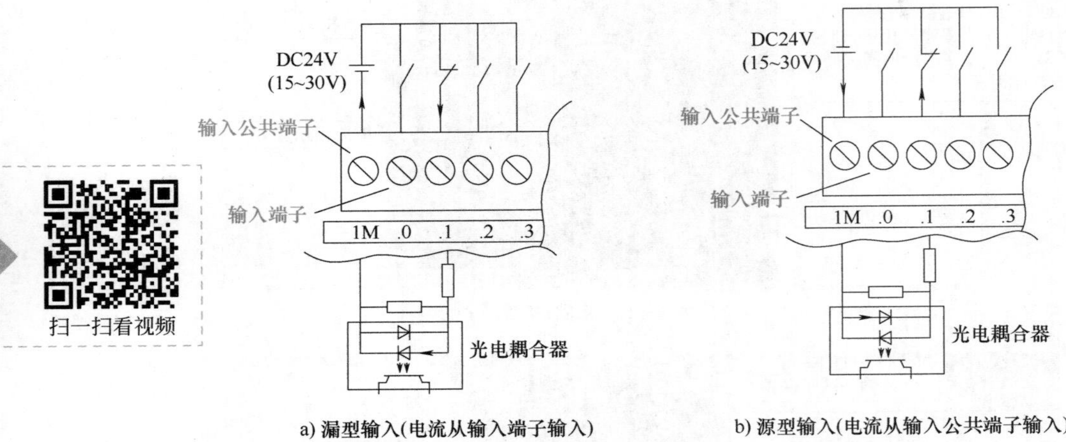

图 2-3　PLC 输入端的两种接线方式

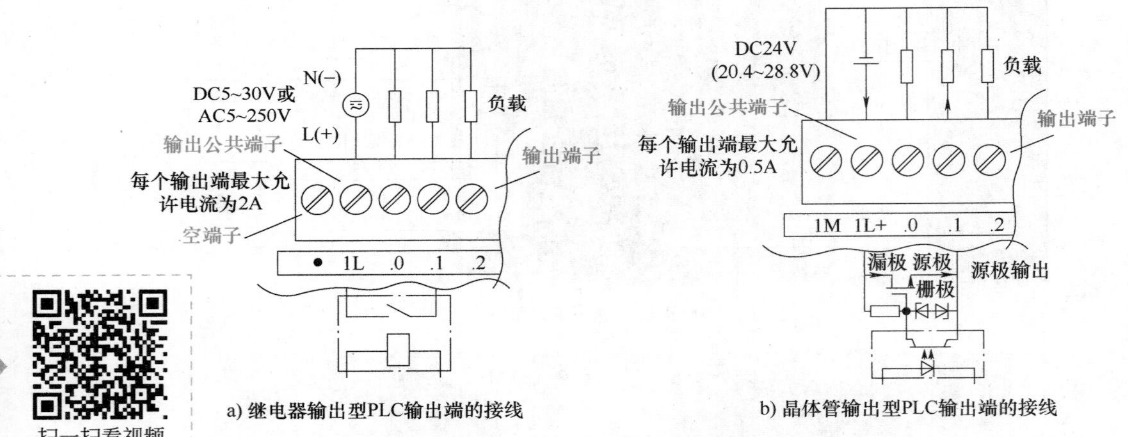

图 2-4　PLC 输出端的接线

3. CPU 模块的接线实例

S7-200 SMART PLC 的 CPU 模块型号很多，这里以 SR30 CPU 模块（30 点继电器输出型）和 ST30 CPU 模块（30 点晶体管输出型）为例进行说明，两者接线如图 2-5 所示。

2.1.4　信号板的安装使用与地址分配

S7-200 SMART PCL 的 CPU 模块上可以安装信号板，不会占用多余空间，且安装、拆卸方便快捷。安装信号板可以给 CPU 模块扩展少量的 I/O 点数或扩展更多的通信端口。

1. 信号板的安装

S7-200 SMART PLC 的 CPU 模块上有一个专门安装信号板的位置，在安装信号板时先将该位置的保护盖取下来，可以看见信号板安装插孔，将信号板的插针对好插孔插入即可将信号板安装在 CPU 模块上。信号板的安装如图 2-6 所示。

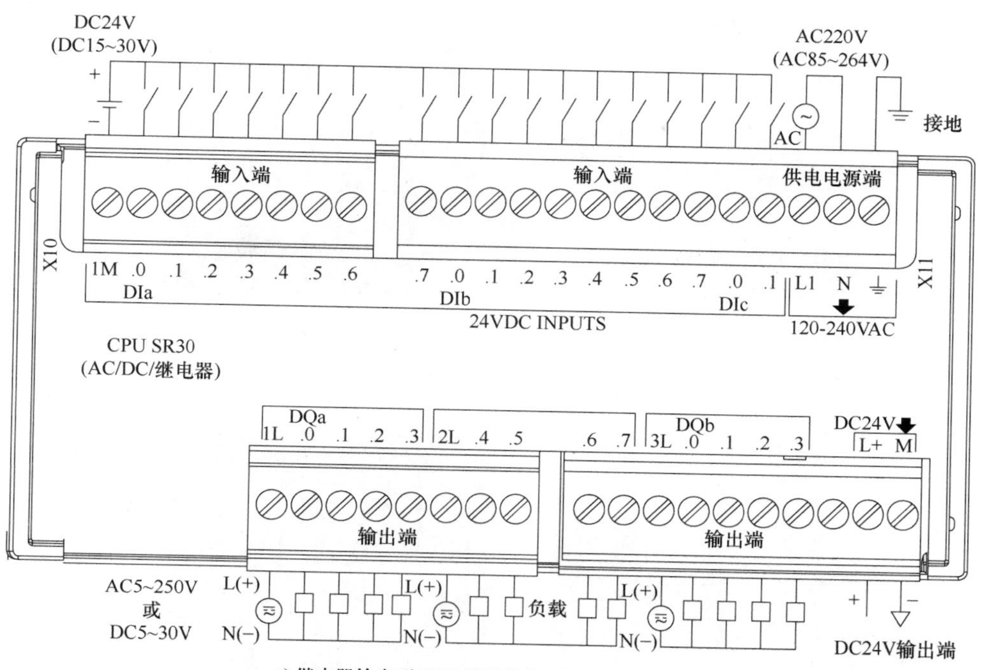

a) 继电器输出型 CPU 模块接线（以 SR30 为例）

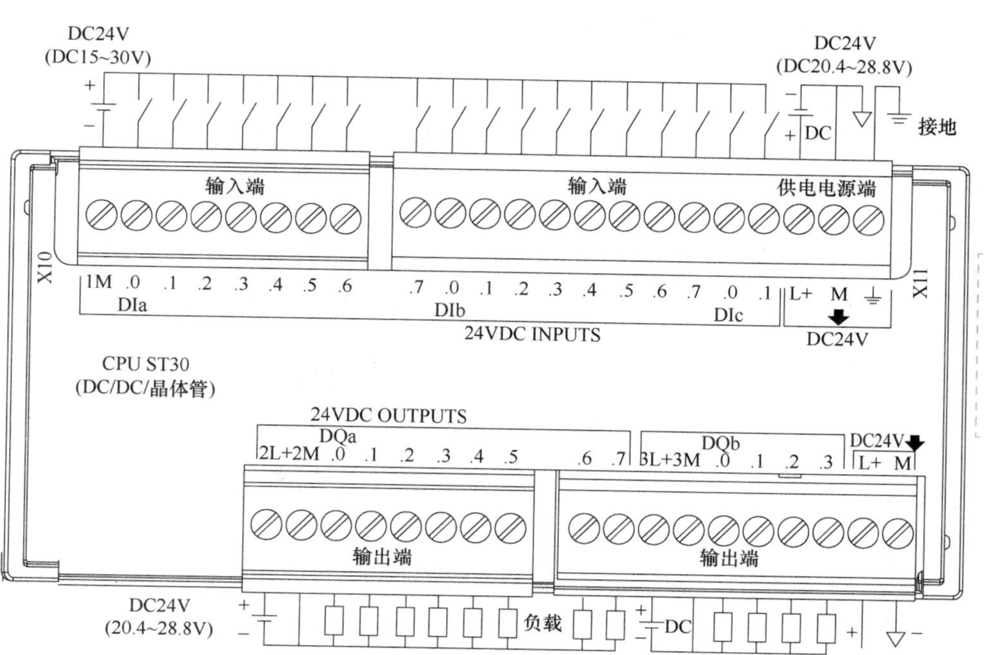

b) 晶体管输出型 CPU 模块接线（以 ST30 为例）

图 2-5　S7-200 SMART PLC CPU 模块的接线

① 拆下输入、输出端子的保护盖

② 用一字螺钉旋具插入信号板保护盖旁的缺口，撬出信号板保护盖

③将信号板的插针对好CPU模块上的信号板安装插孔并压入

④ 信号板安装完成

图 2-6　信号板的安装

2. 常用信号板的型号

S7-200 SMART PLC 常用信号板型号及说明如下：

型　号	规　格	说　明
SB DT04	2DI/2DO 晶体管输出	提供额外的数字量 I/O 扩展，支持 2 路数字量输入和 2 路数字量晶体管输出
SB AE01	1AI	提供额外的模拟量 I/O 扩展，支持 1 路模拟量输入，精度为 12 位
SB AQ01	1AO	提供额外的模拟量 I/O 扩展，支持 1 路模拟量输出，精度为 12 位
SB CM01	RS-232/RS-485	提供额外的 RS-232 或 RS-485 串行通信接口，在软件中简单设置即可实现转换
SB BA01	实时时钟保持	支持普通的 CR1025 纽扣电池，能保持时钟运行约 1 年

3. 信号板的使用与地址分配

在 CPU 模块上安装信号板后，还需要在 STEP 7-Micro/WIN SMART 编程软件中进行设置（又称组态），才能使用信号板。信号板的组态如图 2-7 所示。在编程软件左方的项目树区域双击“系统块”，弹出图示的系统块对话框，选择“SB”项，并单击其右边的下拉按钮，会出现 5 个信号板选项，这里选择“SB DT04（2DI/2DQ Transis）”信号板，系统自动将 I7.0、I7.1 分配给信号板的 2 个输入端，将 Q7.0、Q7.1 分配给信号板的 2 个输出端，再单击“确定”按钮即完成信号板组态，然后就可以在编程时使用 I7.0、I7.1 和 Q7.0、Q7.1。

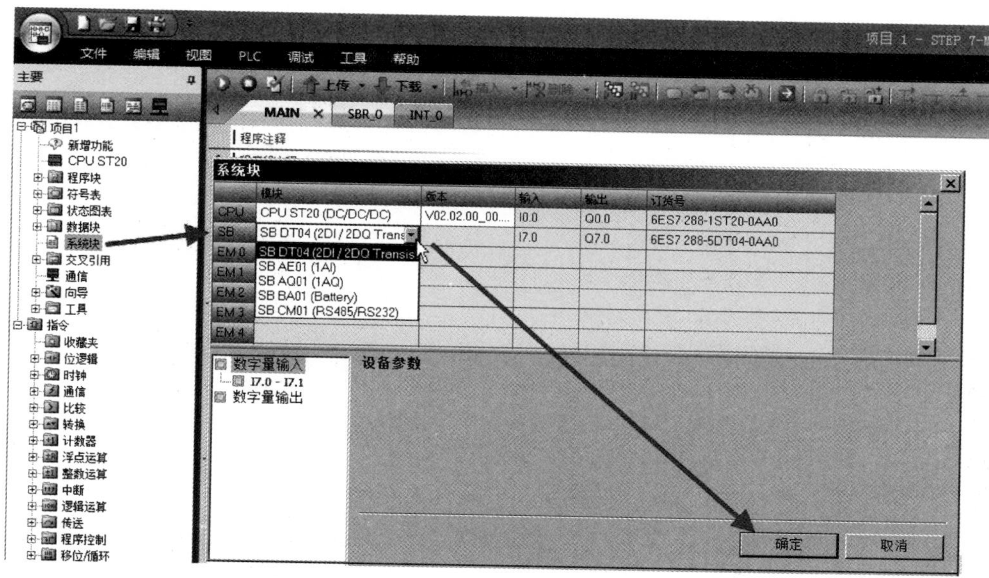

图 2-7　信号板的使用设置（组态）与自动地址分配

2.1.5　S7-200 SMART PLC 常用模块与订货号

1. 常用模块

S7-200 SMART PLC 常用模块包括 CPU 模块、扩展模块和信号板等，具体见表 2-2。

表 2-2　S7-200 SMART PLC 常用模块及附件

S7-200 SMART 模块附件型号		规　格	订　货　号
CPU 模块	CPU SR20	标准型 CPU 模块，继电器输出，AC 220V 供电，12 输入/8 输出	6ES7 288-1SR20-0AA0
	CPU ST20	标准型 CPU 模块，晶体管输出，DC 24V 供电，12 输入/8 输出	6ES7 288-1ST20-0AA0
	CPU SR30	标准型 CPU 模块，继电器输出，AC 220V 供电，18 输入/12 输出	6ES7 288-1SR30-0AA0
	CPU ST30	标准型 CPU 模块，晶体管输出，DC 24V 供电，18 输入/12 输出	6ES7 288-1ST30-0AA0
	CPU SR40	标准型 CPU 模块，继电器输出，AC 220V 供电，24 输入/16 输出	6ES7 288-1SR40-0AA0
	CPU ST40	标准型 CPU 模块，晶体管输出，DC 24V 供电，24 输入/16 输出	6ES7 288-1ST40-0AA0
	CPU SR60	标准型 CPU 模块，继电器输出，AC 220V 供电，36 输入/24 输出	6ES7 288-1SR60-0AA0
	CPU ST60	标准型 CPU 模块，晶体管输出，DC 24V 供电，36 输入/24 输出	6ES7 288-1ST60-0AA0
	CPU CR40	经济型 CPU 模块，继电器输出，AC 220V 供电，24 输入/16 输出	6ES7 288-1CR40-0AA0
	CPU CR60	经济型 CPU 模块，继电器输出，AC 220V 供电，36 输入/24 输出	6ES7 288-1CR60-0AA0
扩展模块	EM DE08	数字量输入模块，8 × DC 24V 输入	6ES7 288-2DE08-0AA0
	EM DE16	数字量输入模块，16 × DC 24V 输入	6ES7 288-2DE16-0AA0
	EM DR08	数字量输出模块，8 × 继电器输出	6ES7 288-2DR08-0AA0
	EM DT08	数字量输出模块，8 × DC 24V 输出	6ES7 288-2DT08-0AA0
	EM QT16	数字量输出模块，16 × DC 24V 输出	6ES7 288-2QT16-0AA0
	EM QR16	数字量输出模块，16 × 继电器输出	6ES7 288-2QR16-0AA0
	EM DR16	数字量输入/输出模块，8 × DC 24V 输入/8 × 继电器输出	6ES7 288-2DR16-0AA0
	EM DR32	数字量输入/输出模块，16 × DC 24V 输入/16 × 继电器输出	6ES7 288-2DR32-0AA0

（续）

S7-200 SMART 模块附件型号		规　　格	订 货 号
扩展模块	EM DT16	数字量输入/输出模块，8 × DC 24V 输入/8 × DC 24V 输出	6ES7 288-2DT16-0AA0
	EM DT32	数字量输入/输出模块，16 × DC 24V 输入/16 × DC 24V 输出	6ES7 288-2DT32-0AA0
	EM AE04	模拟量输入模块，4 输入	6ES7 288-3AE04-0AA0
	EM AE08	模拟量输入模块，8 输入	6ES7 288-3AE08-0AA0
	EM AQ02	模拟量输出模块，2 输出	6ES7 288-3AQ02-0AA0
	EM AQ04	模拟量输出模块，4 输出	6ES7 288-3AQ04-0AA0
	EM AM03	模拟量输入/输出模块，2 输入/1 输出	6ES7 288-3AM03-0AA0
	EM AM06	模拟量输入/输出模块，4 输入/2 输出	6ES7 288-3AM06-0AA0
	EM AR02	热电阻输入模块，2 通道	6ES7 288-3AR02-0AA0
	EM AR04	热电阻输入模块，4 输入	6ES7 288-3AR04-0AA0
	EM AT04	热电偶输入模块，4 通道	6ES7 288-3AT04-0AA0
	EM DP01	PROFIBUS-DP 从站模块	6ES7 288-7DP01-0AA0
信号板	SB CM01	通信信号板，RS-485/RS-232	6ES7 288-5CM01-0AA0
	SB DT04	数字量扩展信号板，2 × DC 24V 输入/2 × DC 24V 输出	6ES7 288-5DT04-0AA0
	SB AE01	模拟量扩展信号板，1 × 12 位模拟量输入	6ES7 288-5AE01-0AA0
	SB AQ01	模拟量扩展信号板，1 × 12 位模拟量输出	6ES7 288-5AQ01-0AA0
	SB BA01	电池信号板，支持 CR1025 纽扣电池（电池单独购买）	6ES7 288-5BA01-0AA0
附件	I/O 扩展电缆	S7-200 SMART I/O 扩展电缆，长度 1m	6ES7 288-6EC01-0AA0
	PM207	S7-200 SMART 配套电源，DC 24V/3A	6ES7 288-0CD10-0AA0
	PM207	S7-200 SMART 配套电源，DC 24V/5A	6ES7 288-0ED10-0AA0
	CSM1277	以太网交换机，4 端口	6GK7 277-1AA00-0AA0
	SCALANCE XB005	以太网交换机，5 端口	6GK5 005-0BA00-1AB2

2. 订货号含义

西门子 PLC 一般会在设备上标注型号和订货号等内容，如图 2-8 所示，从这些内容可以了解一些设备信息。

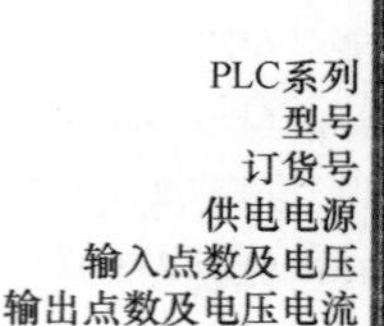

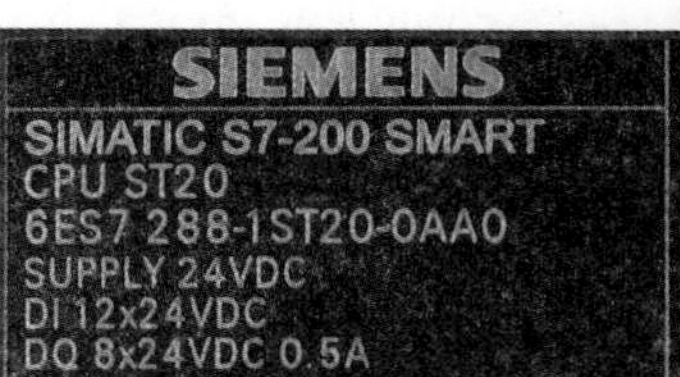

图 2-8　西门子 PLC 上标注的型号和订货号等信息

西门子 PLC 型号标识比较简单，反映出来的信息量少，更多的设备信息可以从 PLC 上标注的订货号来了解。西门子 S7-200 PLC 的订货号含义如下：

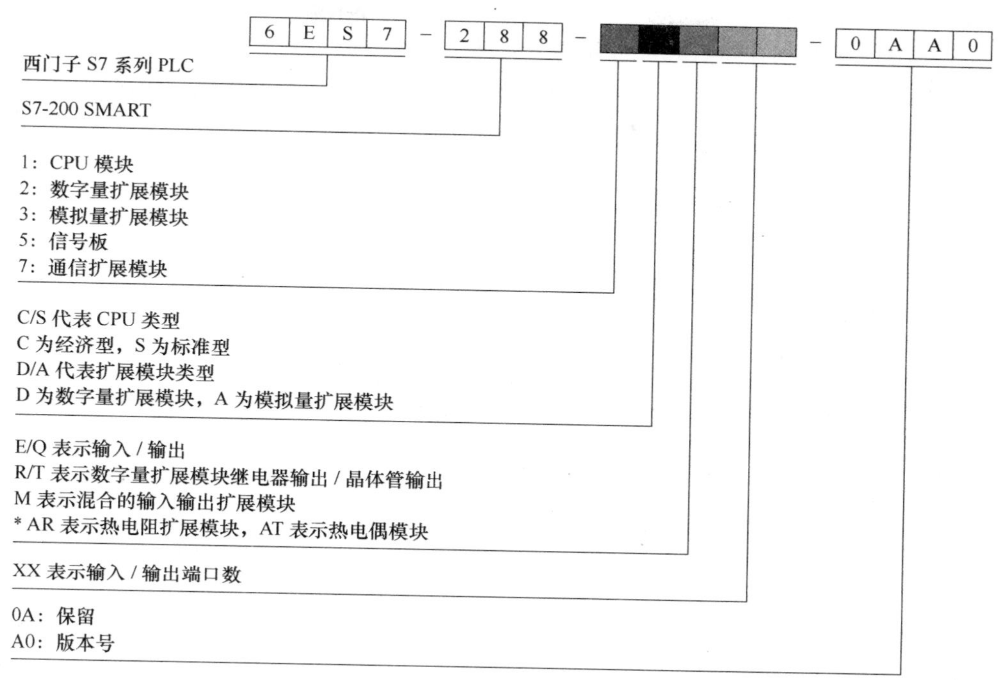

2.2 PLC 的软元件

PLC 是在继电器控制电路基础上发展起来的，继电器控制电路有时间继电器、中间继电器等，而 PLC 也有类似的元件，这些元件是以软件来实现的，故又称为软元件。PLC 软元件主要有输入继电器、输出继电器、辅助继电器、定时器、计数器、模拟量输入寄存器和模拟量输出寄存器等。

2.2.1 输入继电器与输出继电器

1. 输入继电器（I）

输入继电器又称输入过程映像寄存器，其状态与 PLC 输入端子的输入状态有关，当输入端子外接开关接通时，该端子内部对应的输入继电器状态为 ON（或称为 1 状态），反之为 OFF（或称为 0 状态）。一个输入继电器可以有很多常闭触点和常开触点。输入继电器的表示符号为 I，按八进制方式编址（或称编号），如 I0.0 ~ I0.7、I1.0 ~ I0.7。S7-200 SMART PLC 有 256 个输入继电器。

2. 输出继电器（Q）

输出继电器又称输出过程映像寄存器，它通过输出电路来驱动输出端子的外接负载，一个输出继电器只有一个硬件触点（与输出端子连接的物理常开触点），而内部软常开、常闭触点可以有很多个。当输出继电器为 ON 时，其硬件触点闭合，软常开触点闭合，软常闭触点则断开。输出继电器的表示符号为 Q，按八进制方式编址（或称编号），如 Q0.0 ~ Q0.7、Q1.0 ~ Q0.7。S7-200 SMART PLC 有 256 个输出继电器。

2.2.2 辅助继电器、特殊辅助继电器与状态继电器

1. 辅助继电器（M）

辅助继电器又称标志存储器或位存储器，它类似于继电器控制电路中的中间继电器，与输入/输出继电器不同，辅助继电器不能接收输入端子送来的信号，也不能驱动输出端子。辅助继电器表示符号为 M，按八进制方式编址（或称编号），如 M0.0 ~ M0.7、M1.0 ~ M0.7。S7-200 SMART PLC 有 256 个辅助继电器。

2. 特殊辅助继电器（SM）

特殊辅助继电器是一种具有特殊功能的继电器，用来显示某些状态、选择某些功能、进行某些控制或产生一些信号等。特殊辅助继电器表示符号为 SM。一些常用特殊辅助继电器的功能见表 2-3。

表 2-3　一些常用特殊辅助继电器的功能

特殊辅助继电器	功　能
SM0.0	PLC 运行时这一位始终为 1，是常 ON 继电器
SM0.1	PLC 首次扫描循环时该位为“ON”，用途之一是初始化程序
SM0.2	如果保留性数据丢失，该位为一次扫描循环打开。该位可用作错误内存位或激活特殊启动顺序的机制
SM0.3	从电源开启进入 RUN（运行）模式时，该位为一次扫描循环打开。该位可用于在启动操作之前提供机器预热时间
SM0.4	该位提供时钟脉冲，该脉冲在 1min 的周期时间内 OFF（关闭）30s，ON（打开）30s。该位提供便于使用的延迟或 1min 时钟脉冲
SM0.5	该位提供时钟脉冲，该脉冲在 1s 的周期时间内 OFF（关闭）0.5s，ON（打开）0.5s。该位提供便于使用的延迟或 1s 时钟脉冲
SM0.6	该位是扫描循环时钟，本次扫描打开，下一次扫描关闭。该位可用作扫描计数器输入
SM0.7	该位表示“模式”开关的当前位置（关闭 =“终止”位置，打开 =“运行”位置）。开关位于 RUN（运行）位置时，可以使用该位启用自由端口模式，可使用转换至“终止”位置的方法重新启用带 PC/编程设备的正常通信
SM1.0	某些指令的执行时，使操作结果为零时，该位为“ON”
SM1.1	某些指令的执行时，出现溢出结果或检测到非法数字数值时，该位为“ON”
SM1.2	某些指令的执行时，数学操作产生负结果时，该位为“ON”

3. 状态继电器（S）

状态继电器又称顺序控制继电器，是编制顺序控制程序的重要器件，它通常与顺控指令（又称步进指令）一起使用以实现顺序控制功能。状态继电器的表示符号为 S。

2.2.3 定时器、计数器与高速计数器

1. 定时器（T）

定时器是一种按时间动作的继电器，相当于继电器控制系统中的时间继电器。一个定时器可有很多常开触点和常闭触点，其定时单位有 1ms、10ms、100ms 三种。定时器的表示符号为 T。S7-200 SMART PLC 有 256 个定时器，其中断电保持型定时器有 64 个。

2. 计数器（C）

计数器是一种用来计算输入脉冲个数并产生动作的继电器，一个计数器可以有很多常开触点和常闭触点。计数器可分为递加计数器、递减计数器和双向计数器（又称递加/递减计数器）。计数器的表示符号为 C。S7-200 SMART PLC 有 256 个计数器。

3. 高速计数器（HC）

一般的计数器的计数速度受 PLC 扫描周期的影响，不能太快。而高速计数器可以对较 PLC 扫描速度更快的事件进行计数。高速计数器的当前值是一个双字（32 位）的整数，且为只读值。高速计数器表示符号为 HC。S7-200 SMART PLC 有 4 个高速计数器。

2.2.4　累加器、变量存储器与局部变量存储器

1. 累加器（AC）

累加器是用来暂时存储数据的寄存器，可以存储运算数据、中间数据和结果。累加器表示符号为 AC。S7-200 SMART PLC 有 4 个 32 位累加器（AC0 ~ AC3）。

2. 变量存储器（V）

变量存储器主要用于存储变量。它可以存储程序执行过程中的中间运算结果或设置参数。变量存储器表示符号为 V。

3. 局部变量存储器（L）

局部变量存储器主要用来存储局部变量。局部变量存储器与变量存储器很相似，主要区别在于后者存储的变量全局有效，即全局变量可以被任何程序（主程序、子程序和中断程序）访问，而局部变量只是局部有效，局部变量存储器一般用在子程序中。局部变量存储器的表示符号为 L。S7-200 SMART PLC 有 64 个字节（1 个字节由 8 位组成）的局部变量存储器。

2.2.5　模拟量输入寄存器与模拟量输出寄存器

模拟量输入端子送入的模拟信号经 A/D 转换电路转换成 1 个字（1 个字由 16 位组成，可用 W 表示）的数字量，该数字量存入一个模拟量输入寄存器。模拟量输入寄存器的表示符号为 AI，其编号以字（W）为单位，故必须采用偶数形式，如 AIW0、AIW2、AIW4。

一个模拟量输出寄存器可以存储 1 个字的数字量，该数字量经 D/A 转换电路转换成模拟信号从模拟量输出端子输出。模拟量输出寄存器的表示符号为 AQ，其编号以字（W）为单位，采用偶数形式，如 AQW0、AQW2、AQW4。

S7-200 SMART PLC 有 56 个字的 AI 和 56 个字的 AQ。

第 3 章 S7-200 SMART PLC 编程软件的使用

STEP 7-Micro/WIN SMART 是 S7-200 SMART PLC 的编程组态软件，支持梯形图（LAD）、语句表（STL）、功能块图（FBD）编程语言，部分语言程序之间可自由转换。在继承 STEP 7-Micro/WIN 软件（S7-200 PLC 的编程软件）优点的同时，增加了更多的人性化设计，使编程容易上手、项目开发更加高效。本章介绍目前最新的 STEP 7-Micro/WIN SMART V2.2 版本。

3.1 STEP 7-Micro/WIN SMART 编程软件的窗口说明

图 3-1 是 STEP 7-Micro/WIN SMART 软件窗口，下面对软件窗口各组件进行说明。

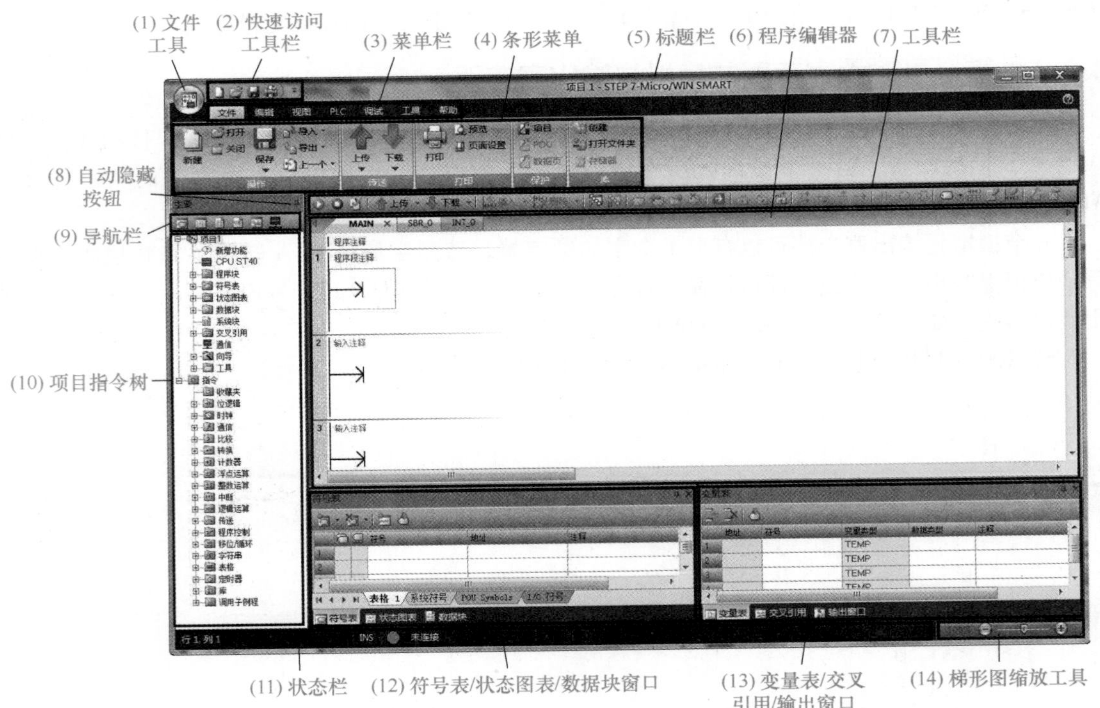

图 3-1 STEP 7-Micro/WIN SMART 软件窗口的组成部件

1）文件工具：“文件”菜单的快捷按钮，单击后会出现纵向文件菜单，提供最常用的新建、打开、另存为、关闭等选项。

2）快速访问工具栏：有 5 个图标按钮，分别为新建、打开、保存和打印工具，单击右边的倒三角小按钮会弹出菜单，可以进行定义更多的工具、更改工具栏的显示位置、最小化功能区（即最小化下方的横条形菜单）等操作。

3）菜单栏：由“文件”“编辑”“视图”“PLC”“调试”“工具”和“帮助”7 个菜单组成，单击某个菜单，该菜单所有的选项会在下方的横向条形菜单区显示出来。

4）条形菜单：以横向条形方式显示菜单选项，当前内容为“文件”菜单的选项，在菜单栏单击不同的菜单，条形菜单内容会发生变化。在条形菜单上单击鼠标右键会弹出菜单，选择“最小化功能区”即可隐藏条形菜单以节省显示空间，单击菜单栏的某个菜单，条形菜单会显示出来，然后又会自动隐藏。

5）标题栏：用于显示当前项目的文件名称。

6）程序编辑器：用于编写 PLC 程序，单击左上方的“MAIN”“SBR_0”“INT_0”可以切换到主程序编辑器、子程序编辑器和中断程序编辑器，默认打开主程序编辑器（MAIN），编程语言为梯形图（LAD），单击菜单栏的“视图”，再单击条形菜单区的“STL”，则将编程语言设为指令语句表（STL），单击条形菜单区的“FBD”，就将编程语言设为功能块图（FBD）。

7）工具栏：提供了一些常用的工具，使操作更快捷，程序编辑器处于不同编程语言时，工具栏上的工具会有一些不同，当鼠标移到某工具上时，会出现提示框，说明该工具的名称及功能，如图 3-2 所示（编程语言为梯形图时）。

图 3-2　工具栏的各个工具（编程语言为梯形图时）

8）自动隐藏按钮：用于隐藏/显示窗口，当按钮图标处于纵向纺锤形时，窗口显示，单击会使按钮图标变成横向纺锤形，同时该按钮控制的窗口会移到软件窗口的边缘隐藏起来，鼠标移到边缘隐藏部位时，窗口又会移出来。

9）导航栏：位于项目树上方，由符号表、状态图表、数据块、系统块、交叉引用和通信 6 个按钮组成，单击图标时可以打开相应图表或对话框。利用导航栏可快速访问项目树中的对象，单击一个导航栏按钮相当于展开项目树的某项并双击该项中相应内容。

10）项目指令树：用于显示所有项目对象和编程指令。在编程时，先单击某个指令包前的“+”号，可以看到该指令包内所有的指令，可以采用拖放的方式将指令移到程序编辑器中，也可以双击指令将其插入程序编辑器当前光标所在位置。执行操作项目对象采用双击方式，对项目对象进行更多的操作可采用右键菜单来实现。

11）状态栏：用于显示光标在窗口的行列位置、当前编辑模式（INS 为插入，OVER 为覆盖）和计算机与 PLC 的连接状态等。在状态栏上单击鼠标右键，在弹出的右键菜单中可设置状态栏的显示内容。

12）符号表/状态图表/数据块窗口：以重叠的方式显示符号表、状态图表和数据块窗口，单击窗口下方的选项卡可切换不同的显示内容，当前窗口显示的为符号表中的符号表，单击符号表下方的选项卡，可以切换到其他表格（如系统符号表、I/O 符号表）。单击该窗口右上角的纺锤形按钮，可以将窗口隐藏到左下角。

13）变量表/交叉引用/输出窗口：以重叠的方式显示变量表、交叉引用和输出窗口，单击窗口下方的选项卡可切换不同的显示内容，当前窗口显示的为变量表。单击该窗口右上角的纺锤形按钮，可以将窗口隐藏到左下角。

14）梯形图缩放工具：用于调节程序编辑器中的梯形图显示大小，可以单击“+”“-”按钮来调节大小，每单击一次，显示大小改变5%，调节范围为50%～150%，也可以拖动滑块来调节大小。

3.2 程序的编写与下载

3.2.1 项目创建与保存

STEP 7-Micro/WIN SMART 软件启动后会自动建立一个名称为“项目 1”的文件，如果需要更改文件名并保存下来，可单击“文件”菜单下的“保存”按钮，弹出“另存为”对话框，如图3-3所示，选择文件的保存路径再输入文件名“例1”，文件扩展名默认为“.smart”，然后单击保存按钮即将项目更名为“例1.smart”，并保存下来。

扫一扫看视频

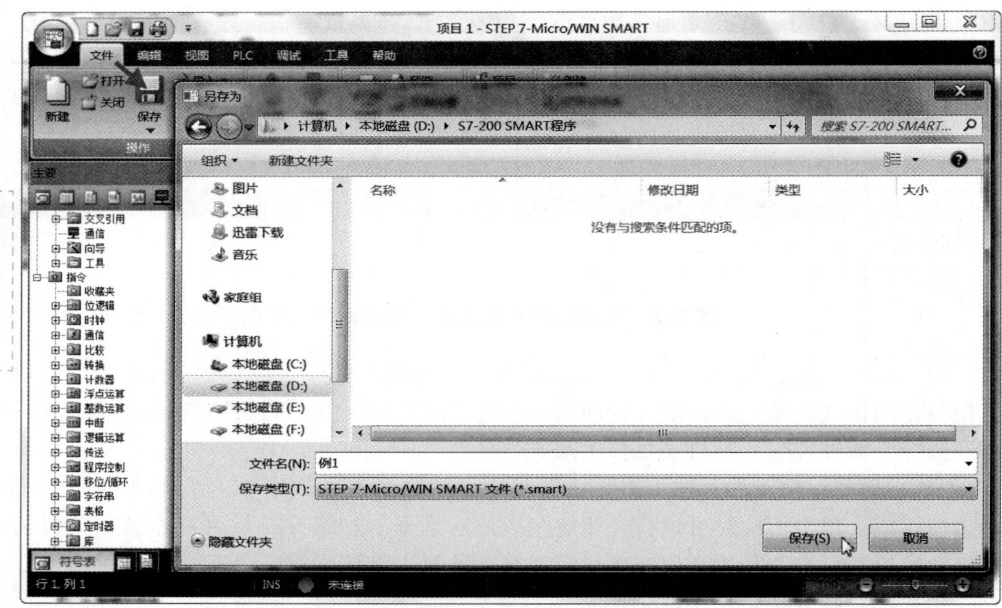

图3-3　项目的保存

3.2.2 PLC硬件组态

PLC可以是一台CPU模块，也可以是由CPU模块、信号板（SB）和扩展模块（EM）组成的系统。PLC硬件组态又称PLC配置，是指编程前先在编程软件中设置PLC的CPU模块、信号板和扩展模块的型号，使之与实际使用的PLC一致，以确保编写的程序能在实际硬件中运行。

在STEP 7-Micro/WIN SMART 软件中组态PLC硬件使用系统块。PLC硬件组态操作如图3-4所示。

3.2.3 程序的编写与编译

下面以编写图3-5所示的程序为例来说明如何在STEP 7-Micro/WIN SMART 软件中编写梯形图程序。梯形图程序的编写与编译见表3-1。

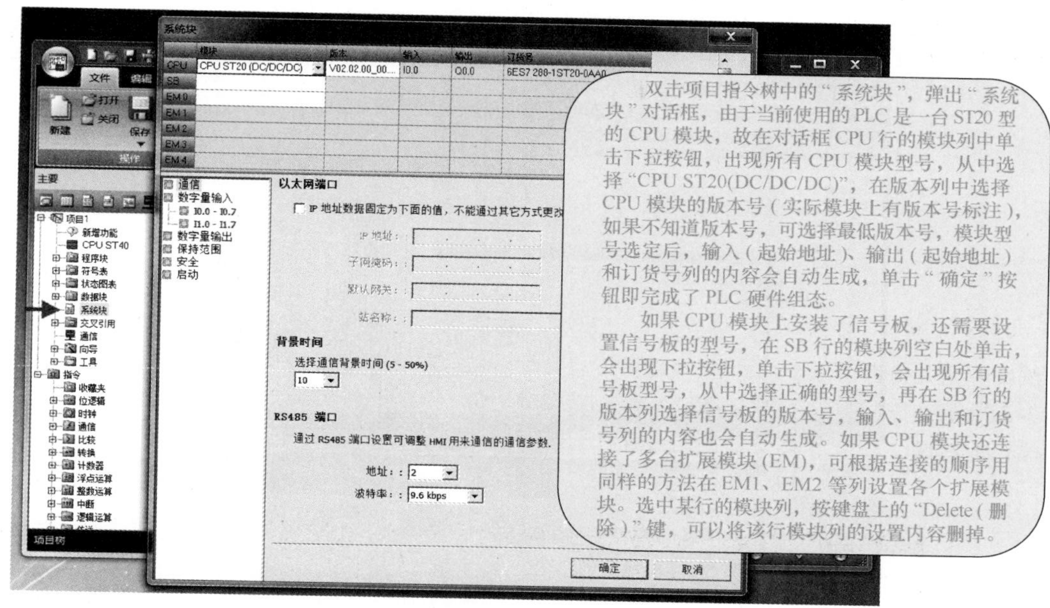

图 3-4　PLC 硬件组态（配置）操作

I0.0　I0.1　I0.2　Q0.0
Q0.0
T37
IN　TON
50 PT　100ms
T37　Q0.1

图 3-5　待编写的梯形图程序

表 3-1　梯形图程序的编写与编译

序号	操 作 说 明
1	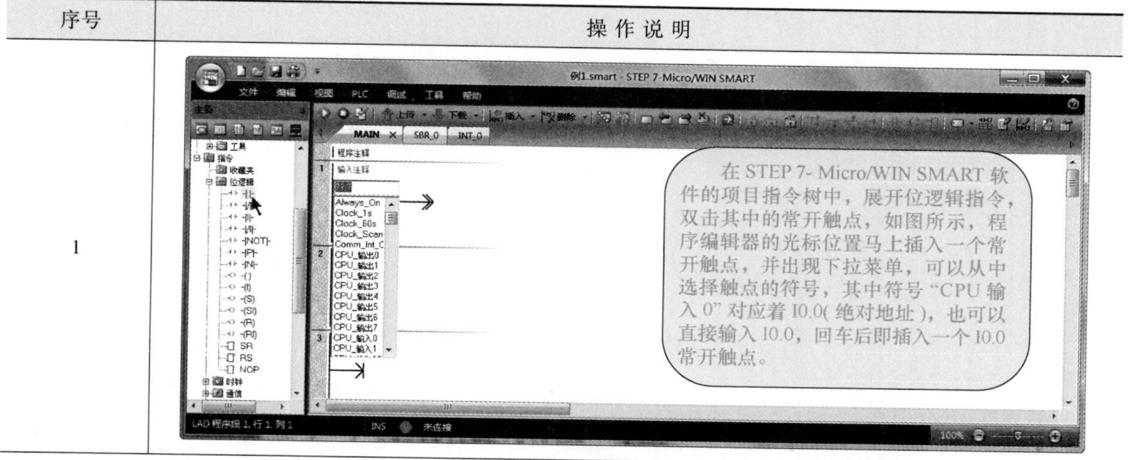

（续）

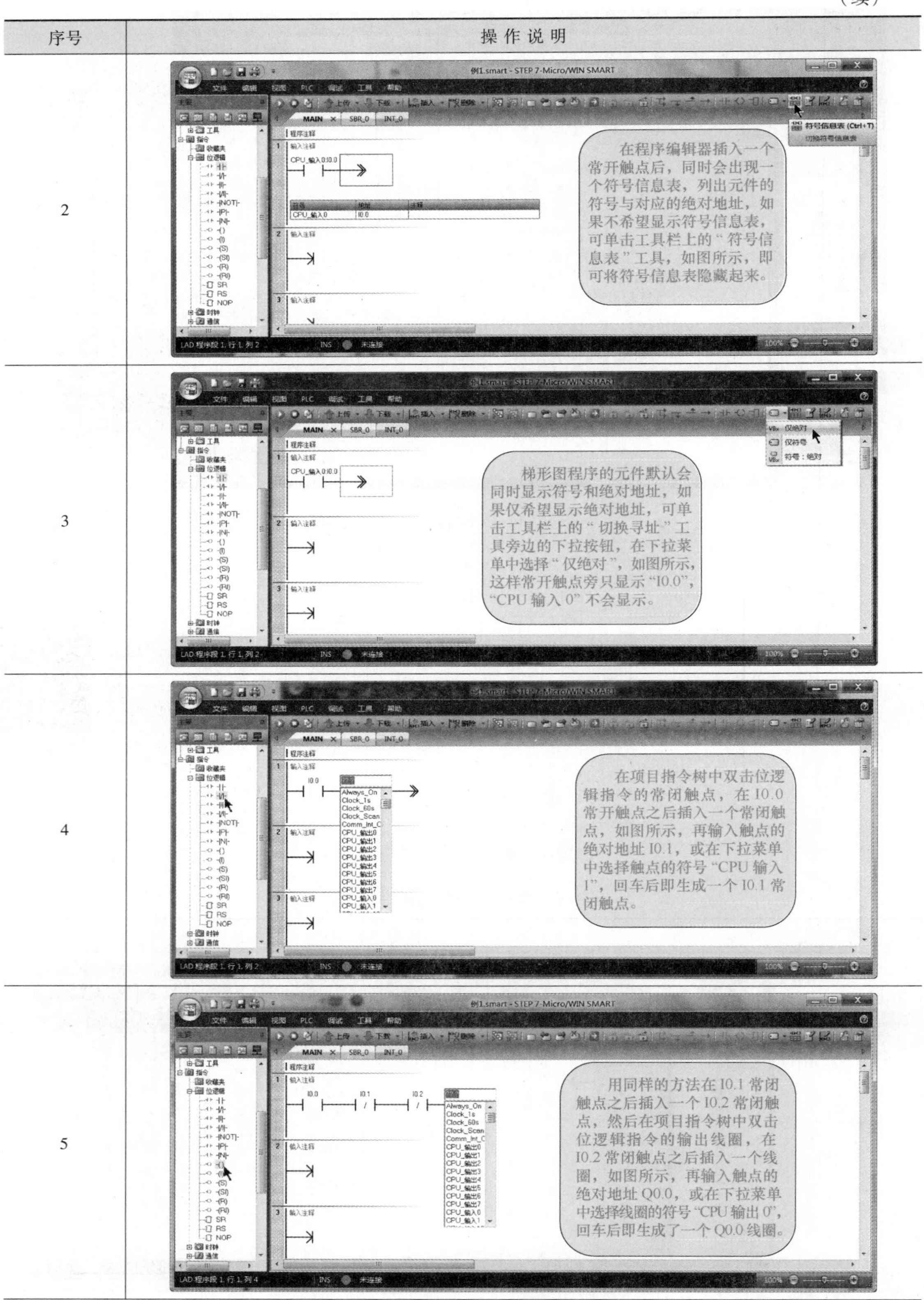

序号	操作说明
2	在程序编辑器插入一个常开触点后，同时会出现一个符号信息表，列出元件的符号与对应的绝对地址，如果不希望显示符号信息表，可单击工具栏上的“符号信息表”工具，如图所示，即可将符号信息表隐藏起来。
3	梯形图程序的元件默认会同时显示符号和绝对地址，如果仅希望显示绝对地址，可单击工具栏上的“切换寻址”工具旁边的下拉按钮，在下拉菜单中选择“仅绝对”，如图所示，这样常开触点旁只显示“I0.0”，“CPU 输入 0”不会显示。
4	在项目指令树中双击位逻辑指令的常闭触点，在 I0.0 常开触点之后插入一个常闭触点，如图所示，再输入触点的绝对地址 I0.1，或在下拉菜单中选择触点的符号“CPU 输入 1”，回车后即生成一个 I0.1 常闭触点。
5	用同样的方法在 I0.1 常闭触点之后插入一个 I0.2 常闭触点，然后在项目指令树中双击位逻辑指令的输出线圈，在 I0.2 常闭触点之后插入一个线圈，如图所示，再输入触点的绝对地址 Q0.0，或在下拉菜单中选择线圈的符号“CPU 输出 0”，回车后即生成了一个 Q0.0 线圈。

（续）

序号	操作说明
6	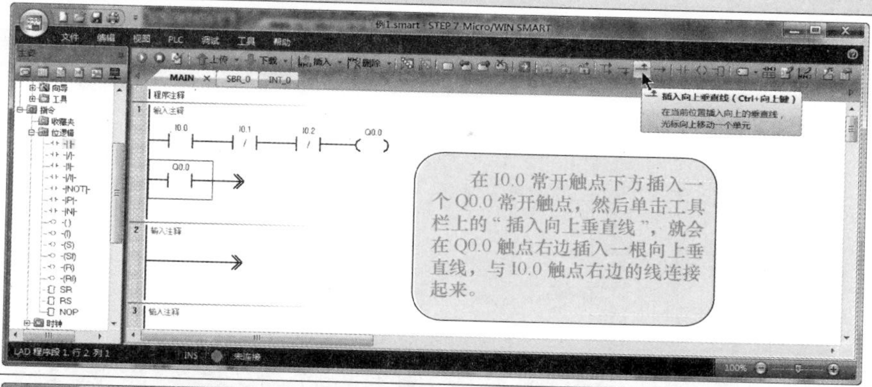 在 I0.0 常开触点下方插入一个 Q0.0 常开触点，然后单击工具栏上的“插入向上垂直线”，就会在 Q0.0 触点右边插入一根向上垂直线，与 I0.0 触点右边的线连接起来。
7	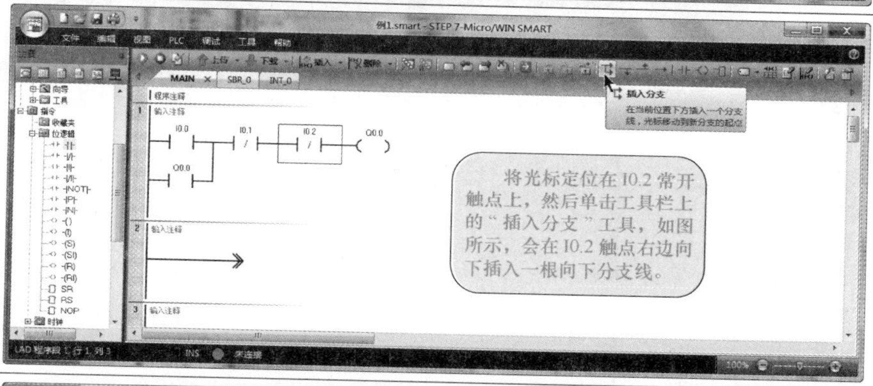 将光标定位在 I0.2 常开触点上，然后单击工具栏上的“插入分支”工具，如图所示，会在 I0.2 触点右边向下插入一根向下分支线。
8	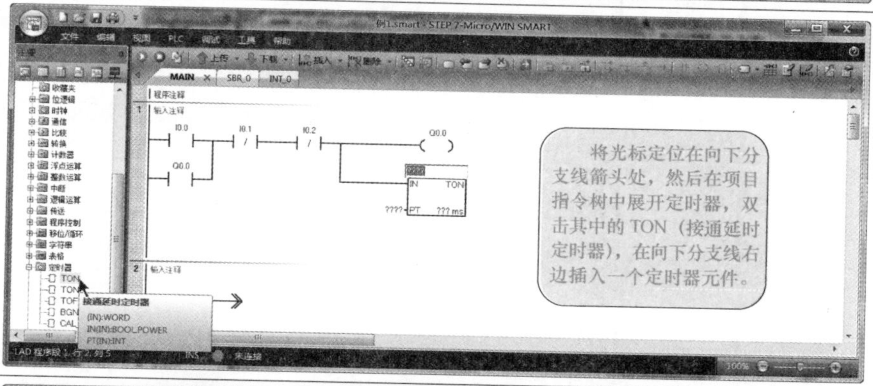 将光标定位在向下分支线箭头处，然后在项目指令树中展开定时器，双击其中的 TON（接通延时定时器），在向下分支线右边插入一个定时器元件。
9	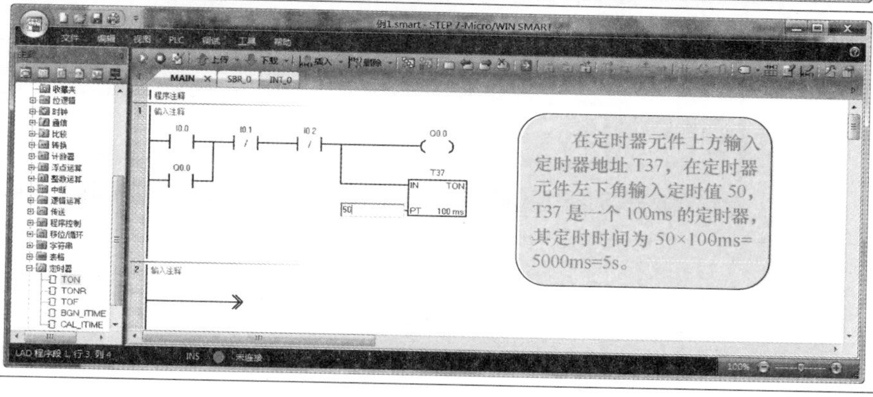 在定时器元件上方输入定时器地址 T37，在定时器元件左下角输入定时值 50，T37 是一个 100ms 的定时器，其定时时间为 50×100ms=5000ms=5s。

（续）

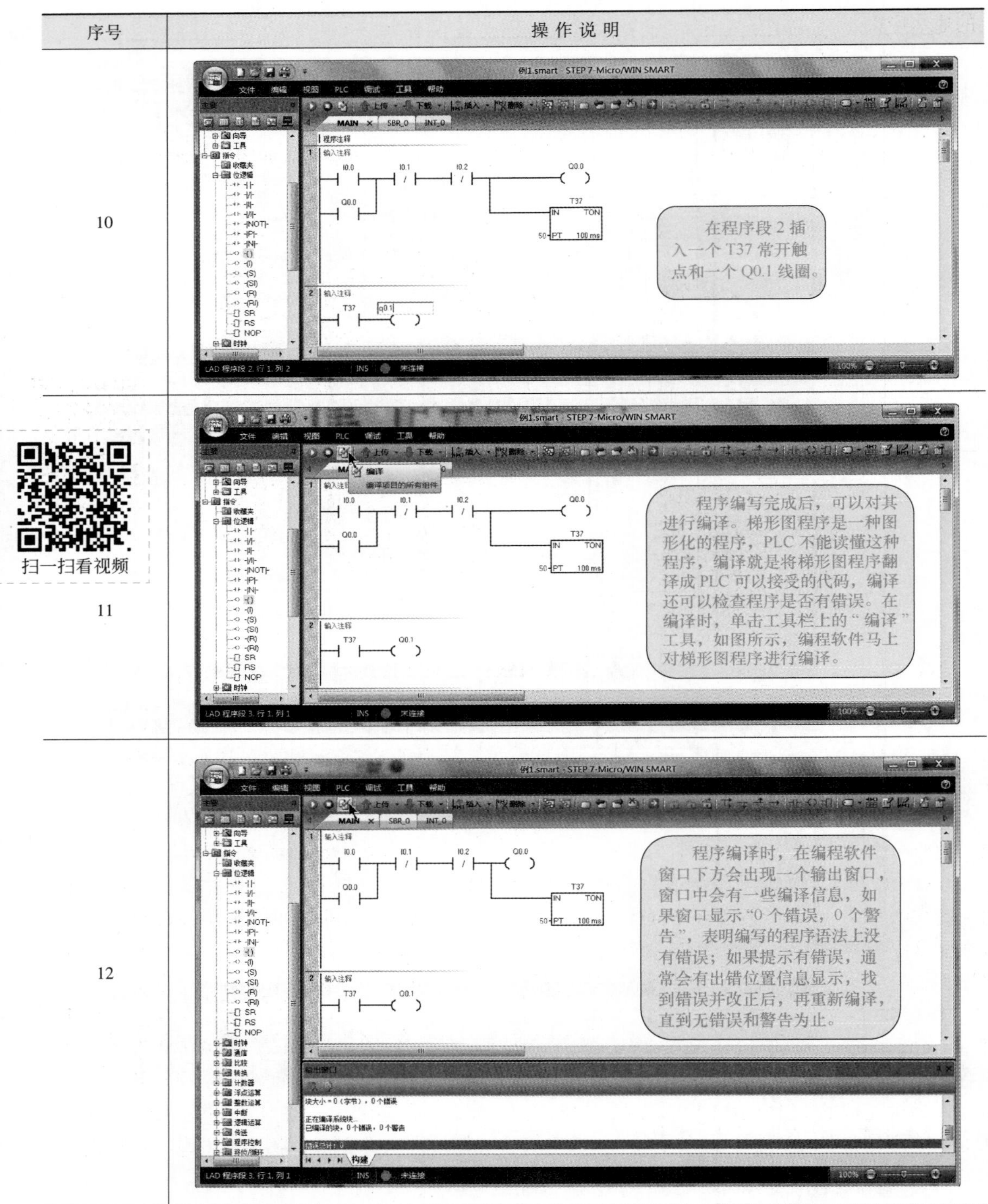

序号	操作说明
10	在程序段 2 插入一个 T37 常开触点和一个 Q0.1 线圈。
11	程序编写完成后，可以对其进行编译。梯形图程序是一种图形化的程序，PLC 不能读懂这种程序，编译就是将梯形图程序翻译成 PLC 可以接受的代码，编译还可以检查程序是否有错误。在编译时，单击工具栏上的“编译”工具，如图所示，编程软件马上对梯形图程序进行编译。
12	程序编译时，在编程软件窗口下方会出现一个输出窗口，窗口中会有一些编译信息，如果窗口显示“0 个错误，0 个警告”，表明编写的程序语法上没有错误；如果提示有错误，通常会有出错位置信息显示，找到错误并改正后，再重新编译，直到无错误和警告为止。

扫一扫看视频

3.2.4 PLC 与计算机的连接与通信设置

在计算机中用 STEP 7-Micro/WIN SMART 软件编写好 PLC 程序后，如果要将程序写入 PLC

（又称下载程序），可用通信电缆将 PLC 与计算机连接起来，并进行通信设置，让两者建立软件上的通信连接。

1. PLC 与计算机的硬件通信连接

西门子 S7-200 SMART PLC 的 CPU 模块上有以太网端口（俗称网线接口，RJ45 接口），该端口与计算机的网线端口相同，两者使用普通市售网线连接起来。另外，PLC 与计算机通信时 PLC 需要接通电源。西门子 S7-200 SMART PLC 与计算机的硬件通信连接如图 3-6 所示。

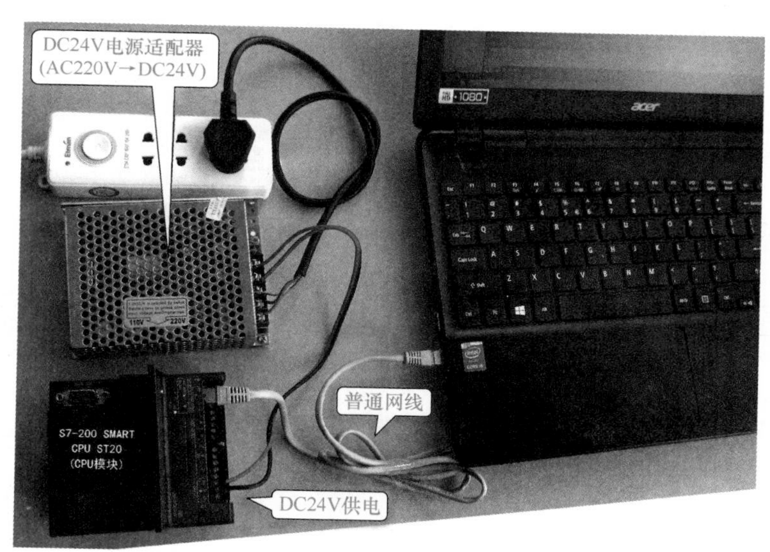

图 3-6　西门子 S7-200 SMART PLC 与计算机的硬件通信连接

2. 通信设置

西门子 S7-200 SMART PLC 与计算机的硬件通信连接好后，还需要在计算机中进行通信设置才能让两者进行通信。

在 STEP 7-Micro/WIN SMART 软件的项目指令树中双击“通信”图标，弹出“通信”对话框，如图 3-7a 所示。在对话框的“网络接口卡”项中选择与 PLC 连接的计算机网络接口卡（网卡），如图 3-7b 所示。如果不知道与 PLC 连接的网卡名称，可打开计算机的控制面板内的“网络和共享中心”（以操作系统为 Windows 7 为例），在“网络和共享中心”窗口的左方单击“更改适配器设置”，会出现图 3-7c 所示窗口，显示当前计算机的各种网络连接，PLC 与计算机连接采用有线的本地连接，故选择其中的“本地连接”，查看并记下该图标显示的网卡名称。

在 STEP 7-Micro/WIN SMART 软件中重新打开“通信”对话框，在“网络接口卡”项中可看到有两个与本地连接名称相同的网卡，仍见图 3-7b，一般选带 Auto（自动）的那个，选择后系统会自动搜索该网卡连接的 PLC，搜到 PLC 后，在对话框左边的“找到 CPU”中会显示与计算机连接的 CPU 模块的 IP 地址，如图 3-7d 所示。在对话框右边显示 CPU 模块的 MAC 地址（物理地址）、IP 地址、子网掩码和网关信息，如果系统未自动搜索，可单击对话框下方的“查找 CPU”按钮进行搜索，搜到 PLC 后单击对话框右下方的“确定”按钮即完成通信设置。

3. 下载与上传程序

将计算机中的程序传送到 PLC 的过程称为下载程序，将 PLC 中的程序传送到计算机的过程称为上传程序。

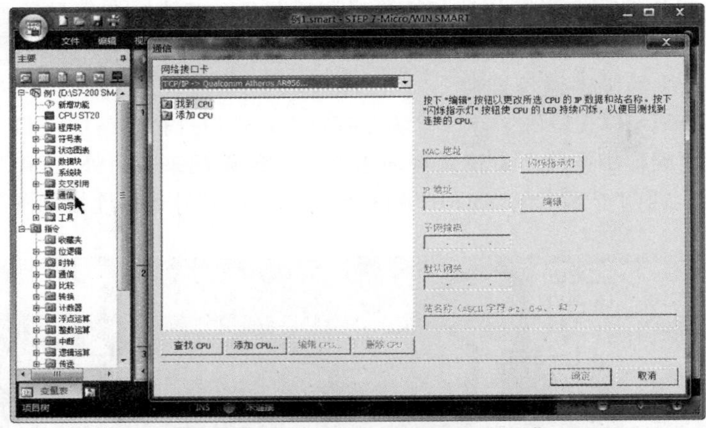

a) 双击项目指令树中的“通信”图标会弹出“通信”对话框

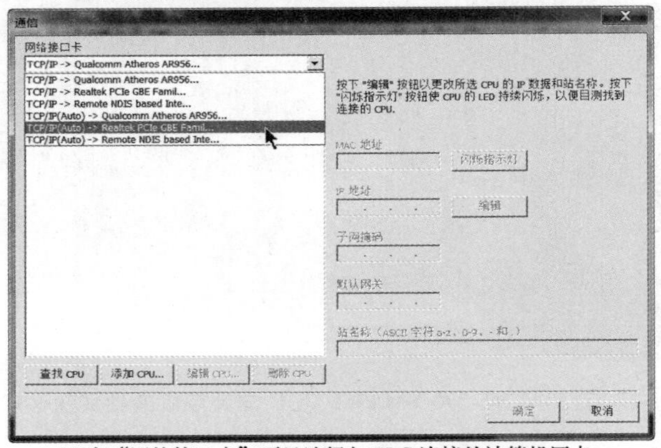

b) 在“网络接口卡”项目选择与 PLC 连接的计算机网卡

c) 在本地连接中查看与 PLC 连接的网卡名称

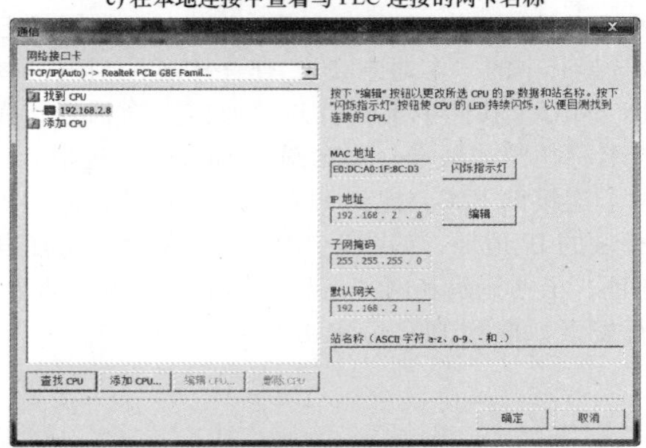

d) 选择正确的网卡后系统会搜索网卡连接的 PLC 并显示该设备的有关信息

图 3-7　在计算机中进行通信设置

扫一扫看视频

下载程序的操作过程：在 STEP 7-Micro/WIN SMART 软件中编写好程序（或者打开先前编写的程序）后，单击工具栏上的“下载”工具，如图 3-8a 所示，弹出“通信”对话框，在“找到 CPU”项中选择要下载程序的 CPU（IP 地址），再单击右下角的“确定”按钮，软件窗口下方状态栏马上显示已连接 PLC 的 IP 地址（192.168.2.2）和 PLC 当前运行模式（RUN），同时弹出“下载”对话框，如图 3-8b 所示。在左侧“块”区域可选择要下载的内容，在右侧的“选项”区域可选择下载过程中出现的一些提示框，这里保存默认选择，单击对话框下方的“下载”按钮，如果下载时 PLC 处于 RUN（运行）模式，会弹出图 3-8c 所示的对话框，询问是否将 PLC 置于 STOP 模式（只有在 STOP 模式下才能下载程序），单击“是”按钮开始下载程序，程序下载完成后，弹出图 3-8d 所示的对话框，询问是否将 PLC 置于 RUN 模式，单击“是”按钮即可完成程序的下载。

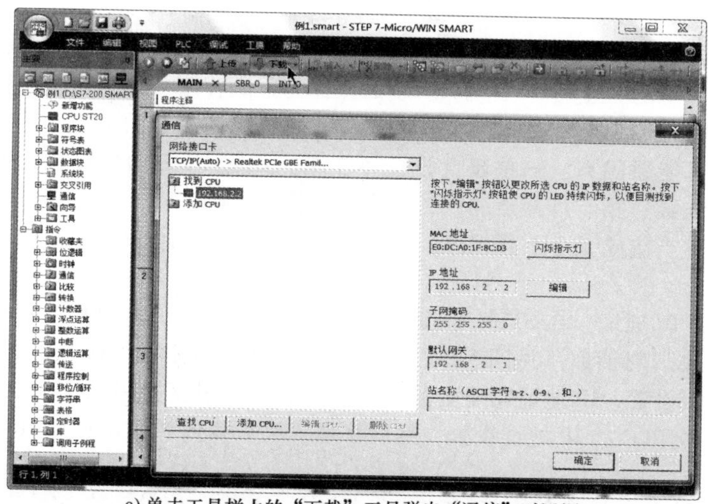

a) 单击工具栏上的“下载”工具弹出“通信”对话框

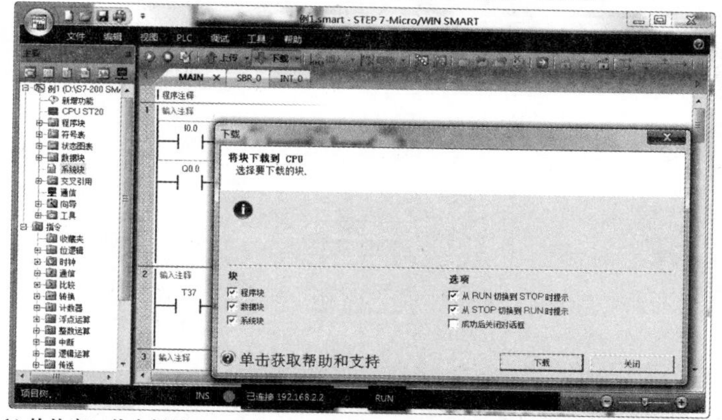

b) 软件窗口状态栏显示已连接 PLC 的 IP 地址和运行模式并弹出“下载”对话框

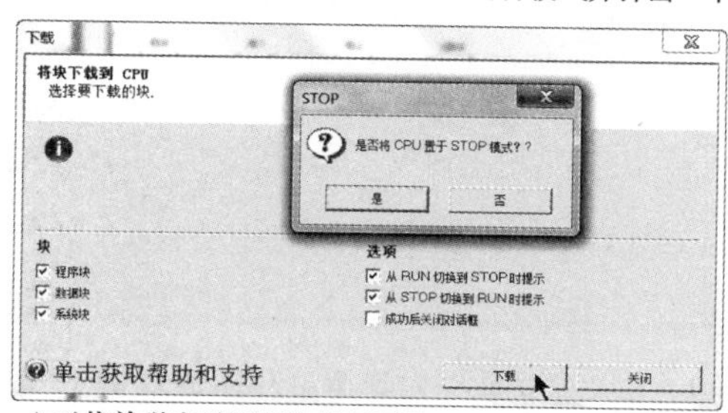

c) 下载前弹出对话框询问是否将 CPU 置于 STOP 模式

图 3-8　下载程序

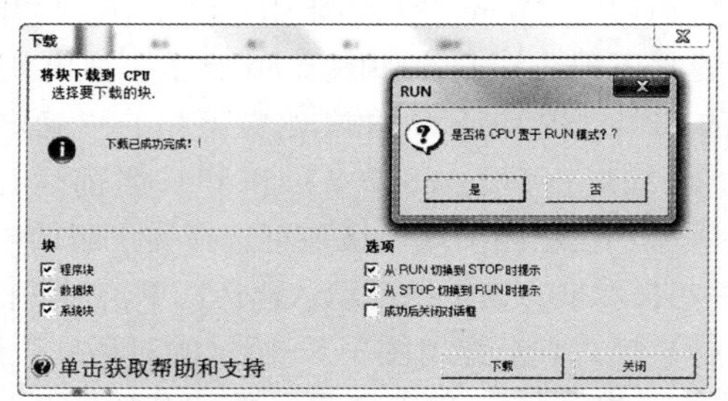

d) 下载完成后会弹出对话框询问是否将 CPU 置于 RUN 模式

图 3-8　下载程序（续）

上传程序的操作过程：在上传程序前先新建一个空项目文件，用于存放从 PLC 上传来的程序，然后单击工具栏上的“上传”工具，后续的操作与下载程序类似，这里不再赘述。

4. 无法下载程序的解决方法

无法下载程序可能原因有：一是硬件连接不正常，如果 PLC 和计算机之间硬件连接正常，PLC 上的 LINK（连接）指示灯会点亮；二是通信设置不正确。

若因通信设置不当造成无法下载程序，可采用手动设置 IP 地址的方法来解决，具体操作过程如下：

1）设置 PLC 的 IP 地址。在 STEP 7-Micro/WIN SMART 软件的项目指令树中双击“系统块”图标，弹出“系统块”对话框（见图 3-9），勾选“IP 地址数据固定为…”，将 IP 地址、子网掩码和默认网关按图示设置，IP 地址和网关前三组数要相同，子网掩码固定为 255.255.255.0，单击“确定”按钮完成 PLC 的 IP 地址设置，然后将系统块下载到 PLC 即可使 IP 地址设置生效。

系统块

	模块	版本	输入	输出	订货号
CPU	CPU ST20 (DC/DC/DC)	V02.02.00_00...	I0.0	Q0.0	6ES7 288-1ST20-0AA0
SB					
EM 0					
EM 1					
EM 2					
EM 3					
EM 4					

通信
数字量输入
I0.0 - I0.7
I1.0 - I1.7
数字量输出
保持范围
安全
启动

以太网端口
IP 地址数据固定为下面的值，不能通过其它方式更改
IP 地址：: 192 . 168 . 2 . 2
子网掩码：: 255 . 255 . 255 . 0
默认网关：: 192 . 168 . 2 . 1
站名称：:
背景时间
选择通信背景时间 (5 - 50%)
10
RS485 端口
通过 RS485 端口设置可调整 HMI 用来通信的通信参数.
地址：: 2
波特率：: 9.6 kbps
确定　取消

图 3-9　在“系统块”对话框中设置 PLC 的 IP 地址

2）设置计算机的 IP 地址。打开计算机的控制面板内的“网络和共享中心”（以操作系统为 Windows 7 为例），在“网络和共享中心”窗口的左方单击“更改适配器设置”，双击“本地连接”，弹出本地连接状态对话框，单击左下方的“属性”按钮，弹出“本地连接属性”对话框，从中选择“Internet 协议版本（TCP/IPv4）”，再单击“属性”按钮，在弹出的对话框中选择“使用下面的 IP 地址”项，并按图示设置好计算机的 IP 地址、子网掩码和默认网关，计算机与 PLC 的网关应相同，两者的 IP 地址不能相同（两者的 IP 地址前三组数要相同，最后一组数不能相同），子网掩码固定为 255. 255. 255. 0，单击“确定”按钮完成计算机的 IP 地址设置。

3.3　程序的编辑与注释

3.3.1　程序的编辑

1. 选择操作

在对程序进行编辑时，需要选择编辑的对象，再进行复制、粘贴、删除和插入等操作。STEP 7-Micro/WIN SMART 软件的一些常用选择操作见表 3-2。

表 3-2　一些常用的选择操作

操作说明	操作图
◆ 选择某个元件 将鼠标移到 I0. 0 常开触点上，再单击鼠标左键即选中了该触点	
◆ 选择多个元件 如果要选的元件都位于同一行上，先选中左边第一个要选的元件（I0. 0），然后按住键盘上的“Shift”键不放，再用鼠标在要选的最后一个元件（Q0. 0）上单击，则这两个元件及中间的元件全部被选中，如右图 a 所示 如果要选的元件位于多行上，先选中第一行要选的元件（I0. 0），然后按下键盘上的“Shift”键不放，再用鼠标在要选的最后一行的最后一个元件（T37）上单击，则以两个元件为对角组成的矩形框内的所有元件全部被选中，如右图 b 所示	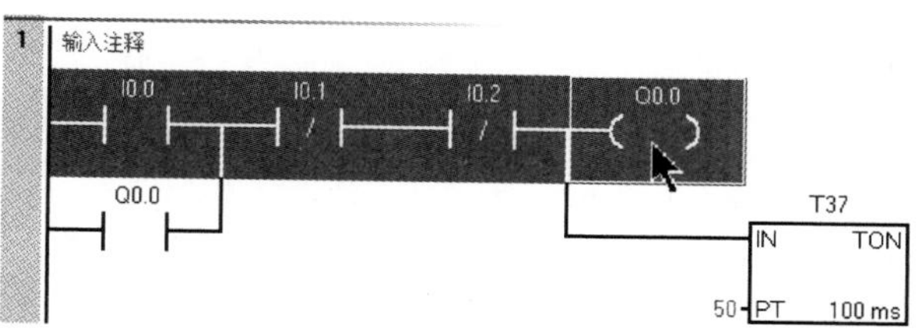 a) 要选的多个元件位于同一行 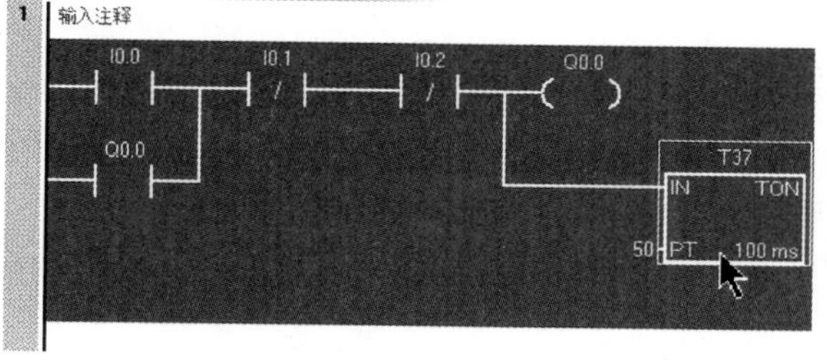 b) 要选的多个元件位于多行

（续）

操作说明	操作图
◆ 选择某个程序段：在要选择的程序段左边的灰条上单击，该程序段被全选	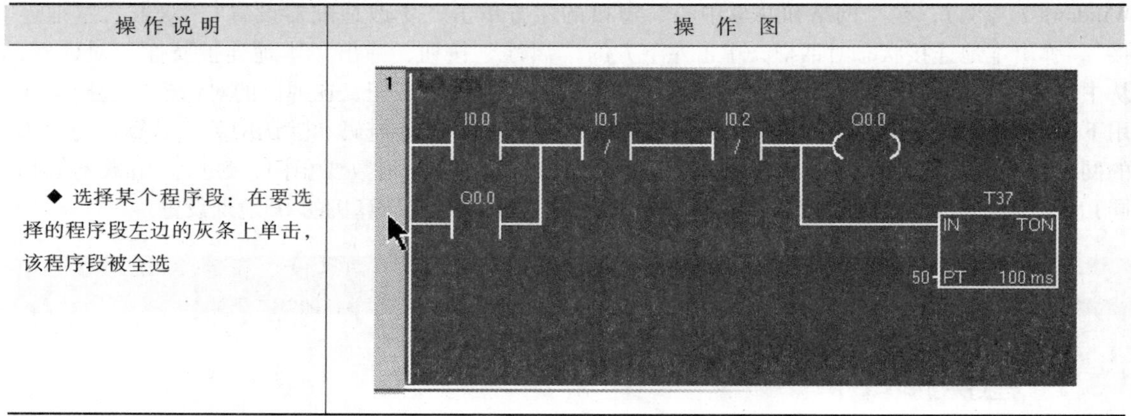

2. 删除操作

STEP 7-Micro/WIN SMART 软件的一些常用删除操作见表 3-3。

表 3-3　一些常用删除操作

操作说明	操作图
◆ 删除某个元件 选中某个元件，按下键盘上的“Delete”键即可将选中的对象删掉	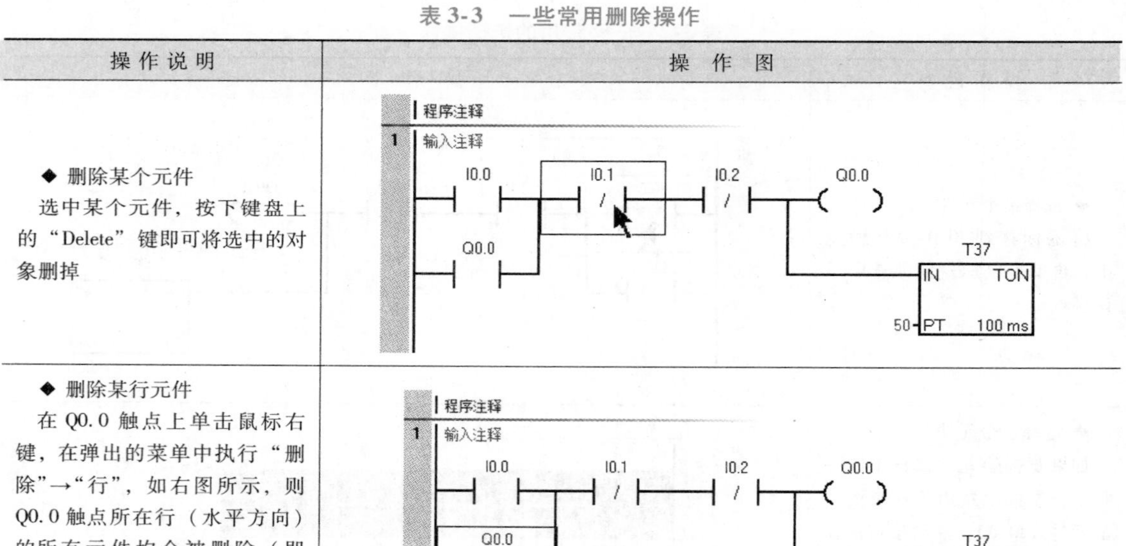
◆ 删除某行元件 在 Q0.0 触点上单击鼠标右键，在弹出的菜单中执行“删除”→“行”，如右图所示，则 Q0.0 触点所在行（水平方向）的所有元件均会被删除（即 Q0.0 触点和 T37 定时器都会被删除） ◆ 删除某列元件 在 Q0.0 触点上单击右键，在弹出的菜单中执行“删除”→“列”，则 Q0.0 触点所在列（垂直方向）的所有元件均会被删除（即 I0.0、Q0.0 和 T37 触点都会被删除） ◆ 删除垂直线 在 Q0.0 触点上单击鼠标右键，在弹出的菜单中执行“删除”→“垂直”，则 Q0.0 触点右边的垂直线会被删除	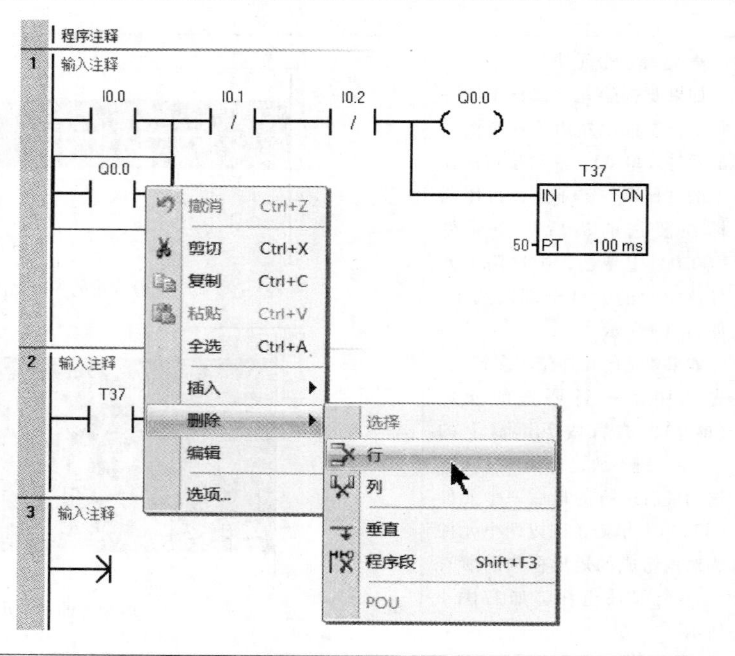

（续）

操 作 说 明	操　作　图
◆ 删除程序段 在要删除的程序段左边的灰条上单击，该程序段被全选，按下键盘上的“Delete”键即可将该程序段内容全部删掉。 另外，在要删除的程序段区域单击鼠标右键，在弹出的菜单中执行“删除”→“程序段”也可以将该程序段所有内容删掉	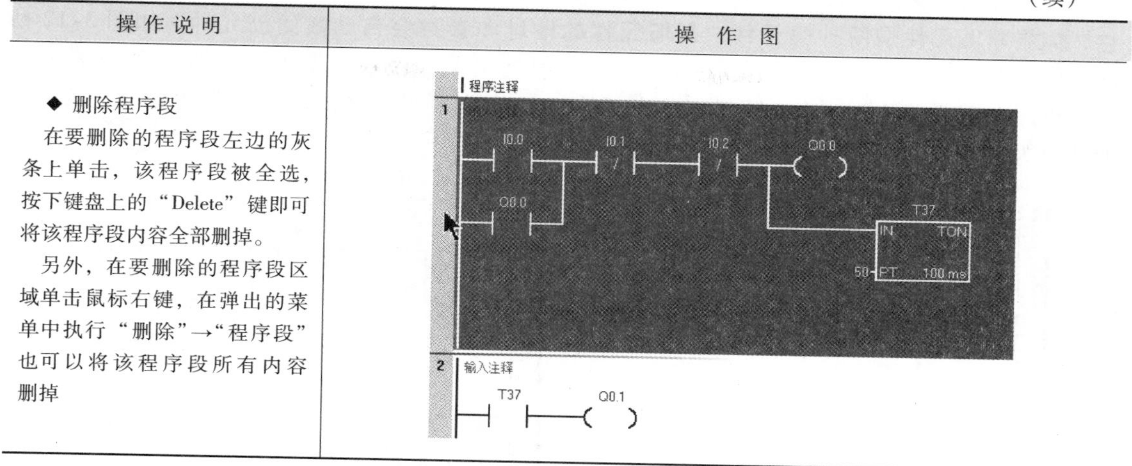

3. 插入与覆盖操作

STEP 7-Micro/WIN SMART 软件有插入（INS）和覆盖（OVR）两种编辑模式，在软件窗口的状态栏可以查看到当前的编辑模式，如图 3-10 所示，按键盘上的“Insert”键可以切换当前的编辑模式，默认处于插入模式。

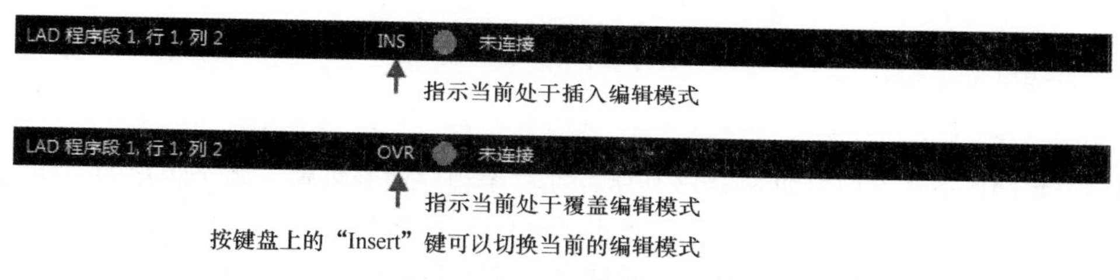

图 3-10　状态栏在两种编辑模式下的显示

当软件处于插入模式（INS）进行插入元件操作时，会在光标所在的元件之前插入一个新元件。如图 3-11 所示，软件窗口下方状态栏出现“INS”表示当前处于插入模式，用光标选中 I0.0 常开触点，再用右键菜单进行插入触点操作，会在 I0.0 常开触点之前插入一个新的常开触点。

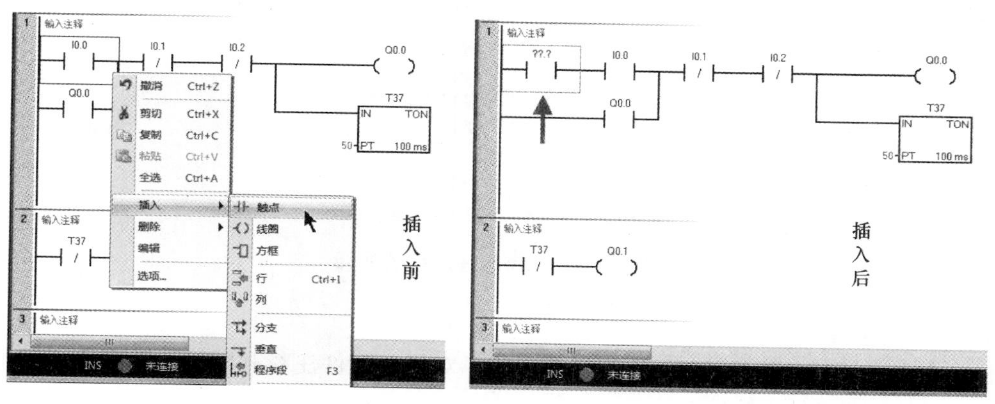

图 3-11　在插入模式时进行插入元件操作

当软件处于覆盖模式（OVR）进行插入元件操作时，插入的新元件将替换光标处的旧元件，如果新旧元件是同一类元件，则旧元件的地址和参数会自动赋给新元件。如图3-12所示，软件窗口下方状态栏出现“OVR”表示当前处于覆盖模式，先用光标选中I0.0常开触点，再用右键菜单插入一个常闭触点，光标处的I0.0常开触点替换成一个常闭触点，其默认地址仍为I0.0。

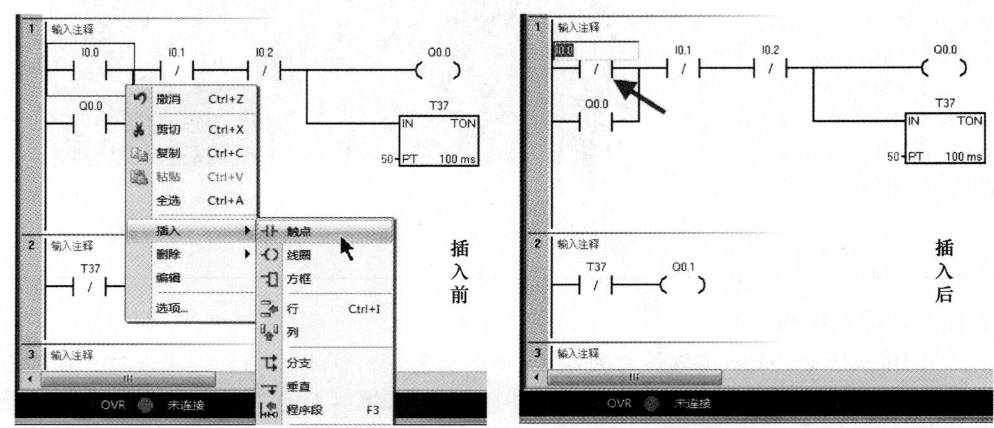

图3-12　在覆盖模式时进行插入元件操作

3.3.2　程序的注释

1. 程序与程序段的注释

程序与程序段的注释位置如图3-13所示，在整个程序注释处输入整个程序的说明文字，在程序段注释处输入本程序段的说明文字。单击工具栏上的POU注释工具可以隐藏或显示程序注释，单击工具栏上的程序段注释工具可以隐藏或显示程序段注释。

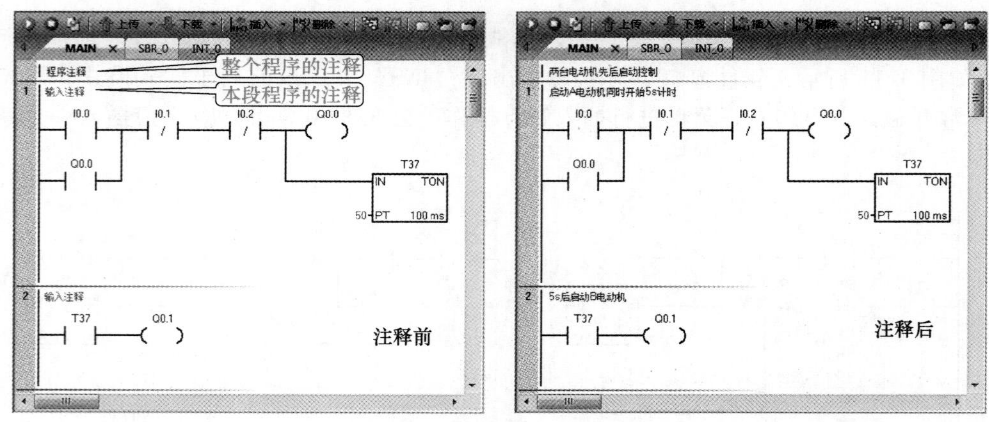

图3-13　程序与程序段的注释

2. 指令元件注释

梯形图程序是由一个个指令元件连接组成的，对指令元件注释有助于读懂程序段和整个程序，指令元件注释可使用符号表。

用符号表对指令元件的注释如图3-14所示。在项目指令树区域展开“符号表”，再双击其中的“I/O 符号”，打开符号表且显示 I/O 符号表（见图 3-14a）。在 I/O 符号表中将地址 I0.0、I0.1、I0.2、Q0.0、Q0.1 默认的符号按图 3-14b 进行更改，比如地址 I0.0 默认的符号是“CPU 输入 0”，现将其改成“启动 A 电动机”，然后单击符号表下方的“表格 1”选项卡，切换到表格 1，如图 3-14c 所示，在地址栏输入“T37”，在符号栏输入“定时 5s”，注意不能输入“5s 定时”，因为符号不能以数字开头，如果输入的符号为带下波浪线的红色文字，表示该符号语法错误。在符号表中给需要注释的元件输入符号后，单击符号表上方的“将符号应用到项目”按钮，如图 3-14d 所示，程序中的元件旁马上出现符号，比如 I0.0 常开触点显示“启动 A 电动机：I0.0”，其中“启动 A 电动机”为符号（也即是元件注释），I0.0 为触点的绝对地址（或称元件编号），如果元件旁未显示符号，可单击菜单栏的“视图”，在横向条形菜单中选择“符号：绝对地址”，即可让程序中元件旁同时显示绝对地址和符号，如果选择“符号”，则只显示符号，不会显示绝对地址。

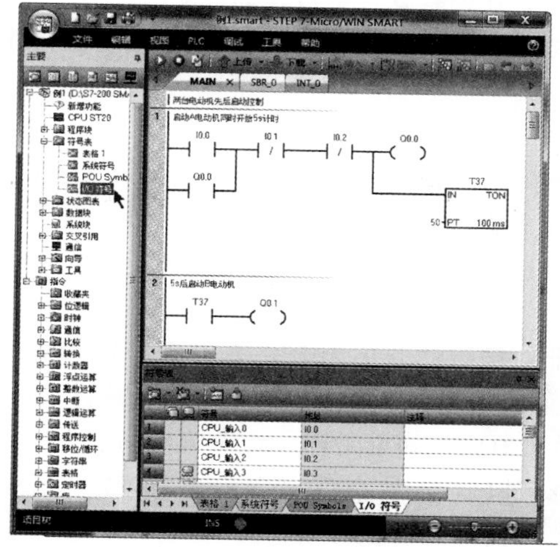

a) 打开符号表

b) 在 I/O 表中输入 I/O 元件的符号

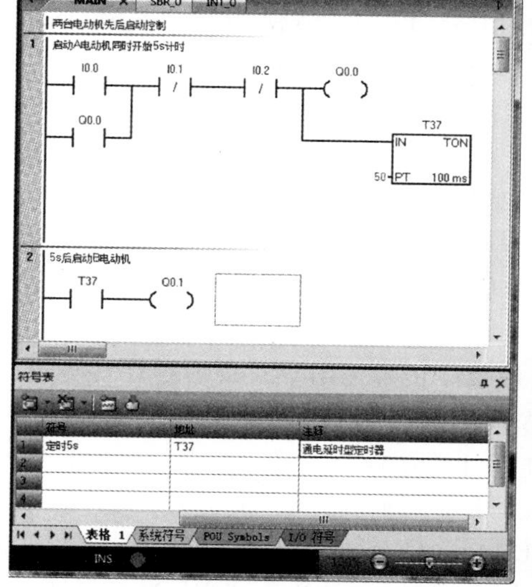

c) 在表格 1 中输入其他元件的符号

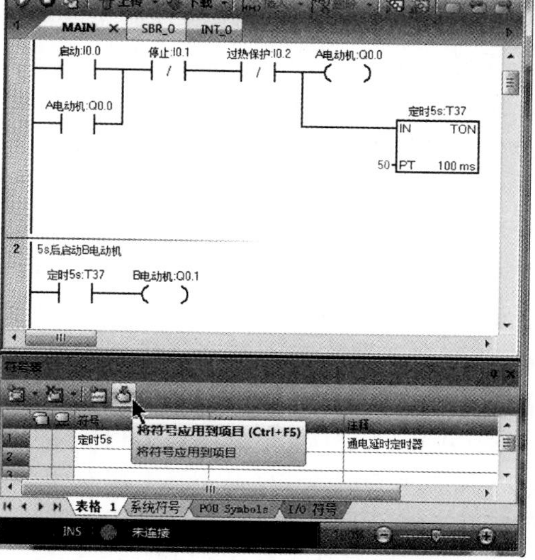

d) 单击“将符号应用到项目”按钮使符号生效

图 3-14　用符号表对指令元件进行注释

3.4 程序的监控与调试

程序编写完成后，需要检查程序能否达到控制要求，检查方法主要有：①从头到尾对程序进行分析来判断程序是否正确，这种方法最简单，但要求编程人员有较高的PLC理论水平和分析能力；②将程序写入PLC，再给PLC接上电源和输入输出设备，通过实际操作来观察程序是否正确，这种方法最直观可靠，但需要用到很多硬件设备并对其接线，工作量大；③用软件方式来模拟实际操作，同时观察程序运行情况来判断程序是否正确，这种方法不用实际接线又能观察程序运行效果，所以适合大多数人使用，本节就介绍这种方法。

3.4.1 用梯形图监控调试程序

在监控调试程序前，需要先将程序下载到PLC，让编程软件中打开的程序与PLC中的程序保持一致，否则无法进行监控。进入监控调试模式后，PLC中的程序运行情况会在编程软件中以多样方式同步显示出来。

用梯形图监控调试程序操作过程如下：

1）进入程序监控调试模式。单击“调试”菜单下“程序状态”工具，如图3-15a所示，梯形图编辑器中的梯形图程序马上进入监控状态，编辑器中的梯形图运行情况与PLC内的程序运行保持一致。图3-15a梯形图中的元件都处于“OFF”状态，常闭触点I0.0、I0.1中有蓝色的方块，表示程序运行时这两个触点处于闭合状态。

2）强制I0.0常开触点闭合（模拟I0.0端子外接启动开关闭合）查看程序运行情况。在I0.0常开触点的符号上单击鼠标右键，在弹出的菜单中选择“强制”，会弹出“强制”对话框，将I0.0的值强制为“ON”，如图3-15b所示；这样I0.0常开触点闭合，Q0.0线圈马上得电（线圈中出现蓝色方块，并且显示Q0.0 = ON，同时可观察到PLC上的Q0.0指示灯也会亮），如图3-15c所示，定时器上方显示“+20 = T37”表示定时器当前计时为20 × 100ms = 2s，由于还未到设定的计时值（50 × 100ms = 5s），故T37定时器状态仍为OFF，T37常开触点也为OFF，仍处于断开。5s计时时间到达后，定时器T37状态值马上变为ON，T37常开触点状态也变为ON而闭合，Q0.1线圈得电（状态值为ON），如图3-15d所示。定时器T37计到设定值50（设定时间为5s）时仍会继续增大，直至计到32767停止，在此期间状态值一直为ON。I0.0触点旁出现锁形图表示I0.0处于强制状态。

3）强制I0.0常开触点断开（模拟I0.0端子外接启动开关断开）查看程序运行情况。选中I0.0常开触点，再单击工具栏上的“取消强制”工具，如图3-15e所示，I0.0常开触点中间的蓝色方块消失，表示I0.0常开触点已断开，但由于Q0.0常开自锁触点的闭合，使Q0.0线圈、定时器T37、Q0.1线圈状态仍为ON。

4）强制I0.1常闭触点断开（模拟I0.1端子外接停止开关闭合）查看程序运行情况。在I0.1常开触点的符号上单击鼠标右键，在弹出的菜单中选择“强制”，会弹出“强制”对话框，将I0.1的值强制为“ON”，如图3-15f所示，这样I0.1常闭触点断开，触点中间的蓝色方块消失，Q0.0线圈和定时器T37状态马上变为OFF，定时器计时值变为0，由于T37常开触点状态为OFF而断开，Q0.1线圈状态也变为OFF（见图3-15g）。

在监控程序运行时，若发现程序存在问题，可停止监控（再次单击“程序状态”工具），对程序时进行修改，然后将修改后的程序下载到PLC，再进行程序监控运行，如此反复进行，直到程序运行符合要求为止。

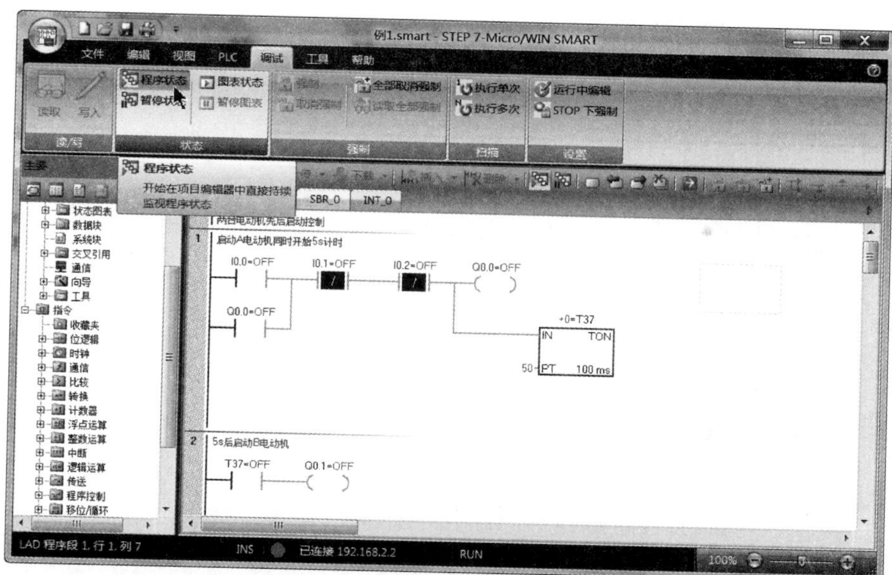

a) 单击“调试”菜单下“程序状态”工具后梯形图程序会进入监控状态

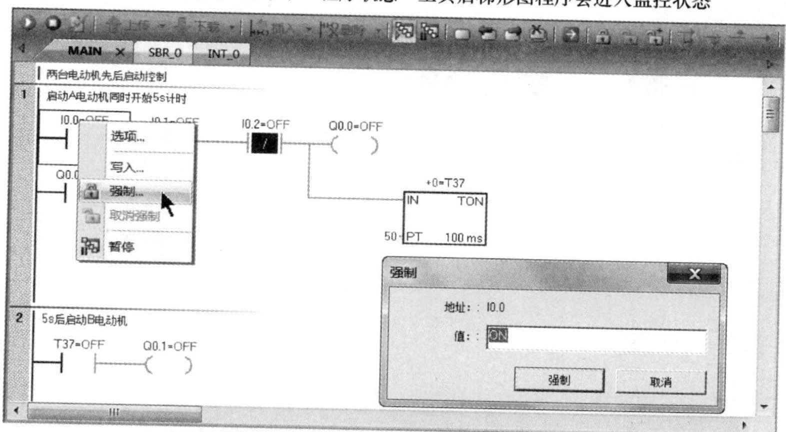

b) 在 I0.0 常开触点的符号上单击鼠标右键并用右键菜单将 I0.0 的值强制为“ON”

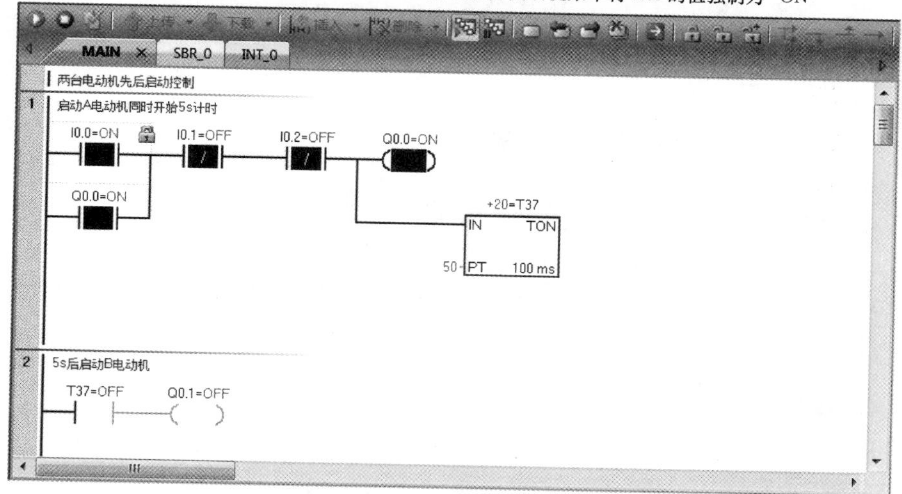

c) 将 I0.0 的值强制为“ON”时的程序运行情况（定时时间未到 5s）

图 3-15　梯形图的运行监控调试

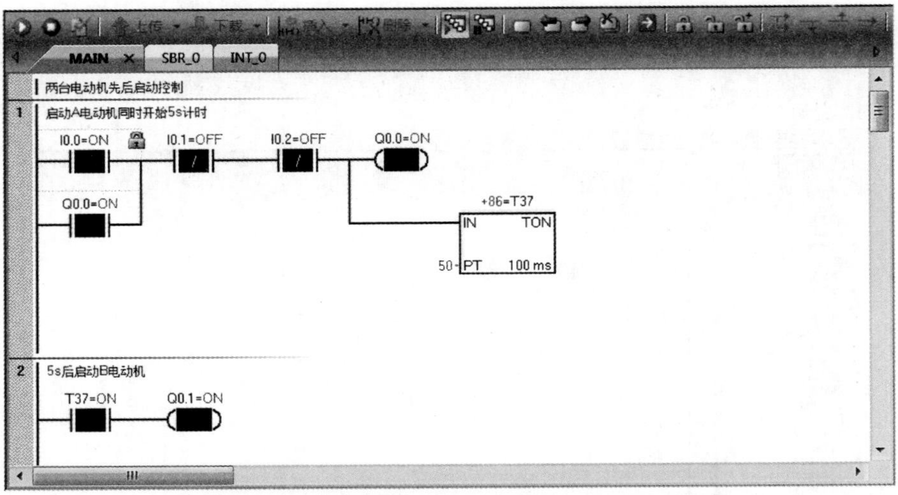

d) 将 I0.0 的值强制为“ON”时的程序运行情况（定时时间已到 5s）

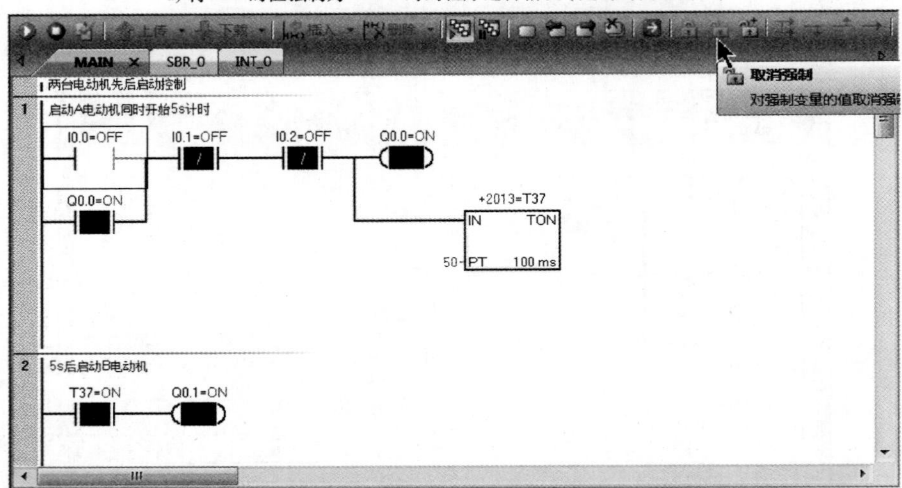

e) 取消 I0.0 的值的强制 (I0.0 恢复到“OFF”)

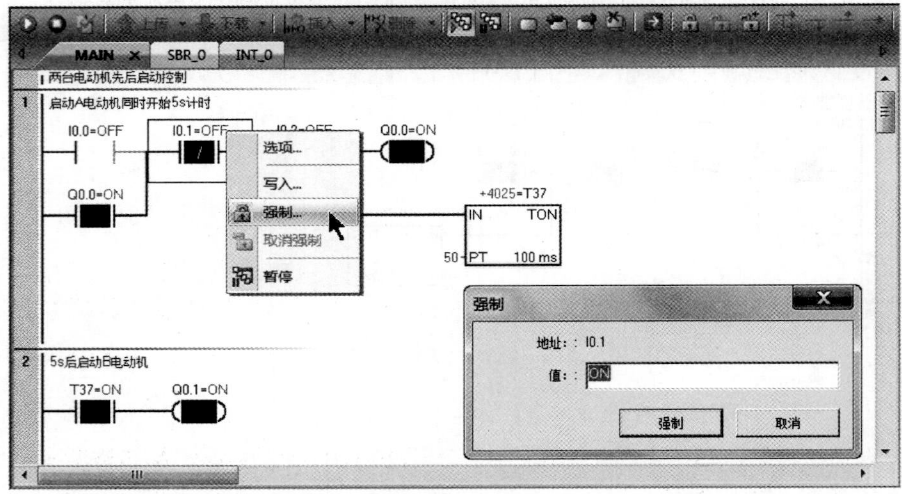

f) 将 I0.1 常闭触点的值强制为“ON”

图 3-15　梯形图的运行监控调试（续）

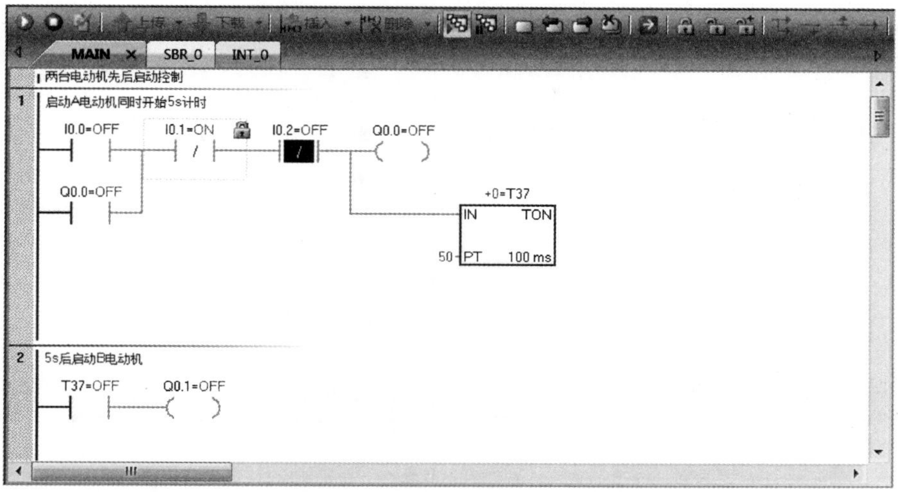

g) I0.1 常闭触点的值为“ON”时的程序运行情况

图 3-15　梯形图的运行监控调试（续）

3.4.2　用状态图表的表格和趋势图监控调试程序

除了可以用梯形图监控调试程序外，还可以使用状态图表的表格来监控调试程序。

在项目指令树区域展开“状态图表”，用鼠标双击其中的“图表 1”，打开状态图表，如图 3-16a 所示，在图表 1 的地址栏输入梯形图中要监控调试的元件地址（I0.0、I0.1…），在格式栏选择各元件数据类型，I、Q 元件都是位元件只有 1 位状态位，定时器有状态位和计数值两种数据类型，状态位为 1 位，计数值为 16 位（1 位符号位，15 位数据位）。

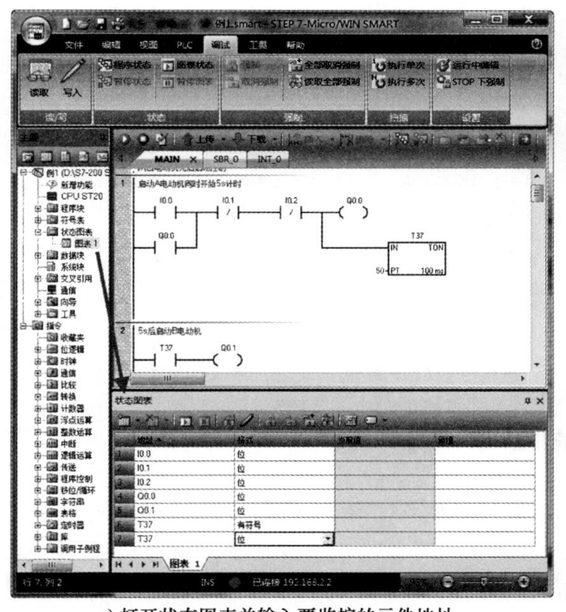

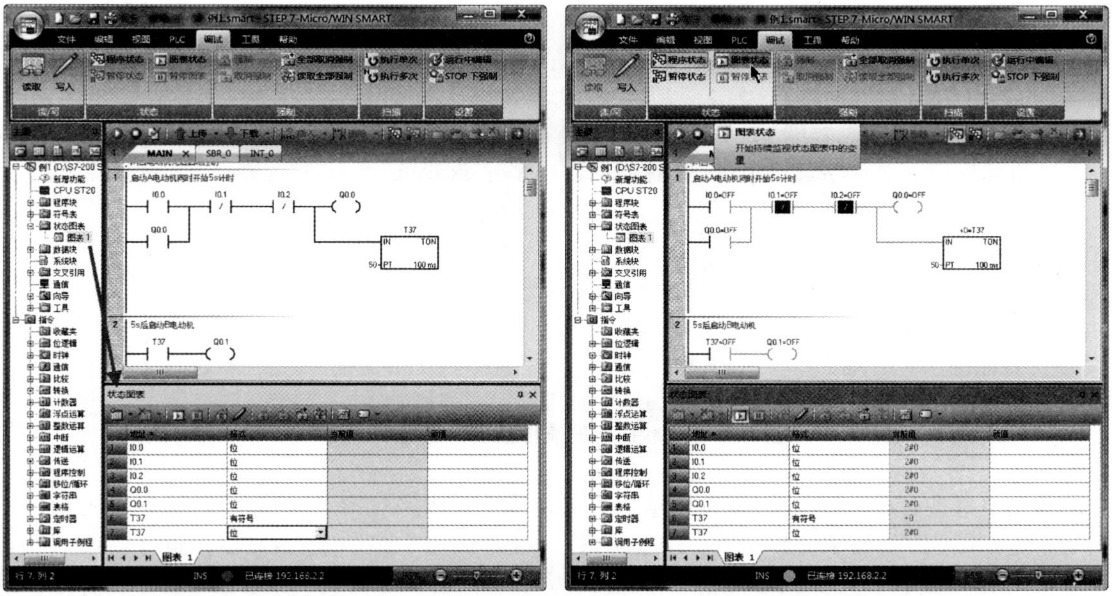

a) 打开状态图表并输入要监控的元件地址

b) 启动梯形图和状态图表监控

图 3-16　用状态图的表格监控调试程序

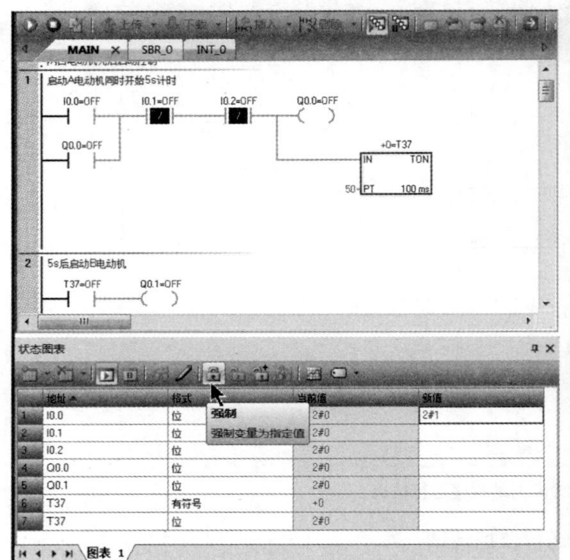

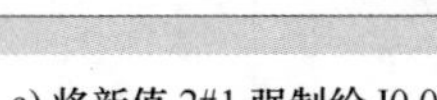

c) 将新值 2#1 强制给 I0.0

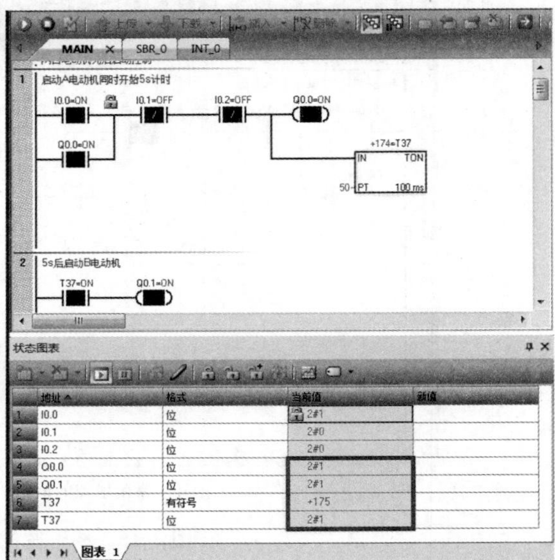

d) I0.0 强制新值后梯形图和状态图表的元件状态

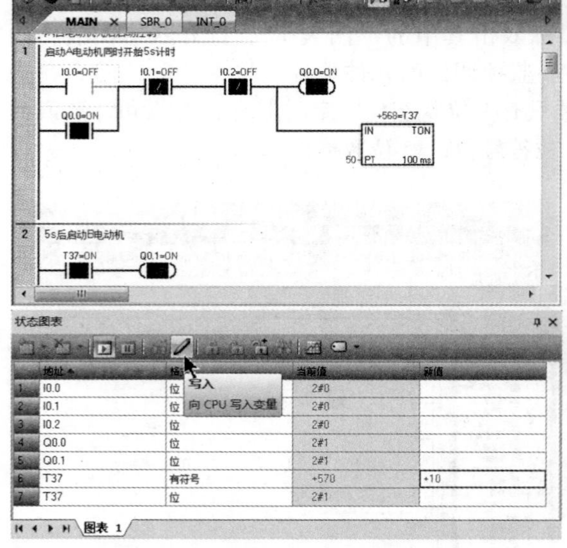

e) 将新值 +10 写入覆盖 T37 的当前计数值

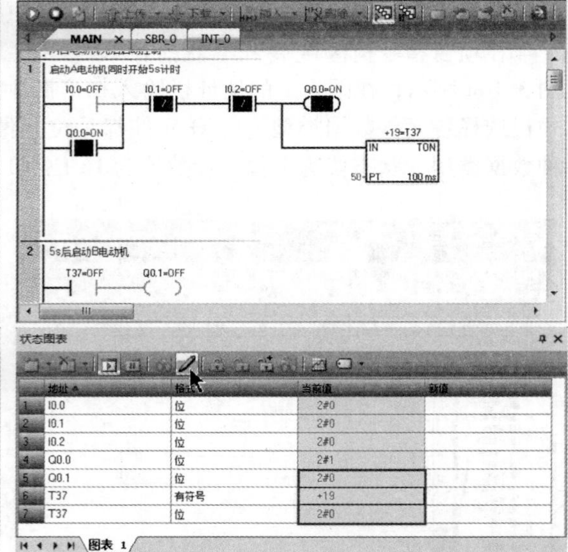

f) T37 写入新值后梯形图和状态图表的元件状态

图 3-16　用状态图的表格监控调试程序（续）

为了更好理解状态图表的监控调试，可以让梯形图和状态图表监控同时进行，先后单击“调试”菜单中的“程序状态”和“图表状态”，启动梯形图和状态图表监控，如图 3-16b 所示，梯形图中的 I0. 1 和 I0. 2 常闭触点中间出现蓝色方块，同时状态图表的当前值栏显示出梯形图元件的当前值，比如 I0. 0 的当前值为 2#0（表示二进制数 0，即状态值为 OFF），T37 的状态位值为 2#0，计数值为 +0（表示十进制数 0）。在状态图表 I0. 0 的新值栏输入 2#1，再单击状态图表工具栏上的“强制”，如图 3-16c 所示，将 I0.0 值强制为 ON，梯形图中的 I0.0 常开触点强制闭合，Q0.0 线圈得电（状态图表中的 Q0.0 当前值由 2#0 变为 2#1）、T37 定时器开始计时（状态图表中的 T37 计数值的当前值不断增大，计到 50 时，T37 的状态位值由 2#0 变为 2#1），Q0.1 线圈马上得电（Q0.0 当前值由 2#0 变为 2#1），如图 3-16d 所示。在状态图表 T37 计数值的新值栏输入 +10，再单击状态图表工具栏上的“写入”，如图 3-16e 所示，将新值 +10 写入覆盖 T37 的当前计数值，T37 从 10 开始计时，由于 10 小于设定计数值 50，故 T37 状态位当前值由 2#1 变为 2#0，T37 常开触点又断开，Q0.1 线圈失电，如图 3-16f 所示。

需要注意的是，I、AI 元件只能用硬件（如闭合 I 端子外接开关）方式或强制方式赋新值，而 Q、T 等元件既可用强制也可用写入方式赋新值。

3.4.3　用状态图表的趋势图监控调试程序

在状态图表中使用表格监控调试程序容易看出程序元件值的变化情况，而使用状态图表中的趋势图（也称时序图），则易看出元件值随时间变化的情况。

在使用状态图表的趋势图监控程序时，一般先用状态图表的表格输入要监控的元件，再开启梯形图监控（即程序状态监控），然后单击状态图表工具栏上的“趋势视图”工具，如图 3-17a 所示，切换到趋势图。而后单击“图表状态”工具，开启状态图表监控，如图 3-17b 所示，可以看到随着时间的推移，I0.2、Q0.0、Q0.1 等元件的状态值一直为 OFF（低电平）。在梯形图或趋势图中用右键菜单将 I0.0 强制为 ON，I0.0 常开触点闭合，Q0.0 线圈马上得电，其状态为 ON（高电平），5s 后 T37 定时器和 Q0.1 线圈状态值同时变为 ON，如图 3-17c 所示。在梯形图或趋势图中用右键菜单将 I0.1 强制为 ON，I0.1 常闭触点断开，Q0.0、T37、Q0.1 同时失电，其状态均变为 OFF（低电平），如图 3-17d 所示。

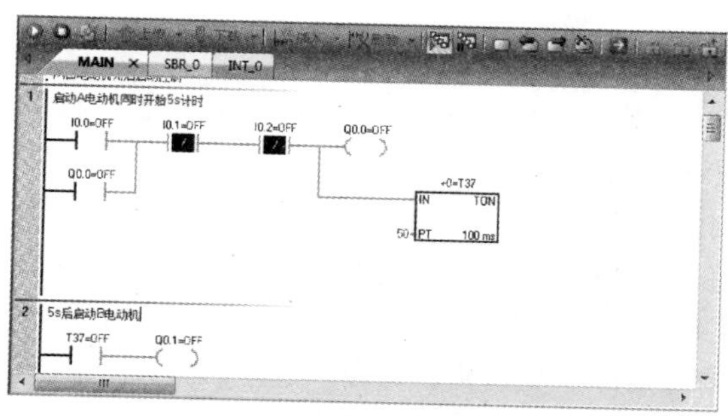

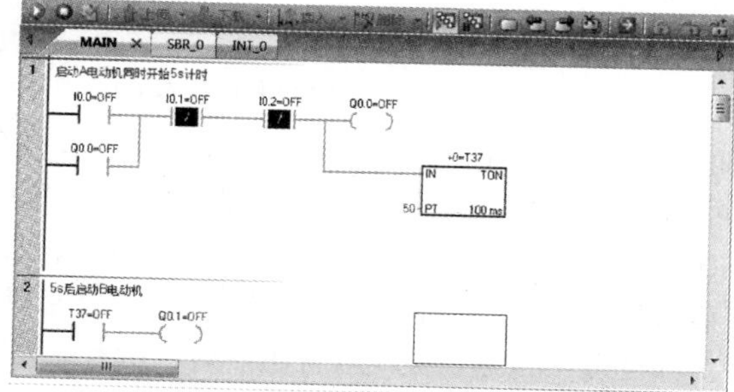

a) 单击“趋势视图”工具切换到趋势图

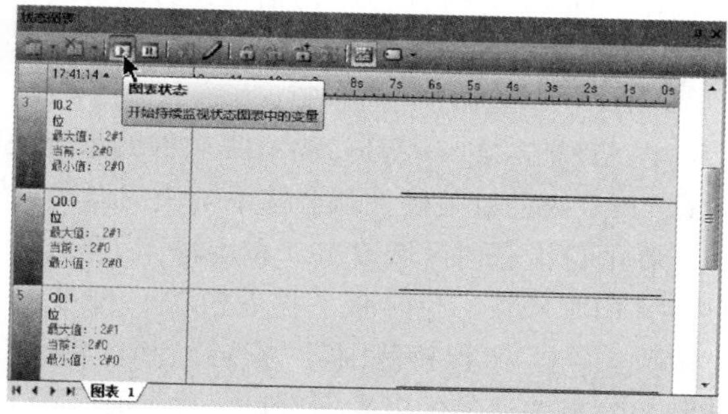

b) 单击“图表状态”工具开始趋势图监控

图 3-17　用状态图表的趋势图监控调试程序

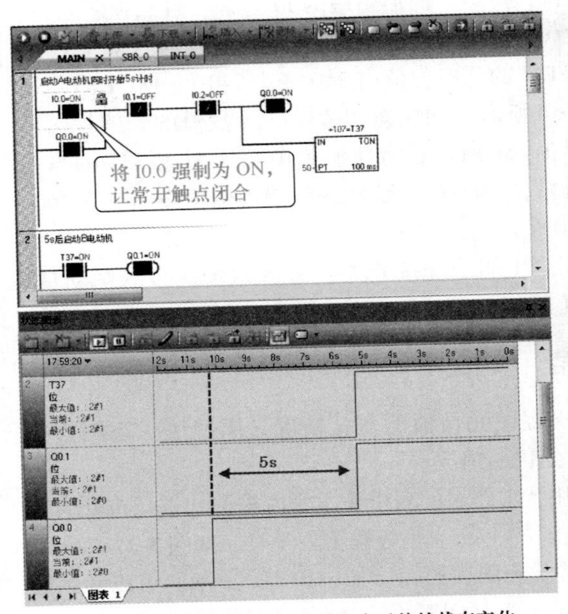

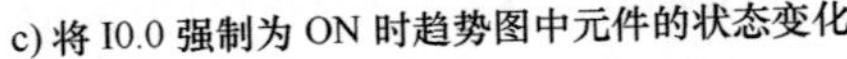
c) 将 I0.0 强制为 ON 时趋势图中元件的状态变化

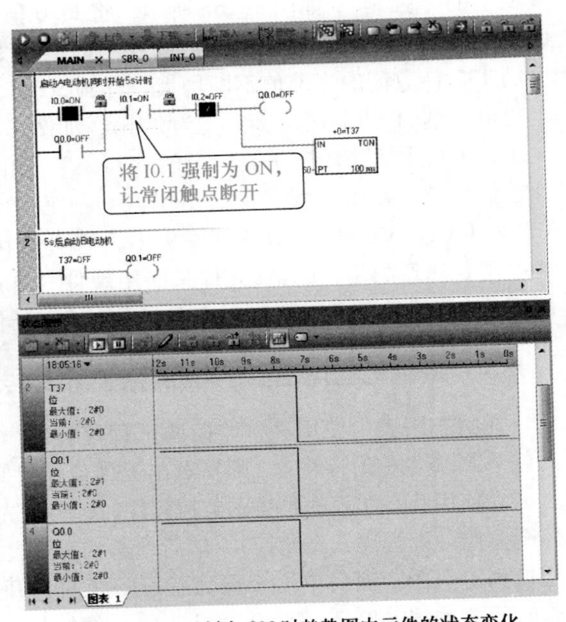

d) 将 I0.1 强制为 ON 时趋势图中元件的状态变化

图 3-17　用状态图表的趋势图监控调试程序（续）

3.5　对象设置、硬件组态与数据复制

3.5.1　常用对象的设置

在 STEP 7-Micro/WIN SMART 软件中，用户可以根据自己的习惯对很多对象进行设置。在设置时，单击菜单栏的“工具”，再单击下方横向条形菜单中的“选项”，弹出“Options（选项）”对话框，如图 3-18 所示。对话框左边为可设置的对象，右边为左边选中对象的设置内容，图中左边的“常规”被选中，右边为常规设置内容，在语言项默认为“简体中文”，如果将其设为“英语”，则关闭软件重启后，软件窗口会变成英文界面，如果设置混乱，可以单击右下角的“全部复位”按钮，关闭软件重启后，所有的设置内容全部恢复到初始状态。

在“Options（选项）”对话框还可以对编程软件进行其他一些设置。

3.5.2　硬件组态

在 STEP 7-Micro/WIN SMART 软件的系统块中可对 PLC 硬件进行设置，然后将系统块下载到 PLC，PLC 内的有关硬件就会按系统块的设置工作。

在项目指令树区域双击“系统块”，弹出图 3-19a 所示的“系统块”对话框，上方为 PLC 各硬件（CPU 模块、信号板、扩展模块）型号配置，下方可以对硬件的“通信”“数字量输入”“数字量输出”“保持范围”“安全”和“启动”进行设置，默认处于“通信”设置状态，在右边可以对有关通信的以太网端口、背景时间和 RS-485 端口进行设置。

一些 PLC 的 CPU 模块上有 RUN/STOP 开关，可以控制 PLC 内部程序的运行/停止，而 S7-200 SMART CPU 模块上没有 RUN/STOP 开关，CPU 模块上电后处于何种模式可以通过系统块设置。在“系统块”对话框的左边单击“启动”项，如图 3-19b 所示，然后单击左边 CPU

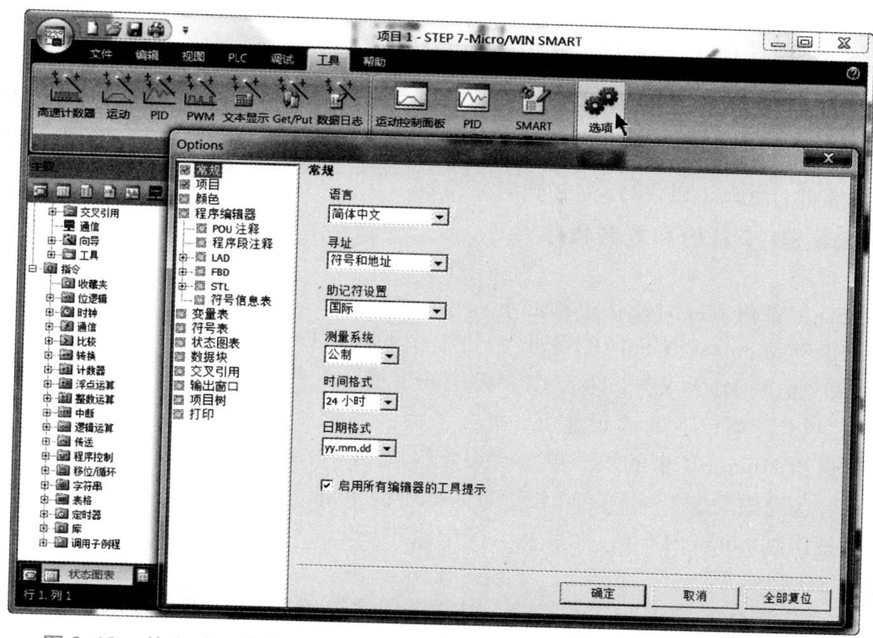

图 3-18　单击“工具”菜单中的“选项”即弹出软件常用对象设置对话框

模式项的下拉按钮，选择 CPU 模块上电后的工作模式，有 STOP、RUN、LAST 三种模式供选择，LAST 模式表示 CPU 上次断电前的工作模式，当设为该模式时，若 CPU 模块上次断电前为 RUN 模式，一上电就工作在 RUN 模式。

在系统块中对硬件配置后，需要将系统块下载到 CPU 模块，其操作方法与下载程序相同，只不过下载对象要选择“系统块”，如图 3-19c 所示。

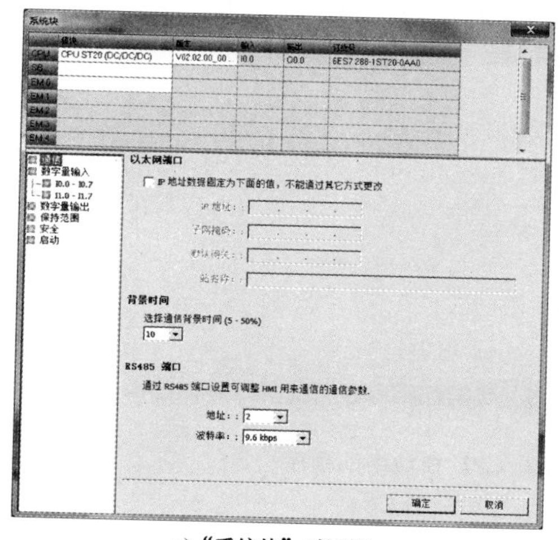

a) “系统块”对话框

b) 在“启动”项中设置 CPU 模块上电后的工作模式

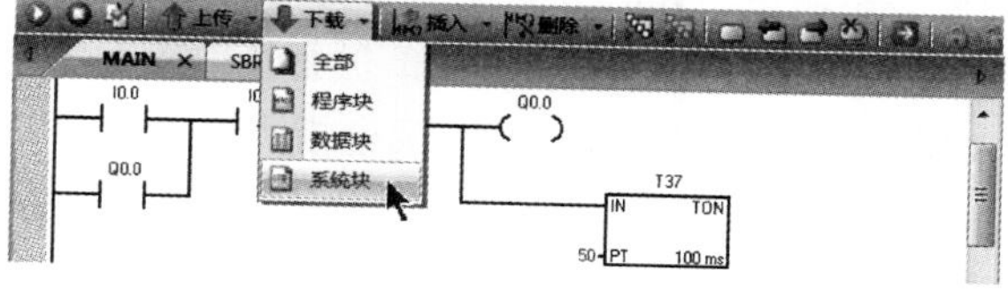

c) 系统块设置后需将其下载到 CPU 模块才能生效

图 3-19　使用系统块配置 PLC 硬件

3.5.3 用存储卡备份、复制程序和刷新固件

S7-200 SMART CPU 模块上有一个 Micro SD 卡槽，可以安插 Micro SD 卡（大多数手机使用的 TF 卡），使用 Micro SD 卡主要可以：①将一台 CPU 模块的程序复制到另一台 CPU 模块；②给 CPU 模块刷新固件；③将 CPU 模块恢复到出厂设置。

1. 用 Micro SD 卡备份和复制程序

（1）备份程序

用 Micro SD 卡备份程序时操作过程如下：

1）在 STEP 7-Micro/WIN SMART 软件中将程序下载到 CPU 模块。

2）将一张空白的 Micro SD 卡插入 CPU 模块的卡槽。

3）单击“PLC”菜单下的“设定”，弹出“程序存储卡”对话框，如图 3-20 所示，选择 CPU 模块要传送给 Micro SD 卡的块，单击“设定”按钮，系统会将 CPU 模块中相应的块传送给 Micro SD 卡，传送完成后，“程序存储卡”对话框中会出现“编程已成功完成”，这样 CPU 模块中的程序就被备份到 Micro SD 卡，而后从卡槽中拔出 Micro SD 卡（不拔出 Micro SD 卡，CPU 模块会始终处于 STOP 模式）。

CPU 模块的程序备份到 Micro SD 卡后，用读卡器读取 Micro SD 卡，会发现原先空白的卡上出现一个“S7_JOB. S7S”文件和一个“SIMATIC. S7S”文件夹（文件夹中含有 5 个文件）。

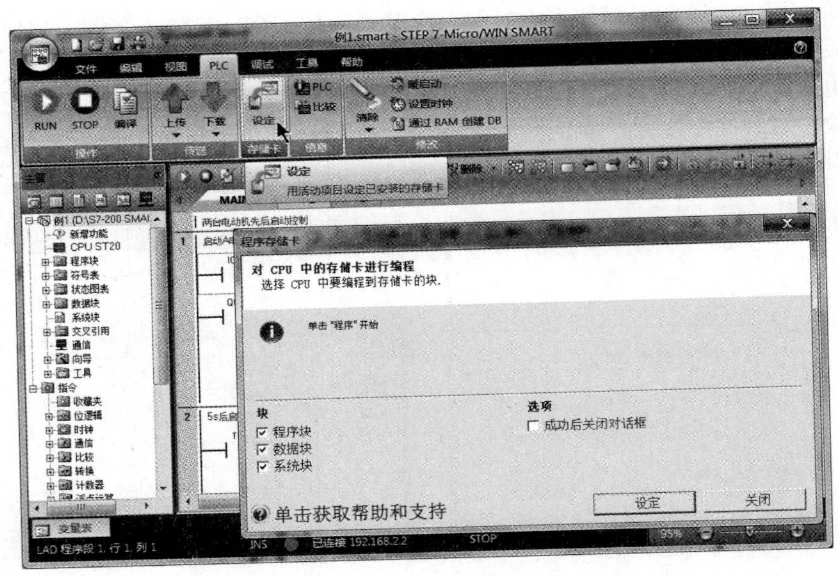

图 3-20 用 Micro SD 卡备份 CPU 模块中的程序

（2）复制程序

用 Micro SD 卡复制程序比较简单，在断电的情况下将已备份程序的 Micro SD 卡插入另一台 S7-200 SMART CPU 模块的卡槽，然后给 CPU 模块通电，CPU 模块自动将 Micro SD 卡中的程序复制下来，在复制过程中，CPU 模块上的 RUN、STOP 两个指示灯以 2Hz 的频率交替点亮，当只有 STOP 指示灯闪烁时才表示复制结束，才能拔出 Micro SD 卡。若将 Micro SD 卡插入先前备份程序的 CPU 模块，则可将 Micro SD 卡的程序还原到该 CPU 模块中。

2. 用 Micro SD 卡刷新固件

PLC 的性能除了与自身硬件有关外，还与内部的固件（firmware）有关，通常固件版本越

高，PLC 性能越强。如果 PLC 的固件版本低，可以用更高版本的固件来替换旧版本固件（刷新固件）。

用 Micro SD 卡对 S7-200 SMART CPU 模块刷新固件的操作过程如下：

1）查看 CPU 模块当前的固件版本。在 STEP 7-Micro/WIN SMART 软件中新建一个空白项目，然后执行上传操作，在上传操作成功（表明计算机与 CPU 模块通信正常）后，单击“PLC”菜单下的“PLC”，如图 3-21a 所示，弹出“PLC 信息”对话框（见图 3-21b），在左边的“设备”项中选中当前连接的 CPU 模块型号，在右边可以看到其固件版本为“V02. 02…”。

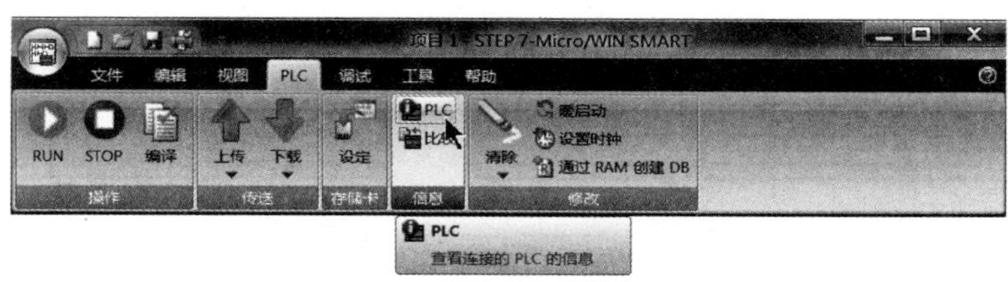

a) 单击“PLC”菜单下的“PLC”

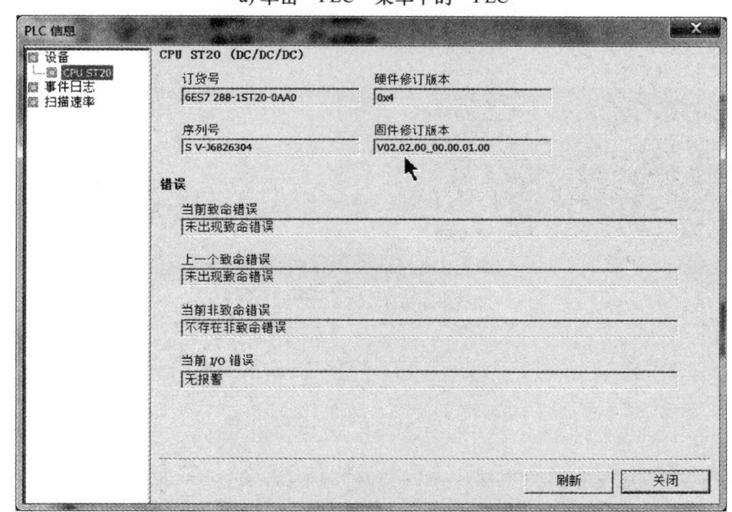

b)“PLC 信息”对话框显示 CPU 模块当前固件版本为“V02.02…”

图 3-21　查看 CPU 模块当前的固件版本

2）下载新版本固件并复制到 Micro SD 卡。登录西门子下载中心（网址：www. ad. siemens. com. cn/download/），搜索“S7-200 SMART 固件”，找到新版本固件，如图 3-22a 所示，下载并解压后，可以看到一个“S7_JOB. S7S”文件和一个“FWUPDATE. S7S”文件夹，如图 3-22b 所示，打开该文件夹，可以看到多种型号 CPU 模块的固件文件，其中就有当前需刷新固件的 CPU 模块型号，如图 3-22c 所示，将“S7_JOB. S7S”文件和“FWUPDATE. S7S”文件夹（包括文件夹中所有文件）复制到一张空白 Micro SD 卡上。

3）刷新固件。在断电的情况下，将已复制新固件文件的 Micro SD 卡插入 CPU 模块的卡槽，然后给 CPU 模块上电，CPU 模块会自动安装新固件。在安装过程中，CPU 模块上的 RUN、STOP 两个指示灯以 2Hz 的频率交替点亮，当只有 STOP 指示灯闪烁时表示新固件安装结束，再拔出 Micro SD 卡。

固件刷新后，可以在 STEP 7-Micro/WIN SMART 软件中查看 CPU 模块的版本，如图 3-22d 所示，在“PLC 信息”对话框显示其固件版本为“V02. 03…”。

a) 登录西门子下载中心下载新版本固件

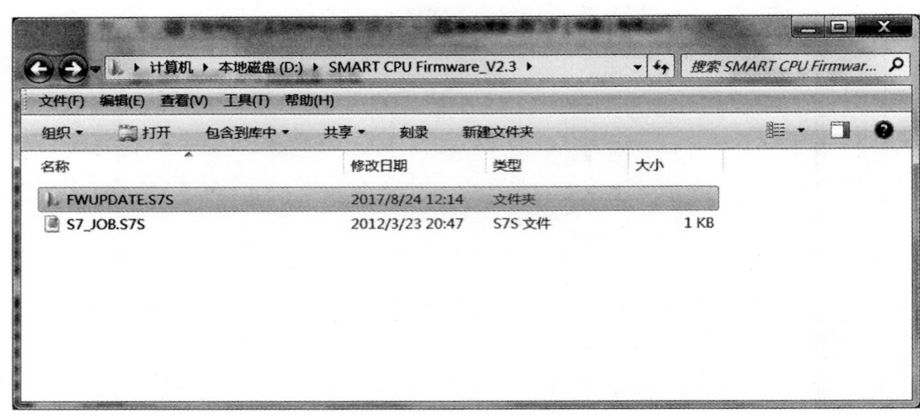

b) 新固件由“S7_JOB.S7S”文件和“FWUPDATE.S7S”文件夹组成

« 本地磁盘 (D:) ▸ SMART CPU Firmware_V2.3 ▸ FWUPDATE.S7S

搜索 FWUPDATE.S7S

文件(F) 编辑(E) 查看(V) 工具(T) 帮助(H)

组织 ▾ 包含到库中 ▾ 共享 ▾ 刻录 新建文件夹

名称	修改日期	类型	大小
6ES7 288-1SR20-0AA0 V02.03.00.upd	2017/6/23 11:00	UPD 文件	1,470 KB
6ES7 288-1SR30-0AA0 V02.03.00.upd	2017/6/23 11:00	UPD 文件	1,470 KB
6ES7 288-1SR40-0AA0 V02.03.00.upd	2017/6/23 11:00	UPD 文件	1,470 KB
6ES7 288-1SR60-0AA0 V02.03.00.upd	2017/6/23 11:00	UPD 文件	1,470 KB
6ES7 288-1ST20-0AA0 V02.03.00.upd	2017/6/23 11:00	UPD 文件	1,470 KB
6ES7 288-1ST30-0AA0 V02.03.00.upd	2017/6/23 11:00	UPD 文件	1,470 KB
6ES7 288-1ST40-0AA0 V02.03.00.upd	2017/6/23 11:00	UPD 文件	1,470 KB
6ES7 288-1ST60-0AA0 V02.03.00.upd	2017/6/23 11:00	UPD 文件	1,470 KB

c) 打开“FWUPDATE.S7S”文件夹查看有无所需 CPU 型号的固件文件

图 3-22　下载并安装新版本固件

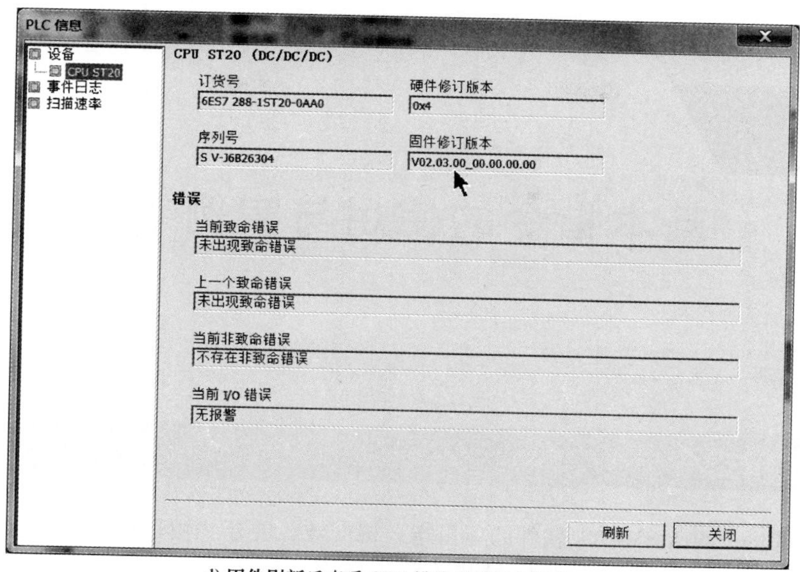

d) 固件刷新后查看 CPU 模块的新固件版本

图 3-22　下载并安装新版本固件（续）

3. 用 Micro SD 卡将 PLC 恢复到出厂值

在 PLC 加密而又不知道密码情况下，如果仍想使用 PLC，或者在 PLC 里面设置了固定的 IP 地址，利用这个 IP 地址无法与计算机通信，导致 IP 地址无法修改时，可以考虑将 PLC 恢复到出厂值。

用 Micro SD 卡将 PLC 恢复到出厂值操作过程如下：

1）编写一个 S7_JOB. S7S 文件并复制到 Micro SD 卡。打开计算机自带的记事本程序，输入一行文字“RESET_TO_FACTORY”，该行文字是让 CPU 模块恢复到出厂值的指令，不要输入双引号，然后将其保存成一个文件名为“S7_JOB. S7S”的文件，再将该文件复制到一张空白 Micro SD 卡中。

2）将 Micro SD 卡插入 CPU 模块恢复到出厂值。在断电的情况下，将含有 S7_JOB. S7S 文件（该文件写有一行“RESET_TO_FACTORY”文字）的 Micro SD 卡插入 CPU 模块的卡槽，然后给 CPU 模块上电，CPU 模块自动执行 S7_JOB. S7S 文件中的指令，恢复到出厂值。

需要注意的是，恢复出厂值会清空 CPU 模块内的程序块、数据块和系统块，不会改变 CPU 模块的固件版本。

第 4 章

基本指令的使用与实例

4.1 位逻辑指令

在 STEP 7-Micro/WIN SMART 软件的项目指令树区域，展开“位逻辑”指令包，可以查看到所有的位逻辑指令，如图 4-1 所示。位逻辑指令有 16 条，可大致分为触点指令、线圈指令、立即指令、RS 触发器指令和空操作指令。

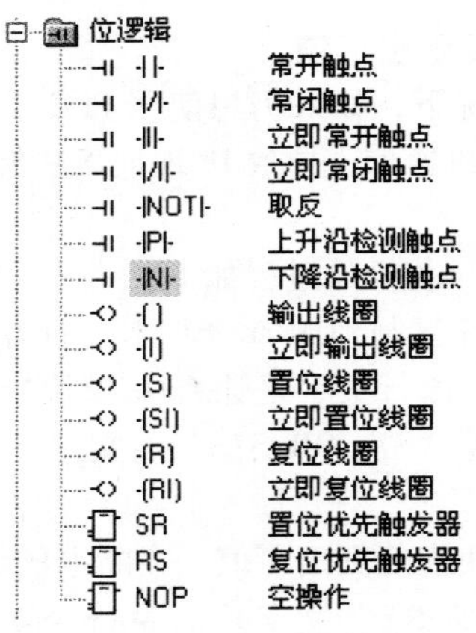

图 4-1 位逻辑指令

4.1.1 触点指令

触点指令可分为普通触点指令和边沿检测指令。

1. 普通触点指令

普通触点指令说明如下：

指令标识	梯形图符号及名称	说　明	可用软元件	举　例
┤ ├	??.? ┤ ├ 常开触点	当??.? 位为 1（ON）时，??.? 常开触点闭合，为 0（OFF）时常开触点断开	I、Q、M、SM、T、C、L、S、V	I0.1　A 当 I0.1 位为 1 时，I0.1 常开触点处于闭合，左母线的能流通过触点流到 A 点

（续）

指令标识	梯形图符号及名称	说　明	可用软元件	举　例
┤/├	??.? ┤/├ 常闭触点	当??.? 位为 0 时，??.? 常闭触点闭合，为 1 时常闭触点断开	I、Q、M、SM、T、C、L、S、V	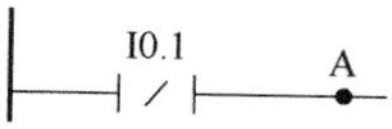 I0.1 A 当 I0.1 位为 0 时，I0.1 常闭触点处于闭合，左母线的能流通过触点流到 A 点
┤NOT├	┤NOT├ 取反	当该触点左方有能流时，经能流取反后右方无能流，左方无能流时右方有能流		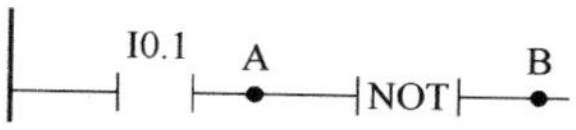 I0.1 A NOT B 当 I0.1 常开触点处于断开时，A 点无能流，经能流取反后，B 点有能流，这里的两个触点组合，功能与一个常闭触点相同

2. 边沿检测触点指令

边沿检测触点指令说明如下：

指令标识	梯形图符号及名称	说　明	举　例
┤P├	┤P├ 上升沿检测触点	当该指令前面的逻辑运算结果有一个上升沿（0→1）时，会产生一个宽度为一个扫描周期的脉冲，驱动后面的输出线圈	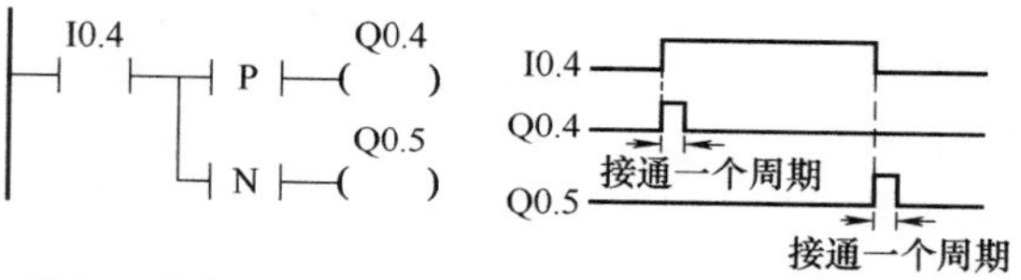 I0.4 P Q0.4 N Q0.5 I0.4 Q0.4 Q0.5 接通一个周期 接通一个周期 当 I0.4 触点由断开转为闭合时，会产生一个 0→1 的上升沿，P 触点接通一个扫描周期时间，Q0.4 线圈得电一个周期 当 I0.4 触点由闭合转为断开时，产生一个 1→0 的下降沿，N 触点接通一个扫描周期时间，Q0.5 线圈得电一个周期
┤N├	┤N├ 下降沿检测触点	当该指令前面的逻辑运算结果有一个下降沿（1→0）时，会产生一个宽度为一个扫描周期的脉冲，驱动后面的输出线圈	

4.1.2 线圈指令

1. 指令说明

线圈指令说明如下：

指令标识	梯形图符号及名称	说　明	操作数
-( )	??.? —( ) 输出线圈	当有输入能流时，??.? 线圈得电，能流消失后，??.? 线圈马上失电	??.? （软元件）：I、Q、M、SM、T、C、V、S、L，数据类型为布尔型 ???? （软元件的数量）：VB、IB、QB、MB、SMB、LB、SB、AC、*VD、*AC、*LD、常量，数据类型为字节型，范围 1～255
-(S)	??.? —(S) ???? 置位线圈	当有输入能流时，将??.? 开始的???? 个线圈置位（即让这些线圈都得电），能流消失后，这些线圈仍保持为 1（即仍得电）	
-(R)	??.? —(R) ???? 复位线圈	当有输入能流时，将??.? 开始的???? 个线圈复位（即让这些线圈都失电），能流消失后，这些线圈仍保持为 0（即失电）	

2. 指令使用举例

线圈指令的使用如图 4-2 所示。

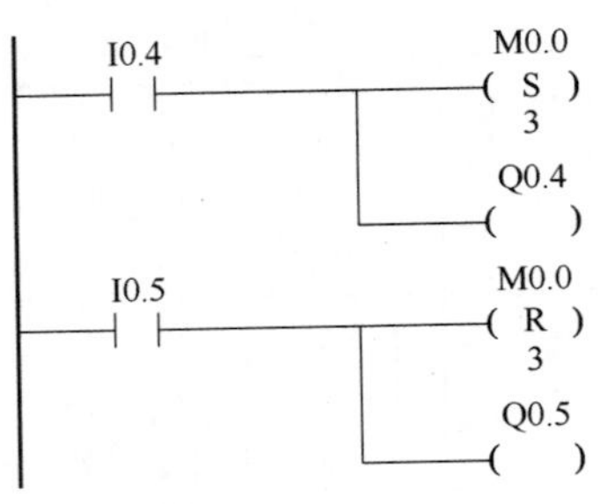

图 4-2　线圈指令的使用举例

4.1.3　立即指令

PLC 的一般工作过程是：当操作输入端设备（如按下 I0.0 端子外接按钮）时，该端的状态数据“1”存入输入映像寄存器 I0.0 中，PLC 运行时先扫描读出输入映像寄存器的数据，然后根据读取的数据运行用户编写的程序，程序运行结束后将结果送入输出映像寄存器（如 Q0.0），通过输出电路驱动输出端子外接的输出设备（如接触器线圈），然后 PLC 又重复上述过程。PLC 完整运行一个过程需要的时间称为一个扫描周期，在 PLC 执行用户程序阶段时，即使输入设备状态发生变化（如按钮由闭合变为断开），PLC 不会理会此时的变化，仍按扫描输入映像寄存器阶段读的数据执行程序，直到下一个扫描周期才读取输入端新状态。

如果希望 PLC 工作时能即时响应输入或即时产生输出，可使用立即指令。立即指令可分为立即触点指令、立即线圈指令。

1. 立即触点指令

立即触点指令又称立即输入指令，它只适用于输入量 I，执行立即触点指令时，PLC 会立即读取输入端子的值，再根据该值判断程序中触点的通/断状态，但并不更新该端子对应的输入映像寄存器的值，其他普通触点的状态仍由扫描输入映像寄存器阶段读取的值决定。

立即触点指令说明如下：

指令标识	梯形图符号及名称	说　明	举　例
┤I├	??.? ┤I├ 立即常开触点	当 PLC 的??. ? 端子输入为 ON 时，??. ? 立即常开触点即刻闭合，PLC 的??. ? 端子输入为 OFF 时，??. ? 立即常开触点即刻断开	I0.0 ┤I├ ， I0.1 ┤├ 并联，串 I0.2 ┤/I├ ，I0.3 ┤/├ ，驱动 Q0.0 ( ) 当 PLC 的 I0. 0 端子输入为 ON（如该端子外接开关闭合）时，I0. 0 立即常开触点立即闭合，Q0. 0 线圈随之得电，如果 PLC 的 I0. 1 端子输入为 ON，I0. 1 常开触点并不马上闭合，而是要等到 PLC 运行完后续程序并再次执行程序时才闭合 同样，PLC 的 I0. 2 端子输入为 ON 时，可以较 PLC 的 I0. 3 端子输入为 ON 时更快使 Q0. 0 线圈失电
┤/I├	??.? ┤/I├ 立即常闭触点	当 PLC 的??. ? 端子输入为 ON 时，??. ? 立即常闭触点即刻断开，PLC 的??. ? 端子输入为 OFF 时，??. ? 立即常闭触点即刻闭合	

2. 立即线圈指令

立即线圈指令又称立即输出指令，该指令在执行时，将前面的运算结果立即送到输出映像寄存器且即时从输出端子产生输出，输出映像寄存器内容也被刷新。立即线圈指令只能用于输出量 Q，线圈中的“I”表示立即输出。

立即线圈指令说明如下：

<table>
<tr><th>指令标识</th><th>梯形图符号及名称</th><th>说　明</th><th>举　例</th></tr>
<tr><td>—(I)</td><td>??.?
—(I)
立即线圈</td><td>当有输入能流时，??.? 线圈得电，PLC 的??.? 端子立即产生输出，能流消失后，??.? 线圈失电，PLC 的??.? 端子立即停止输出</td><td rowspan="3"> 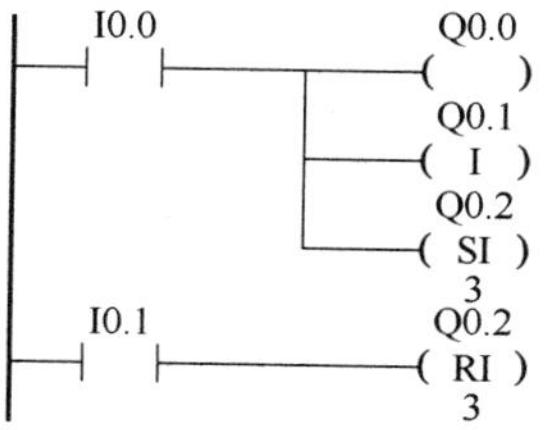I0.0　Q0.0 ( )
Q0.1 (I)
Q0.2 (SI) 3
I0.1　Q0.2 (RI) 3
当 I0.0 常开触点闭合时，Q0.0、Q0.1 和 Q0.2 ~ Q0.4 线圈均得电，PLC 的 Q0.1 ~ Q0.4 端子立即产生输出，Q0.0 端子需要在程序运行结束后才产生输出，I0.0 常开触点断开后，Q0.1 端子立即停止输出，Q0.0 端子需要在程序运行结束后才停止输出，而 Q0.2 ~ Q0.4 端子仍保持输出
当 I0.1 常开触点闭合时，Q0.2 ~ Q0.4 线圈均失电，PLC 的 Q0.2 ~ Q0.4 端子立即停止输出</td></tr>
<tr><td>—(SI)</td><td>??.?
—(SI)
????
立即置位线圈</td><td>当有输入能流时，将??.? 开始的???? 个线圈置位，PLC 从??.? 开始的???? 个端子立即产生输出，能流消失后，这些线圈仍保持为 1，其对应的 PLC 端子保持输出</td></tr>
<tr><td>—(RI)</td><td>??.?
—(RI)
????
立即复位线圈</td><td>当有输入能流时，将??.? 开始的???? 个线圈复位，PLC 从??.? 开始的???? 个端子立即停止输出，能流消失后，这些线圈仍保持为 0，其对应的 PLC 端子仍停止输出</td></tr>
</table>

4.1.4　RS 触发器指令

RS 触发器指令的功能是根据 R、S 端输入状态产生相应的输出，分为置位优先触发器 SR 指令和复位优先触发器 RS 指令。

1. 指令说明

RS 触发器指令说明如下：

<table>
<tr><th>指令标识</th><th>梯形图符号及名称</th><th>说　明</th><th>操　作　数</th></tr>
<tr><td>SR</td><td> 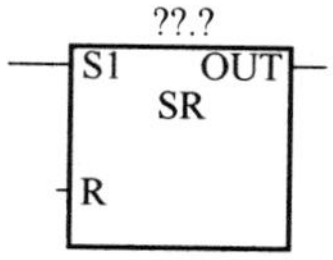??.?
S1　OUT
SR
R
置位优先触发器</td><td>当 S1、R 端同时输入 1 时，OUT = 1，??.? = 1。SR 置位优先触发器的输入输出关系见下表：<table><tr><th>S1</th><th>R</th><th>OUT（??.?）</th></tr><tr><td>0</td><td>0</td><td>保持前一状态</td></tr><tr><td>0</td><td>1</td><td>0</td></tr><tr><td>1</td><td>0</td><td>1</td></tr><tr><td>1</td><td>1</td><td>1</td></tr></table></td><td rowspan="2"><table><tr><th>输入/输出</th><th>数据类型</th><th>可用软元件</th></tr><tr><td>S1、R</td><td>BOOL</td><td>I、Q、V、M、SM、S、T、C</td></tr><tr><td>S、R1、OUT</td><td>BOOL</td><td>I、Q、V、M、SM、S、T、C、L</td></tr><tr><td>??.?</td><td>BOOL</td><td>I、Q、V、M、S</td></tr></table></td></tr>
<tr><td>RS</td><td> 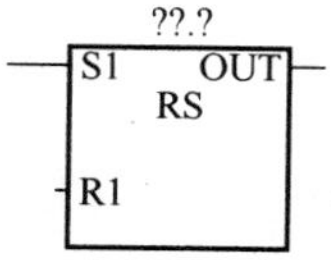??.?
S1　OUT
RS
R1
复位优先触发器</td><td>当 S、R1 端同时输入 1 时，OUT = 0，??.? = 0。RS 复位优先触发器的输入输出关系见下表：<table><tr><th>S1</th><th>R1</th><th>OUT（??.?）</th></tr><tr><td>0</td><td>0</td><td>保持前一状态</td></tr><tr><td>0</td><td>1</td><td>0</td></tr><tr><td>1</td><td>0</td><td>1</td></tr><tr><td>1</td><td>1</td><td>0</td></tr></table></td></tr>
</table>

2. 指令使用举例

RS 触发器指令使用如图 4-3 所示。图 4-3a 使用了 SR 置位优先触发器指令，从右侧的时序图可以看出：①当 I0.0 触点闭合（S1 =1）、I0.1 触点断开（R =0）时，Q0.0 被置位为 1；②当 I0.0 触点由闭合转为断开（S1 =0）、I0.1 触点仍处于断开（R =0）时，Q0.0 仍保持为 1；③当 I0.0 触点断开（S1 =0）、I0.1 触点闭合（R =1）时，Q0.0 被复位为 0；④当 I0.0、I0.1 触点均闭合（S1 =1、R =1）时，Q0.0 被置位为 1。

图 4-3b 使用了 RS 复位优先触发器指令，其①～③种输入输出情况与 SR 置位优先触发器指令相同，两者区别在于第④种情况，对于 SR 置位优先触发器指令，当 S1、R 端同时输入 1 时，Q0.0 =1；对于 RS 复位优先触发器指令，当 S、R1 端同时输入 1 时，Q0.1 =0。

a) SR 置位优先触发器指令

b) RS 复位优先触发器指令

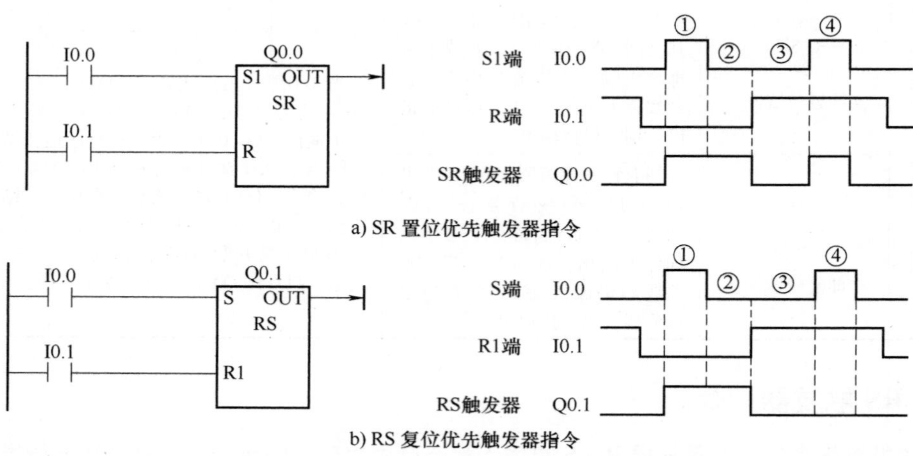

图 4-3　RS 触发器指令使用举例

4.1.5　空操作指令

空操作指令的功能是让程序不执行任何操作，由于该指令本身执行时需要一定时间，故可延缓程序执行周期。

空操作指令说明如下：

指令标识	梯形图符号及名称	说　明	举　例
NOP	???? NOP 空操作	空操作指令，其功能是将让程序不执行任何操作 N(????) =0～255，执行一次 NOP 指令需要的时间约为 0.22μs，执行 N 次 NOP 的时间约为 0.22μs × N	M0.0　100 NOP 当 M0.0 触点闭合时，NOP 指令执行 100 次

4.2　定时器

定时器是一种按时间动作的继电器，相当于继电器控制系统中的时间继电器。一个定时器可有很多个常开触点和常闭触点，其定时单位有 1ms、10ms、100ms 三种。

根据工作方式不同，定时器可分为三种：通电延时型定时器（TON）、断电延时型定时器

（TOF）和记忆型通电延时定时器（TONR）。三种定时器梯形图及有关规格如图 4-4 所示，TON、TOF 是共享型定时器，当将某一编号的定时器用作 TON 时就不能再将它用作 TOF，如将 T32 用作 TON 定时器后，就不能将 T32 用作 TOF 定时器。

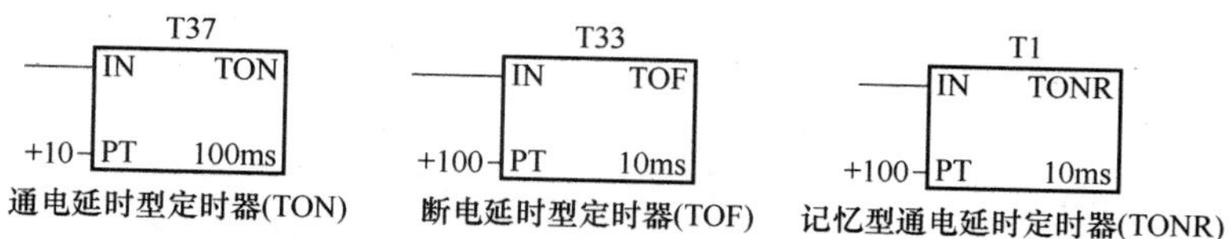

类型	定时器号	定时单位	最大定时值
TONR	T0, T64	1ms	32.767s
	T1~T4, T65~T68	10ms	327.67s
	T5~T31, T69~T95	100ms	3276.7s
TON、TOF	T32, T96	1ms	32.767s
	T33~T36, T97~T100	10ms	327.67s
	T37~T63, T101~T255	100ms	3276.7s

图 4-4　三种定时器的梯形图及有关规格

4.2.1　通电延时型定时器

通电延时型定时器（TON）的特点是：当 TON 的 IN 端输入为 ON 时开始计时，计时达到设定时间值后状态变为 1，驱动同编号的触点产生动作，TON 达到设定时间值后会继续计时直到最大值，但后续的计时并不影响定时器的输出状态；在计时期间，若 TON 的 IN 端输入变为 OFF，定时器马上复位，计时值和输出状态值都清 0。

1. 指令说明

通电延时型定时器说明如下：

<table>
<tr><th>指令标识</th><th>梯形图符号及名称</th><th>说　明</th><th colspan="3">参　数</th></tr>
<tr><td rowspan="4">TON</td><td rowspan="4">????
IN TON
???? PT ???ms
通电延时型定时器</td><td rowspan="4">当 IN 端输入为 ON 时，通电延时型定时器开始计时，计时时间为计时值（PT 值）×???ms，到达计时值后，定时器的状态变为 1 且继续计时，直到最大值 32767；当 IN 端输入为 OFF 时，定时器的当前计时值清 0，同时状态也变为 0
指令上方的???? 用于输入 TON 定时器编号，PT 端的???? 用于设置定时值，ms 旁的??? 根据定时器编号自动生成，如定时器编号输入 T37，???ms 自动变成 100ms</td><td>输入/输出</td><td>数据类型</td><td>操作数</td></tr>
<tr><td>T×××</td><td>WORD</td><td>常数（T0 到 T255）</td></tr>
<tr><td>IN</td><td>BOOL</td><td>I、Q、V、M、SM、S、T、C、L</td></tr>
<tr><td>PT</td><td>INT</td><td>IW、QW、VW、MW、SMW、SW、LW、T、C、AC、AIW、*VD、*LD、*AC、常数</td></tr>
</table>

2. 指令使用举例

通电延时型定时器指令使用如图 4-5 所示。当 I0.0 触点闭合时，TON 定时器 T37 的 IN 端输入为 ON，开始计时，计时达到设定值 10（10×100ms = 1s）时，T37 状态变为 1，T37 常开触点闭合，线圈 Q0.0 得电，T37 继续计时，直到最大值 32767，然后保持最大值不变；当 I0.0 触点断开时，T37定时器的IN端输入为OFF，T37计时值和状态均清0，T37常开触点断开，线圈Q0.0失电。

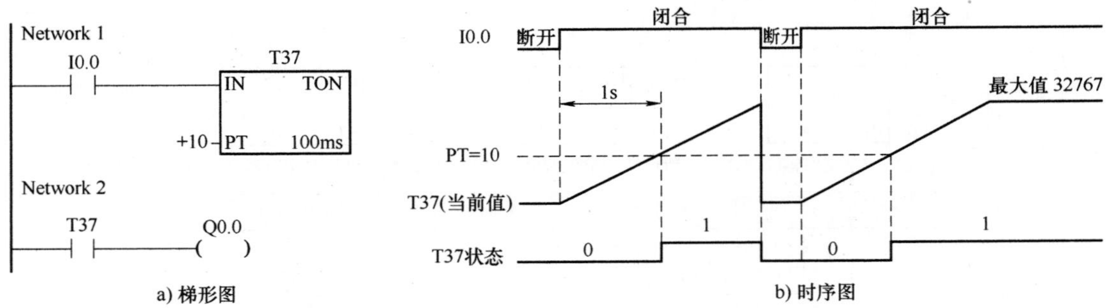

图4-5　通电延时型定时器指令使用举例

4.2.2　断电延时型定时器

断电延时型定时器（TOF）的特点是：当TOF的IN端输入为ON时，TOF的状态变为1，同时计时值被清0，当TOF的IN端输入变为OFF时，TOF的状态仍保持为1，同时TOF开始计时，当计时值达到设定值后TOF的状态变为0，当前计时值保持设定值不变。

也就是说，TOF定时器在IN端输入为ON时状态为1且计时值清0，IN端变为OFF（即输入断电）后状态仍为1但从0开始计时，计时值达到设定值时状态变为0，计时值保持设定值不变。

1. 指令说明

断电延时型定时器说明如下：

<table>
<tr><th>指令标识</th><th>梯形图符号及名称</th><th>说　明</th><th colspan="3">参　数</th></tr>
<tr><td rowspan="4">TOF</td><td rowspan="4">????
IN　TOF
???? PT　???ms
断电延时型定时器</td><td rowspan="4">当IN端输入为ON时，断电延时型定时器的状态变为1，同时计时值清0，当IN端输入变为OFF时，定时器的状态仍为1，定时器开始计时值，到达设定计时值后，定时器的状态变为0，当前计时值保持不变
指令上方的????用于输入TOF定时器编号，PT端的????用于设置定时值，ms旁的???根据定时器编号自动生成</td><td>输入/输出</td><td>数据类型</td><td>操作数</td></tr>
<tr><td>T×××</td><td>WORD</td><td>常数（T0到T255）</td></tr>
<tr><td>IN</td><td>BOOL</td><td>I、Q、V、M、SM、S、T、C、L</td></tr>
<tr><td>PT</td><td>INT</td><td>IW、QW、VW、MW、SMW、SW、LW、T、C、AC、AIW、*VD、*LD、*AC、常数</td></tr>
</table>

2. 指令使用举例

断电延时型定时器指令使用如图4-6所示。当I0.0触点闭合时，TOF定时器T33的IN端输入为ON，T33状态变为1，同时计时值清0；当I0.0触点闭合转为断开时，T33的IN端输入为OFF，T33开始计时，计时达到设定值100（100×10ms=1s）时，T33状态变为0，当前计时值不变；当I0.0重新闭合时，T33状态变为1，同时计时值清0。

在TOF定时器T33通电时状态为1，T33常开触点闭合，线圈Q0.0得电，在T33断电后开始计时，计时达到设定值时状态变为0，T33常开触点断开，线圈Q0.0失电。

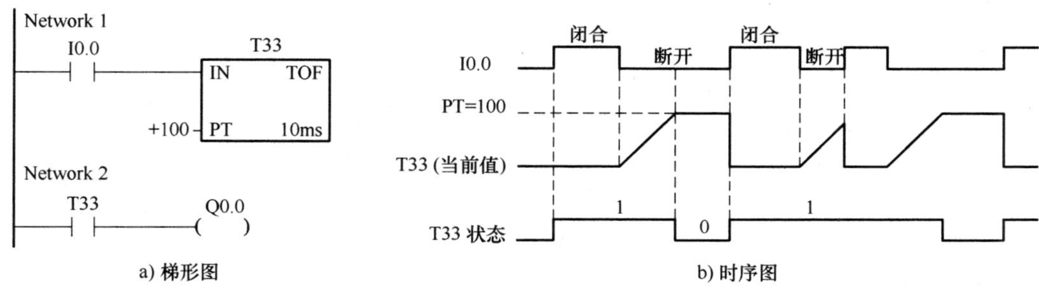

图 4-6　断电延时型定时器指令使用举例

4.2.3　记忆型通电延时定时器

记忆型通电延时定时器（TONR）的特点是：当 TONR 输入端（IN）通电即开始计时，计时达到设定时间值后状态置 1，然后 TONR 会继续计时直到最大值，在后续的计时期间定时器的状态仍为 1；在计时期间，如果 TONR 的输入端失电，其计时值不会复位，而是将失电前瞬间的计时值记忆下来，当输入端再次通电时，TONR 会在记忆值上继续计时，直到最大值。

失电不会使 TONR 状态复位计时清 0，要让 TONR 状态复位计时清 0，必须用到复位指令（R）。

1. 指令说明

记忆型通电延时定时器说明如下：

<table>
<tr><th>指令标识</th><th>梯形图符号及名称</th><th>说　明</th><th>参　数</th></tr>
<tr>
<td>TONR</td>
<td>????
IN　TONR
????-PT　???ms
记忆型通电延时定时器</td>
<td>当 IN 端输入为 ON 时，记忆型通电延时定时器开始计时，计时时间为计时值（PT 值）×???ms，如果未到达计时值时 IN 输入变为 OFF，定时器将当前计时值保存下来，当 IN 端输入再次变为 ON 时，定时器在记忆的计时值上继续计时，到达设置的计时值后，定时器的状态变为 1 且继续计时，直到最大值 32767
指令上方的???? 用于输入 TONR 定时器编号，PT 端的???? 用于设置定时值，ms 旁的??? 根据定时器编号自动生成</td>
<td>
<table>
<tr><th>输入/输出</th><th>数据类型</th><th>操作数</th></tr>
<tr><td>T×××</td><td>WORD</td><td>常数（T0 到 T255）</td></tr>
<tr><td>IN</td><td>BOOL</td><td>I、Q、V、M、SM、S、T、C、L</td></tr>
<tr><td>PT</td><td>INT</td><td>IW、QW、VW、MW、SMW、SW、LW、T、C、AC、AIW、*VD、*LD、*AC、常数</td></tr>
</table>
</td>
</tr>
</table>

2. 指令使用举例

记忆型通电延时定时器指令使用如图 4-7 所示。

当 I0.0 触点闭合时，TONR 定时器 T1 的 IN 端输入为 ON，开始计时，如果计时值未达到设定值时 I0.0 触点就断开，T1 将当前计时值记忆下来；当 I0.0 触点再闭合时，T1 在记忆的计时值上继续计时，当计时值达到设定值 100（100×10ms=1s）时，T1 状态变为 1，T1 常开触点闭合，线圈 Q0.0 得电，T1 继续计时，直到最大计时值 32767，在计时期间，如果 I0.1 触点闭合，复位指令（R）执行，T1 被复位，T1 状态变为 0，计时值也被清 0；当触点 I0.1 断开且 I0.0 闭合时，T1 重新开始计时。

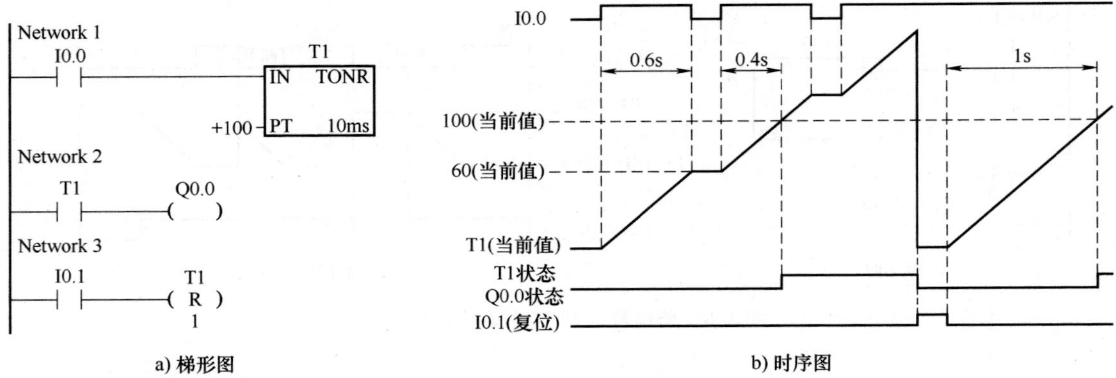

图 4-7　记忆型通电延时定时器指令使用举例

4.3　计数器

计数器的功能是对输入脉冲的计数。S7-200 系列 PLC 有三种类型的计数器：加计数器 CTU（递增计数器）、减计数器 CTD（递减计数器）和加减计数器 CTUD（加减计数器）。计数器的编号为 C0 ~ C255。三种计数器如图 4-8 所示。

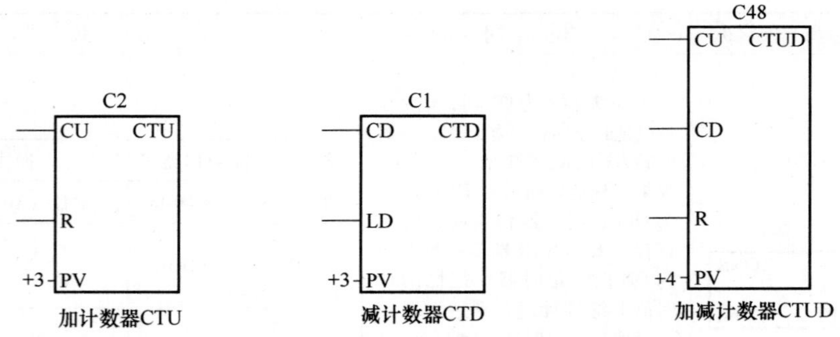

输入/输出	数据类型	操作数
C××	WORD	常数(C0~C255)
CU、CD、LD、R	BOOL	I、Q、V、M、SM、S、T、C、L
PV	INT	IW、QW、VW、MW、SMW、SW、LW、T、C、AC、AIW、*VD、*LD、*AC、常数

图 4-8　三种计数器梯形图与参数

4.3.1　加计数器

加计数器的特点是：当 CTU 输入端（CU）有脉冲输入时开始计数，每来一个脉冲上升沿计数值加 1，当计数值达到设定值（PV）后状态变为 1 且继续计数，直到最大值 32767，如果 R 端输入为 ON 或其他复位指令对计数器执行复位操作，计数器的状态变为 0，计数值也清 0。

1. 指令说明

加计数器说明如下：

指令标识	梯形图符号及名称	说　　明
CTU	???? CU　CTU R ????-PV 加计数器	当 R 端输入为 ON 时，对 C××× （上????） 加计数器复位，计数器状态变为 0，计数值也清 0 CU 端每输入一个脉冲上升沿，CTU 计数器的计数值就增 1，当计数值达到 PV 值（计数设定值），计数器状态变为 1 且继续计数，直到最大值 32767 指令上方的???? 用于输入 CTU 计数器编号，PV 端的???? 用于输入计数设定值，R 为计数器复位端

2. 指令使用举例

加计数器指令使用如图 4-9 所示。当 I0.1 触点闭合时，CTU 计数器的 R（复位）端输入为 ON，CTU 计数器的状态为 0，计数值也清 0。当 I0.0 触点第一次由断开转为闭合时，CTU 的 CU 端输入一个脉冲上升沿，CTU 计数值增 1，计数值为 1，I0.0 触点由闭合转为断开时，CTU 计数值不变；当 I0.0 触点第二次由断开转为闭合时，CTU 计数值又增 1，计数值为 2；当 I0.0 触点第三次由断开转为闭合时，CTU 计数值再增 1，计数值为 3，达到设定值，CTU 的状态变为 1；当 I0.0 触点第四次由断开转为闭合时，CTU 计数值变为 4，其状态仍为 1。如果这时 I0.1 触点闭合，CTU 的 R 端输入为 ON，CTU 复位，状态变为 0，计数值也清 0。CTU 复位后，若 CU 端输入脉冲，CTU 又开始计数。

在 CTU 计数器 C2 的状态为 1 时，C2 常开触点闭合，线圈 Q0.0 得电，计数器 C2 复位后，C2 触点断开，线圈 Q0.0 失电。

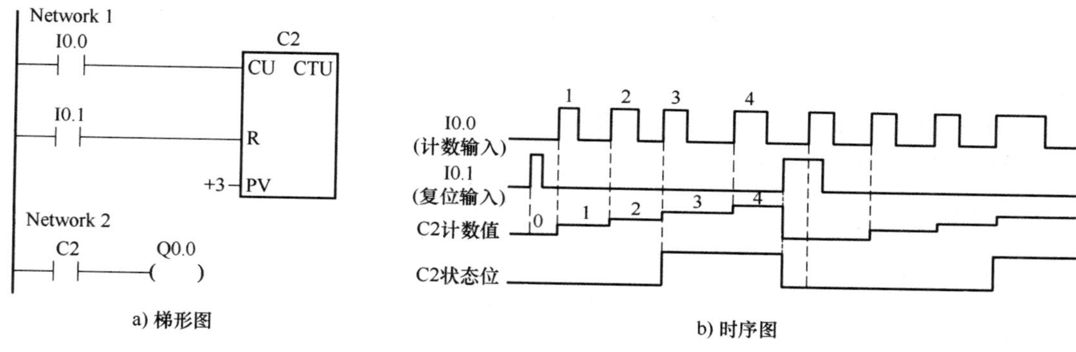

图 4-9　加计数器指令使用举例

4.3.2　减计数器

减计数器的特点是：当 CTD 的 LD（装载）端输入为 ON 时，CTD 状态位变为 0、计数值变为设定值，装载后，计数器的 CD 端每输入一个脉冲上升沿，计数值就减 1，当计数值减到 0 时，CTD 的状态变为 1 并停止计数。

1. 指令说明

减计数器说明如下：

指令标识	梯形图符号及名称	说　　明
CTD	???? CD　CTD LD ????-PV 减计数器	当 LD 端输入为 ON 时，C××× （上????） 减计数器状态变为 0，同时计数值变为 PV 值 CD 端每输入一个脉冲上升沿，CTD 计数器的计数值就减 1，当计数值减到 0 时，计数器状态变为 1 并停止计数 指令上方的???? 用于输入 CTD 计数器编号，PV 端的???? 用于输入计数设定值，LD 为计数值装载控制端

2. 指令使用举例

减计数器指令使用如图 4-10 所示。当 I0.1 触点闭合时，CTD 计数器的 LD 端输入为 ON，CTD 的状态变为 0，计数值变为设定值 3。当 I0.0 触点第一次由断开转为闭合时，CTD 的 CD 端输入一个脉冲上升沿，CTD 计数值减 1，计数值变为 2，I0.0 触点由闭合转为断开时，CTD 计数值不变；当 I0.0 触点第二次由断开转为闭合时，CTD 计数值又减 1，计数值变为 1；当 I0.0 触点第三次由断开转为闭合时，CTD 计数值再减 1，计数值为 0，CTD 的状态变为 1；当 I0.0 第四次由断开转为闭合时，CTD 状态（1）和计数值（0）保持不变。如果这时 I0.1 触点闭合，CTD 的 LD 端输入为 ON，CTD 状态也变为 0，同时计数值由 0 变为设定值，在 LD 端输入为 ON 期间，CD 端输入无效。LD 端输入变为 OFF 后，若 CD 端输入脉冲上升沿，CTD 又开始减计数。

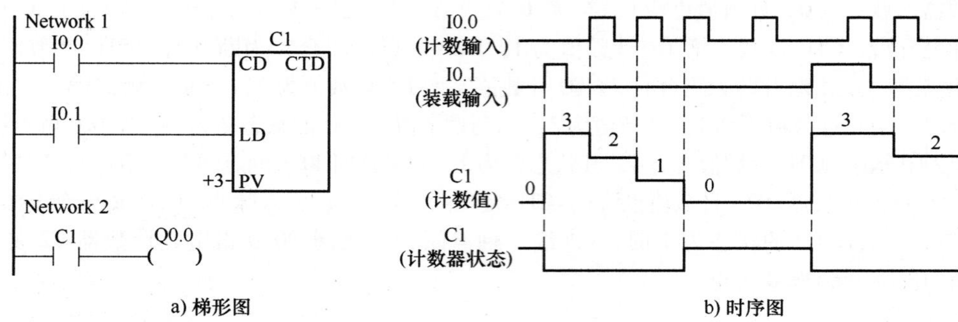

图 4-10　减计数器指令使用举例

在 CTD 计数器 C1 的状态为 1 时，C1 常开触点闭合，线圈 Q0.0 得电，在计数器 C1 装载后状态位为 0，C1 触点断开，线圈 Q0.0 失电。

4.3.3　加减计数器

加减计数器（CTUD）的特点如下：

1）当 CTUD 的 R 端（复位端）输入为 ON 时，CTUD 状态变为 0，同时计数值清 0。

2）在加计数时，CU 端（加计数端）每输入一个脉冲上升沿，计数值就增 1，CTUD 加计数的最大值为 32767，在达到最大值时再来一个脉冲上升沿，计数值会变为 -32768。

3）在减计数时，CD 端（减计数端）每输入一个脉冲上升沿，计数值就减 1，CTUD 减计数的最小值为 -32768，在达到最小值时再来一个脉冲上升沿，计数值会变为 32767。

4）不管是加计数或减计数，只要计数值等于或大于设定值时，CTUD 的状态就为 1。

1. 指令说明

加减计数器说明如下：

指令标识	梯形图符号及名称	说　明
CTUD	???? CU CTUD CD R ????-PV 加减计数器	当 R 端输入为 ON 时，C×××（上????）加减计数器状态变为 0，同时计数值清 0 CU 端每输入一个脉冲上升沿，CTUD 计数器的计数值就增 1，当计数值增到最大值 32767 时，CU 端再输入一个脉冲上升沿，计数值会变为 -32768 CD 端每输入一个脉冲上升沿，CTUD 计数器的计数值就减 1，当计数值减到最小值 -32768 时，CD 端再输入一个脉冲上升沿，计数值会变为 32767 不管是加计数或是减计数，只要当前计数值等于或大于 PV 值（设定值）时，CTUD 的状态就为 1 指令上方的???? 用于输入 CTD 计数器编号，PV 端的???? 用于输入计数设定值，CU 为加计数输入端，CD 为减计数输入端，R 为计数器复位端

2. 指令使用举例

加减计数器指令使用如图 4-11 所示。

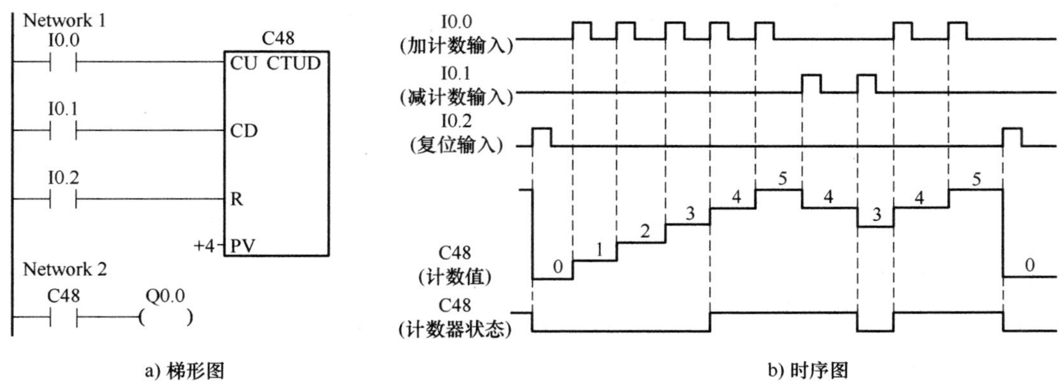

a) 梯形图　　b) 时序图

图 4-11　加减计数器指令使用举例

当 I0.2 触点闭合时，CTUD 计数器 C48 的 R 端输入为 ON，CTUD 的状态变为 0，同时计数值清 0。

当 I0.0 触点第一次由断开转为闭合时，CTUD 计数值增 1，计数值为 1；当 I0.0 触点第二次由断开转为闭合时，CTUD 计数值又增 1，计数值为 2；当 I0.0 触点第三次由断开转为闭合时，CTUD 计数值再增 1，计数值为 3，当 I0.0 触点第四次由断开转为闭合时，CTUD 计数值再增 1，计数值为 4，达到计数设定值，CTUD 的状态变为 1；当 CU 端继续输入时，CTUD 计数值继续增大。如果 CU 端停止输入，而在 CD 端使用 I0.1 触点输入脉冲，每输入一个脉冲上升沿，CTUD 的计数值就减 1，当计数值减到小于设定值 4 时，CTUD 的状态变为 0，如果 CU 端又有脉冲输入，又会开始加计数，计数值达到设定值时，CTUD 的状态又变为 1。在加计数或减计数时，一旦 R 端输入为 ON，CTUD 状态和计数值都变为 0。

在 CTUD 计数器 C48 的状态为 1 时，C48 常开触点闭合，线圈 Q0.0 得电，C48 状态为 0 时，C48 触点断开，线圈 Q0.0 失电。

4.4　常用的基本控制电路及梯形图

4.4.1　起动、自锁和停止控制电路与梯形图

起动、自锁和停止控制是 PLC 最基本的控制功能。起动、自锁和停止控制可以采用输出线圈指令，也可以采用置位、复位指令来实现。

1. 采用输出线圈指令实现起动、自锁和停止控制

采用输出线圈指令实现起动、自锁和停止控制的 PLC 电路和梯形图如图 4-12 所示。

2. 采用置位、复位指令实现起动、自锁和停止控制

采用置位、复位指令（R、S）实现起动、自锁和停止控制的电路与图 4-12a 相同，梯形图程序如图 4-13 所示。采用置位复位指令和输出线圈指令都可以实现起动、自锁和停止控制，两者的 PLC 外部接线都相同，仅给 PLC 编写的梯形图程序不同。

4.4.2　正、反转联锁控制电路与梯形图

正、反转联锁控制电路与梯形图如图 4-14 所示。

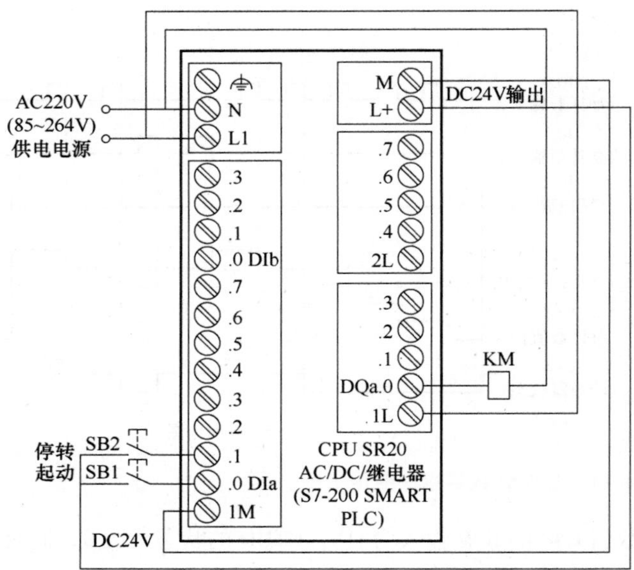

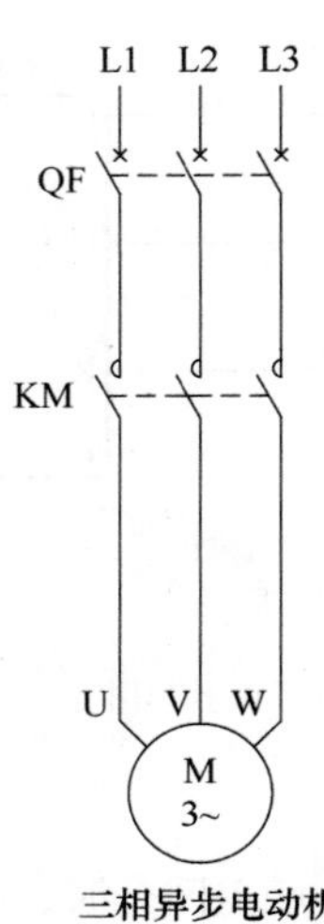

a) PLC 接线图

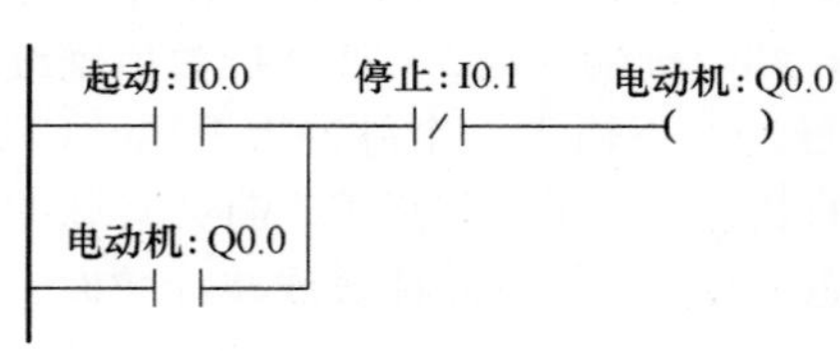

当按下起动按钮 SB1 时，PLC 内部梯形图程序中的起动触点 I0.0 闭合，输出线圈 Q0.0 得电，PLC 输出端子 Q0.0（即 DQa.0）内部的硬触点闭合，Q0.0 端子与 1L 端子之间内部硬触点闭合，接触器线圈 KM 得电，主电路中的 KM 主触点闭合，电动机得电起动。

输出线圈 Q0.0 得电后，除了会使 Q0.0、1L 端子之间的硬触点闭合外，还会自锁触点 Q0.0 闭合，在起动触点 I0.0 断开后，依靠自锁触点闭合可使线圈 Q0.0 继续得电，电动机就会继续运转，从而实现自锁控制功能。

当按下停止按钮 SB2 时，PLC 内部梯形图程序中的停止触点 I0.1 断开，输出线圈 Q0.0 失电，Q0.0、1L 端子之间的内部硬触点断开，接触器线圈 KM 失电，主电路中的 KM 主触点断开，电动机失电停转。

b) 梯形图

图 4-12　采用输出线圈指令实现起动、自锁和停止控制的 PLC 电路与梯形图

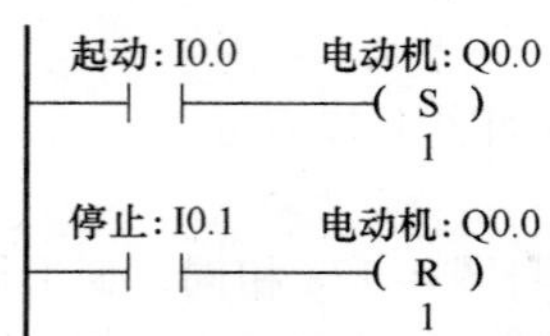

当按下起动按钮 SB1 时，梯形图中的起动触点 I0.0 闭合，“S Q0.0, 1”指令执行，指令执行结果将输出继电器线圈 Q0.0 置 1，相当于线圈 Q0.0 得电，Q0.0（即 DQa.0）、1L 端子之间的内部硬触点接通，接触器线圈 KM 得电，主电路中的 KM 主触点闭合，电动机得电起动。

线圈 Q0.0 置位后，松开起动按钮 SB1、起动触点 I0.0 断开，但线圈 Q0.0 仍保持“1”态，即仍维持得电状态，电动机就会继续运转，从而实现自锁控制功能。

当按下停止按钮 SB2 时，梯形图程序中的停止触点 I0.1 闭合，“R Q0.0, 1”指令被执行，指令执行结果将输出线圈 Q0.0 复位（即置 0），相当于线圈 Q0.0 失电，Q0.0、1L 端子之间的内部硬触点断开，接触器线圈 KM 失电，主电路中的 KM 主触点断开，电动机失电停转。

图 4-13　采用置位、复位指令实现起动、自锁和停止控制的梯形图

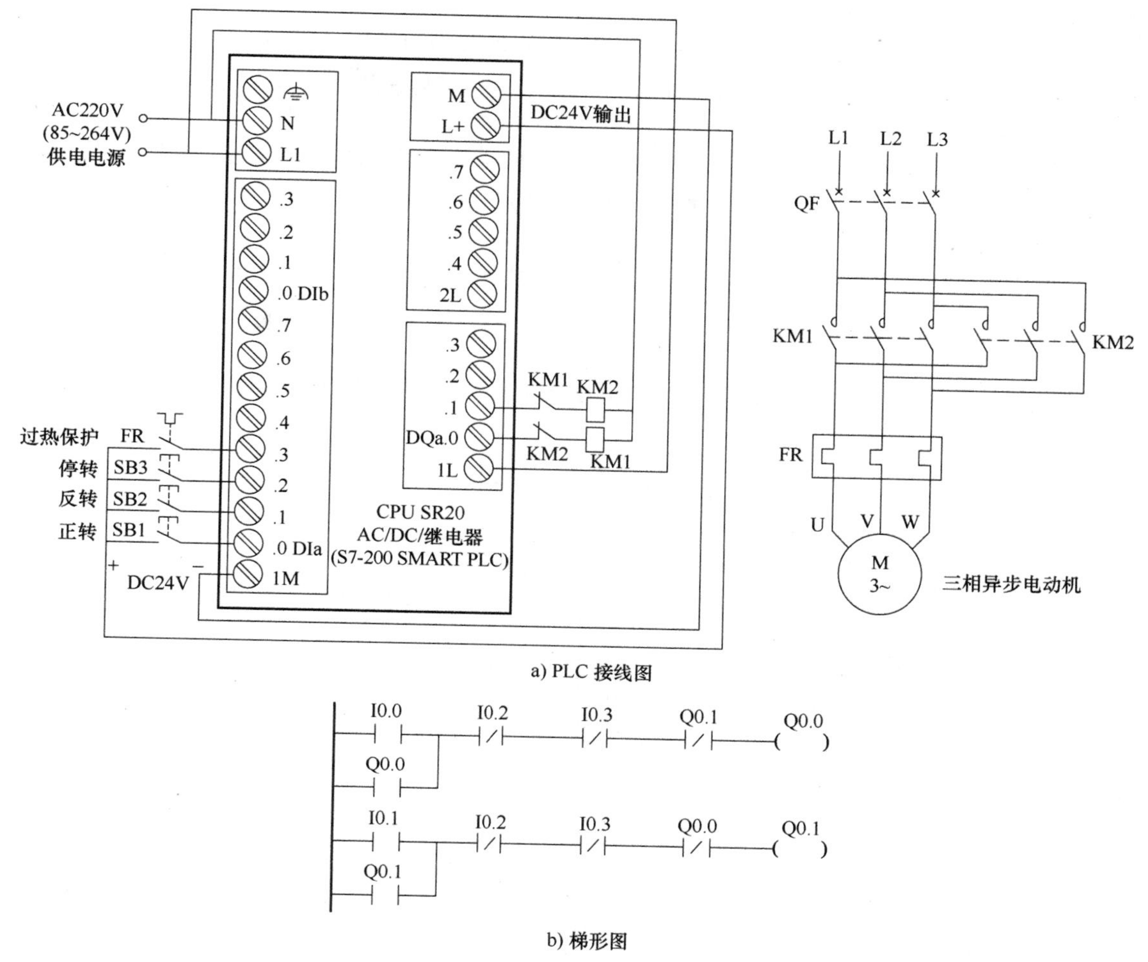

a) PLC 接线图

b) 梯形图

图 4-14　正、反转联锁控制电路与梯形图

（1）正转联锁控制

按下正转按钮 SB1→梯形图程序中的正转触点 I0.0 闭合→线圈 Q0.0 得电→Q0.0 自锁触点闭合，Q0.0 联锁触点断开，Q0.0（即 DQa.0）端子与 1L 端子间的内硬触点闭合→Q0.0 自锁触点闭合，使线圈 Q0.0 在 I0.0 触点断开后仍可得电；Q0.0 联锁触点断开，使线圈 Q0.1 即使在 I0.1 触点闭合（误操作 SB2 引起）时也无法得电，实现联锁控制；Q0.0 端子与 1L 端子间的内硬触点闭合，接触器 KM1 线圈得电，主电路中的 KM1 主触点闭合，电动机得电正转。

（2）反转联锁控制

按下反转按钮 SB2→梯形图程序中的反转触点 I0.1 闭合→线圈 Q0.1 得电→Q0.1 自锁触点闭合，Q0.1 联锁触点断开，Q0.1（即 DQa.1）端子与 1L 端子间的内硬触点闭合→Q0.1 自锁触点闭合，使线圈 Q0.1 在 I0.1 触点断开后继续得电；Q0.1 联锁触点断开，使线圈 Q0.0 即使在 I0.0 触点闭合（误操作 SB1 引起）时也无法得电，实现联锁控制；Q0.1 端子与 1L 端子间的内硬触点闭合，接触器 KM2 线圈得电，主电路中的 KM2 主触点闭合，电动机得电反转。

（3）停转控制

按下停止按钮 SB3→梯形图程序中的两个停止触点 I0.2 均断开→线圈 Q0.0、Q0.1 均失电→接触器 KM1、KM2 线圈均失电→主电路中的 KM1、KM2 主触点均断开，电动机失电停转。

（4）过热保护

如果电动机长时间过载运行，流过热继电器 FR 的电流会因长时间过电流发热而动作，FR 触点闭合，PLC 的 I0.3 端子有输入→梯形图程序中的两个热保护常闭触点 I0.3 均断开→线圈 Q0.0、Q0.1 均失电→接触器 KM1、KM2 线圈均失电→主电路中的 KM1、KM2 主触点均断开，电动机失电停转，从而防止电动机长时间过电流运行而烧坏。

4.4.3 多地控制电路与梯形图

多地控制电路与梯形图如图 4-15 所示，其中图 b 为单人多地控制梯形图，图 c 为多人多地控制梯形图。

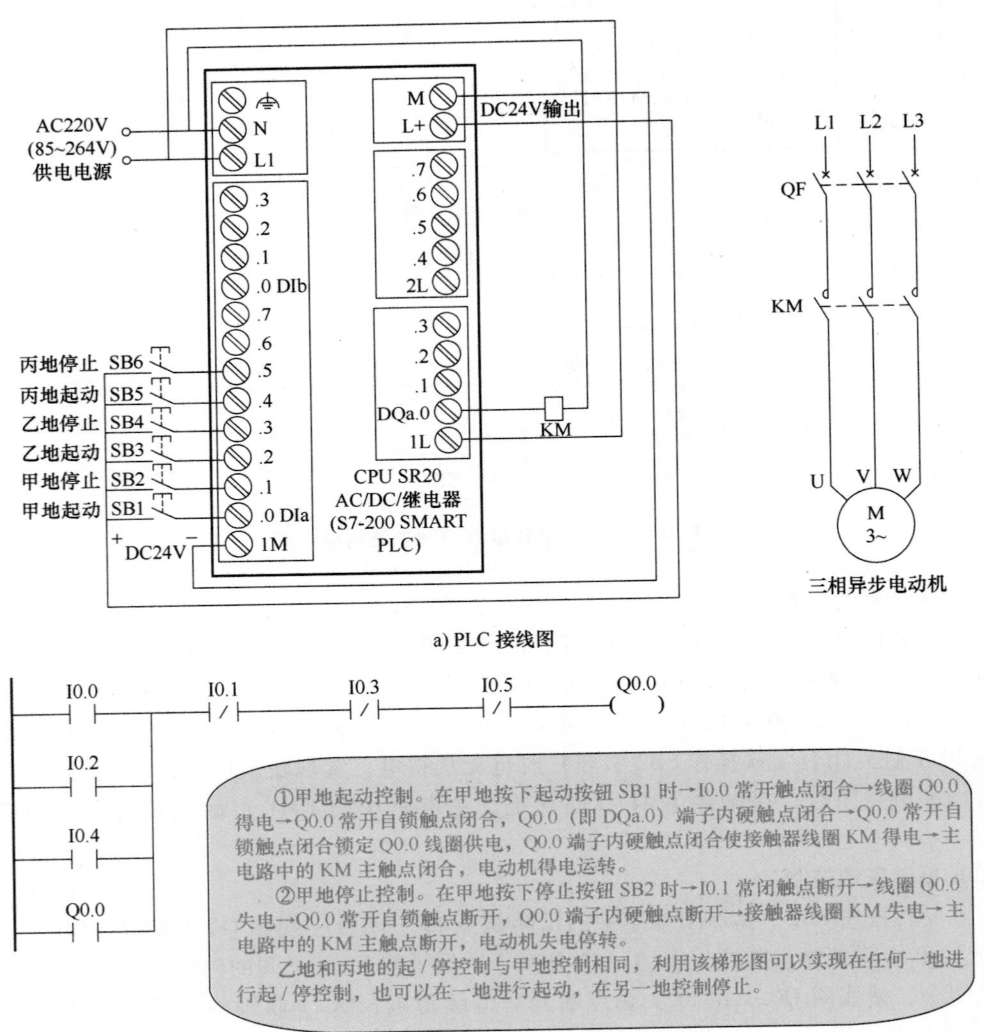

a) PLC 接线图

b) 单人多地控制梯形图

图 4-15　多地控制电路与梯形图

I0.0　I0.2　I0.4　I0.1　I0.3　I0.5　Q0.0
Q0.0

①起动控制。在甲、乙、丙三地同时按下按钮 SB1、SB3、SB5→I0.0、I0.2、I0.4 三个常开触点均闭合→线圈 Q0.0 得电→Q0.0 常开自锁触点闭合，Q0.0（即 DQa.0）端子的内硬触点闭合→Q0.0 线圈供电锁定，接触器线圈 KM 得电→主电路中的 KM 主触点闭合，电动机得电运转。

②停止控制。在甲、乙、丙三地按下 SB2、SB4、SB6 中的某个停止按钮时→I0.1、I0.3、I0.5 三个常闭触点中某个断开→线圈 Q0.0 失电→Q0.0 常开自锁触点断开，Q0.0 端子内硬触点断开→Q0.0 常开自锁触点断开使 Q0.0 线圈供电切断，Q0.0 端子的内硬触点断开使接触器线圈 KM 失电→主电路中的 KM 主触点断开，电动机失电停转。

该梯形图可以实现多人在多地同时按下起动按钮才能起动功能，在任意一地都可以进行停止控制。

c) 多人多地控制梯形图

图 4-15　多地控制电路与梯形图（续）

4.4.4　定时控制电路与梯形图

定时控制方式很多，下面介绍两种典型的定时控制电路与梯形图。

1. 延时起动定时运行控制电路与梯形图

延时起动定时运行控制电路与梯形图如图 4-16 所示，其实现的功能是：按下起动按钮 3s 后，电动机开始运行，松开起动按钮后，运行 5s 会自动停止。

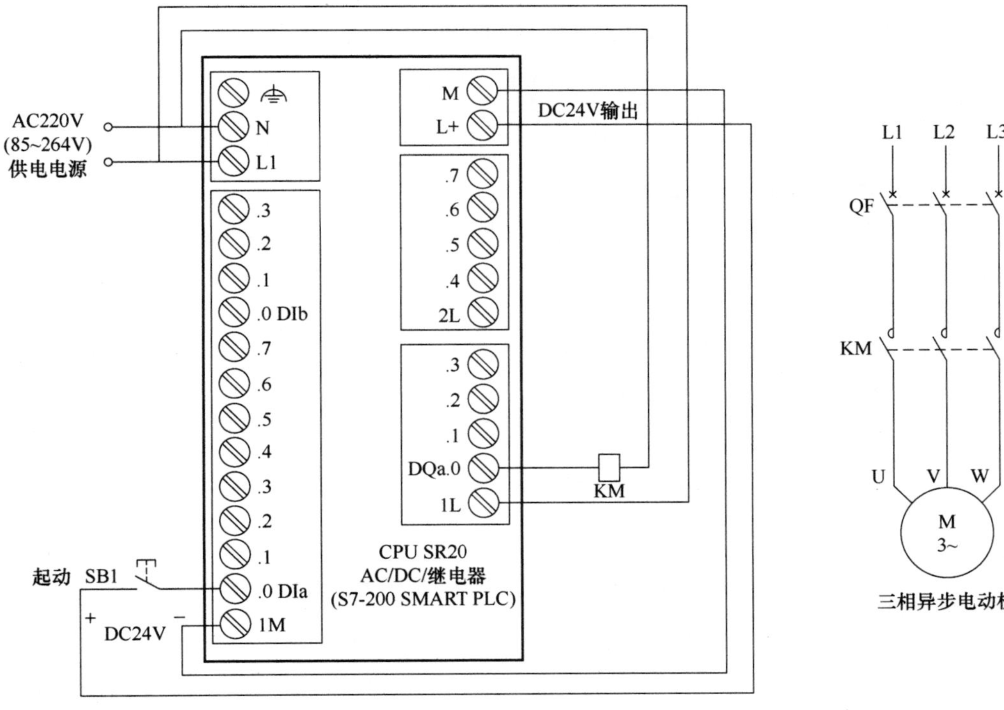

a) PLC 接线图

图 4-16　延时起动定时运行控制电路与梯形图

b) 梯形图

图 4-16　延时起动定时运行控制电路与梯形图（续）

电路与梯形图说明如下：

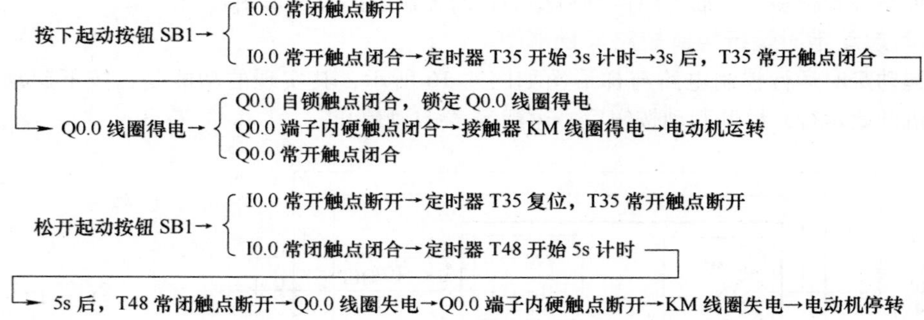

2. 多定时器组合控制电路与梯形图

图 4-17 是一种典型的多定时器组合控制电路与梯形图，其实现的功能是：按下起动按钮后电动机 B 马上运行，30s 后电动机 A 开始运行，70s 后电动机 B 停转，100s 后电动机 A 停转。

电路与梯形图说明如下：

按下起动按钮 SB1→I0.0 常开触点闭合→辅助继电器 M0.0 线圈得电

→ [1]M0.0 自锁触点闭合→锁定 M0.0 线圈供电
[6]M0.0 常开触点闭合→Q0.1 线圈得电→Q0.1 端子内硬触点闭合→接触器 KM2 线圈得电→电动机 B 运转
[2]M0.0 常开触点闭合→定时器 T50 开始 30s 计时

→30s 后→定时器 T50 动作→
[5]T50 常开触点闭合→Q0.0 线圈得电→KM1 线圈得电→电动机 A 起动运行
[3]T50 常开触点闭合→定时器 T51 开始 40s 计时

→40s 后，定时器 T51 动作→
[6]T51 常闭触点断开→Q0.1 线圈失电→KM2 线圈失电→电动机 B 停转
[4]T51 常开触点闭合→定时器 T52 开始 30s 计时

→30s 后，定时器 T52 动作→[1]T52 常闭触点断开→M0.0 线圈失电→
[1]M0.0 自锁触点断开→解除 M0.0 线圈供电
[6]M0.0 常开触点断开
[2]M0.0 常开触点断开→定时器 T50 复位

→ [5]T50 常开触点断开→Q0.0 线圈失电→KM1 线圈失电→电动机 A 停转
[3]T50 常开触点断开→定时器 T51 复位→[4]T51 常开触点断开→定时器 T52 复位→[1]T52 常闭触点恢复闭合

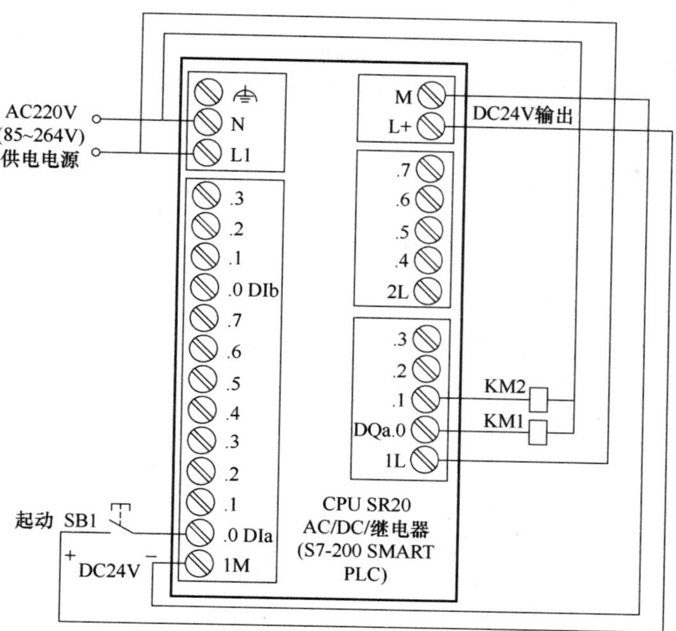

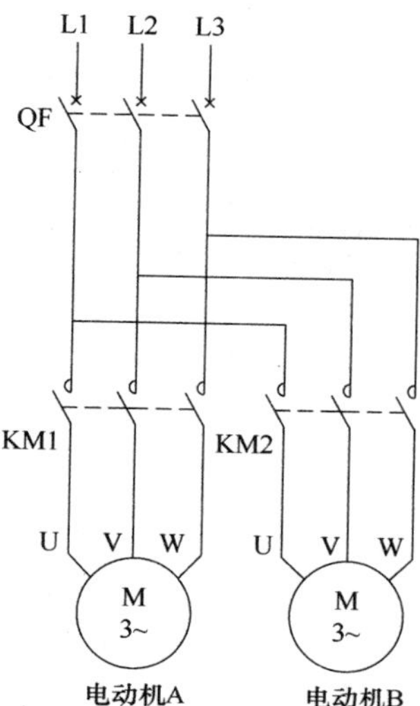

a) PLC 接线图

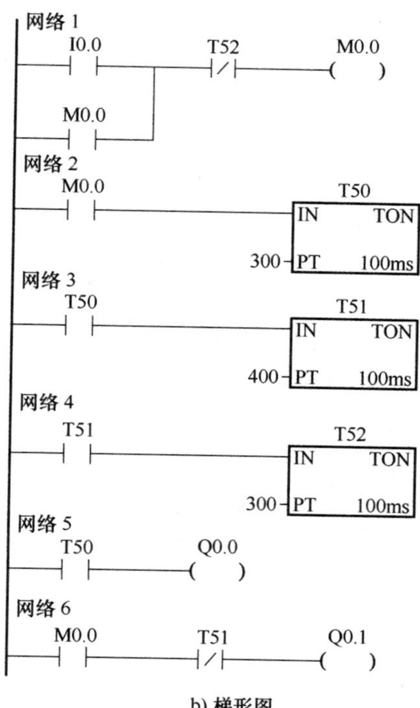

b) 梯形图

图 4-17　一种典型的多定时器组合控制电路与梯形图

4.4.5 长定时控制电路与梯形图

西门子 S7-200 SMART PLC 的最大定时时间为 3276.7s（约 54min），采用定时器和计数器组合可以延长定时时间。定时器与计数器组合延长定时控制电路与梯形图如图 4-18 所示。

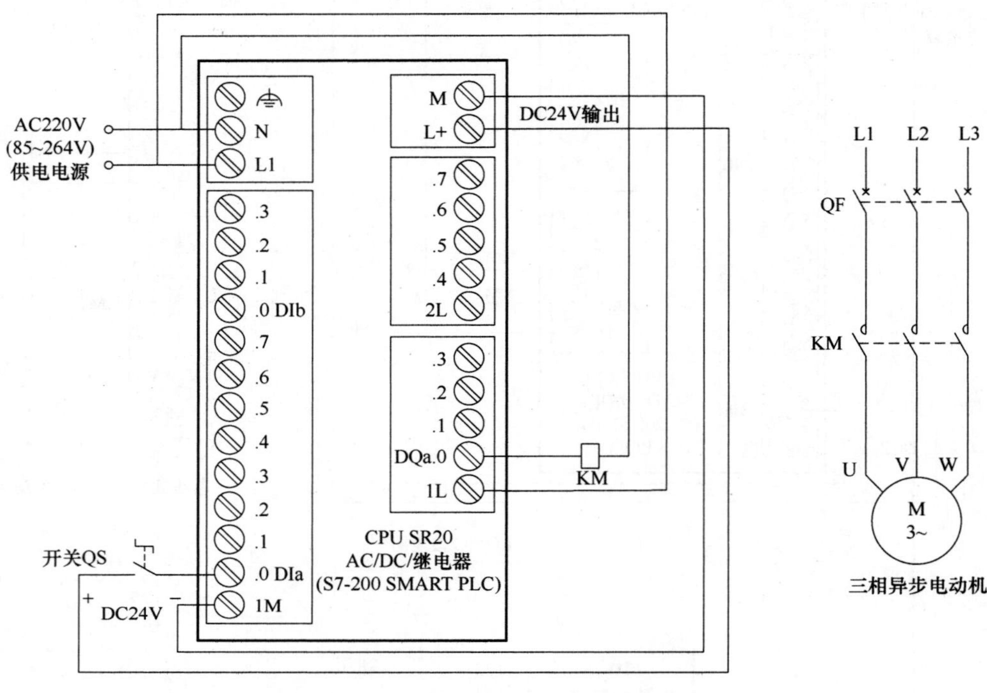

a) PLC接线图

网络 1

I0.0 —| |— T50 —|/|— T50 [IN TON; 30000-PT 100ms]

网络 2

T50 —| |— C10 [CU CTU]

I0.0 —|/|— R

30000-PV

网络 3

C10 —| |— Q0.0 ( )

b) 梯形图

图 4-18 定时器与计数器组合延长定时控制电路与梯形图

电路与梯形图说明如下：

将开关 QS1 闭合→ { [2] I0.0 常闭触点断开，计数器 C10 复位清 0 结束；[1] I0.0 常开触点闭合→定时器 T50 开始 3000s 计时→3000s 后，定时器 T50 动作 }

→ { [2] T50 常开触点闭合，计数器 C10 值增 1，由 0 变为 1；[1] T50 常闭触点断开→定时器 T50 复位→ { [2] T50 常开触点断开，计数器 C10 值保持为 1；[1] T50 常闭触点闭合 } }

→因开关 QS1 仍处于闭合，[1] I0.0 常开触点也保持闭合→定时器 T50 又开始 3000s 计时→3000s 后，定时器 T50 动作

→ { [2] T50 常开触点闭合，计数器 C10 值增 1，由 1 变为 2；[1] T50 常闭触点断开→定时器 T50 复位→ { [2] T50 常开触点断开，计数器 C10 值保持为 2；[1] T50 常闭触点闭合→定时器 T50 又开始计时，以后重复上述过程 } }

→当计数器 C10 计数值达到 30000→计数器 C10 动作→[3] 常开触点 C10 闭合→Q0.0 线圈得电→KM 线圈得电→电动机运转

图 4-18 中的定时器 T50 定时单位为 0.1s（100ms），它与计数器 C10 组合使用后，其定时时间 $T = 30000 \times 0.1\text{s} \times 30000 = 90000000\text{s} = 25000\text{h}$。若需重新定时，可将开关 QS1 断开，让［2］I0.0 常闭触点闭合，对计数器 C10 执行复位，然后再闭合 QS1，则会重新开始 250000h 定时。

4.4.6　多重输出控制电路与梯形图

多重输出控制电路与梯形图如图 4-19 所示。

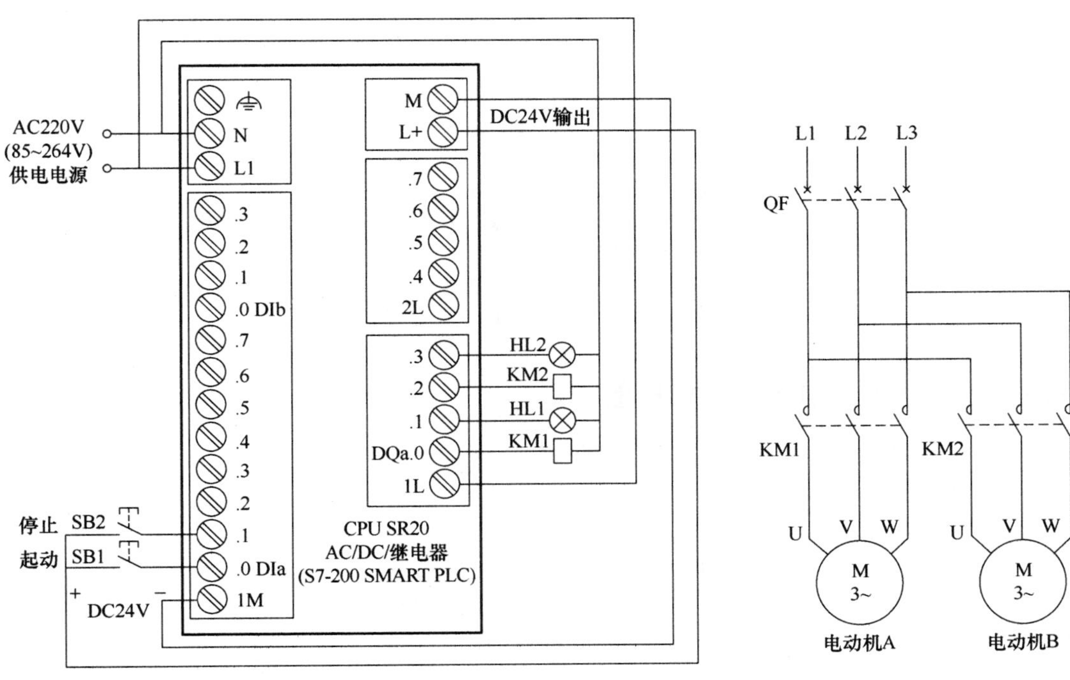

a) PLC接线图

图 4-19　多重输出控制电路与梯形图

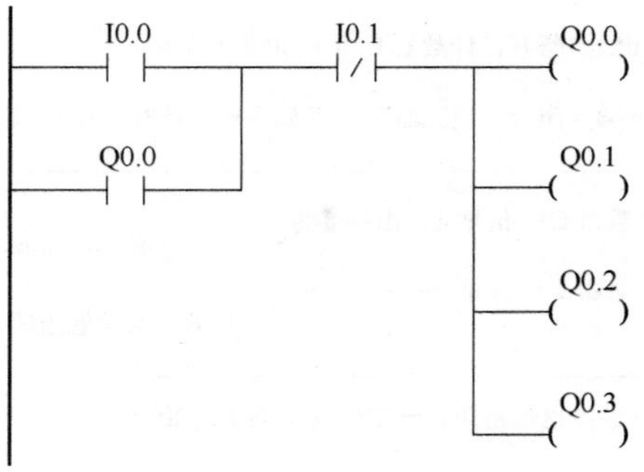

b) 梯形图

图 4-19 多重输出控制电路与梯形图（续）

电路与梯形图说明如下：

1）起动控制。

按下起动按钮 SB1→I0.0 常开触点闭合→
- Q0.0 自锁触点闭合，锁定输出线圈 Q0.0~Q0.3 供电
- Q0.0 线圈得电→Q0.0 端子内硬触点闭合→KM1 线圈得电→KM1 主触点闭合→电动机 A 得电运转
- Q0.1 线圈得电→Q0.1 端子内硬触点闭合→HL1 灯点亮
- Q0.2 线圈得电→Q0.2 端子内硬触点闭合→KM2 线圈得电→KM2 主触点闭合→电动机 B 得电运转
- Q0.3 线圈得电→Q0.3 端子内硬触点闭合→HL2 灯点亮

2）停止控制。

按下停止按钮 SB2→I0.0 常闭触点断开→
- Q0.0 自锁触点断开，解除输出线圈 Q0.0~Q0.3 供电
- Q0.0 线圈失电→Q0.0 端子内硬触点断开→KM1 线圈失电→KM1 主触点断开→电动机 A 失电停转
- Q0.1 线圈失电→Q0.1 端子内硬触点断开→HL1 熄灭
- Q0.2 线圈失电→Q0.2 端子内硬触点断开→KM2 线圈失电→KM2 主触点断开→电动机 B 失电停转
- Q0.3 线圈失电→Q0.3 端子内硬触点断开→HL2 熄灭

4.4.7 过载报警控制电路与梯形图

过载报警控制电路与梯形图如图 4-20 所示。

电路与梯形图说明如下：

1）起动控制。

按下起动按钮 SB1→[1] I0.1 常开触点闭合→置位指令执行→Q0.1 线圈被置位，即 Q0.1 线圈得电→Q0.1 端子内硬触点闭合→接触器 KM 线圈得电→KM 主触点闭合→电动机得电运转。

2）停止控制。

按下停止按钮 SB2→[2] I0.2 常开触点闭合→复位指令执行→Q0.1 线圈被复位（置 0），即 Q0.1 线圈失电→Q0.1 端子内硬触点断开→接触器 KM 线圈失电→KM 主触点断开→电动机失电停转。

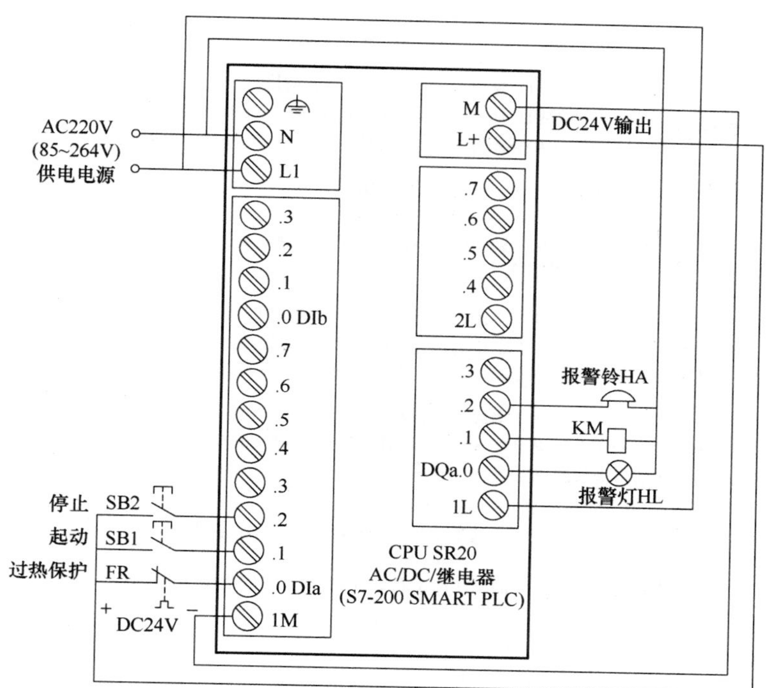

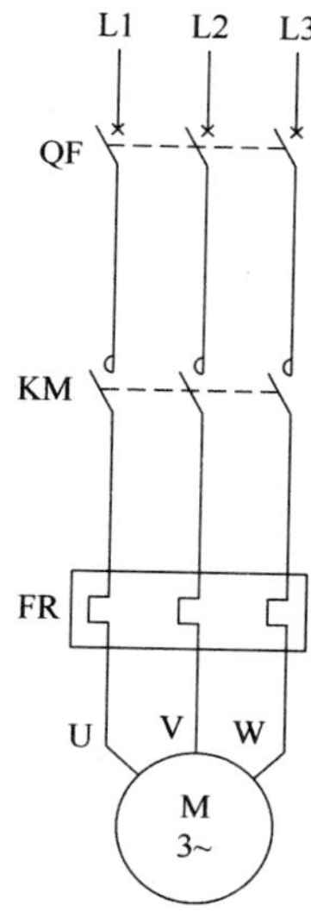

a) PLC 接线图

网络 1
I0.1　Q0.1 (S) 1

网络 2
I0.2　Q0.1 (R) 1
I0.0

网络 3
I0.0　N　M0.0

网络 4
M0.0　T50　Q0.0
Q0.0
T50
IN　TON
100-PT　100ms

网络 5
I0.0　P　M0.1

网络 6
M0.1　T50　Q0.2
Q0.2

b) 梯形图

图 4-20　过载报警控制电路与梯形图

3）过载保护及报警控制

在正常工作时，FR 过载保护触点闭合→
- [2] I0.0 常闭触点断开，Q0.1 复位指令无法执行
- [3] I0.0 常开触点闭合，下降沿检测（N 触点）无效，M0.0 状态为 0
- [5] I0.0 常闭触点断开，上升沿检测（P 触点）无效，M0.1 状态为 0

当电动机过载运行时，热继电器 FR 发热元件动作，过载保护触点断开→
- [2] I0.0 常闭触点闭合→执行 Q0.1 复位指令→Q0.1 线圈失电→Q0.1 端子内硬触点断开→KM 线圈失电→KM 主触点断开→电动机失电停转
- [3] I0.0 常开触点由闭合转为断开，产生一个脉冲下降沿→N 触点有效，M0.0 线圈得电一个扫描周期→[4] M0.0 常开触点闭合→定时器 T50 开始 10s 计时，同时 Q0.0 线圈得电→Q0.0 线圈得电一方面使 [4] Q0.0 自锁触点闭合来锁定供电，另一方面使报警灯通电点亮
- [5] I0.0 常闭触点由断开转为闭合，产生一个脉冲上升沿→P 触点有效，M0.1 线圈得电一个扫描周期→[6] M0.1 常开触点闭合→Q0.2 线圈得电→Q0.2 线圈得电一方面使 [6]Q0.2 自锁触点闭合来锁定供电，另一面使报警铃通电发声

→10s 后，定时器 T50 置 1→
- [6] T50 常闭触点断开→Q0.2 线圈失电→报警铃失电，停止报警声
- [4] T50 常闭触点断开→定时器 T50 复位，同时 Q0.0 线圈失电→报警灯失电熄灭

4.4.8 闪烁控制电路与梯形图

闪烁控制电路与梯形图如图 4-21 所示。

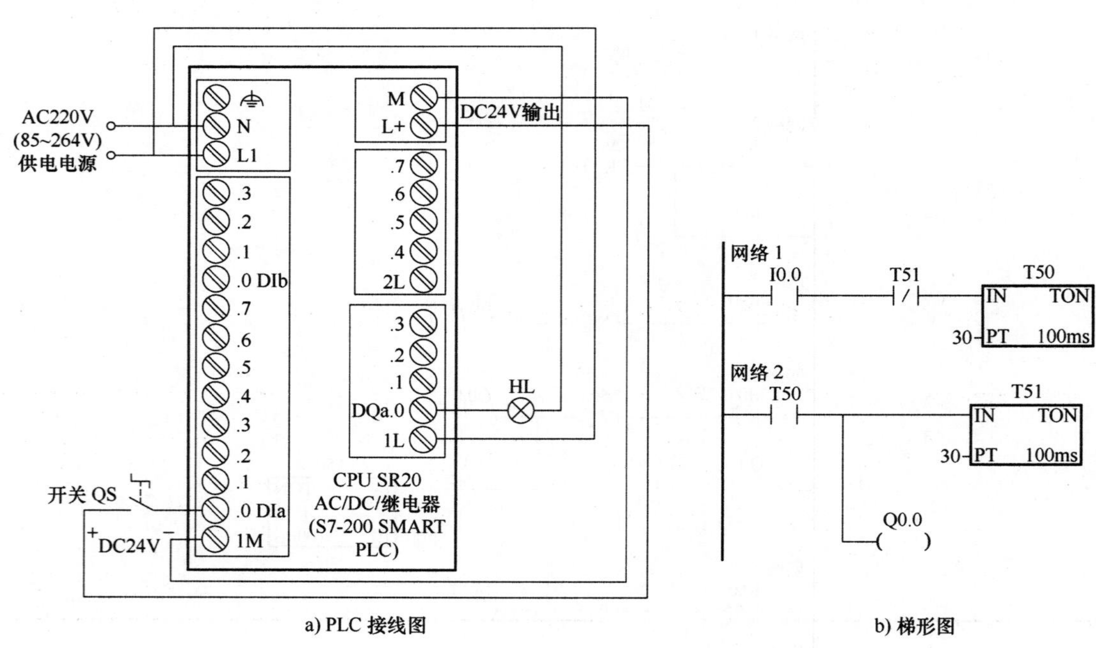

a) PLC 接线图　　b) 梯形图

图 4-21　闪烁控制电路与梯形图

电路与梯形图说明如下：

将开关 QS 闭合→I0.0 常开触点闭合→定时器 T50 开始 3s 计时→3s 后，定时器 T50 动作，T50 常开触点闭合→定时器 T51 开始 3s 计时，同时 Q0.0 得电，Q0.0 端子内硬触点闭合，灯 HL 点亮→3s 后，定时器 T51 动作，T51 常闭触点断开→定时器 T50 复位，T50 常开触点断开→Q0.0

线圈失电，同时定时器 T51 复位→Q0.0 线圈失电使灯 HL 熄灭；定时器 T51 复位使 T51 闭合，由于开关 QS 仍处于闭合，I0.0 常开触点也处于闭合，定时器 T50 又重新开始 3s 计时（此期间 T50 触点断开，灯处于熄灭状态）。

以后重复上述过程，灯 HL 保持 3s 亮、3s 灭的频率闪烁发光。

4.5　喷泉的西门子 PLC 控制实例

4.5.1　系统控制要求

系统要求用两个按钮来控制 A、B、C 三组喷头工作（通过控制三组喷头的电动机来实现），三组喷头排列与工作时序如图 4-22 所示。系统控制要求具体如下：

当按下起动按钮后，A 组喷头先喷 5s 后停止，然后 B、C 组喷头同时喷，5s 后，B 组喷头停止、C 组喷头继续喷 5s 再停止，而后 A、B 组喷头喷 7s，C 组喷头在这 7s 的前 2s 内停止，后 5s 内喷水，接着 A、B、C 三组喷头同时停止 3s，以后重复前述过程。按下停止按钮后，三组喷头同时停止喷水。

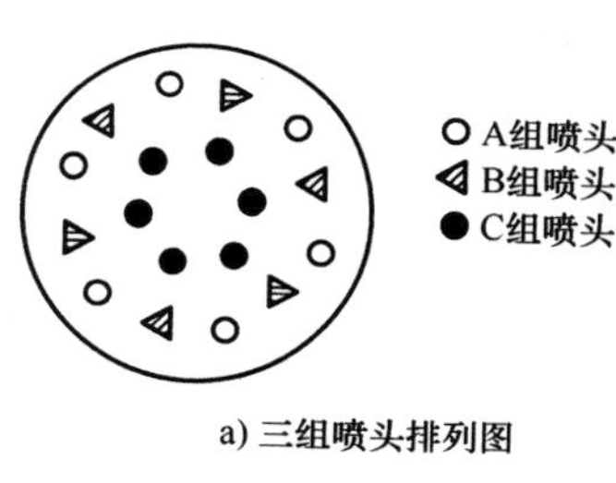

a) 三组喷头排列图

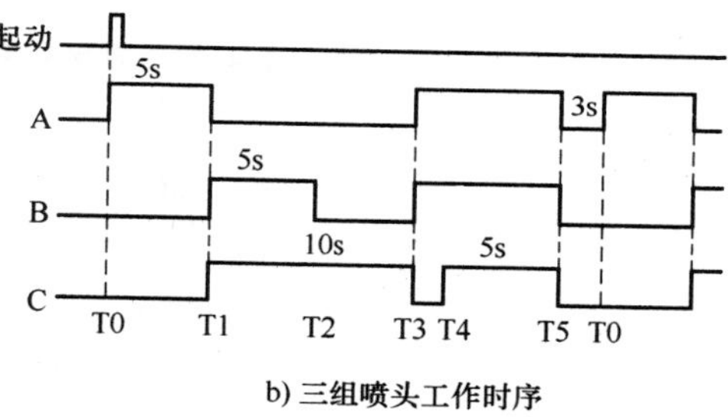

b) 三组喷头工作时序

图 4-22　三组喷头排列与工作时序

4.5.2　I/O 端子及输入/输出设备

喷泉控制中 PLC 用到的 I/O 端子及连接的输入/输出设备见表 4-1。

表 4-1　PLC 用到的 I/O 端子及连接的输入/输出设备

输　入			输　出		
输入设备	输入端子	功能说明	输出设备	输出端子	功能说明
SB1	DIa.0（I0.0）	启动控制	KM1 线圈	DQa.0（Q0.0）	驱动 A 组电动机工作
SB2	DIa.1	停止控制	KM2 线圈	DQa.1	驱动 B 组电动机工作
			KM3 线圈	DQa.2	驱动 C 组电动机工作

4.5.3　PLC 控制电路

图 4-23 为喷泉的 PLC 控制电路。

4.5.4　PLC 控制程序及详解

启动编程软件，编写满足控制要求的梯形图程序，编写完成的梯形图如图 4-24 所示。

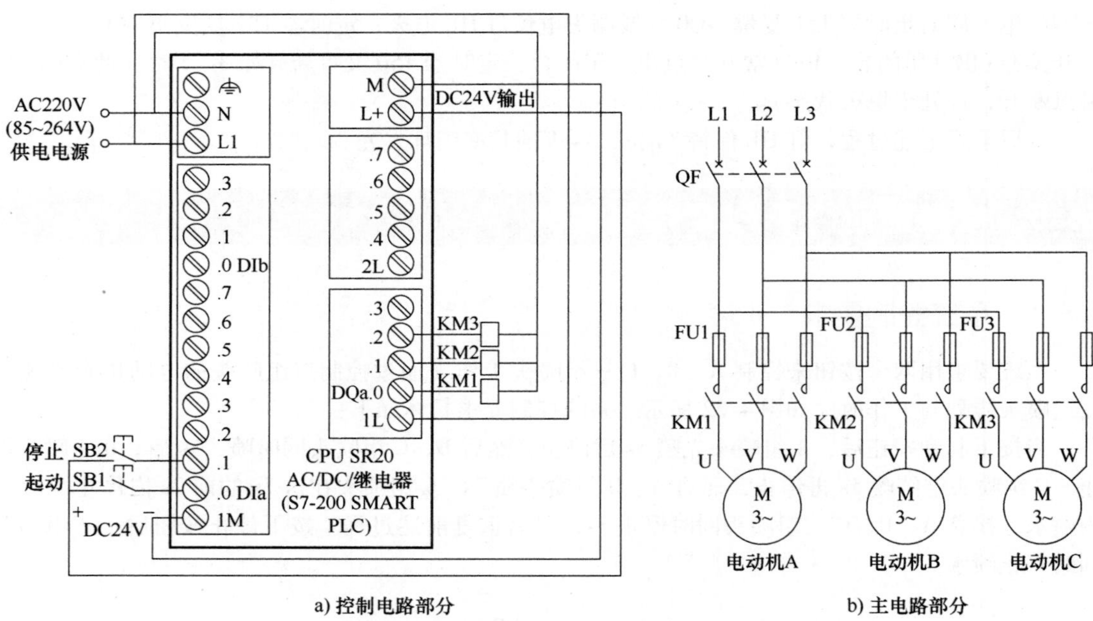

a) 控制电路部分　　b) 主电路部分

图 4-23　喷泉的 PLC 控制电路

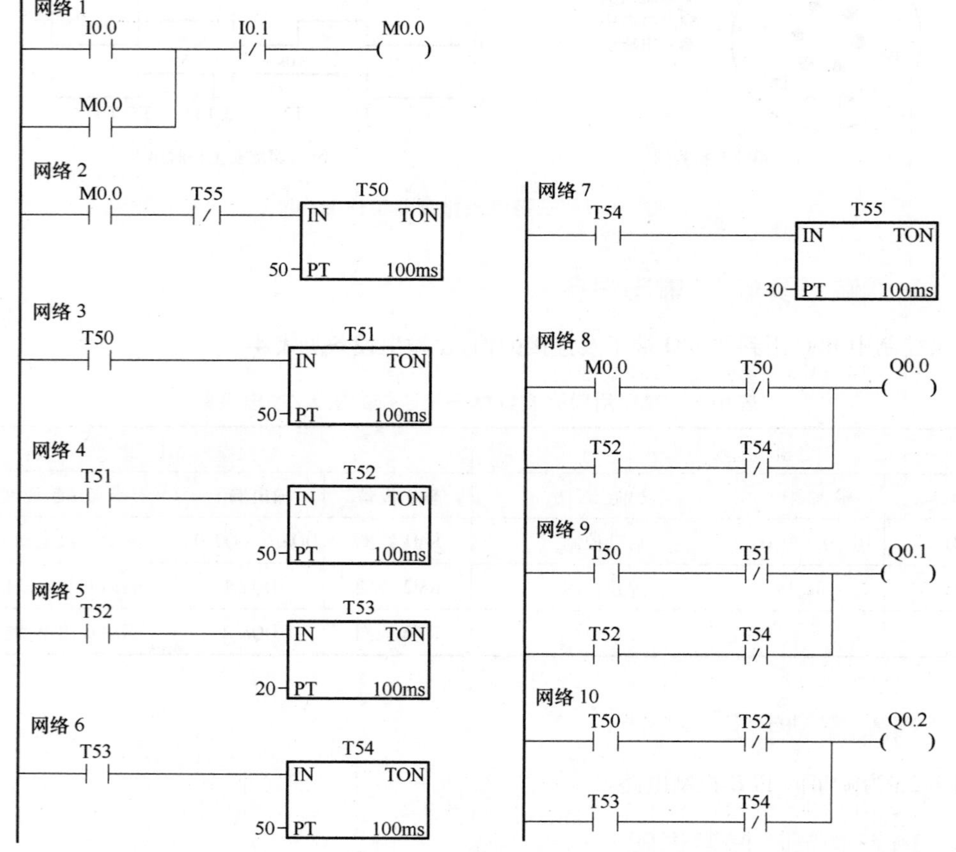

图 4-24　喷泉的 PLC 控制程序

下面对照图 4-23 控制电路来说明梯形图工作原理：

（1）起动控制

按下起动按钮 SB1→I0.0 常开触点闭合→辅助继电器 M0.0 线圈得电→
- [1] M0.0 自锁触点闭合，锁定 M0.0 线圈供电
- [8] M0.0 常开触点闭合，Q0.0 线圈得电→KM1 线圈得电→电动机 A 运转→A 组喷头工作
- [2] M0.0 常开触点闭合，定时器 T50 开始 5s 计时→

5s 后，定时器 T50 动作→
- [8] T50 常闭触点断开→Q0.0 线圈失电→电动机 A 停转→A 组喷头停止工作
- [9] T50 常开触点闭合→Q0.1 线圈得电→电动机 B 运转→B 组喷头工作
- [10] T50 常开触点闭合→Q0.2 线圈得电→电动机 C 运转→C 组喷头工作
- [3] T50 常开触点闭合，定时器 T51 开始 5s 计时→

5s 后，定时器 T51 动作→
- [9] T51 常闭触点断开→Q0.1 线圈失电→电动机 B 停转→B 组喷头停止工作
- [4] T51 常开触点闭合，定时器 T52 开始 5s 计时→

5s 后，定时器 T52 动作→
- [8] T52 常开触点闭合→Q0.0 线圈得电→电动机 A 运转→A 组喷头开始工作
- [9′] T52 常开触点闭合→Q0.1 线圈得电→电动机 B 运转→B 组喷头开始工作
- [10] T52 常闭触点断开→Q0.2 线圈失电→电动机 C 停转→C 组喷头停止工作
- [5′] T52 常开触点闭合，定时器 T53 开始 2s 计时→

2s 后，定时器 T53 动作→
- [10] T53 常开触点闭合→Q0.2 线圈得电→电动机 C 运转→C 组喷头开始工作
- [6] T53 常开触点闭合，定时器 T54 开始 5s 计时→

5s 后，定时器 T54 动作→
- [8] T54 常闭触点断开→Q0.0 线圈失电→电动机 A 停转→A 组喷头停止工作
- [9] T54 常闭触点断开→Q0.1 线圈失电→电动机 B 停转→B 组喷头停止工作
- [10] T54 常闭触点断开→Q0.2 线圈失电→电动机 C 停转→C 组喷头停止工作
- [7] T54 常开触点闭合，定时器 T55 开始 3s 计时→

3s 后，定时器 T55 动作→[2] T55 常闭触点断开→定时器 T50 复位→
- [8] T50 常闭触点闭合→Q0.0 线圈得电→电动机 A 运转
- [3] T50 常开触点断开
- [10] T50 常开触点断开
- [3] T50 常开触点断开→定时器 T51 复位，T51 所有触点复位，其中 [4] T51 常开触点断开使定时器 T52 复位→T52 所有触点复位，其中 [5] T52 常开触点断开使定时器 T53 复位→T53 所有触点复位，其中 [6] T53 常开触点断开使定时器 T54 复位→T54 所有触点复位，其中 [7] T54 常开触点断开使定时器 T55 复位→[2] T55 常闭触点闭合，定时器 T50 开始 5s 计时，以后会重复前面的工作过程

（2）停止控制

按下停止按钮 SB2→I0.1 常闭触点断开→M0.0 线圈失电→
- [1] M0.0 自锁触点断开，解除自锁
- [2] M0.0 常开触点断开→定时器 T50 复位→

T50 所有触点复位，其中 [3] T50 常开触点断开→定时器 T51 复位→T51 所有触点复位，其中 [4]T51 常开触点断开使定时器 T52 复位→T52 所有触点复位，其中 [5] T52 常开触点断开使定时器 T53 复位→T53 所有触点复位，其中 [6] T53 常开触点断开使定时器 T54 复位→T54 所有触点复位，其中 [7]T54 常开触点断开使定时器 T55 复位→T55 所有触点复位 [2] T55 常闭触点闭合→由于定时器 T50~T55 所有触点复位，Q0.0~Q0.2 线圈均无法得电→KM1~KM3 线圈失电→电动机 A、B、C 均停转

4.6 交通信号灯的西门子 PLC 控制实例

4.6.1 系统控制要求

系统要求使用两个按钮来控制交通信号灯工作，交通信号灯排列与工作时序如图 4-25 所示。系统控制要求具体如下：当按下起动按钮后，南北红灯亮 25s，在南北红灯亮 25s 的时间里，东西绿灯先亮 20s 再以 1 次/s 的频率闪烁 3 次，接着东西黄灯亮 2s，25s 后南北红灯熄灭，熄灭时间维持 30s，在这 30s 时间里，东西红灯一直亮，南北绿灯先亮 25s，然后以 1 次/s 频率闪烁 3 次，接着南北黄灯亮 2s。以后重复该过程。按下停止按钮后，所有的灯都熄灭。

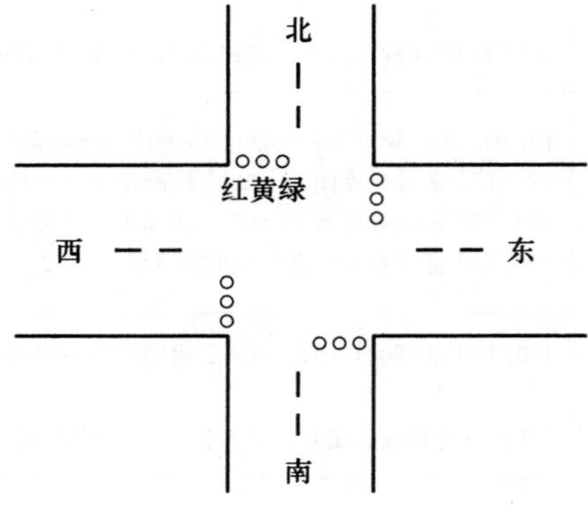

a) 交通信号灯的排列

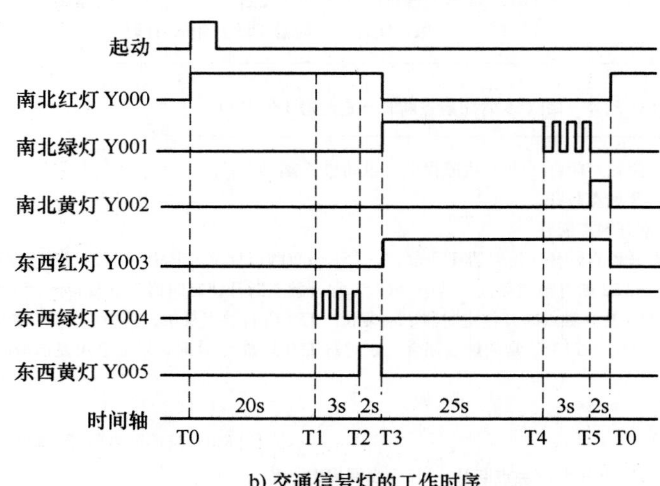

b) 交通信号灯的工作时序

图 4-25 交通信号灯排列与工作时序

4.6.2 I/O 端子及输入/输出设备

交通信号灯控制中 PLC 用到的 I/O 端子及连接的输入/输出设备见表 4-2。

表 4-2　PLC 控制用到的 I/O 端子及连接的输入/输出设备

输　　入			输　　出		
输入设备	输入端子	功能说明	输出设备	输出端子	功能说明
SB1	DIa. 0（I0. 0）	启动控制	南北红灯	DQa. 0（Q0. 0）	驱动南北红灯亮
SB2	DIa. 1	停止控制	南北绿灯	DQa. 1	驱动南北绿灯亮
			南北黄灯	DQa. 2	驱动南北黄灯亮
			东西红灯	DQa. 3	驱动东西红灯亮
			东西绿灯	DQa. 4	驱动东西绿灯亮
			东西黄灯	DQa. 5	驱动东西黄灯亮

4. 6. 3　PLC 控制电路

图 4-26 为交通信号灯的 PLC 控制电路。

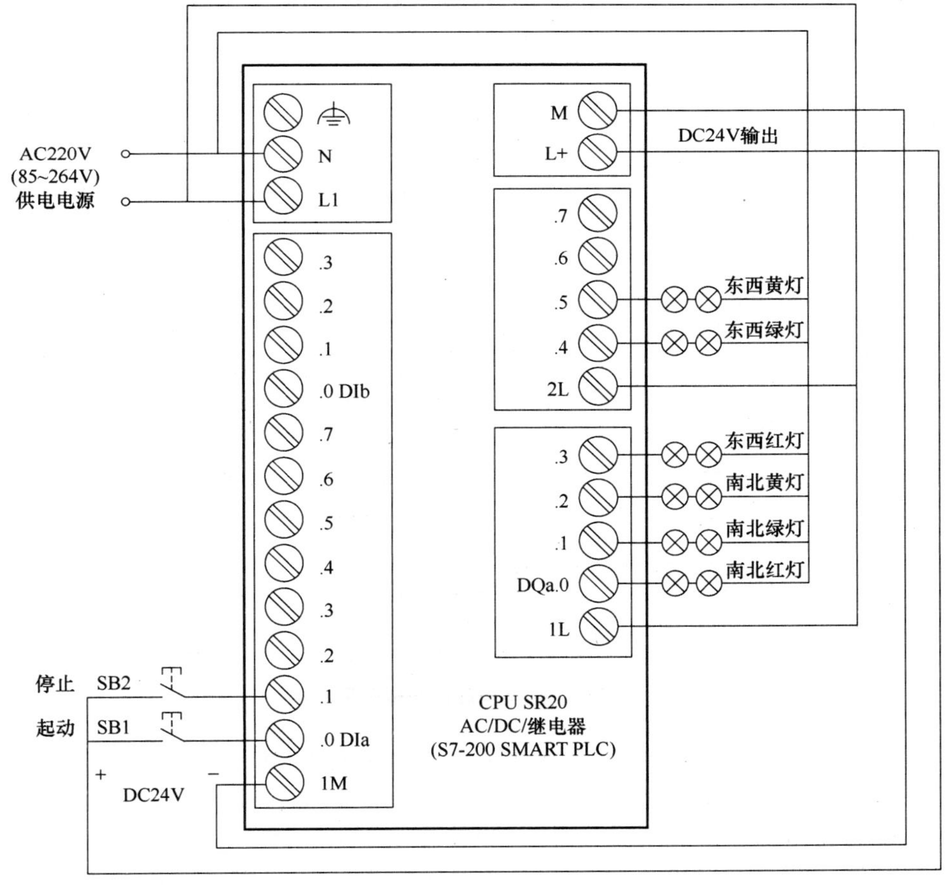

图 4-26　交通信号灯的 PLC 控制电路

4.6.4 PLC 控制程序及详解

启动编程软件，编写满足控制要求的梯形图程序，编写完成的梯形图如图 4-27 所示。

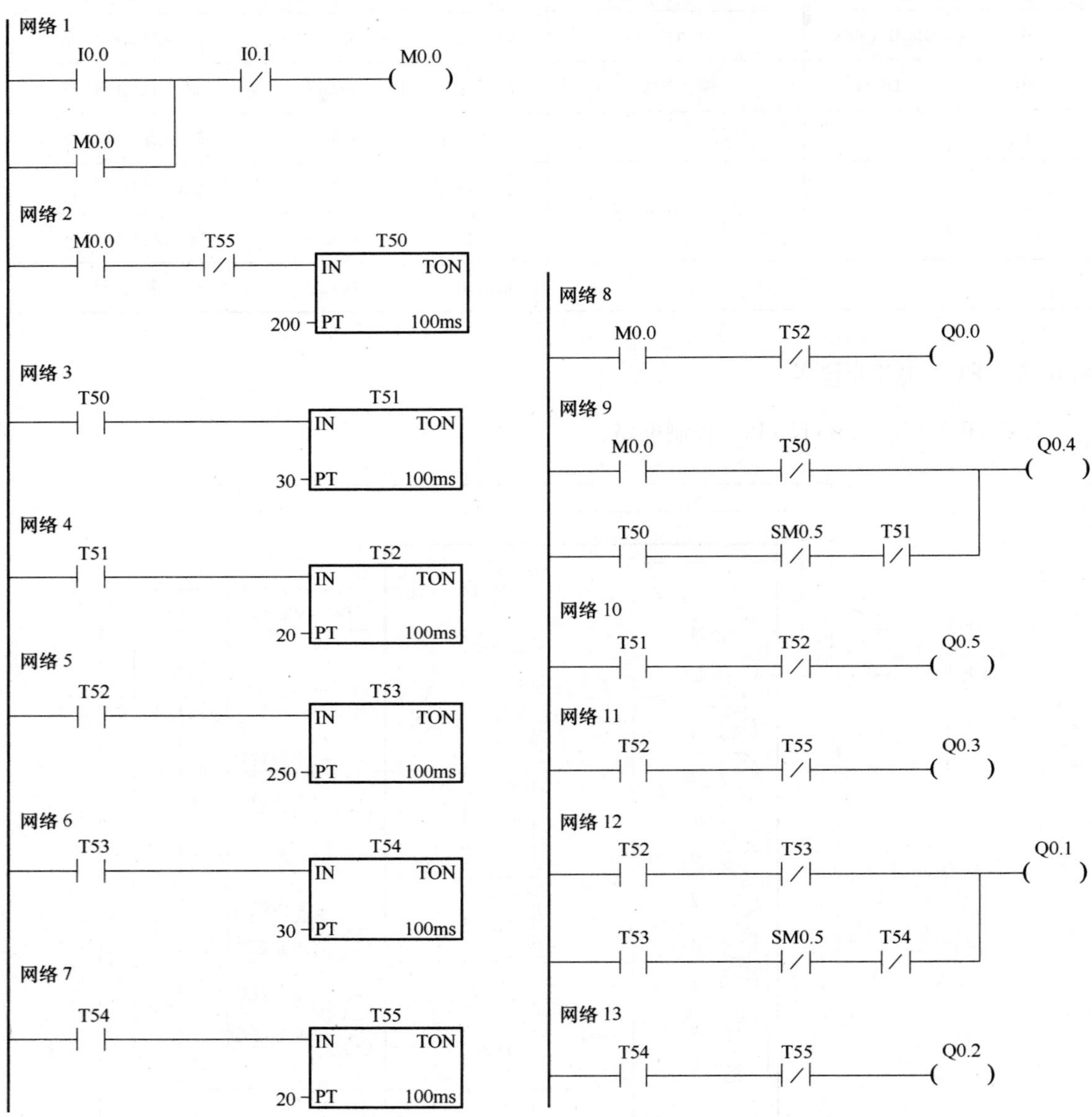

图 4-27　交通信号灯控制梯形图程序

在图 4-27 所示的梯形图中，采用了一个特殊的辅助继电器 SM0. 5，称为触点利用型特殊继电器，它利用 PLC 自动驱动线圈，用户只能利用它的触点，即画梯形图里只能画它的触点。SM0. 5 能产生周期为 1s 的时钟脉冲，其高低电平持续时间均为 0. 5s，以图 4-27 梯形图网络［9］为例，当 T50 常开触点闭合，在 1s 内，SM0. 5 常闭触点接通、断开时间分别为 0. 5s，Q0. 4 线圈得电、失电时间也都为 0. 5s。

下面对照图 4-26 控制电路和图 4-25 时序图来说明梯形图工作原理：

（1）起动控制

按下起动按钮 SB1→I0.0 常开触点闭合→辅助继电器 M0.0 线圈得电

- [1] M0.0 自锁触点闭合，锁定 M0.0 线圈供电
- [8] M0.0 常开触点闭合，Q0.0 线圈得电→Q0.0 端子内硬触点闭合→南北红灯亮
- [9] M0.0 常开触点闭合→Q0.4 线圈得电→Q0.4 端子内硬触点闭合→东西绿灯亮
- [2] M0.0 常开触点闭合，定时器 T50 开始 20s 计时

20s后，定时器T50动作→

- [9] T50 常开触点闭合→SM0.5 继电器触点以 0.5s 通、0.5s 断的频率工作→Q0.4 线圈以同样的频率得电和失电→东西绿灯以 1 次 /s 的频率闪烁
- [3] T50 常开触点闭合，定时器 T51 开始 3s 计时

3s后，定时器T51动作→

- [10] T51 常开触点闭合→Q0.5 线圈得电→东西黄灯亮
- [4] T51 常开触点闭合，定时器 T52 开始 2s 计时

2s后，定时器T52动作→

- [8] T52 常闭触点断开→Q0.0 线圈失电→南北红灯灭
- [10] T52 常闭触点断开→Q0.5 线圈失电→东西黄灯灭
- [11] T52 常开触点闭合→Q0.3 线圈得电→东西红灯亮
- [12] T52 常开触点闭合→Q0.1 线圈得电→南北绿灯亮
- [5] T52 常开触点闭合，定时器 T53 开始 25s 计时

25s后，定时器T53动作→

- [12] T53常开触点闭合→SM0.5继电器触点以0.5s通、0.5s断的频率工作→Q0.1 线圈以同样的频率得电和失电→南北绿灯以 1 次 /s 的频率闪烁
- [6] T53 常开触点闭合，定时器 T54 开始 3s 计时

3s后，定时器T54动作→

- [12] T54 常开触点断开→Q0.1 线圈失电→南北绿灯灭
- [13] T54 常开触点闭合→Q0.2 线圈得电→南北黄灯亮
- [7] T54 常开触点闭合，定时器 T55 开始 2s 计时

2s后，定时器T55动作→

- [11] T55 常闭触点断开→Q0.3 线圈失电→东西红灯灭
- [13] T55 常闭触点断开→Q0.2 线圈失电→南北黄灯灭
- [2] T55 常闭触点断开，定时器 T50 复位，T50 所有触点复位

→[3] T50 常开触点复位断开使定时器 T51 复位→[4] T51 常开触点复位断开使定时器 T52 复位→同样地，定时器 T53、T54、T55 也依次复位→在定时器 T50 复位后，[9] T50 常闭触点闭合，Q0.4 线圈得电，东西绿灯亮；在定时器 T52 复位后，[8] T52 常闭触点闭合，Q0.0 线圈得电，南北红灯亮；在定时器 T55 复位后，[2] T55 常闭触点闭合，定时器 T50 开始 20s 计时，以后又会重复前述过程。

（2）停止控制

按下停止按钮 SB2→I0.1 常闭触点断开→辅助继电器 M0.0 线圈失电

- [1] M0.0 自锁触点断开，解除 M0.0 线圈供电
- [8] M0.0 常开触点断开，Q0.0 线圈无法得电
- [9] M0.0 常开触点断开→Q0.4 线圈无法得电
- [2] M0.0 常开触点断开，定时器 T0 复位，T0 所有触点复位

→[3] T50 常开触点复位断开使定时器 T51 复位，T51 所有触点均复位→其中 [4] T51 常开触点复位断开使定时器 T52 复位→同样地，定时器 T53、T54、T55 也依次复位→在定时器 T51 复位后，[10] T51 常开触点断开，Q0.5 线圈无法得电；在定时器 T52 复位后，[11] T52 常开触点断开，Q0.3 线圈无法得电；在定时器 T53 复位后，[12] T53 常开触点断开，Q0.1 线圈无法得电；在定时器 T54 复位后，[13] T54 常开触点断开，Q0.2 线圈无法得电→Q0.0~Q0.5 线圈均无法得电，所有交通信号灯都熄灭。

4.7 多级传送带的西门子 PLC 控制实例

4.7.1 系统控制要求

系统要求用两个按钮来控制传送带按一定方式工作，传送带结构示意图及控制要求如图 4-28 所示。

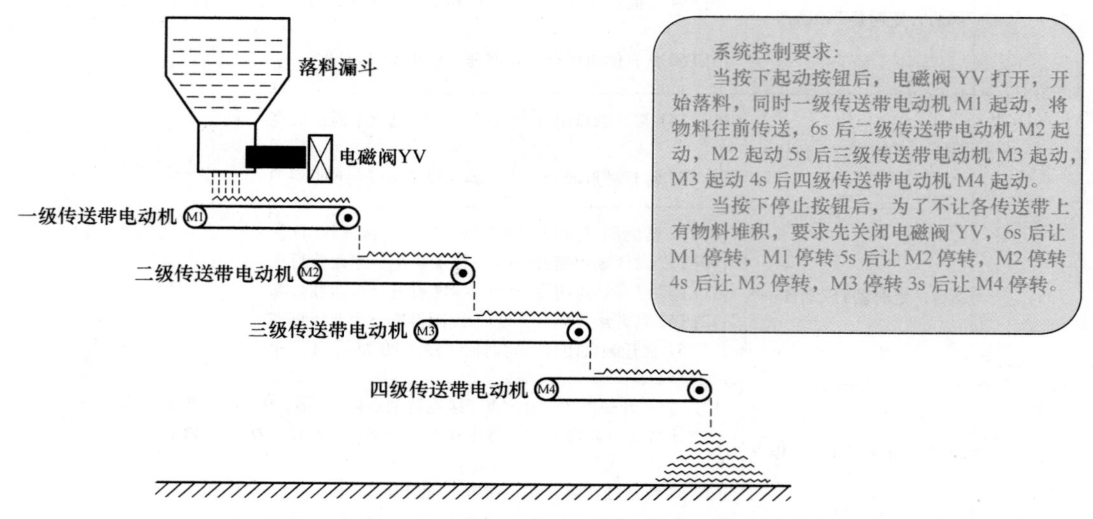

图 4-28　多级传送带结构示意图及控制要求

4.7.2 I/O 端子及输入/输出设备

多级传送带控制中 PLC 用到的 I/O 端子及连接的输入/输出设备见表 4-3。

表 4-3　PLC 控制用到的 I/O 端子及连接的输入/输出设备

输　入			输　出		
输入设备	输入端子	功能说明	输出设备	输出端子	功能说明
SB1	DIa. 0（I0. 0）	起动控制	KM1 线圈	DQa. 0（Q0. 0）	控制电磁阀 YV
SB2	DIa. 1	停止控制	KM2 线圈	DQa. 1	控制一级传送带电动机 M1
			KM3 线圈	DQa. 2	控制二级传送带电动机 M2
			KM4 线圈	DQa. 3	控制三级传送带电动机 M3
			KM5 线圈	DQa. 4	控制四级传送带电动机 M4

4.7.3 PLC 控制电路

图 4-29 为多级传送带的 PLC 控制电路。

4.7.4 PLC 控制程序及详解

启动编程软件，编写满足控制要求的梯形图程序，编写完成的梯形图如图 4-30 所示。下面对照图 4-29 控制电路来说明图 4-30 梯形图的工作原理。

AC220V
(85~264V)
供电电源
N
L1
M
L+
DC24V输出
.7
.6
.5
.4
2L
KM5
.3
.2
.1
.0 DIb
.7
.6
.5
.4
.3
.2
.1
.0 DIa
1M
.3
.2
.1
DQa.0
1L
KM4
KM3
KM2
KM1
停止 SB2
起动 SB1
DC24V
CPU SR20
AC/DC/继电器
(S7-200 SMART
PLC)
L1 L2 L3
QF
FU1
FU2
FU3
FU4
KM1
KM2
KM3
KM4
KM5
YV
U V W
M
3~
电动机M1
电动机M2
电动机M3
电动机M4

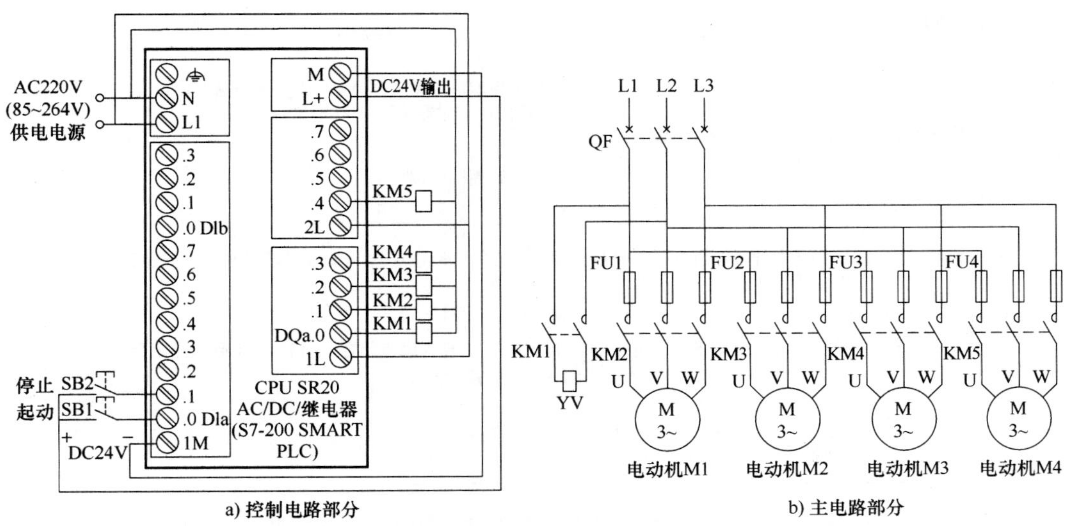

a) 控制电路部分　　b) 主电路部分

图 4-29　多级传送带的 PLC 控制电路

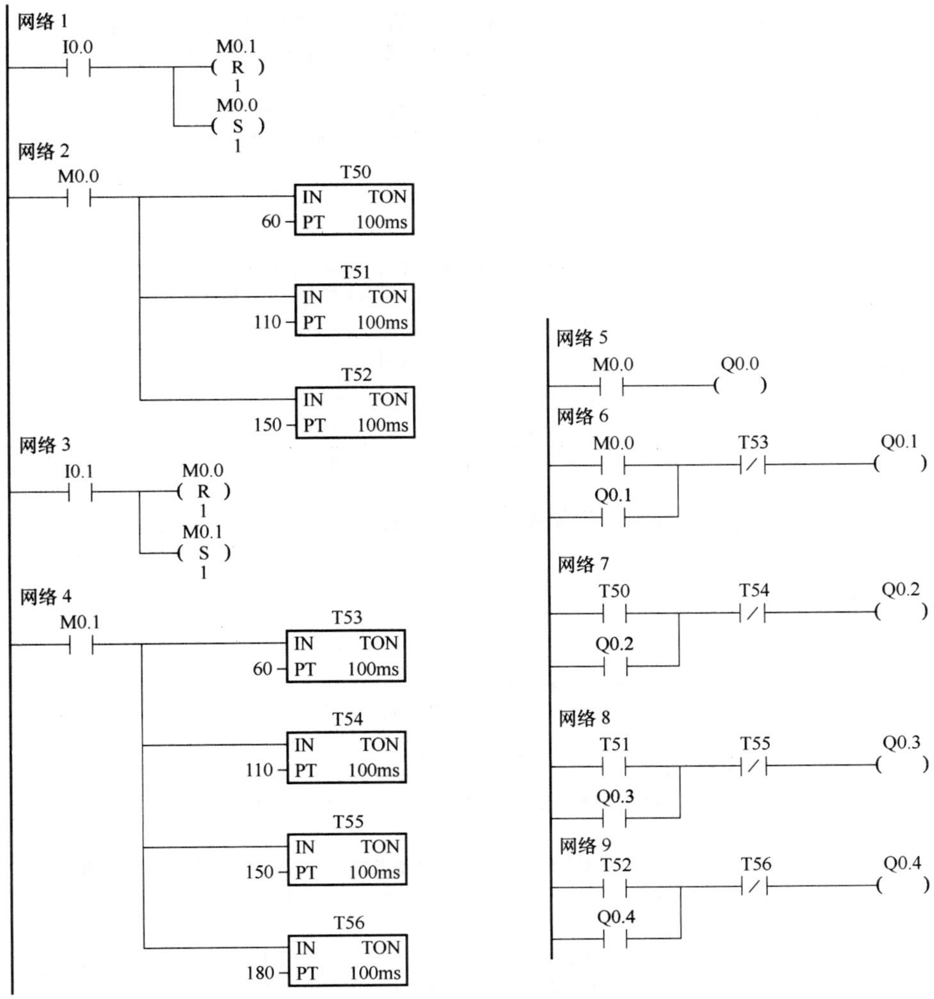

网络 1
I0.0
M0.1
R
1
M0.0
S
1
网络 2
M0.0
T50
IN TON
60 PT 100ms
T51
IN TON
110 PT 100ms
T52
IN TON
150 PT 100ms
网络 3
I0.1
M0.0
R
1
M0.1
S
1
网络 4
M0.1
T53
IN TON
60 PT 100ms
T54
IN TON
110 PT 100ms
T55
IN TON
150 PT 100ms
T56
IN TON
180 PT 100ms
网络 5
M0.0
Q0.0
网络 6
M0.0
T53
Q0.1
Q0.1
网络 7
T50
T54
Q0.2
Q0.2
网络 8
T51
T55
Q0.3
Q0.3
网络 9
T52
T56
Q0.4
Q0.4

图 4-30　传送带控制梯形图程序

（1）起动控制

按下起动按钮 SB1→[1] I0.0 常开触点闭合→
- M0.1 线圈被复位→[4] M0.1 常开触点断开，停机控制定时器 T53~T56 不工作
- M0.0 线圈被置位→
  - [5] M0.0 常开触点闭合→线圈 Q0.0 得电→Q0.0 硬触点闭合→KM1 线圈得电→电磁阀 YV 打开，开始落料
  - [6] M0.0 常开触点闭合→线圈 Q0.1 得电→Q0.1 自锁触点闭合，同时 Q0.1 硬触点闭合→KM2 线圈得电→电动机 M1 运转→一级传送带起动
  - [2] M0.0 常开触点闭合→定时器 T50~T52 开始计时→
    - 6s 后，T50 定时器动作→[7] T50 常开触点闭合→线圈 Q0.2 得电→Q0.2 自锁触点闭合，同时 Q0.2 硬触点闭合，KM3 线圈得电，电动机 M2 运转→二级传送带起动
    - 11s 后，T51 定时器动作→[8] T51 常开触点闭合→线圈 Q0.3 得电→Q0.3 自锁触点闭合，同时 Q0.3 硬触点闭合，KM4 线圈得电，电动机 M3 运转→三级传送带起动
    - 15s 后，T52 定时器动作→[9] T52 常开触点闭合→线圈 Q0.4 得电→Q0.4 自锁触点闭合，同时 Q0.4 硬触点闭合，KM5 线圈得电，电动机 M4 运转→四级传送带起动

（2）停止控制

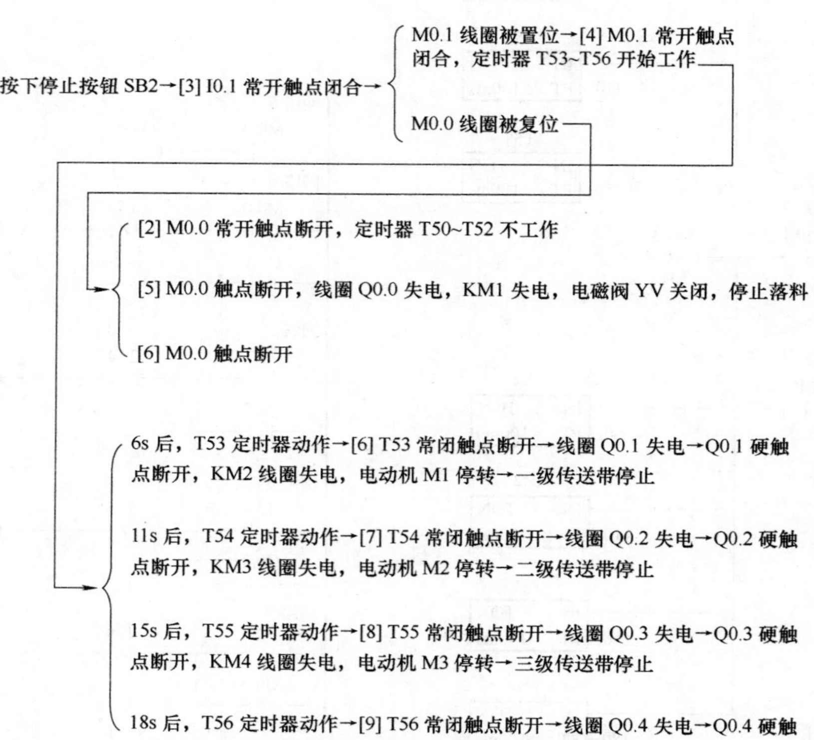

4.8　车库自动门的西门子 PLC 控制实例

4.8.1　系统控制要求

系统要求车库门在车辆进出时能自动打开关闭，车库门控制结构示意图及控制要求如图 4-31 所示。

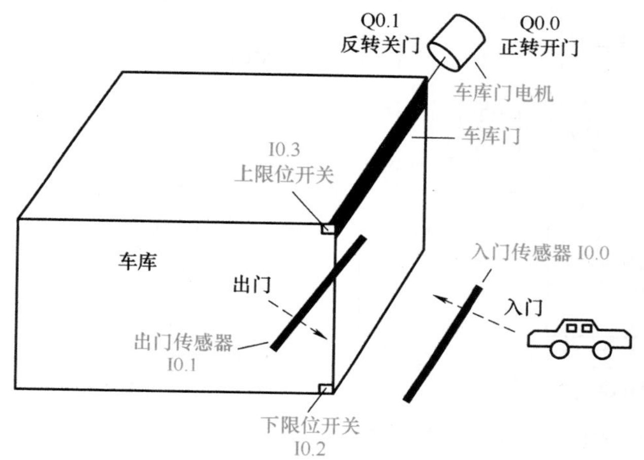

图 4-31　车库门控制结构示意图及控制要求

4.8.2　I/O 端子及输入/输出设备

车库自动门控制中 PLC 用到的 I/O 端子及连接的输入/输出设备见表 4-4。

表 4-4　PLC 用到的 I/O 端子及连接的输入/输出设备

输　入			输　出		
输入设备	输入端子	功能说明	输出设备	输出端子	功能说明
入门传感器开关	DIa. 0（I0. 0）	检测车辆有无通过	KM1 线圈	DQa. 0（Q0. 0）	控制车库门上升（电动机正转）
出门传感器开关	DIa. 1	检测车辆有无通过	KM2 线圈	DQa. 1	控制车库门下降（电动机反转）
下限位开关	DIa. 2	限制车库门下降			
上限位开关	DIa. 3	限制车库门上升			

4.8.3　PLC 控制电路

图 4-32 为车库自动门的 PLC 控制电路。

4.8.4　PLC 控制程序及详解

启动编程软件，编写满足控制要求的梯形图程序，编写完成的梯形图如图 4-33 所示。

下面对照图 4-32 控制电路来说明图 4-33 梯形图的工作原理。

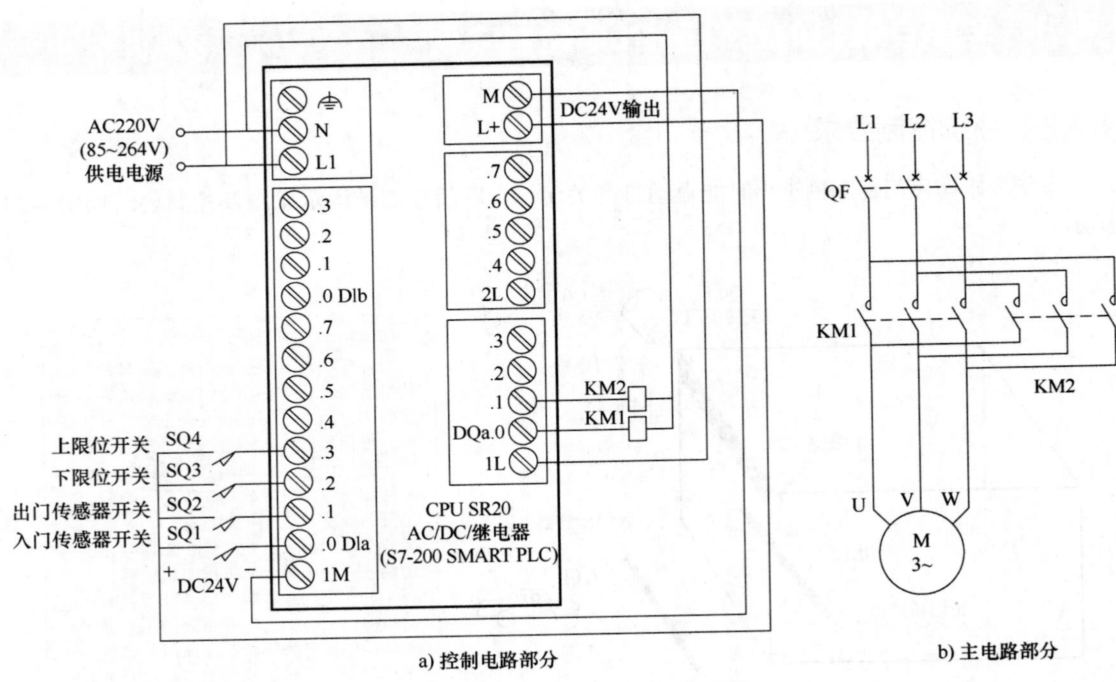

a) 控制电路部分　　　　b) 主电路部分

图 4-32　车库自动门的 PLC 控制电路

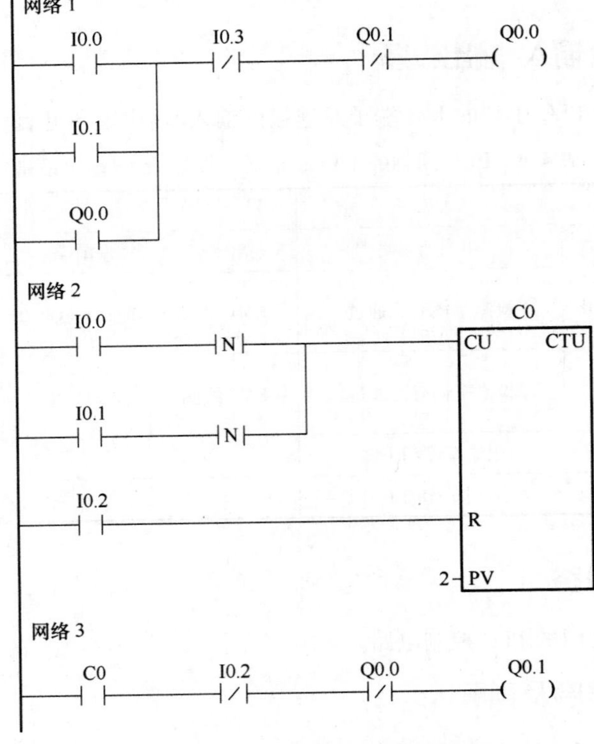

图 4-33　车库自动门控制梯形图程序

（1）入门控制过程

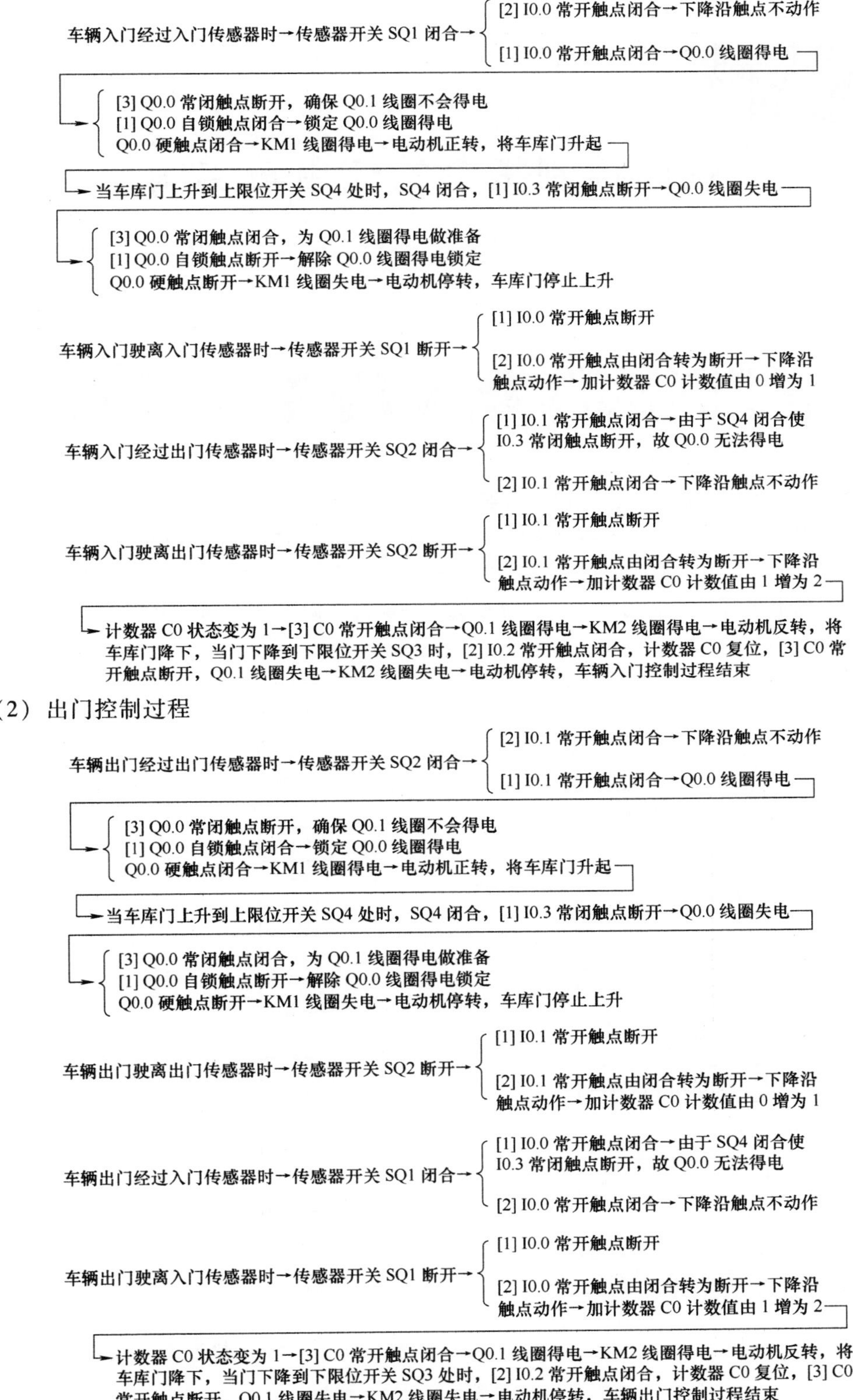
车辆入门经过入门传感器时→传感器开关 SQ1 闭合→
[2] I0.0 常开触点闭合→下降沿触点不动作
[1] I0.0 常开触点闭合→Q0.0 线圈得电
[3] Q0.0 常闭触点断开，确保 Q0.1 线圈不会得电
[1] Q0.0 自锁触点闭合→锁定 Q0.0 线圈得电
Q0.0 硬触点闭合→KM1 线圈得电→电动机正转，将车库门升起
当车库门上升到上限位开关 SQ4 处时，SQ4 闭合，[1] I0.3 常闭触点断开→Q0.0 线圈失电
[3] Q0.0 常闭触点闭合，为 Q0.1 线圈得电做准备
[1] Q0.0 自锁触点断开→解除 Q0.0 线圈得电锁定
Q0.0 硬触点断开→KM1 线圈失电→电动机停转，车库门停止上升
车辆入门驶离入门传感器时→传感器开关 SQ1 断开→
[1] I0.0 常开触点断开
[2] I0.0 常开触点由闭合转为断开→下降沿触点动作→加计数器 C0 计数值由 0 增为 1
车辆入门经过出门传感器时→传感器开关 SQ2 闭合→
[1] I0.1 常开触点闭合→由于 SQ4 闭合使 I0.3 常闭触点断开，故 Q0.0 无法得电
[2] I0.1 常开触点闭合→下降沿触点不动作
车辆入门驶离出门传感器时→传感器开关 SQ2 断开→
[1] I0.1 常开触点断开
[2] I0.1 常开触点由闭合转为断开→下降沿触点动作→加计数器 C0 计数值由 1 增为 2
计数器 C0 状态变为 1→[3] C0 常开触点闭合→Q0.1 线圈得电→KM2 线圈得电→电动机反转，将车库门降下，当门下降到下限位开关 SQ3 时，[2] I0.2 常开触点闭合，计数器 C0 复位，[3] C0 常开触点断开，Q0.1 线圈失电→KM2 线圈失电→电动机停转，车辆入门控制过程结束
（2）出门控制过程
车辆出门经过出门传感器时→传感器开关 SQ2 闭合→
[2] I0.1 常开触点闭合→下降沿触点不动作
[1] I0.1 常开触点闭合→Q0.0 线圈得电
[3] Q0.0 常闭触点断开，确保 Q0.1 线圈不会得电
[1] Q0.0 自锁触点闭合→锁定 Q0.0 线圈得电
Q0.0 硬触点闭合→KM1 线圈得电→电动机正转，将车库门升起
当车库门上升到上限位开关 SQ4 处时，SQ4 闭合，[1] I0.3 常闭触点断开→Q0.0 线圈失电
[3] Q0.0 常闭触点闭合，为 Q0.1 线圈得电做准备
[1] Q0.0 自锁触点断开→解除 Q0.0 线圈得电锁定
Q0.0 硬触点断开→KM1 线圈失电→电动机停转，车库门停止上升
车辆出门驶离出门传感器时→传感器开关 SQ2 断开→
[1] I0.1 常开触点断开
[2] I0.1 常开触点由闭合转为断开→下降沿触点动作→加计数器 C0 计数值由 0 增为 1
车辆出门经过入门传感器时→传感器开关 SQ1 闭合→
[1] I0.0 常开触点闭合→由于 SQ4 闭合使 I0.3 常闭触点断开，故 Q0.0 无法得电
[2] I0.0 常开触点闭合→下降沿触点不动作
车辆出门驶离入门传感器时→传感器开关 SQ1 断开→
[1] I0.0 常开触点断开
[2] I0.0 常开触点由闭合转为断开→下降沿触点动作→加计数器 C0 计数值由 1 增为 2
计数器 C0 状态变为 1→[3] C0 常开触点闭合→Q0.1 线圈得电→KM2 线圈得电→电动机反转，将车库门降下，当门下降到下限位开关 SQ3 处时，[2] I0.2 常开触点闭合，计数器 C0 复位，[3] C0 常开触点断开，Q0.1 线圈失电→KM2 线圈失电→电动机停转，车辆出门控制过程结束

第 5 章

顺序控制指令的使用与实例

5.1 顺序控制与状态转移图

一个复杂的任务往往可以分成若干个小任务，当按一定的顺序完成这些小任务后，整个大任务也就完成了。在生产实践中，顺序控制是指按照一定的顺序逐步控制来完成各个工序的控制方式。在采用顺序控制时，为了直观表示出控制过程，可以绘制顺序控制图。

图 5-1 是一种三台电动机顺序控制图，由于每一个步骤称作一个工艺，所以又称工序图。在 PLC 编程时，绘制的顺序控制图称为状态转移图或功能图，简称 SFC 图，图 5-1b 为图 5-1a 对应的状态转移图。

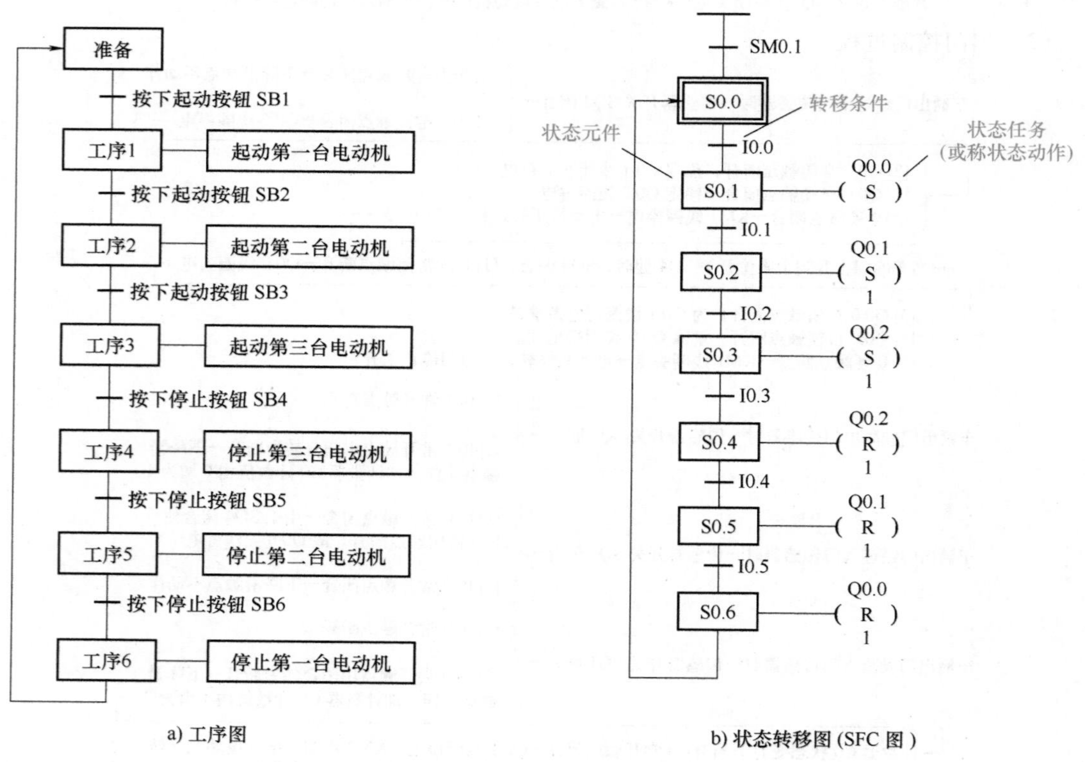

图 5-1　一种三台电动机顺序控制图

顺序控制有三个要素：转移条件、转移目标和工作任务。在图 5-1a 中，当上一个工序需要转到下一个工序时必须满足一定的转移条件，如工序 1 要转到下一个工序 2 时，须按下起动按钮 SB2，若不按下 SB2，就无法进行下一个工序，按下 SB2 即为转移条件。当转移条件满足后，需要确定转移目标，如工序 1 转移目标是工序 2。每个工序都有具体的工作任务，如工序 1 的工作任务是“起动第一台电动机”。

PLC 编程时绘制的状态转移图与顺序控制图相似，图 5-1b 中的状态元件（状态继电器）S0.1 相当于工序 1，“S Q0.0，1”相当于工作任务，S0.1 的转移目标是 S0.2，S0.6 的转移目标是 S0.0，SM0.1 和 S0.0 用来完成准备工作，其中 SM0.1 为初始脉冲继电器，PLC 起动时触点会自动接通一个扫描周期，S0.0 为初始状态继电器，每个 SFC 图必须要有一个初始状态，绘制 SFC 图时要加双线矩形框。

5.2　顺序控制指令

顺序控制指令用来编写顺序控制程序，S7-200 SMART PLC 有 3 条顺序控制指令，在 STEP 7-Micro/WIN SMART 软件的项目指令树区域的“程序控制”指令包中可以找到这 3 条指令。

5.2.1　指令名称及功能

顺序控制指令说明如下：

指令格式	功能说明	举　例
??.? SCR	??.？段顺控程序开始	S0.1 SCR
??.? —(SCRT)	转移执行??.？段顺控程序	S0.2 —(SCRT)
—(SCRE)	顺控程序结束	—(SCRE)

5.2.2　指令使用举例

顺序控制指令使用及说明如图 5-2 所示。从图中可以看出，顺序控制程序由多个 SCR 程序段组成，每个 SCR 程序段以 LSCR 指令开始、以 SCRE 指令结束，程序段之间的转移使用 SCRT 指令。当执行 SCRT 指令时，会将指定程序段的状态器激活（即置 1），使之成为活动步程序，该程序段被执行，同时自动将前程序段的状态器和元件复位（即置 0）。

5.2.3　指令使用注意事项

顺序控制指令使用注意事项如下：

1）顺序控制指令仅对状态继电器 S 有效，S 也具有一般继电器的功能，对它还可以使用其他继电器一样的指令。

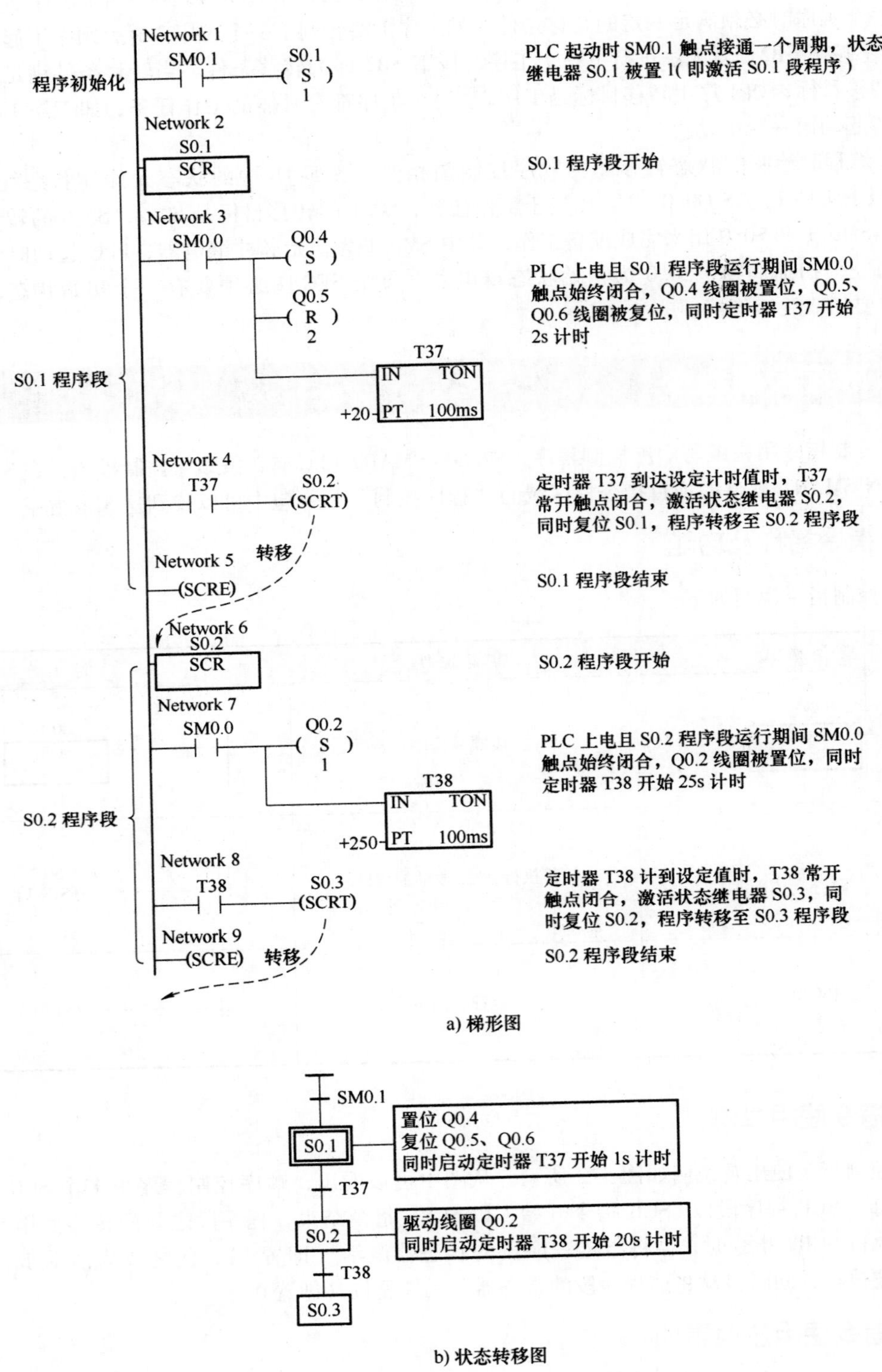

a) 梯形图

b) 状态转移图

图 5-2　顺序控制指令使用举例

2）SCR 段程序（LSCR 至 SCRE 之间的程序）能否执行，取决于该段程序对应的状态器 S 是否被置位。另外，当前程序 SCRE（结束）与下一个程序 LSCR（开始）之间的程序不影响下一个 SCR 程序的执行。

3）同一个状态器 S 不能用在不同的程序中，如主程序中用了 S0.2，在子程序中就不能再次使用。

4）SCR 段程序中不能使用跳转指令 JMP 和 LBL，即不允许使用跳转指令跳入、跳出 SCR 程序或在 SCR 程序内部跳转。

5）SCR 段程序中不能使用 FOR、NEXT 和 END 指令。

6）在使用 SCRT 指令实现程序转移后，前 SCR 段程序变为非活动步程序，该程序段的元件会自动复位，如果希望转移后某元件能继续输出，可对该元件使用置位或复位指令。在非活动步程序中，PLC 通电常 ON 触点 SM0.0 也处于断开状态。

5.3　顺序控制的几种方式

顺序控制主要方式有：单分支方式、选择性分支方式和并行分支方式。图 5-2b 所示的状态转移图为单分支方式，程序由前往后依次执行，中间没有分支，简单的顺序控制常采用这种单分支方式。较复杂的顺序控制可采用选择性分支方式或并行分支方式。

5.3.1　选择性分支方式

选择性分支状态转移图如图 5-3a 所示。图 5-3b 是依据图 5-3a 画出的梯形图，梯形图工作原理见标注说明。

5.3.2　并行分支方式

并行分支方式状态转移图如图 5-4a 所示，图 5-4b 是依据图 5-4a 画出的梯形图。由于 S0.2、S0.4 两程序段都未使用 SCRT 指令进行转移，故 S0.2、S0.4 状态器均未复位（即状态都为 1），S0.2、S0.4 两个常开触点均处于闭合状态，如果 I0.3 触点闭合，则马上将 S0.2、S0.4 状态器复位，同时将 S0.5 状态器置 1，转移至 S0.5 程序段。

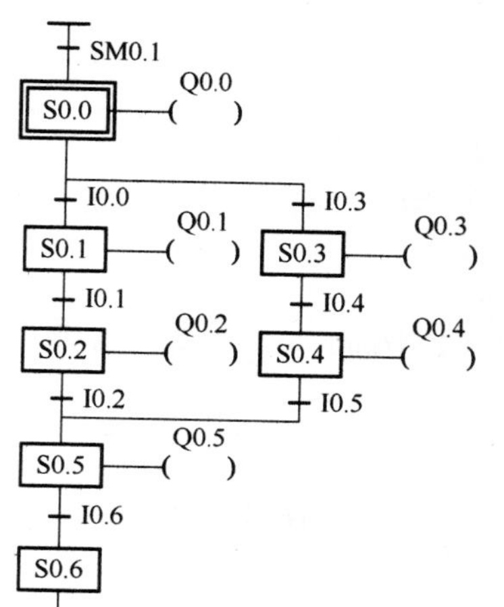

在状态继电器 S0.0 后面有两个可选择的分支，当 I0.0 闭合时执行 S0.1 分支，当 I0.3 闭合时执行 S0.3 分支，如果 I0.0 较 I0.3 先闭合，则只执行 I0.0 所在的分支，I0.3 所在的分支不执行，即两条分支不能同时进行

a) 状态转移图

图 5-3　选择性分支方式状态转移图与梯形图

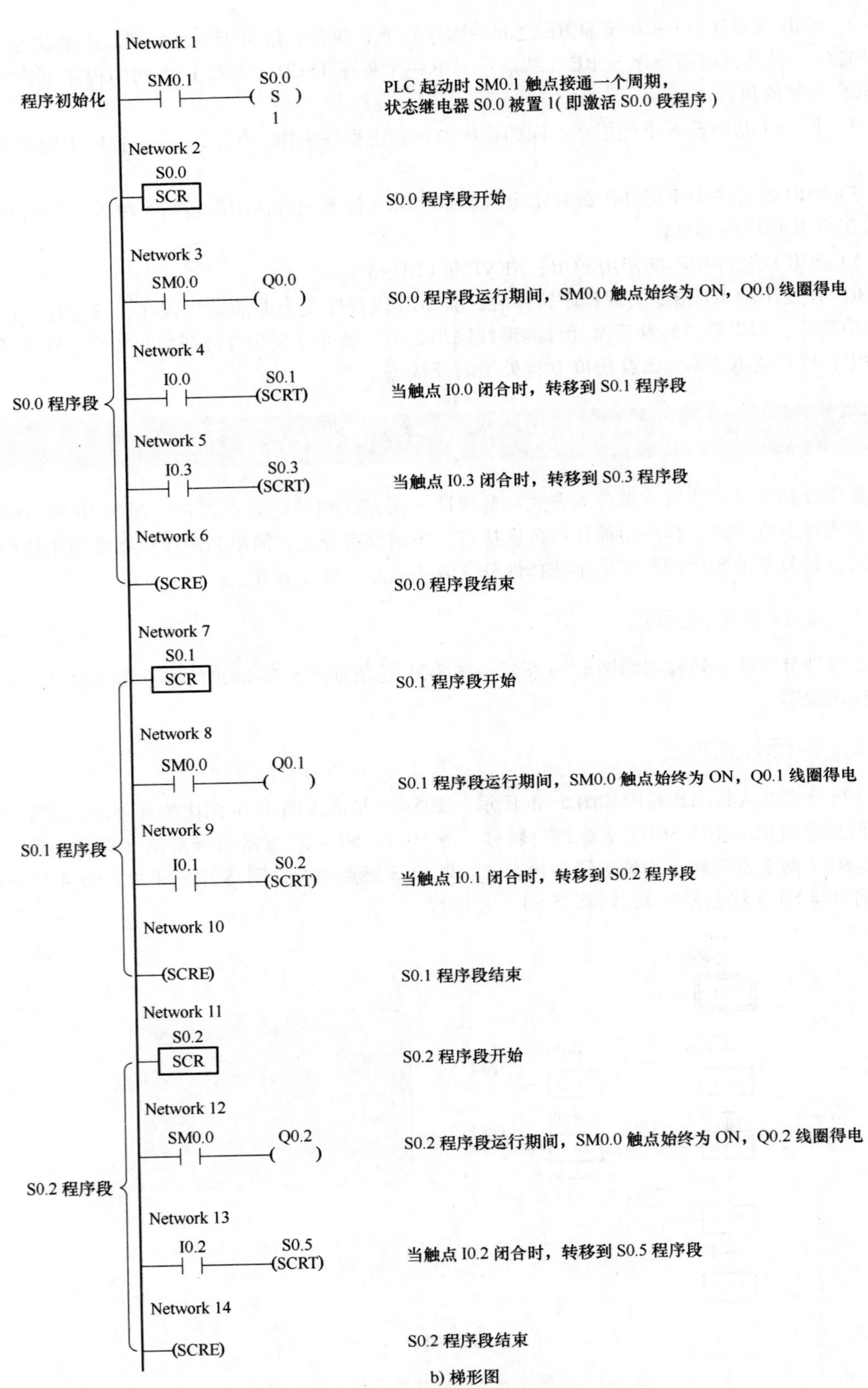

b) 梯形图

图 5-3　选择性分支方式状态转移图与梯形图（续）

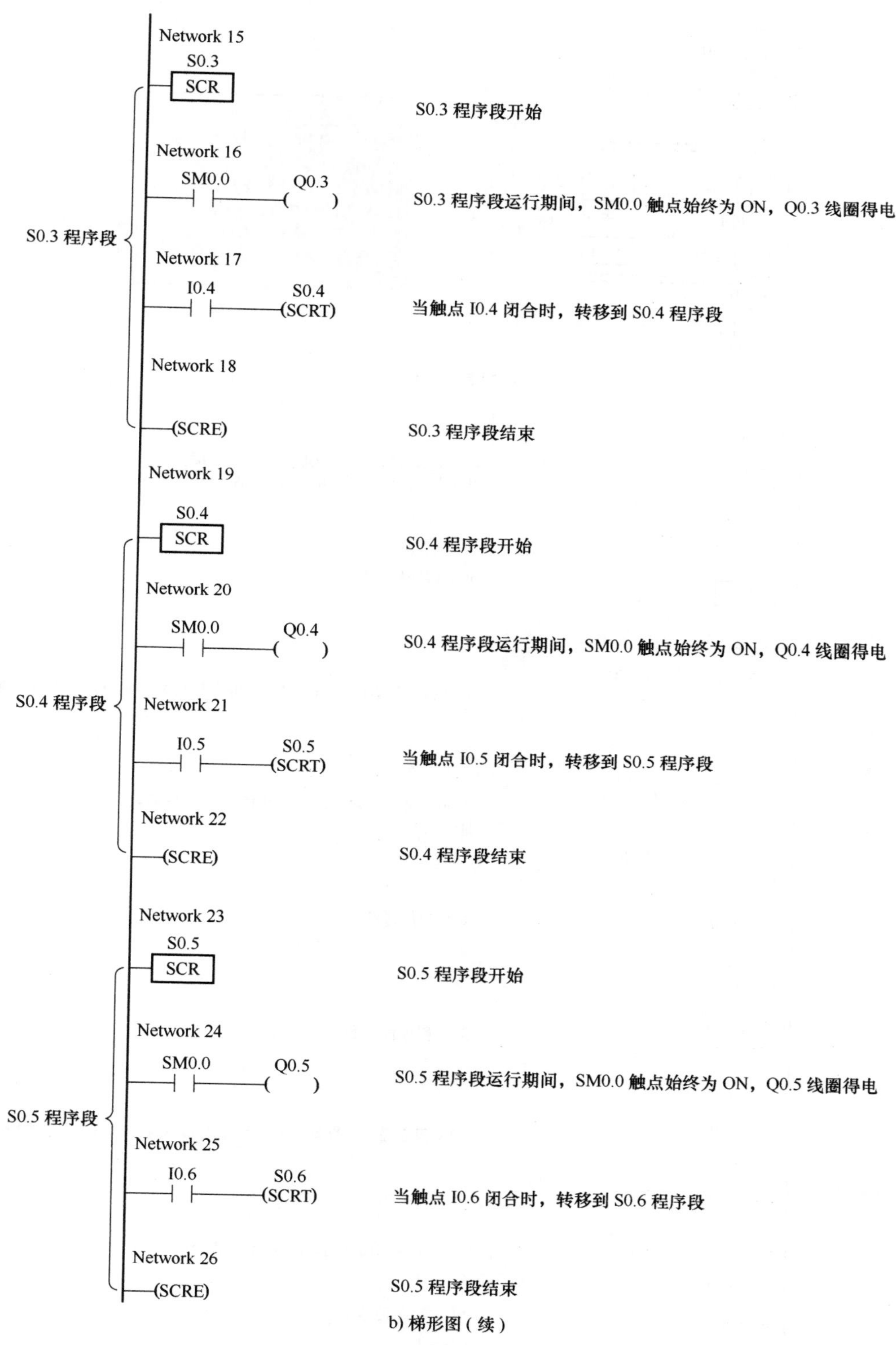

b) 梯形图（续）

图 5-3　选择性分支方式状态转移图与梯形图（续）

SM0.1
S0.0
Q0.0
I0.0
S0.1
Q0.1
S0.3
Q0.3
I0.1
I0.2
S0.2
Q0.2
S0.4
Q0.4
I0.3
S0.5
Q0.5
I0.4

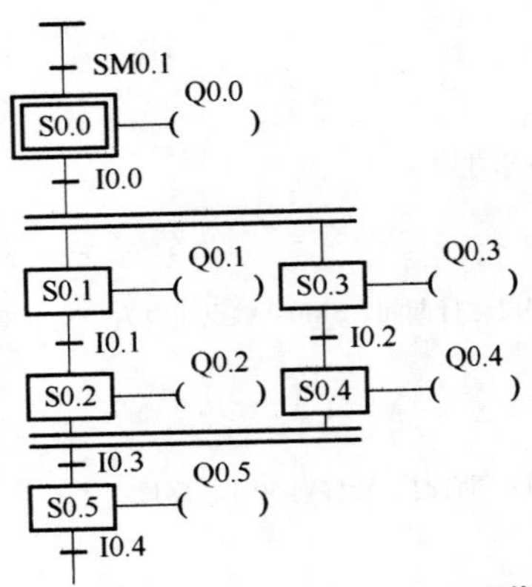

在状态器 S0.0 后面有两个并行的分支，并行分支用双线表示，当 I0.0 闭合时 S0.1 和 S0.3 两个分支同时执行，当两个分支都执行完成并且 I0.3 闭合时才能往下执行，若 S0.1 或 S0.4 任一条分支未执行完，即使 I0.3 闭合，也不会执行到 S0.5。

a) 状态转移图

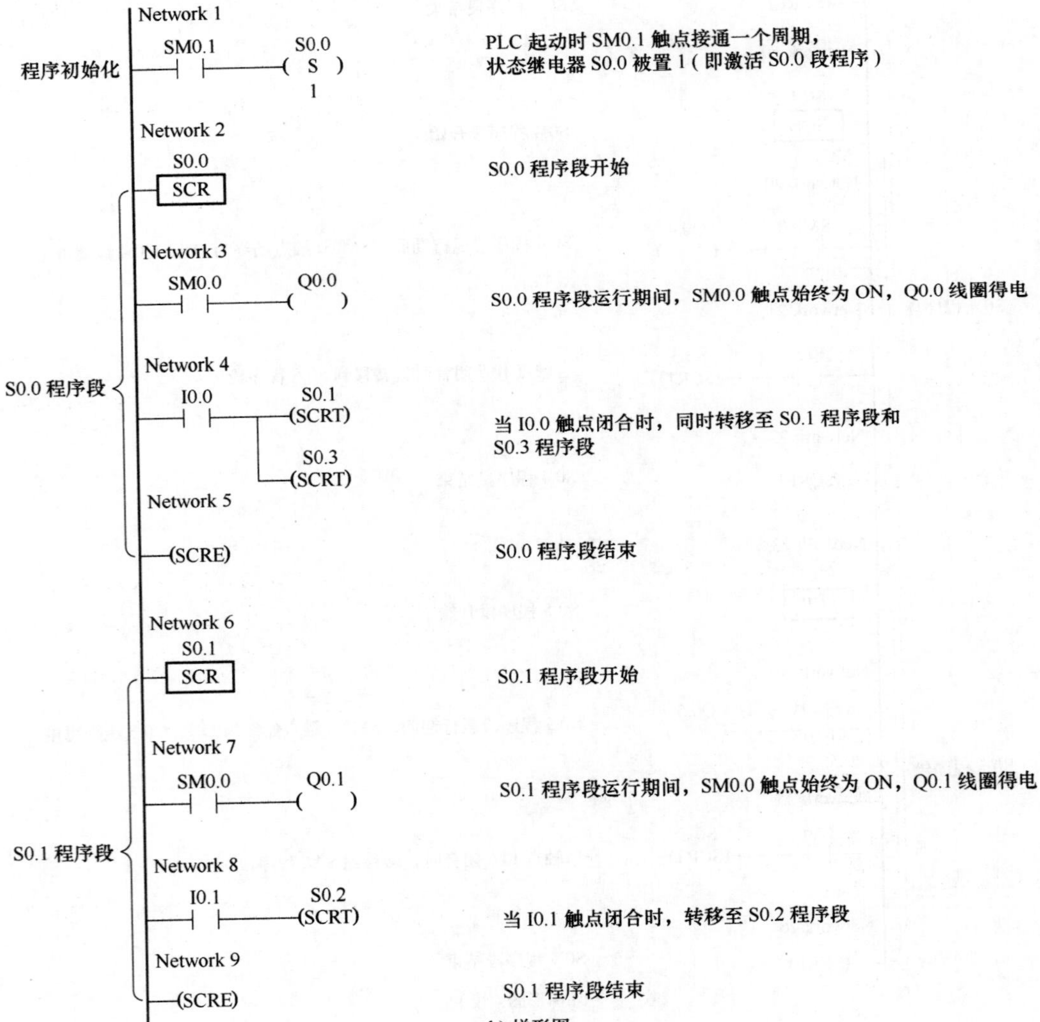

Network 1
程序初始化
SM0.1
S0.0
S
1
PLC 起动时 SM0.1 触点接通一个周期，
状态继电器 S0.0 被置 1（即激活 S0.0 段程序）
Network 2
S0.0
SCR
S0.0 程序段开始
S0.0 程序段
Network 3
SM0.0
Q0.0
S0.0 程序段运行期间，SM0.0 触点始终为 ON，Q0.0 线圈得电
Network 4
I0.0
S0.1
(SCRT)
S0.3
(SCRT)
当 I0.0 触点闭合时，同时转移至 S0.1 程序段和
S0.3 程序段
Network 5
(SCRE)
S0.0 程序段结束
Network 6
S0.1
SCR
S0.1 程序段开始
S0.1 程序段
Network 7
SM0.0
Q0.1
S0.1 程序段运行期间，SM0.0 触点始终为 ON，Q0.1 线圈得电
Network 8
I0.1
S0.2
(SCRT)
当 I0.1 触点闭合时，转移至 S0.2 程序段
Network 9
(SCRE)
S0.1 程序段结束

b) 梯形图

图 5-4　并行分支方式

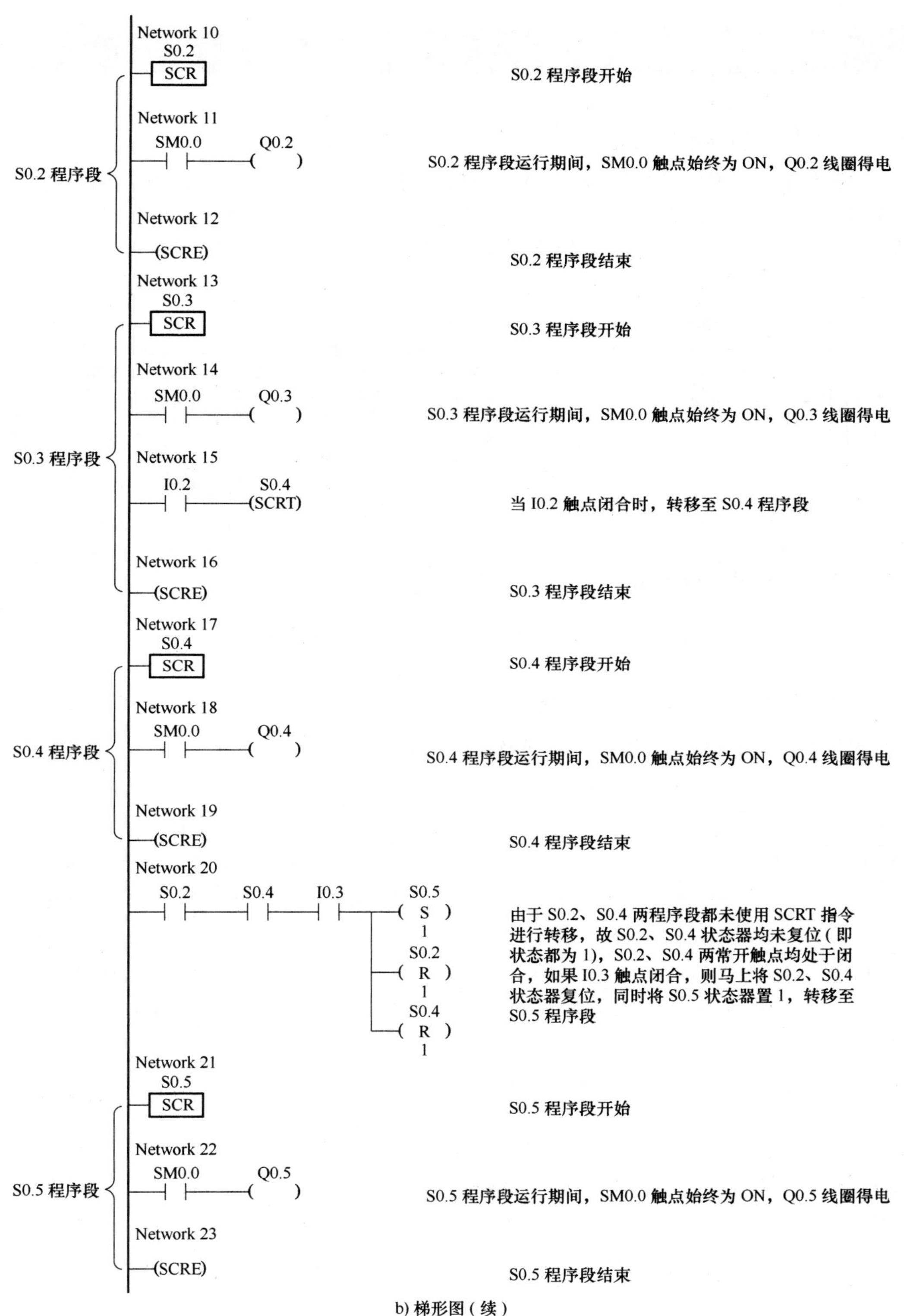

b) 梯形图(续)

图 5-4　并行分支方式（续）

5.4 液体混合装置的西门子 PLC 控制实例

5.4.1 系统控制要求

两种液体混合装置如图 5-5 所示。YV1、YV2 分别为 A、B 液体注入控制电磁阀，电磁阀线圈通电时打开，液体可以流入，YV3 为 C 液体流出控制电磁阀，H、M、L 分别为高、中、低液位传感器，M 为搅拌电动机，通过驱动搅拌部件旋转使 A、B 液体充分混合均匀。

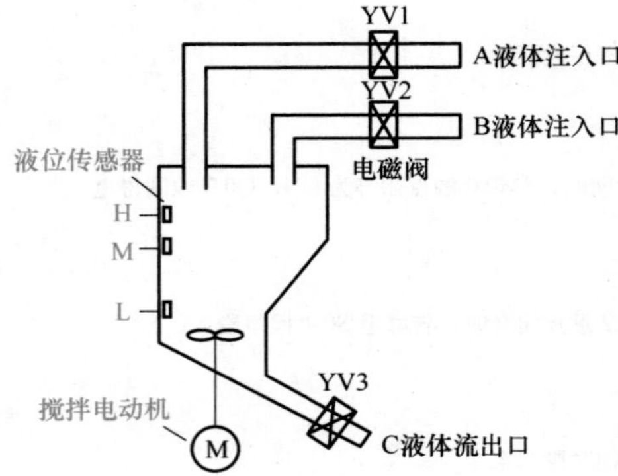

液体混合装置控制要求如下：

1) 装置的容器初始状态应为空，三个电磁阀都关闭，电动机 M 停转。按下起动按钮，YV1 电磁阀打开，注入 A 液体，当 A 液体的液位达到 M 位置时，YV1 关闭；然后 YV2 电磁阀打开，注入 B 液体，当 B 液体的液位达到 H 位置时，YV2 关闭；接着电动机 M 开始运转搅 20s，而后 YV3 电磁阀打开，C 液体（A、B 混合液）流出，当 C 液体的液位下降到 L 位置时，开始 20s 计时，在此期间 C 液体全部流出，20s 后 YV3 关闭，一个完整的周期完成。以后自动重复上述过程。

2) 当按下停止按钮后，装置要完成一个周期才停止。

3) 可以用手动方式控制 A、B 液体的注入和 C 液体的流出，也可以手动控制搅拌电动机的运转。

图 5-5 两种液体混合装置的结构示意图及控制要求

5.4.2 I/O 端子及输入/输出设备

液体混合装置中 PLC 用到的 I/O 端子及连接的输入/输出设备见表 5-1。

表 5-1 PLC 用到的 I/O 端子及连接的输入/输出设备

输入			输出		
输入设备	输入端子	功能说明	输出设备	输出端子	功能说明
SB1	DIa.0（I0.0）	启动控制	KM1 线圈	DQa.0（Q0.0）	控制 A 液体电磁阀
SB2	DIa.1	停止控制	KM2 线圈	DQa.1	控制 B 液体电磁阀
SQ1	DIa.2	检测低液位 L	KM3 线圈	DQa.2	控制 C 液体电磁阀
SQ2	DIa.3	检测中液位 M	KM4 线圈	DQa.3	驱动搅拌电动机工作
SQ3	DIa.4	检测高液位 H			
QS	DIb.0（I1.0）	手动/自动控制切换（ON：自动；OFF：手动）			
SB3	DIb.1	手动控制 A 液体流入			
SB4	DIb.2	手动控制 B 液体流入			
SB5	DIb.3	手动控制 C 液体流出			
SB6	DIb.4	手动控制搅拌电动机			

5.4.3 PLC 控制电路

图 5-6 为液体混合装置的 PLC 控制电路。

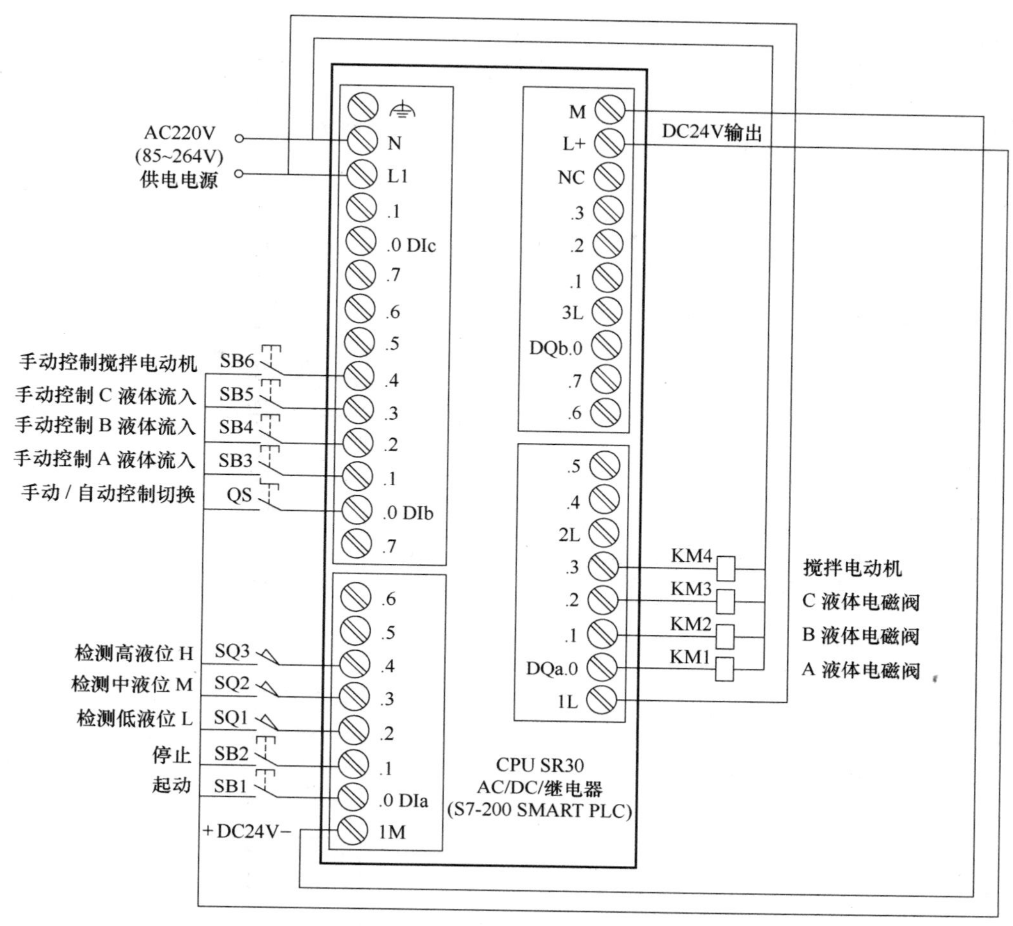

图5-6　液体混合装置的PLC控制电路

5.4.4　PLC控制程序及详解

启动编程软件，编写液体混合装置的PLC控制梯形图，如图5-7所示。

下面对照图5-6控制电路来说明图5-7梯形图的工作原理。

液体混合装置有自动和手动两种控制方式，由开关QS来决定（QS闭合：自动控制；QS断开：手动控制）。要让装置工作在自动控制方式，除了开关QS应闭合外，装置还须满足自动控制的初始条件（又称原点条件），否则系统将无法进入自动控制方式。装置的原点条件是L、M、H液位传感器的开关SQ1、SQ2、SQ3均断开，电磁阀YV1、YV2、YV3均关闭，电动机M停转。

（1）检测原点条件

图5-7梯形图中的［1］程序用来检测原点条件（或称初始条件）。在自动控制工作前，若装置中的液体未排完，或者电磁阀YV1、YV2、YV3和电动机M有一个或多个处于得电工作状态，即不满足原点条件，系统将无法进行自动控制工作状态。

程序检测原点条件的方法：若装置中的C液体位置高于传感器L→SQ1闭合→［1］I0.2常闭触点断开，M0.0线圈无法得电；或者由于某种原因让Q0.0～Q0.3线圈一个或多个处于得电状态，会使电磁阀YV1、YV2、YV3或电动机M处于通电工作状态，同时会使Q0.0～Q0.3常闭触点断开使M0.0线圈无法得电，［6］M0.0常开触点断开，无法对状态继电器S0.1置位，也就不会转移执行S0.1程序段开始的自动控制程序。

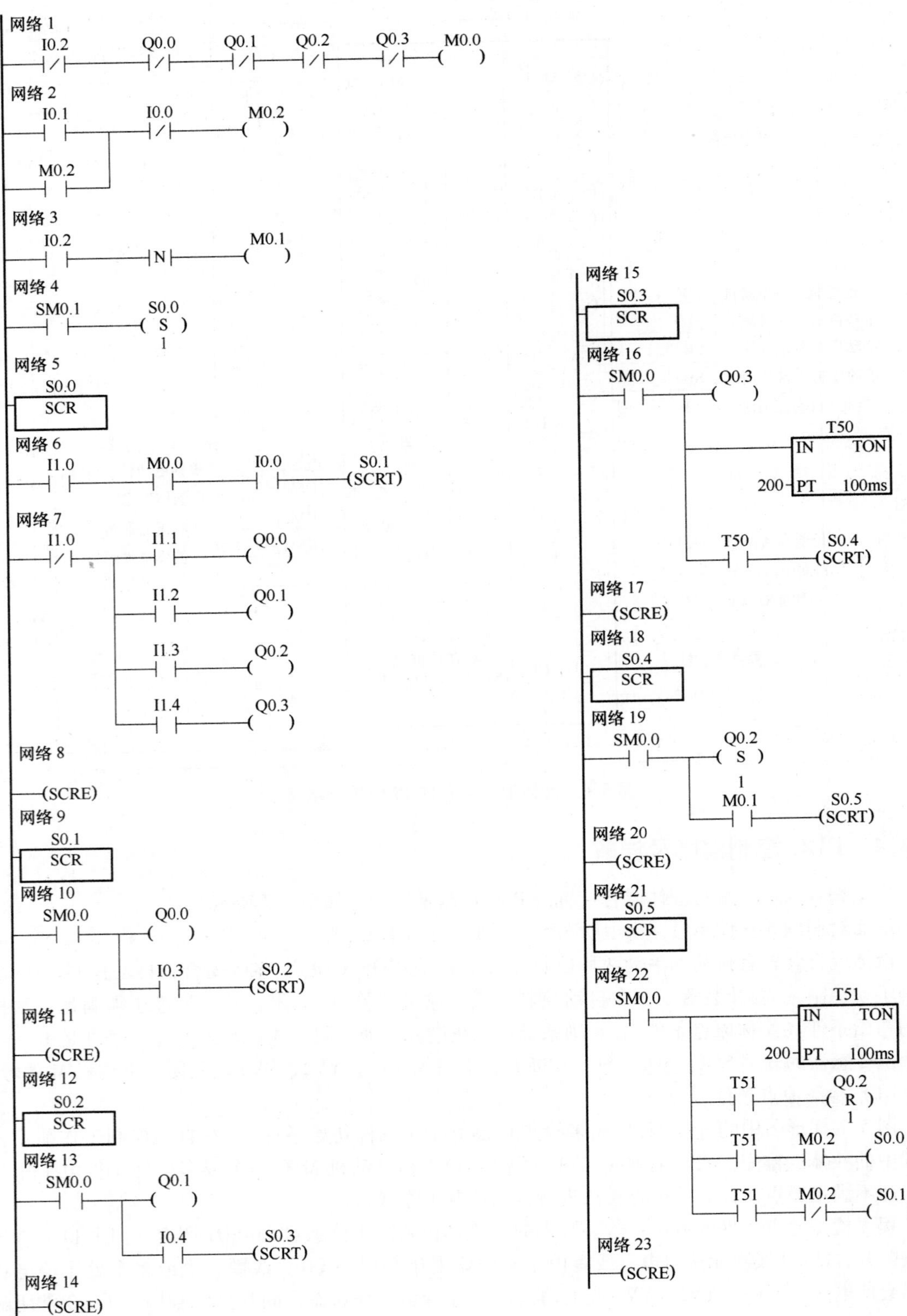

图 5-7　液体混合装置的 PLC 控制梯形图

如果是因为 C 液体未排完而使装置不满足自动控制的原点条件，可手工操作 SB5 按钮，使 [7] I1.3 常开触点闭合，Q0.2 线圈得电，接触器 KM3 线圈得电，KM3 触点（图 5-6 中未画出）闭合，接通电磁阀 YV3 线圈电源，YV3 打开，将 C 液体从装置容器中放完，液位传感器 L 的 SQ1 断开，[1] I0.2 常闭触点闭合，M0.0 线圈得电，从而满足自动控制所需的原点条件。

（2）自动控制过程

在起动自动控制前，需要做一些准备工作，包括操作准备和程序准备。

1）操作准备：将手动/自动切换开关 QS 闭合，选择自动控制方式，图 5-7 中 [6] I1.0 常开触点闭合，为接通自动控制程序段做准备，[7] I1.0 常闭触点断开，切断手动控制程序段。

2）程序准备：在起动自动控制前，[1] 程序会检测原点条件，若满足原点条件，则辅助继电器线圈 M0.0 得电，[6] M0.0 常开触点闭合，为接通自动控制程序段做准备。另外在 PLC 刚起动时，[4] SM0.1 触点自动接通一个扫描周期，“S S0.0，1”指令执行，将状态继电器 S0.0 置位，使程序转移至 S0.0 程序段，为接通自动控制程序段做准备。

3）起动自动控制：按下起动按钮 SB1→[6] I0.0 常开触点闭合→执行“SCRT S0.1”，程序转移至 S0.1 程序段→由于 [10] SM0.0 触点在 S0.1 程序段运行期间始终闭合，Q0.0 线圈得电→Q0.0 端子内硬触点闭合→KM1 线圈得电→主电路中 KM1 主触点闭合（图 5-6 中未画出主电路部分）→电磁阀 YV1 线圈通电，阀门打开，注入 A 液体→当 A 液体高度到达液位传感器 M 位置时，传感器开关 SQ2 闭合→[10] I0.3 常开触点闭合→执行“SCRT S0.2”，程序转移至 S0.2 程序段（同时 S0.1 程序段复位）→由于 [13] SM0.0 触点在 S0.2 程序段运行期间始终闭合，Q0.1 线圈得电，S0.1 程序段复位使 Q0.0 线圈失电→Q0.0 线圈失电使电磁阀 YV1 阀门关闭，Q0.1 线圈得电使电磁阀 YV2 阀门打开，注入 B 液体→当 B 液体高度到达液位传感器 H 位置时，传感器开关 SQ3 闭合→[13] I0.4 常开触点闭合→执行“SCRT S0.3”，程序转移至 S0.3 程序段→[16] 常开触点 SM0.0 使 Q0.3 线圈得电→搅拌电动机 M 运转，同时定时器 T50 开始 20s 计时→20s 后，定时器 T50 动作→[16] T50 常开触点闭合→执行“SCRT S0.4”，程序转移至 S0.4 程序段→[19] 常开触点 SM0.0 使 Q0.2 线圈被置位→电磁阀 YV3 打开，C 液体流出→当液体下降到液位传感器 L 位置时，传感器开关 SQ1 断开→[3] I0.2 常开触点断开（在液体高于 L 位置时 SQ1 处于闭合状态），产生一个下降沿脉冲→下降沿脉冲触点为继电器 M0.1 线圈接通一个扫描周期→[19] M0.1 常开触点闭合→执行“SCRT S0.5”，程序转移至 S0.5 程序段，由于 Q0.2 线圈是置位得电，故程序转移时 Q0.2 线圈不会失电→[22] 常 ON 触点 SM0.0 使定时器 T51 开始 20s 计时→20s 后，[22] T51 常开触点闭合，Q0.2 线圈被复位→电磁阀 YV3 关闭；与此同时，S0.1 线圈得电，[9] S0.1 程序段激活，开始下一次自动控制。

4）停止控制：在自动控制过程中，若按下停止按钮 SB2→[2] I0.1 常开触点闭合→[2] 辅助继电器 M0.2 得电→[2] M0.2 自锁触点闭合，锁定供电；[22] M0.2 常闭触点断开，状态继电器 S0.1 无法得电，[9] S0.1 程序段无法运行；[22] M0.2 常开触点闭合，当程序运行到 [22] 时，T51 常开触点闭合，状态继电器 S0.0 得电，[5] S0.0 程序段运行，但由于常开触点 I0.0 处于断开（SB1 断开），状态继电器 S0.1 无法置位，无法转移到 S0.1 程序段，自动控制程序部分无法运行。

（3）手动控制过程

将手动/自动切换开关 QS 断开，选择手动控制方式→[6] I1.0 常开触点断开，状态继电器 S0.1 无法置位，无法转移到 S0.1 程序段，即无法进入自动控制程序；[7] I1.0 常闭触点闭合，接通手动控制程序→按下 SB3，I1.1 常开触点闭合，Q0.0 线圈得电，电磁阀 YV1 打开，注入 A 液体→松开 SB3，I1.1 常闭触点断开，Q0.0 线圈失电，电磁阀 YV1 关闭，停止注入 A 液体→按下 SB4 注入 B 液体，松开 SB4 停止注入 B 液体→按下 SB5 排出 C 液体，松开 SB5 停止排出 C 液体→按下 SB6 搅拌液体，松开 SB5 停止搅拌液体。

5.5 简易机械手的西门子 PLC 控制实例

5.5.1 系统控制要求

简易机械手结构如图 5-8 所示。M1 为控制机械手左右移动的电动机，M2 为控制机械手上下升降的电动机，YV 线圈用来控制机械手夹紧放松，SQ1 为左到位检测开关，SQ2 为右到位检测开关，SQ3 为上到位检测开关，SQ4 为下到位检测开关，SQ5 为工件检测开关。

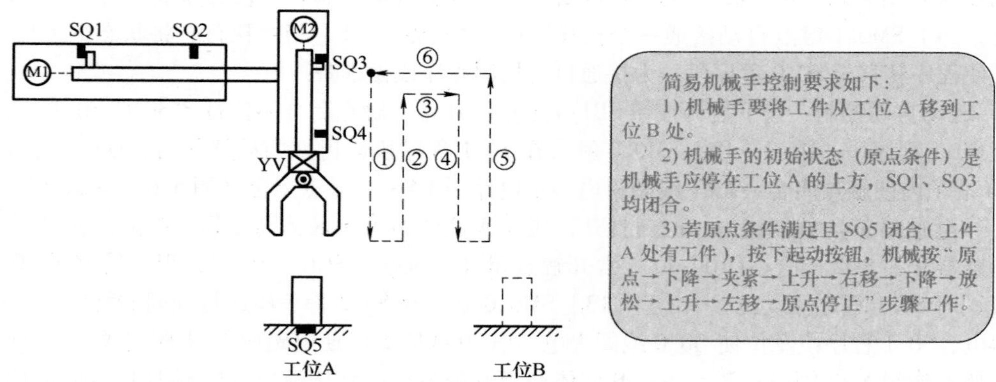

图 5-8 简易机械手的结构示意图及控制要求

5.5.2 I/O 端子及输入/输出设备

简易机械手中 PLC 用到的 I/O 端子及连接的输入/输出设备见表 5-2。

表 5-2 PLC 用到的 I/O 端子及连接的输入/输出设备

输入			输出		
输入设备	输入端子	功能说明	输出设备	输出端子	功能说明
SB1	DIa. 0（I0. 0）	起动控制	KM1 线圈	DQa. 0（Q0. 0）	控制机械手右移
SB2	DIa. 1	停止控制	KM2 线圈	DQa. 1	控制机械手左移
SQ1	DIa. 2	左到位检测	KM3 线圈	DQa. 2	控制机械手下降
SQ2	DIa. 3	右到位检测	KM4 线圈	DQa. 3	控制机械手上升
SQ3	DIa. 4	上到位检测	KM5 线圈	DQa. 4	控制机械手夹紧
SQ4	DIa. 5	下到位检测			
SQ5	DIa. 6	工件检测			

5.5.3 PLC 控制电路

图 5-9 为简易机械手的 PLC 控制电路。

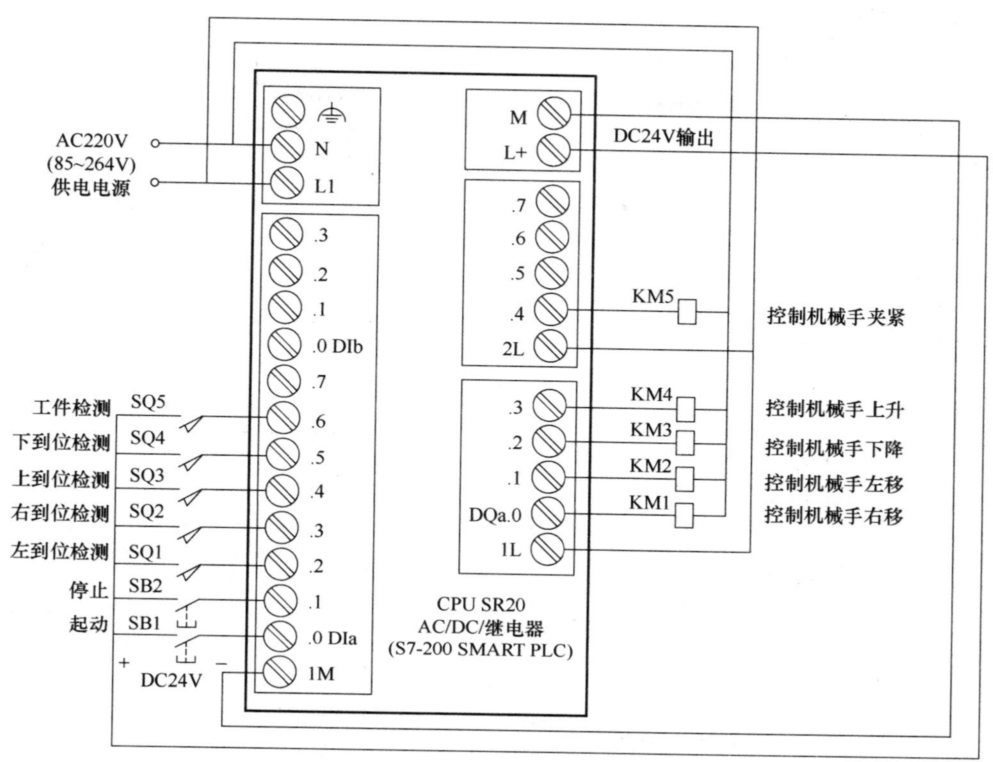

图 5-9　简易机械手的 PLC 控制电路

5.5.4　PLC 控制程序及详解

启动编程软件，编写简易机械手的 PLC 控制程序，如图 5-10 所示。

下面对照图 5-9 控制电路来说明图 5-10 梯形图的工作原理。

(1) 工作控制

当 PLC 起动时，[2] SM0.1 会接通一个扫描周期，将状态继电器 S0.0 被置位，S0.0 程序段被激活，成为活动步程序。

1) 原点条件检测。机械手的原点条件是左到位（左限位开关 SQ1 闭合）、上到位（上限位开关 SQ3 闭合），即机械手的初始位置应在左上角。若不满足原点条件，原点检测程序会使机械手返回到原点，然后才开始工作。

[4] 为原点检测程序，当按下起动按钮 SB1→[1] I0.0 常开触点闭合，辅助继电器 M0 线圈得电，M0.0 自锁触点闭合，锁定供电，同时 [4] M0.0 常开触点闭合，因 S0.0 状态器被置位，故 S0.0 常开触点闭合，Q0.4 线圈复位，接触器 KM5 线圈失电，机械手夹紧线圈失电而放松，[4] 中的其他 M0.0 常开触点也均闭合。若机械手未左到位，开关 SQ1 断开，[4] I0.2 常闭触点闭合，Q0.1 线圈得电，接触器 KM1 线圈得电，通过电动机 M1 驱动机械手左移，左移到位后 SQ1 闭合，[4] I0.2 常闭触点断开；若机械手未上到位，开关 SQ3 断开，[4] I0.4 常闭触点闭合，Q0.3 线圈得电，接触器 KM4 线圈得电，通过电动机 M2 驱动机械手上升，上升到位后 SQ3 闭合，[4] I0.4 常闭触点断开。如果机械手左到位、上到位且工位 A 有工件（开关 SQ5 闭合），则 [4] I0.2、I0.4、I0.6 常开触点均闭合，执行“SCRT S0.1”指令，使 S0.1 程序段成为活动步程序，程序转移至 S0.1 程序段，开始控制机械手搬运工件。

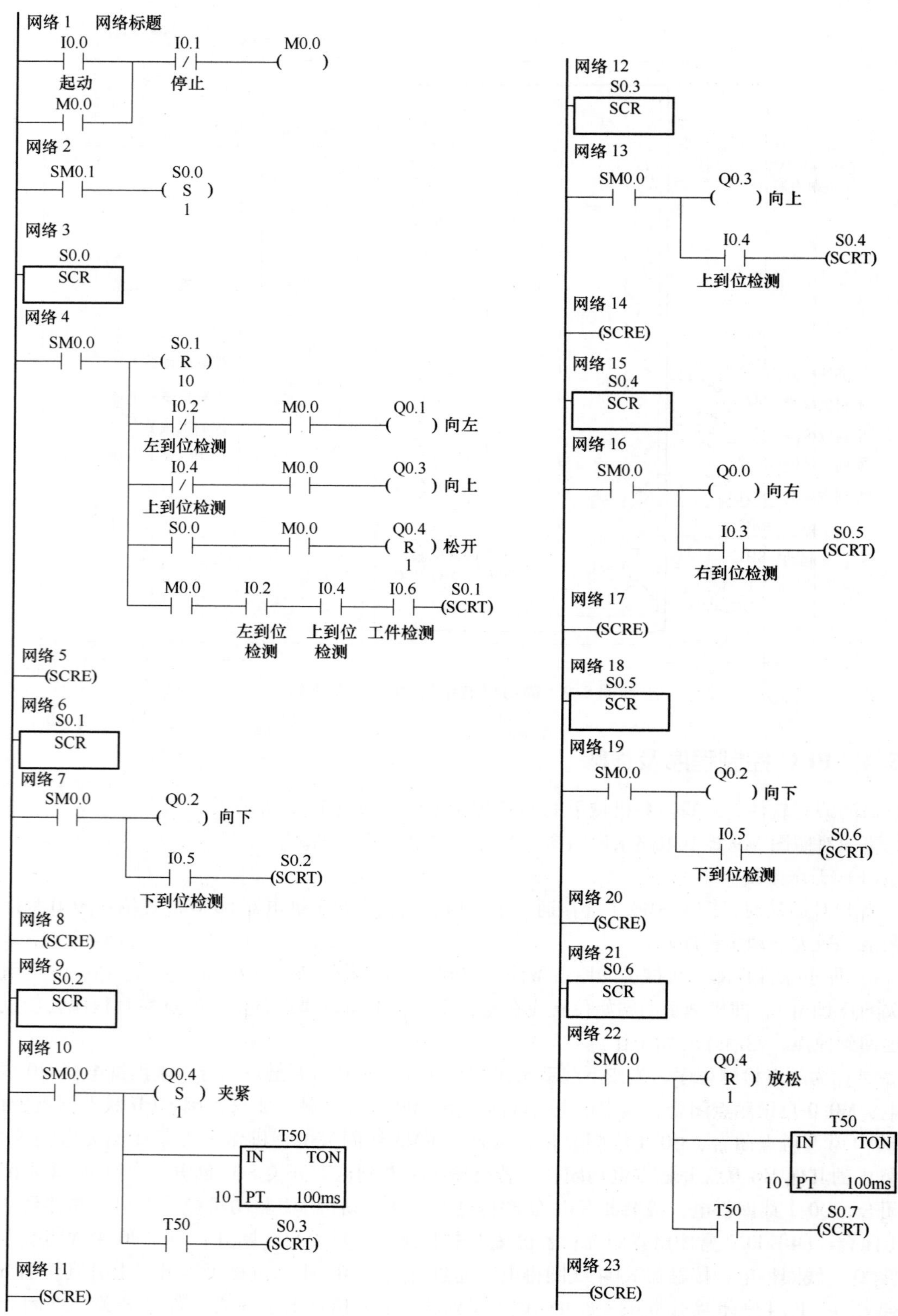

图 5-10 简易机械手的 PLC 控制梯形图

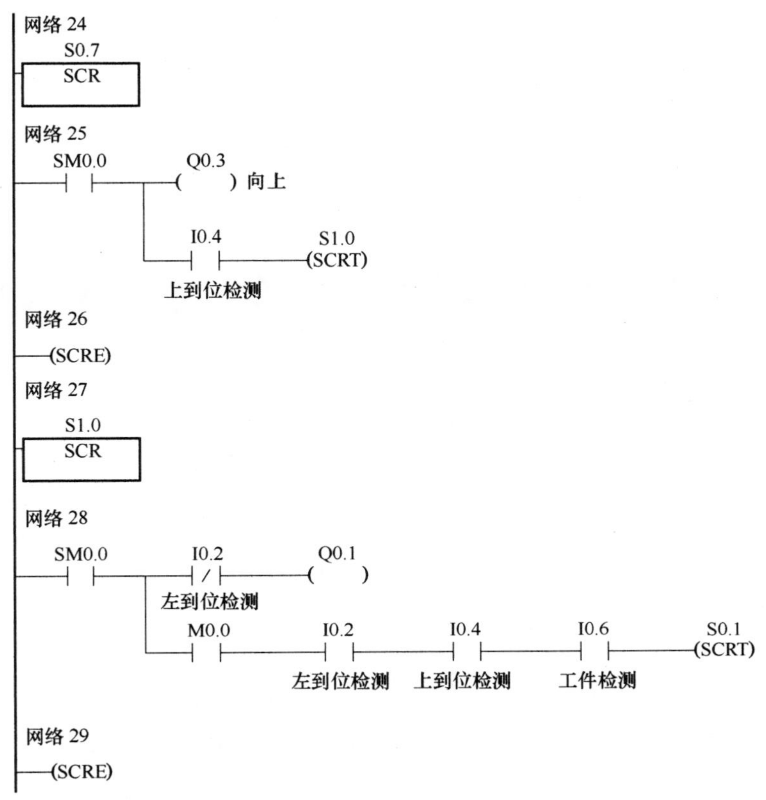

图 5-10　简易机械手的 PLC 控制梯形图（续）

2）机械手搬运工件控制。S0.1 程序段成为活动步程序后，［7］SM0.0 常开触点闭合→Q0.2 线圈得电，KM3 线圈得电，通过电动机 M2 驱动机械手下移，当下移到位后，下到位开关 SQ4 闭合，［7］I0.5 常开触点闭合，执行“SCRT S0.2”指令，程序转移至 S0.2 程序段→［10］SM0.0 常开触点闭合，Q0.4 线圈被置位，接触器 KM5 线圈得电，夹紧线圈 YV 得电将工件夹紧，与此同时，定时器 T50 开始 1s 计时→1s 后，［10］T50 常开触点闭合，执行“SCRT S0.3”指令，程序转移至 S0.3 程序段→［13］SM0.0 常开触点闭合→Q0.3 线圈得电，KM4 线圈得电，通过电动机 M2 驱动机械手上移，当上移到位后，开关 SQ3 闭合，［13］I0.4 常开触点闭合，执行“SCRT S0.4”指令，程序转移至 S0.4 程序段→［16］SM0.0 常开触点闭合→Q0.0 线圈得电，KM1 线圈得电，通过电动机 M1 驱动机械手右移，当右移到位后，开关 SQ2 闭合，［16］I0.3 常开触点闭合，执行“SCRT S0.5”指令，程序转移至 S0.5 程序段→［19］SM0.0 常开触点闭合→Q0.2 线圈得电，KM3 线圈得电，通过电动机 M2 驱动机械手下降，当下降到位后，开关 SQ4 闭合，［19］I0.5 常开触点闭合，执行“SCRT S0.6”指令，程序转移至 S0.6 程序段→［22］SM0.0 常开触点闭合→Q0.4 线圈被复位，接触器 KM5 线圈失电，夹紧线圈 YV 失电将工件放下，与此同时，定时器 T50 开始 1s 计时→1s 后，［22］T50 常开触点闭合，执行“SCRT S0.7”指令，程序转移至 S0.7 程序段→［25］SM0.0 常开触点闭合→Q0.3 线圈得电，KM4 线圈得电，通过电动机 M2 驱动机械手上升，当上升到位后，开关 SQ3 闭合，［25］I0.4 常开触点闭合，执行“SCRT S1.0”指令，程序转移至 S1.0 程序段→［28］SM0.0 常开触点闭合→Q0.1 线圈得电，KM2 线圈得电，通过电动机 M1 驱动机械手左移，当左移到位后，开关 SQ1 闭合，［28］I0.2 常闭触点断开，Q0.1 线圈失电，机械手停止左移，同时［28］I0.2 常开触点闭合，如果上到位开关 SQ3（I0.4）和工件检测开关 SQ5（I0.6）均闭合，执行“SCRT S0.1”指令，程序转移至 S0.1 程序段→[7] SM0.0 常开触点闭合，Q0.2 线圈得电，开始下一次工件搬运。若工位 A 无工件，SQ5 断开，机械手会停在原点位置。

（2）停止控制

当按下停止按钮 SB2→[1] I0.1 常闭触点断开→辅助继电器 M0.0 线圈失电→[1]、[4]、[28] 中的 M0.0 常开触点均断开，其中 [1] M0 常开触点断开解除 M0.0 线圈供电，[4]、[28] M0.0 常开触点断开均会使“SCRT S0.1”指令无法执行，也就无法转移至 S0.1 程序段，机械手不工作。

5.6 大小铁球分拣机的西门子 PLC 控制实例

5.6.1 系统控制要求

大小铁球分拣机结构如图 5-11 所示。M1 为传送带电动机，通过传送带驱动机械手臂左向或右向移动；M2 为电磁铁升降电动机，用于驱动电磁铁 YA 上移或下移；SQ1、SQ4、SQ5 分别为混装球箱、小球球箱、大球球箱的定位开关，当机械手臂移到某球箱上方时，相应的定位开关闭合；SQ6 为接近开关，当铁球靠近时开关闭合，表示电磁铁下方有球存在。

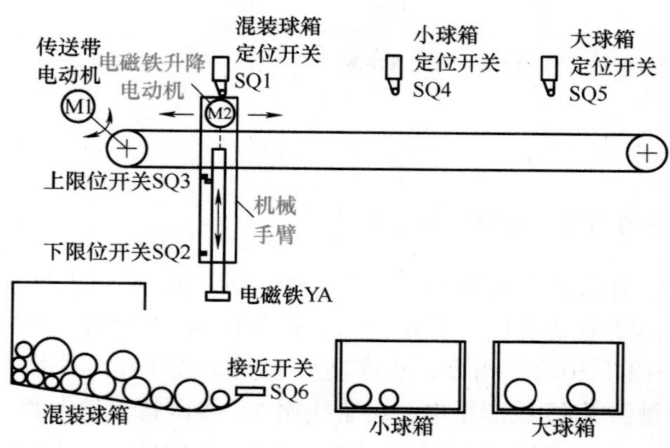

大小铁球分拣机控制要求及工作过程如下：

1) 分拣机要从混装球箱中将大小球分拣出来，并将小球放入小球箱内，大球放入大球箱内。

2) 分拣机的初始状态（原点条件）是机械手臂应停在混装球箱上方，SQ1、SQ3 均闭合。

3) 在工作时，若 SQ6 闭合，则电动机 M2 驱动电磁铁下移，2s 后，给电磁铁通电从混装球箱中吸引铁球，若此时 SQ2 处于断开，表示吸引的是大球，若 SQ2 处于闭合，则吸引的是小球，然后电磁铁上移，SQ3 闭合后，电动机 M1 带动机械手臂右移。如果电磁铁吸引的为小球，机械手臂移至 SQ4 处停止，电磁铁下移，将小球放入小球箱（让电磁铁失电），而后电磁铁上移，机械手臂回归原位，如果电磁铁吸引的是大球，机械手臂移至 SQ5 处停止，电磁铁下移，将小球放入大球箱，而后电磁铁上移，机械手臂回归原位。

图 5-11 大小铁球分拣机的结构示意图及控制要求

5.6.2 I/O 端子及输入/输出设备

大小铁球分拣机控制系统中 PLC 用到的 I/O 端子及连接的输入/输出设备见表 5-3。

表 5-3 PLC 用到的 I/O 端子及连接的输入/输出设备

输入			输出		
输入设备	输入端子	功能说明	输出设备	输出端子	功能说明
SB1	DIa.0（I0.0）	起动控制	HL	DQa.0（Q0.0）	工作指示
SQ1	DIa.1	混装球箱定位	KM1 线圈	DQa.1	电磁铁上升控制
SQ2	DIa.2	电磁铁下限位	KM2 线圈	DQa.2	电磁铁下降控制
SQ3	DIa.3	电磁铁上限位	KM3 线圈	DQa.3	机械手臂左移控制
SQ4	DIa.4	小球球箱定位	KM4 线圈	DQa.4	机械手臂右移控制

（续）

输　入			输　出		
输入设备	输入端子	功 能 说 明	输出设备	输出端子	功 能 说 明
SQ5	DIa. 5	大球球箱定位	KM5 线圈	DQa. 5	电磁铁吸合控制
SQ6	DIa. 6	铁球检测			

5.6.3　PLC 控制电路

图 5-12 为大小铁球分拣机的 PLC 控制电路。

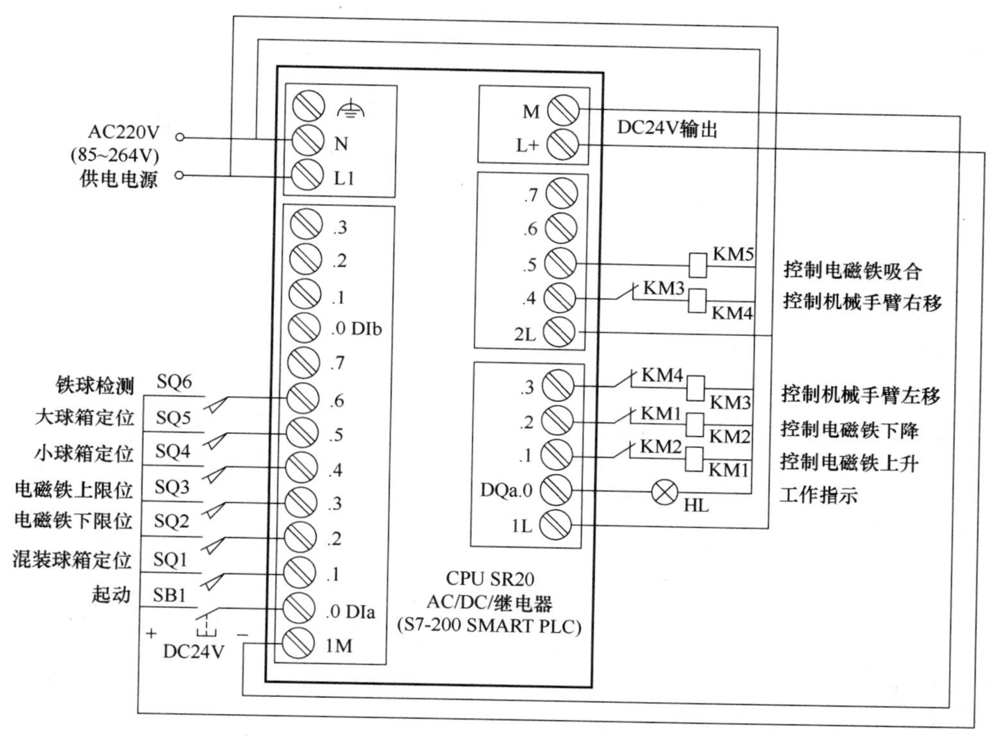

图 5-12　大小铁球分拣机的 PLC 控制电路

5.6.4　PLC 控制程序及详解

启动编程软件，编写大小铁球分拣机的 PLC 控制程序，如图 5-13 所示。

下面对照图 5-11 分拣机结构图、图 5-12 控制电路和图 5-13 梯形图来说明分拣机的工作原理。

（1）检测原点条件

图 5-13 梯形图中的［1］程序用来检测分拣机是否满足原点条件。分拣机的原点条件有：①机械手臂停止混装球箱上方（会使定位开关 SQ1 闭合，［1］I0. 1 常开触点闭合）；②电磁铁处于上限位位置（会使上限位开关 SQ3 闭合，［1］I0. 3 常开触点闭合）；③电磁铁未通电（Q0. 5 线圈失电，电磁铁也无供电，［1］Q0. 5 常闭触点闭合）；④有铁球处于电磁铁正下方（会使铁球检测开关 SQ6 闭合，［1］I0. 6 常开触点闭合）。这四点都满足后，［1］Q0. 0 线圈得电，［4］Q0. 0 常开触点闭合，同时 Q0. 0 端子的内硬触点接通，指示灯 HL 亮，HL 不亮，说明原点条件不满足。

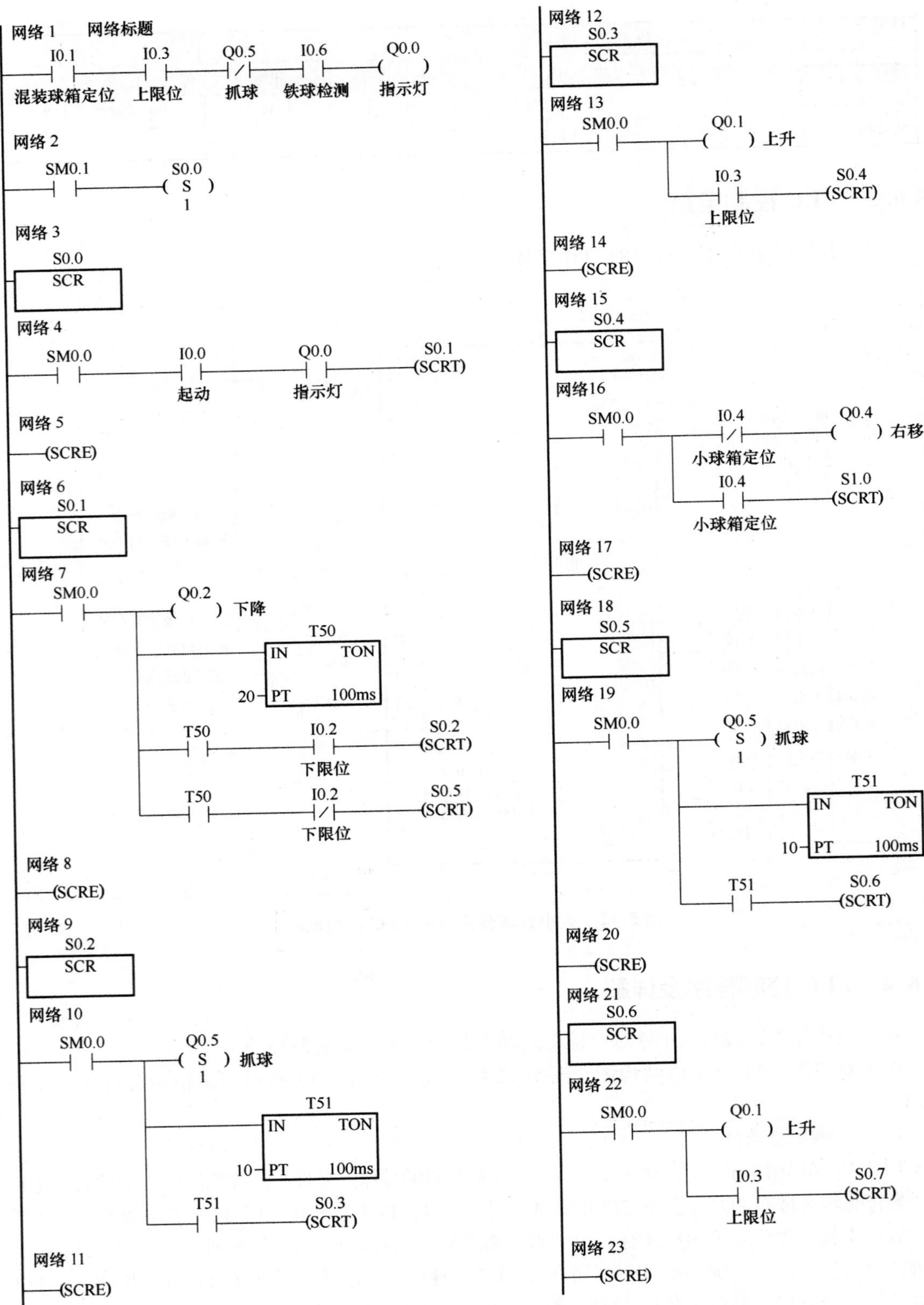

图 5-13 大小铁球分拣机控制的梯形图

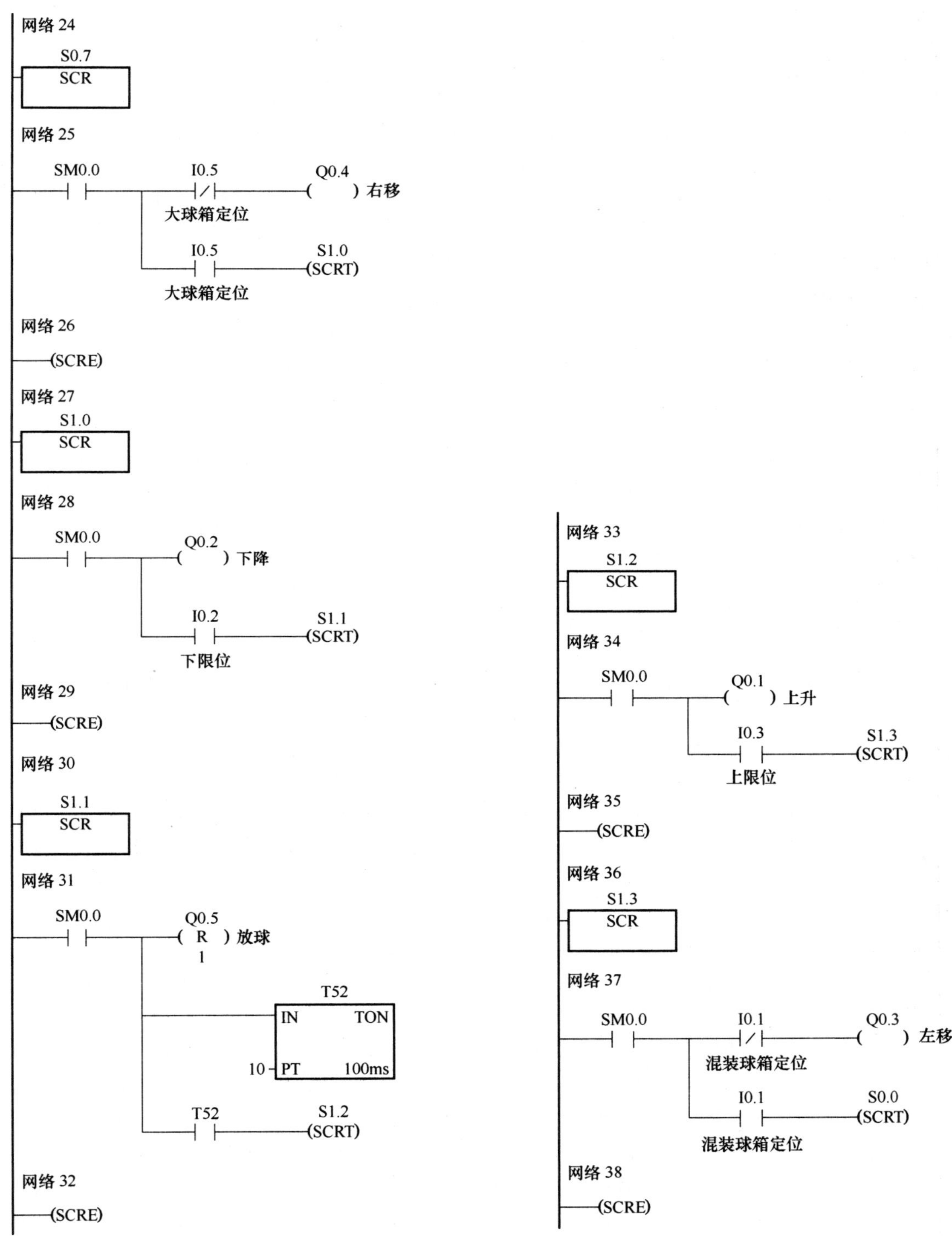

图 5-13　大小铁球分拣机控制的梯形图（续）

（2）工作过程

当 PLC 上电起动时，SM0.1 会接通一个扫描周期，将状态继电器 S0.0 被置位，S0.0 程序段被激活，成为活动步程序。

按下起动按钮 SB1→[4] I0.0 常开触点闭合→由于 SM0.0 和 Q0.0 触点均闭合，故执行 “SCRT S0.1” 指令，程序转移至 S0.1 程序段→[7] SM0.0 常开触点闭合→[7] Q0.2 线圈得电，通过接触器 KM2 使电动机 M2 驱动电磁铁下移，与此同时，定时器 T50 开始 2s 计时→2s 后，[7] 两个 T50 常开触点均闭合，若下限位开关 SQ2 处于闭合，表明电磁铁接触为小球，[7] I0.2 常开触点闭合，[7] I0.2 常闭触点断开，执行 “SCRT S0.2” 指令，程序转移至 S0.2 程序段，开始抓小球控制程序，若下限位开关 SQ2 处于断开，表明电磁铁接触为大球，[7] I0.2 常开触点断开，[7] I0.2 常闭触点闭合，执行 “SCRT S0.5” 指令，程序转移至 S0.5 程序段，开始抓大球控制程序。

1）小球抓取控制（S0.2～S0.4 程序段）。程序转移至 S0.2 程序段后→[10] SM0.0 常开触点闭合→Q0.5 线圈被置位，通过 KM5 使电磁铁通电抓住小球，同时定时器 T51 开始 1s 计时→1s 后，[10] T51 常开触点闭合，执行 “SCRT S0.3” 指令，程序转移至 S0.3 程序段→[13] SM0.0 常开触点闭合→Q0.1 线圈得电，通过 KM1 使电动机 M2 驱动电磁铁上升→当电磁铁上升到位后，上限位开关 SQ3 闭合，[13] I0.3 常开触点闭合，执行 “SCRT S0.4” 指令，程序转移至 S0.4 程序段→[16] SM0.0 常开触点闭合→Q0.4 线圈得电，通过 KM4 使电动机 M1 驱动机械手臂右移→当机械手臂移到小球箱上方时，小球箱定位开关 SQ4 闭合→[16] I0.4 常闭触点断开，Q0.4 线圈失电，机械手臂停止移动，同时 [16] I0.4 常开触点闭合，执行 “SCRT S1.0” 指令，程序转移至 S1.0 程序段，开始放球控制。

2）放球并返回控制（S1.0～S1.3 程序段）。程序转移至 S1.0 程序段后→[28] SM0.0 常 ON 触点闭合，Q0.2 线圈得电，通过 KM2 使电动机 M2 驱动电磁铁下降，当下降到位后，下限位开关 SQ2 闭合→[28] I0.2 常开触点闭合，执行 “SCRT S1.1” 指令，程序转移至 S1.1 程序段→[31] SM0.0 常 ON 触点闭合→Q0.5 线圈被复位，电磁铁失电，将球放入球箱，与此同时，定时器 T52 开始 1s 计时→1s 后，[31] T52 常开触点闭合，执行 “SCRT S1.2” 指令，程序转移至 S1.2 程序段→[34] SM0.0 常开触点闭合，Q0.1 线圈得电，通过 KM1 使电动机 M2 驱动电磁铁上升→当电磁铁上升到位后，上限位开关 SQ3 闭合，[34] I0.3 常开触点闭合，执行 “SCRT S1.3” 指令，程序转移至 S1.3 程序段→[37] SM0.0 常开触点闭合，Q0.3 线圈得电，通过 KM3 使电动机 M1 驱动机械手臂左移→当机械手臂移到混装球箱上方时，混装球箱定位开关 SQ1 闭合→[37] I0.1 常闭触点断开，Q0.3 线圈失电，电动机 M1 停转，机械手臂停止移动，与此同时，[37] I0.1 常开触点闭合，执行 “SCRT S0.0” 指令，程序转移至 S0.0 程序段→[4] SM0.0 常开触点闭合，若按下起动按钮 SB1，则开始下一次抓球过程。

3）大球抓取过程（S0.5～S0.7 程序段）。程序转移至 S0.5 程序段后→[19] SM0.0 常开触点闭合，Q0.5 线圈被置位，通过 KM5 使电磁铁通电抓取大球，同时定时器 T51 开始 1s 计时→1s 后，[19] T51 常开触点闭合，执行 “SCRT S0.6” 指令，程序转移至 S0.6 程序段→[22] SM0.0 常 ON 触点闭合，Q0.1 线圈得电，通过 KM1 使电动机 M2 驱动电磁铁上升→当电磁铁上升到位后，上限位开关 SQ3 闭合，[22] I0.3 常开触点闭合，执行 “SCRT S0.7” 指令，程序转移至 S0.7 程序段→[25] SM0.0 常开触点闭合，Q0.4 线圈得电，通过 KM4 使电动机 M1 驱动机械手臂右移→当机械手臂移到大球箱上方时，大球箱定位开关 SQ5 闭合→[25] I0.5 常闭触点断开，Q0.4 线圈失电，机械手臂停止移动，同时 [25] I0.5 常开触点闭合，执行 “SCRT S1.0” 指令，程序转移至 S1.0 程序段，开始放球过程。

大球的放球与返回控制过程与小球完全一样，不再叙述。

第 6 章 功能指令的使用与实例

基本指令和顺序控制指令是 PLC 最常用的指令，为了适应现代工业自动控制需要，PLC 制造商开始逐步为 PLC 增加很多功能指令，功能指令使 PLC 具有强大的数据运算和特殊处理功能，从而大大扩展了 PLC 的使用范围。

6.1 数据类型

6.1.1 字长

S7-200 SMART PLC 的存储单元（即编程元件）存储的数据都是二进制数。数据的长度称为字长，字长可分为位（1 位二进制数，用 bit 表示）、字节（8 位二进制数，用 B 表示）、字（16 位二进制数，用 W 表示）和双字（32 位二进制数，用 D 表示）。

6.1.2 数据的类型和范围

S7-200 SMART PLC 的存储单元存储的数据类型可分为布尔型、整数型和实数型（浮点数）。

（1）布尔型

布尔型数据只有 1 位，又称位型，用来表示开关量（或称数字量）的两种不同状态。当某编程元件为 1，称该元件为 1 状态，或称该元件处于 ON，该元件对应的线圈“通电”，其常开触点闭合、常闭触点断开；当该元件为 0 时，称该元件为 0 状态，或称该元件处于 OFF，该元件对应的线圈“失电”，其常开触点断开、常闭触点闭合。例如输出继电器 Q0.0 的数据为布尔型。

（2）整数型

整数型数据不带小数点，分为无符号整数和有符号整数。有符号整数需要占用 1 个最高位表示数据的正负，通常规定最高位为 0 表示数据为正数，为 1 表示数据为负数。表 6-1 列出了不同字长的整数表示的数值范围。

表 6-1　不同字长的整数表示的数值范围

整数长度	无符号整数表示范围		有符号整数表示范围	
	十进制表示	十六进制表示	十进制表示	十六进制表示
字节 B（8 位）	0 ~ 255	0 ~ FF	-128 ~ 127	80 ~ 7F
字 W（16 位）	0 ~ 65535	0 ~ FFFF	-32768 ~ 32767	8000 ~ 7FFF
双字 D（32 位）	0 ~ 4294967295	0 ~ FFFFFFFF	-2147483648 ~ 2147483647	80000000 ~ 7FFFFFFF

（3）实数型

实数型数据也称为浮点型数据，是一种带小数点的数据，它采用 32 位来表示（即字长为双字），其数据范围很大，正数范围为 +1.175495E−38 ~ +3.402823E+38，负数范围为 −1.175495E−38 ~ −3.402823E+38，E−38 表示 10^{-38}。

6.1.3 常数的编程书写格式

常数在编程时经常要用到。常数的长度可为字节、字和双字，常数在 PLC 中也是以二进制数形式存储的，但编程时常数可以十进制、十六进制、二进制、ASCII 码或浮点数（实数）形式编写，然后由编程软件自动编译成二进制数下载到 PLC 中。常数的编程书写格式见表 6-2。

表 6-2 常数的编程书写格式

常　数	编程书写格式	举　例
十进制	十进制值	2105
十六进制	16#十六进制值	16#3F67A
二进制	2#二进制值	2#1010 00011101 0011
ASCII 码	‘ASCII 码文本’	‘very good’
浮点数（实数）	按 ANSI/IEEE 754-1985 标准	+1.038267E−36（正数）
		−1.038267E−36（负数）

6.2 传送指令

传送指令的功能是在编程元件之间传送数据。传送指令可分为单一数据传送指令、字节立即传送指令和数据块传送指令。

6.2.1 单一数据传送指令

单一数据传送指令用于传送一个数据，根据传送数据的字长不同，可分为字节、字、双字和实数传送指令。单一数据传送指令的功能是在 EN 端有输入（即 EN =1）时，将 IN 端指定单元中的数据送入 OUT 端指定的单元中。

单一数据传送指令说明如下：

指令名称	梯形图与指令格式	功能说明	举　例
字节传送	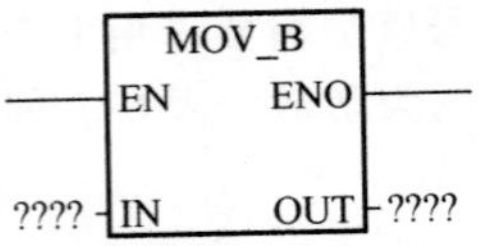 MOV_B EN ENO ???? IN OUT ???? （MOVB IN，OUT）	将 IN 端指定字节单元中的数据送入 OUT 端指定的字节单元	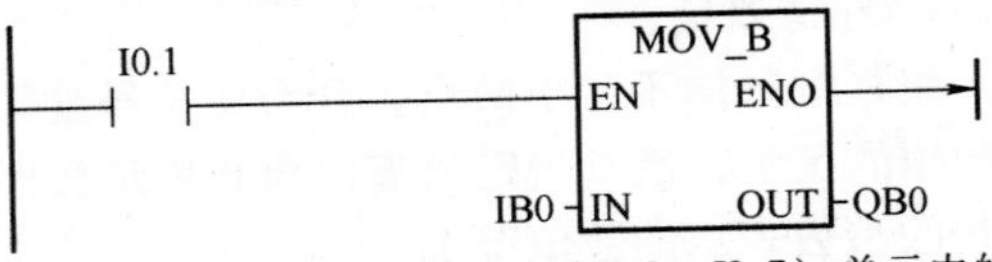 I0.1　MOV_B EN ENO IB0 IN OUT QB0 当 I0.1 触点闭合时，将 IB0（I0.0 ~ I0.7）单元中的数据送入 QB0（Q0.0 ~ Q0.7）单元中。IN 端也可以输入常数，如将 IB0 改为“3”，则将“3”送入 QB0
字传送	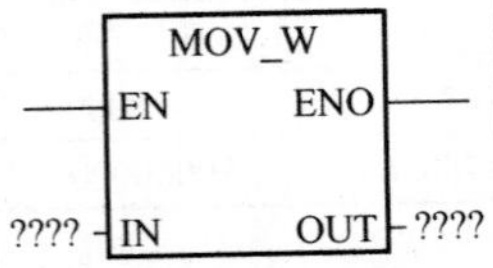 MOV_W EN ENO ???? IN OUT ???? （MOVW IN，OUT）	将 IN 端指定字单元中的数据送入 OUT 端指定的字单元	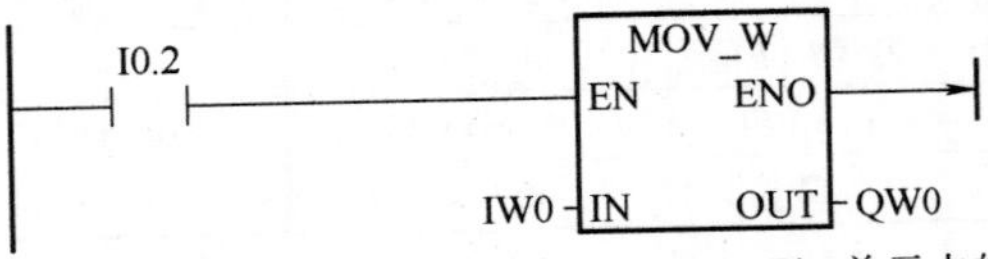 I0.2　MOV_W EN ENO IW0 IN OUT QW0 当 I0.2 触点闭合时，将 IW0（I0.0 ~ I1.7）单元中的数据送入 QW0（Q0.0 ~ Q1.7）单元中

（续）

指令名称	梯形图与指令格式	功能说明	举　例
双字传送	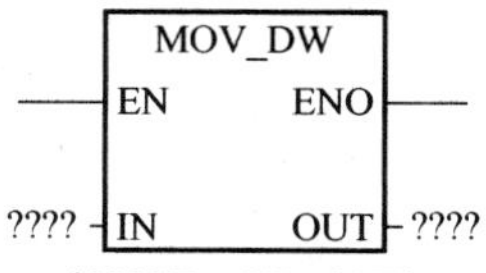 MOV_DW（EN、ENO、???? IN、OUT ????） （MOVD　IN，OUT）	将 IN 端指定双字单元中的数据送入 OUT 端指定的双字单元	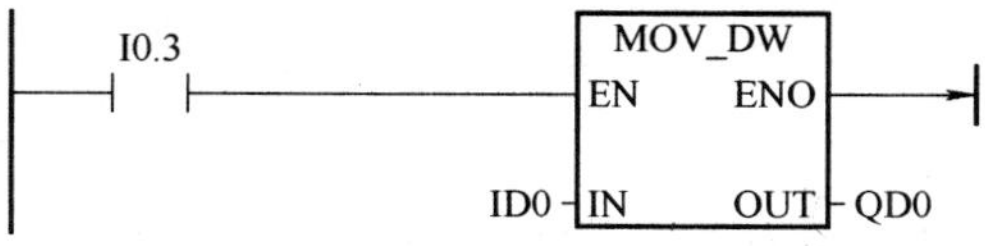 I0.3 触点驱动 MOV_DW，IN：ID0，OUT：QD0 当 I0.3 触点闭合时，将 ID0（I0.0～I3.7）单元中的数据送入 QD0（Q0.0～Q3.7）单元中
实数传送	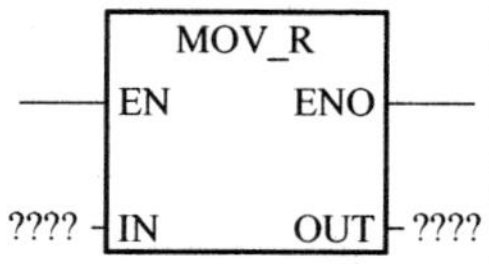 MOV_R（EN、ENO、???? IN、OUT ????） （MOVR　IN，OUT）	将 IN 端指定双字单元中的实数送入 OUT 端指定的双字单元	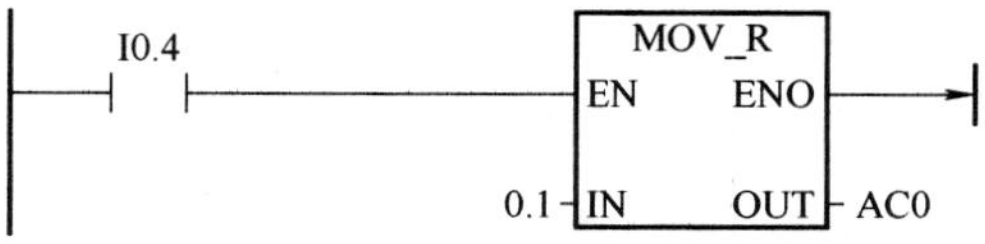 I0.4 触点驱动 MOV_R，IN：0.1，OUT：AC0 当 I0.4 触点闭合时，将实数“0.1”的数据送入 AC0（32 位）中

字节、字、双字和实数传送指令允许使用的操作数及其数据类型如下：

块传送指令	输入/输出	允许使用的操作数	数据类型
MOVB	IN	IB、QB、VB、MB、SMB、SB、LB、AC、*VD、*LD、*AC、常数	字节
	OUT	IB、QB、VB、MB、SMB、SB、LB、AC、*VD、*LD、*AC	
MOVW	IN	IW、QW、VW、MW、SMW、SW、T、C、LW、AC、AIW、*VD、*AC、*LD、常数	字、整数型
	OUT	IW、QW、VW、MW、SMW、SW、T、C、LW、AC、AQW	
MOVD	IN	ID、QD、VD、MD、SMD、SD、LD、HC、&VB、&IB、&QB、&MB、&SB、&T、&C、&SMB、&AIW、&AQW、AC、*VD、*LD、*AC、常数	双字、双整数型
	OUT	AC、*VD、*LD、*AC	
MOVR	IN	ID、QD、VD、MD、SMD、SD、LD、AC、*VD、*LD、*AC、常数	实数型
	OUT	ID、QD、VD、MD、SMD、SD、LD、AC、*VD、*LD、*AC	

6.2.2　字节立即传送指令

字节立即传送指令的功能是在 EN 端（使能端）有输入时，在物理 I/O 端和存储器之间立即传送一个字节数据。字节立即传送指令可分为字节立即读指令和字节立即写指令，它们不能访问扩展模块。PLC 采用循环扫描方式执行程序，如果程序中一个指令刚刚执行，那么需要等一个扫描周期后才会再次执行，而立即传送指令当输入为 ON 时不用等待即刻执行。

字节立即传送指令说明如下：

指令名称	梯形图与指令格式	功能说明	举　例
字节立即读	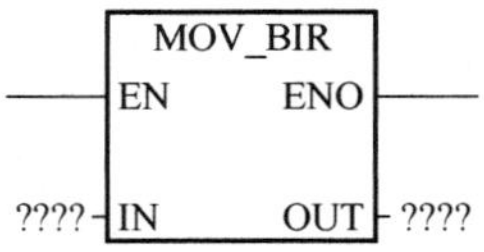 MOV_BIR（EN、ENO、???? IN、OUT ????） （BIR　IN，OUT）	将 IN 端指定的物理输入端子的数据立即送入 OUT 端指定的字节单元，物理输入端子对应的输入寄存器不会被刷新	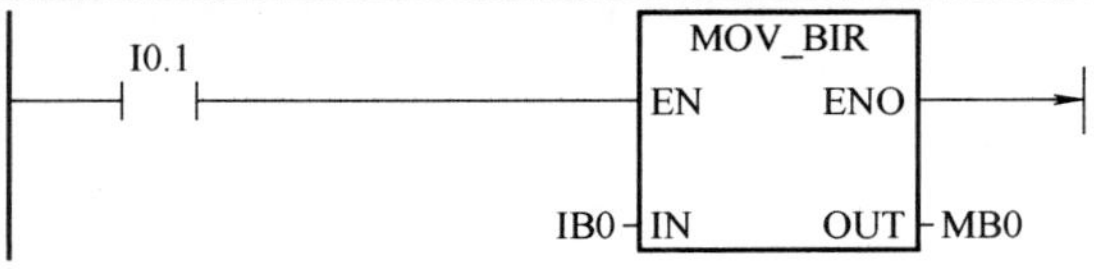 I0.1 触点驱动 MOV_BIR，IN：IB0，OUT：MB0 当 I0.1 触点闭合时，将 IB0（I0.0～I0.7）端子输入值立即送入 MB0（M0.0～M0.7）单元中，IB0 输入继电器中的数据不会被刷新

（续）

指令名称	梯形图与指令格式	功能说明	举例
字节立即写	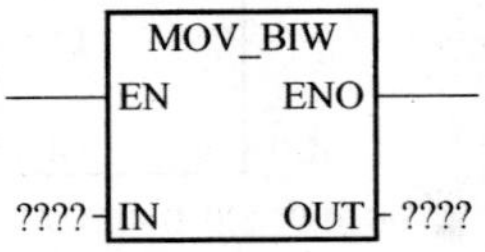 MOV_BIW EN ENO ????-IN OUT-???? （BIW IN，OUT）	将IN端指定字节单元中的数据立即送到OUT端指定的物理输出端子，同时刷新输出端子对应的输出寄存器	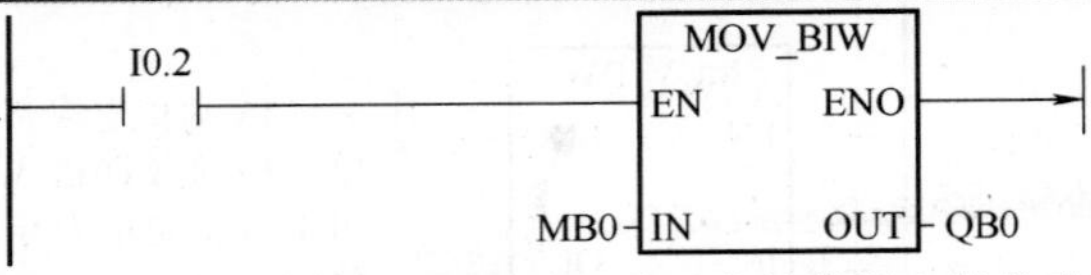 I0.2 MOV_BIW EN ENO MB0-IN OUT-QB0 当I0.2触点闭合时，将MB0单元中的数据立即送到QB0（Q0.0～Q0.7）端子，同时刷新输出继电器QB0中的数据

字节立即读写指令允许使用的操作数如下：

立即传送指令	输入/输出	允许使用的操作数	数据类型
BIR	IN	IB、*VD、*LD、*AC	字节型
	OUT	IB、QB、VB、MB、SMB、SB、LB、AC、*VD、*LD、*AC	
BIW	IN	IB、QB、VB、MB、SMB、SB、LB、AC、*VD、*LD、*AC、常数	字节型
	OUT	QB、*VD、*LD、*AC	

6.2.3 数据块传送指令

数据块传送指令的功能是在EN端（使能端）有输入时，将IN端指定首地址的N个单元中的数据送入OUT端指定首地址的N个单元中。数据块传送指令可分为字节块、字块及双字块传送指令。

数据块传送指令说明如下：

指令名称	梯形图与指令格式	功能说明	举例
字节块传送	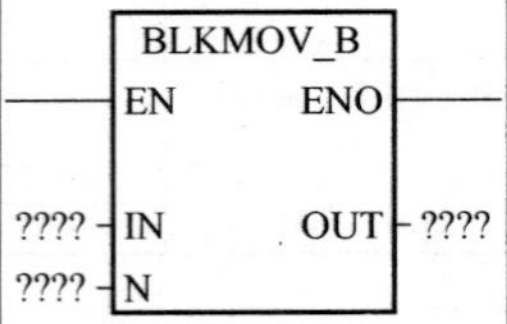 BLKMOV_B EN ENO ????-IN OUT-???? ????-N （BMB IN，OUT，N）	将IN端指定首地址的N个字节单元中的数据送入OUT端指定首地址的N个字节单元中	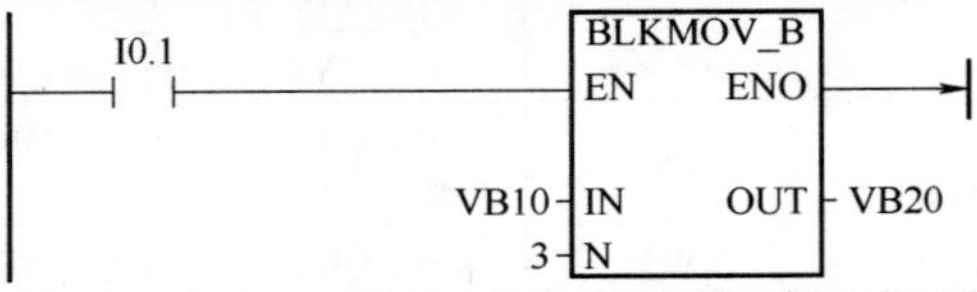 I0.1 BLKMOV_B EN ENO VB10-IN OUT-VB20 3-N 当I0.1触点闭合时，将VB10为首地址的3个连续字节单元中的数据送入VB20为首地址的3个连续字节单元中，其中VB10→VB20、VB11→VB21、VB12→VB22
字块传送	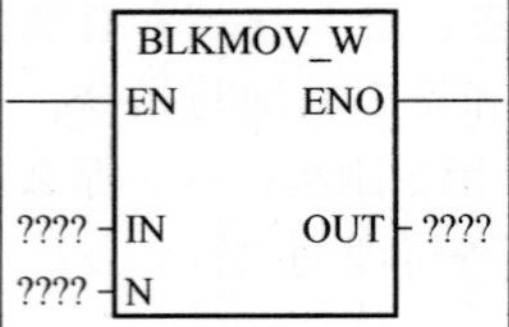 BLKMOV_W EN ENO ????-IN OUT-???? ????-N （BMW IN，OUT，N）	将IN端指定首地址的N个字单元中的数据送入OUT端指定首地址的N个字单元中	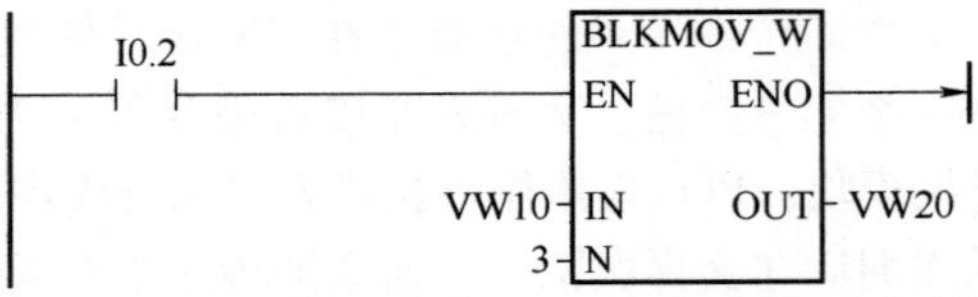 I0.2 BLKMOV_W EN ENO VW10-IN OUT-VW20 3-N 当I0.2触点闭合时，将VW10为首地址的3个连续字单元中的数据送入VW20为首地址的3个连续字单元中
双字块传送	 BLKMOV_D EN ENO ????-IN OUT-???? ????-N （BMD IN，OUT，N）	将IN端指定首地址的N个双字单元中的数据送入OUT端指定首地址的N个双字单元中	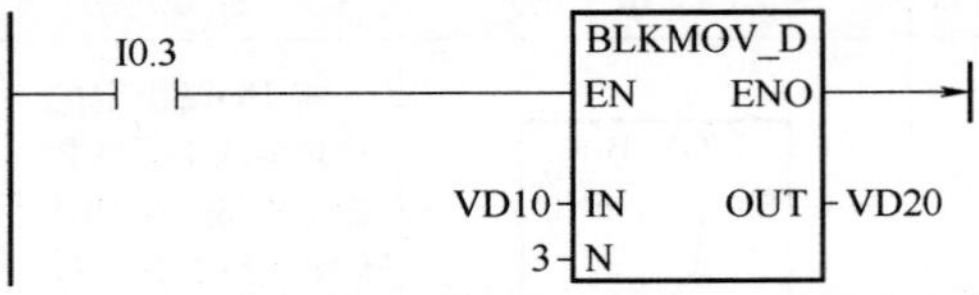 I0.3 BLKMOV_D EN ENO VD10-IN OUT-VD20 3-N 当I0.3触点闭合时，将VD10为首地址的3个连续双字单元中的数据送入VD20为首地址的3个连续双字单元中

字节、字、双字块传送指令允许使用的操作数如下：

块传送指令	输入/输出	允许使用的操作数	数据类型	参数（N）
BMB	IN	IB、QB、VB、MB、SMB、SB、LB、* VD、*LD、*AC	字节	IB、QB、VB、MB、SMB、SB、LB、AC、常数、*VD、*LD、*AC 字节型
	OUT	IB、QB、VB、MB、SMB、SB、LB、* VD、*LD、*AC		
BMW	IN	IW、QW、VW、SMW、SW、T、C、LW、AIW、*VD、*LD、*AC	字、整数型	
	OUT	IW、QW、VW、MW、SMW、SW、T、C、LW、AQW、*VD、*LD、*AC		
BMD	IN	ID、QD、VD、MD、SMD、SD、LD、* VD、*LD、*AC	双字、双整数型	
	OUT	ID、QD、VD、MD、SMD、SD、LD、* VD、*LD、*AC		

6.2.4　字节交换指令

字节指令的功能是在 EN 有输入时，将 IN 端指定单元中的数据的高字节与低字节交换。

字节交换指令说明如下：

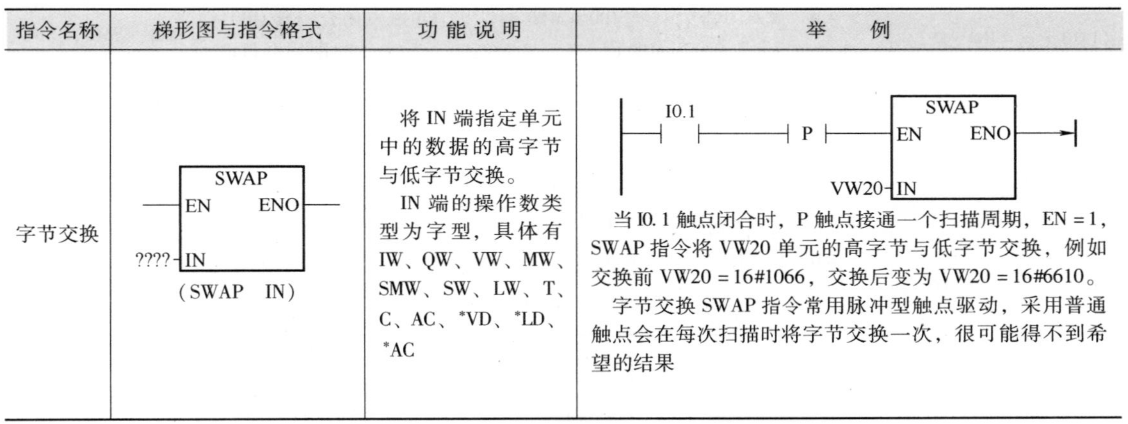

指令名称	梯形图与指令格式	功 能 说 明	举　　例
字节交换	SWAP EN　ENO ????-IN （SWAP　IN）	将 IN 端指定单元中的数据的高字节与低字节交换。 IN 端的操作数类型为字型，具体有 IW、QW、VW、MW、SMW、SW、LW、T、C、AC、*VD、*LD、*AC	I0.1　P　SWAP　EN　ENO　VW20-IN 当 I0.1 触点闭合时，P 触点接通一个扫描周期，EN＝1，SWAP 指令将 VW20 单元的高字节与低字节交换，例如交换前 VW20＝16#1066，交换后变为 VW20＝16#6610。 字节交换 SWAP 指令常用脉冲型触点驱动，采用普通触点会在每次扫描时将字节交换一次，很可能得不到希望的结果

6.3　比较指令

比较指令又称触点比较指令，其功能是将两个数据按指定条件进行比较，条件成立时触点闭合，否则触点断开。根据比较数据类型不同，可分为字节比较、整数比较、双字整数比较、实数比较和字符串比较；根据比较运算关系不同，数值比较可分为＝（等于）、＞＝（大于或等于）、＜（小于）、＞（大于）、＜＝（小于或等于）和＜＞（不等于）共 6 种，而字符串比较只有＝（等于）和＜＞（不等于）2 种。比较指令有与（LD）、串联（A）和并联（O）三种。

6.3.1　字节触点比较指令

字节触点比较指令用于比较两个字节型整数值 IN1 和 IN2 的大小，字节比较的数值是无符号的。

字节触点比较指令说明如下：

梯形图与指令格式	功能说明	举　例	操作数（IN1/IN2）
???? ─┤==B├─ ???? （LDB =　IN1，IN2）	当 IN1 = IN2 时，“==B”触点闭合	IB0 ┤==B├ MB0 ──(Q0.1) LDB= IB0, MB0 = Q0.1 当 IB0 = MB0（即两单元的数据相等）时，“==B”触点闭合，Q0.1 线圈得电	IB、QB、VB、MB、SMB、SB、LB、AC、*VD、*LD、*AC、常数（字节型）
???? ─┤<>B├─ ???? （LDB < >　IN1，IN2）	当 IN1 ≠ IN2 时，“< >B”触点闭合	QB0 ┤<>B├ MB0 ── IB0 ┤==B├ MB0 ──(Q0.1) LDB<> QB0, MB0 AB= IB0, MB0 = Q0.1 当 QB0≠MB0，且 IB0 = MB0 相等时，两触点均闭合，Q0.1 线圈得电。注意，“串联 == B”比较指令用“AB =”表示	
???? ─┤>=B├─ ???? （LDB > =　IN1，IN2）	当 IN1 ≥ IN2 时，“> = B”触点闭合	IB0 ┤>=B├ MB0 ──(Q0.1) QB0 ┤<>B├ MB0（并联） LDB>= IB0, MB0 OB<> QB0, MB0 = Q0.1 当 IB0≥MB0 时，> = B 触点闭合，或 QB0≠MB0 时，< >B 触点闭合，Q0.1 线圈均会得电。注意，“并联 < >B”比较指令用“OB < >”表示	
???? ─┤<=B├─ ???? （LDB < =　IN1，IN2）	当 IN1 ≤ IN2 时，“< = B”触点闭合	IB0 ┤<=B├ 8 ──(Q0.1) LDB<= IB0, 8 = Q0.1 当 IB0 单元中的数据小于或等于 8 时，触点闭合，Q0.1 线圈得电	
???? ─┤>B├─ ???? （LDB >　IN1，IN2）	当 IN1 > IN2 时，“>B”触点闭合	IB0 ┤>B├ MB0 ──(Q0.1) LDB> IB0, MB0 = Q0.1 当 IB0 > MB0 时，“>B”触点闭合，Q0.1 线圈得电	
???? ─┤<B├─ ???? （LDB <　IN1，IN2）	当 IN1 < IN2 时，“<B”触点闭合	IB0 ┤<B├ MB0 ──(Q0.1) LDB< IB0, MB0 = Q0.1 当 IB0 < MB0 时，“<B”触点闭合，Q0.1 线圈得电	

6.3.2　整数触点比较指令

整数触点比较指令用于比较两个字型整数值 IN1 和 IN2 的大小，整数比较的数值是有符号的，比较的整数范围是 -32768 ~ +32767，用十六进制表示为 16#8000 ~ 16#7FFF。

整数触点比较指令说明如下：

梯形图与指令格式	功 能 说 明	操作数（IN1/IN2）
???? ⊣ ==I ⊢ ???? （LDW =　IN1，IN2）	当 IN1 = IN2 时，“ = = I”触点闭合	IW、QW、VW、MW、SMW、SW、LW、T、C、AC、AIW * VD、*LD、* AC、常数（整数型）
???? ⊣ <>I ⊢ ???? （LDW < >　IN1，IN2）	当 IN1 ≠ IN2 时，“ < > I”触点闭合	
???? ⊣ >=I ⊢ ???? （LDW > =　IN1，IN2）	当 IN1 ≥ IN2 时，“ > = I”触点闭合	
???? ⊣ <=I ⊢ ???? （LDW < =　IN1，IN2）	当 IN1 ≤ IN2 时，“ < = I”触点闭合	
???? ⊣ >I ⊢ ???? （LDW >　IN1，IN2）	当 IN1 > IN2 时，“ > I”触点闭合	
???? ⊣ >I ⊢ ???? （LDW <　IN1，IN2）	当 IN1 < IN2 时，“ < I”触点闭合	

6.3.3　双字整数触点比较指令

双字整数触点比较指令用于比较两个双字型整数值 IN1 和 IN2 的大小，双字整数比较的数值是有符号的，比较的整数范围是 -2147483648 ~ +2147483647，用十六进制表示为 16#80000000 ~ 16#7FFFFFFF。

双字整数触点比较指令说明如下：

梯形图与指令格式	功 能 说 明	操作数（IN1/IN2）
???? ⊣ ==D ⊢ ???? （LDD =　IN1，IN2）	当 IN1 = IN2 时，“ = = D”触点闭合	ID、QD、VD、MD、SMD、SD、LD、AC、HC、*VD、*LD、*AC、常数（双整数型）
???? ⊣ <>D ⊢ ???? （LDD < >　IN1，IN2）	当 IN1 ≠ IN2 时，“ < > D”触点闭合	
???? ⊣ >=D ⊢ ???? （LDD > =　IN1，IN2）	当 IN1 ≥ IN2 时，“ > = D”触点闭合	
???? ⊣ <=D ⊢ ???? （LDD < =　IN1，IN2）	当 IN1 ≤ IN2 时，“ < = D”触点闭合	

（续）

梯形图与指令格式	功 能 说 明	操作数（IN1/IN2）
???? ─┤ >D ├─ ???? （LDD >　IN1，IN2）	当 IN1 > IN2 时，“ > D” 触点闭合	ID、QD、VD、MD、SMD、SD、LD、AC、HC、*VD、*LD、*AC、常数（双整数型）
???? ─┤ <D ├─ ???? （LDD <　IN1，IN2）	当 IN1 < IN2 时，“ < D” 触点闭合	

6.3.4　实数触点比较指令

实数触点比较指令用于比较两个双字长实数值 IN1 和 IN2 的大小，实数比较的数值是有符号的，负实数范围是 -1.175495^{-38} ~ -3.402823^{+38}，正实数范围是 $+1.175495^{-38}$ ~ $+3.402823^{+38}$。

实数触点比较指令说明如下：

梯形图与指令格式	功 能 说 明	操作数（IN1/IN2）
???? ─┤==R├─ ???? （LDR =　IN1，IN2）	当 IN1 = IN2 时，“ == R” 触点闭合	ID、QD、VD、MD、SMD、SD、LD、AC、*VD、*LD、*AC、常数（实数型）
???? ─┤<>R├─ ???? （LDR < >　IN1，IN2）	当 IN1≠IN2 时，“ <> R” 触点闭合	
???? ─┤>=R├─ ???? （LDR > =　IN1，IN2）	当 IN1≥IN2 时，“ >= R” 触点闭合	
???? ─┤<=R├─ ???? （LDR < =　IN1，IN2）	当 IN1≤IN2 时，“ <= R” 触点闭合	
???? ─┤ >R ├─ ???? （LDR >　IN1，IN2）	当 IN1 > IN2 时，“ > R” 触点闭合	
???? ─┤ <R ├─ ???? （LDR <　IN1，IN2）	当 IN1 < IN2 时，“ < R” 触点闭合	

6.3.5　比较指令应用举例

有一个 PLC 控制的自动仓库，该自动仓库最多装货量为 600，在装货数量达到 600 时入仓门自动关闭，在出货时货物数量为 0 自动关闭出仓门，仓库采用一只指示灯来指示是否有货，灯亮表示有货。图 6-1 是自动仓库控制程序。I0.0 用作入仓检测，I0.1 用作出仓检测，I0.2 用作计数清 0，Q0.0 用作有货指示，Q0.1 用来关闭入仓门，Q0.2 用来关闭出仓门。

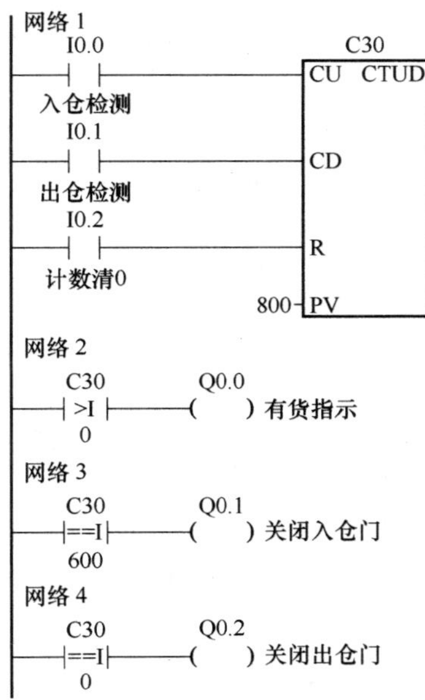

自动仓库控制程序工作原理：装货物前，让 I0.2 闭合一次，对计数器 C30 进行复位清 0。在装货时，每入仓一个货物，I0.0 闭合一次，计数器 C30 的计数值增 1，当 C30 计数值大于 0 时，[2]>I 触点闭合，Q0.0 得电，有货指示灯亮，当 C30 计数值等于 600 时，[3]==I 触点闭合，Q0.1 得电，关闭入仓门，禁止再装入货物；在卸货时，每出仓一个货物，I0.1 闭合一次，计数器 C30 的计数值减 1，当 C30 计数值为 0 时，[2]>I 触点断，Q0.0 失电，有货指示灯灭，同时 [4]==I 触点闭合，Q0.2 得电，关闭出仓门。

图 6-1　自动仓库控制程序

6.4　数学运算指令

数学运算指令可分为加减乘除运算指令和浮点数函数运算指令。加减乘除运算指令包括加法指令、减法指令、乘法指令、除法指令、加 1 指令和减 1 指令；浮点数函数运算指令主要包括正弦指令、余弦指令、正切指令、平方根指令、自然对数指令和自然指数指令。

6.4.1　加减乘除运算指令

1. 加法指令

加法指令的功能是将两个有符号的数相加后输出，可分为整数加法指令、双整数加法指令和实数加法指令。

(1) 指令说明

加法指令说明如下：

加法指令	梯形图	功能说明	操作数	
			IN1、IN2	OUT
整数加法指令	ADD_I EN ENO ????-IN1 OUT-???? ????-IN2	将 IN1 端指定单元的整数与 IN1 端指定单元的整数相加，结果存入 OUT 端指定的单元中，即 IN1 + IN2 = OUT	IW、QW、VW、MW、SMW、SW、T、C、LW、AC、AIW、*VD、*AC、*LD、常数	IW、QW、VW、MW、SMW、SW、LW、T、C、AC、*VD、*AC、*LD

（续）

加法指令	梯形图	功能说明	操作数	
			IN1、IN2	OUT
双整数加法指令	ADD_DI EN ENO ????-IN1 OUT-???? ????-IN2	将 IN1 端指定单元的双整数与 IN1 端指定单元的双整数相加，结果存入 OUT 端指定的单元中，即 IN1 + IN2 = OUT	ID、 QD、 VD、 MD. SMD. SD、 LD. AC. HC. * VD、 * LD、 *AC、常数	ID、QD、VD、MD、SMD、SD、LD、AC、*VD、*LD、*AC
实数加法指令	ADD_R EN ENO ????-IN1 OUT-???? ????-IN2	将 IN1 端指定单元的实数与 IN1 端指定单元的实数相加，结果存入 OUT 端指定的单元中，即 IN1 + IN2 = OUT	ID、QD、VD. MD、SMD. SD. LD、 AC. * VD、*LD. * AC、常数	

（2）指令使用举例

加法指令使用如图 6-2 所示。

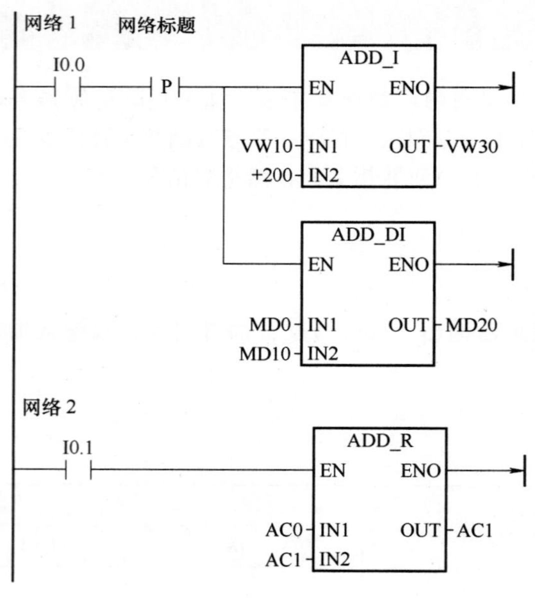

当 I0.0 触点闭合时，P 触点接通一个扫描周期，ADD_I 和 ADD_DI 指令同时执行，ADD_I 指令将 VW10 单元中的整数（16 位）与 +200 相加，结果送入 VW30 单元中，ADD_DI 指令将 MD0、MD10 单元中的双整数（32 位）相加，结果送入 MD20 单元中；当 I0.1 触点闭合时，ADD_R 指令执行，将 AC0、AC1 单元中的实数（32 位）相加，结果保存在 AC1 单元中。

图 6-2　加法指令使用举例

2. 减法指令

减法指令的功能是将两个有符号的数相减后输出，可分为整数减法指令、双整数减法指令和实数减法指令。

减法指令说明如下：

减法指令	梯形图	功能说明	操作数	
			IN1、IN2	OUT
整数 减法指令	SUB_I EN ENO ????-IN1 OUT-???? ????-IN2	将 IN1 端指定单元的整数与 IN1 端指定单元的整数相减，结果存入 OUT 端指定的单元中，即 IN1 - IN2 = OUT	IW、QW、VW、MW、SMW、SW、T、C、LW、AC、AIW、* VD、* AC、* LD、常数	IW、QW、VW、MW、SMW、SW、LW、T、C、AC、*VD、*AC、*LD
双整数 减法指令	SUB_DI EN ENO ????-IN1 OUT-???? ????-IN2	将 IN1 端指定单元的双整数与 IN1 端指定单元的双整数相减，结果存入 OUT 端指定的单元中，即 IN1 - IN2 = OUT	ID、QD、VD、MD. SMD. SD、LD. AC. HC. * VD、* LD、*AC、常数	ID、QD、VD、MD、SMD、SD、LD、AC、*VD、*LD、*AC
实数 减法指令	SUB_R EN ENO ????-IN1 OUT-???? ????-IN2	将 IN1 端指定单元的实数与 IN1 端指定单元的实数相减，结果存入 OUT 端指定的单元中，即 IN1 - IN2 = OUT	ID、QD、VD. MD、SMD. SD. LD、AC. * VD、*LD. *AC、常数	

3. 乘法指令

乘法指令的功能是将两个有符号的数相乘后输出，可分为整数乘法指令、双整数乘法指令、实数乘法指令和完全乘法指令。

乘法指令说明如下：

乘法指令	梯形图	功能说明	操作数	
			IN1、IN2	OUT
整数 乘法指令	MUL_I EN ENO ????-IN1 OUT-???? ????-IN2	将 IN1 端指定单元的整数与 IN1 端指定单元的整数相乘，结果存入 OUT 端指定的单元中，即 IN1 * IN2 = OUT	IW、QW、VW、MW、SMW、SW、T、C、LW、AC、AIW、* VD、* AC、*LD、常数	IW、QW、VW、MW、SMW、SW、LW、T、C、AC、*VD、*AC、*LD
双整数 乘法指令	MUL_DI EN ENO ????-IN1 OUT-???? ????-IN2	将 IN1 端指定单元的双整数与 IN1 端指定单元的双整数相乘，结果存入 OUT 端指定的单元中，即 IN1 * IN2 = OUT	ID、QD、VD、MD. SMD. SD、LD. AC. HC. * VD、* LD、*AC、常数	ID、QD、VD、MD、SMD、SD、LD、AC、*VD、*LD、*AC
实数 乘法指令	MUL_R EN ENO ????-IN1 OUT-???? ????-IN2	将 IN1 端指定单元的实数与 IN1 端指定单元的实数相乘，结果存入 OUT 端指定的单元中，即 IN1 * IN2 = OUT	ID、QD、VD. MD、SMD. SD. LD、AC. * VD、*LD. * AC、常数	

（续）

乘法指令	梯 形 图	功 能 说 明	操 作 数	
			IN1、IN2	OUT
完全整数乘法指令	MUL EN ENO ????-IN1 OUT-???? ????-IN2	将 IN1 端指定单元的整数与 IN1 端指定单元的整数相乘，结果存入 OUT 端指定的单元中，即 IN1 * IN2 = OUT 完全整数乘法指令是将两个有符号整数（16 位）相乘，产生一个 32 位双整数存入 OUT 单元中，因此 IN 端操作数类型为字型，OUT 端的操作数为双字型	IW、QW、VW、MW、SMW、SW、T、C、LW、AC、AIW、*VD、*AC、*LD、常数	ID、QD、VD、MD、SMD、SD、LD、AC、*VD、*LD、*AC

4. 除法指令

除法指令的功能是将两个有符号的数相除后输出，可分为整数除法指令、双整数除法指令、实数除法指令和带余数除法指令。

除法指令说明如下：

除法指令	梯 形 图	功 能 说 明	操 作 数	
			IN1、IN2	OUT
整数除法指令	DIV_I EN ENO ????-IN1 OUT-???? ????-IN2	将 IN1 端指定单元的整数与 IN1 端指定单元的整数相除，结果存入 OUT 端指定的单元中，即 IN1/IN2 = OUT	IW、QW、VW、MW、SMW、SW、T、C、LW、AC、AIW、*VD、*AC、*LD、常数	IW、QW、VW、MW、SMW、SW、LW、T、C、AC、*VD、*AC、*LD
双整数除法指令	DIV_DI EN ENO ????-IN1 OUT-???? ????-IN2	将 IN1 端指定单元的双整数与 IN1 端指定单元的双整数相除，结果存入 OUT 端指定的单元中，即 IN1/IN2 = OUT	ID、QD、VD、MD. SMD. SD、LD. AC. HC. * VD、*LD、*AC、常数	ID、QD、VD、MD、SMD、SD、LD、AC、*VD、*LD、*AC
实数除法指令	DIV_R EN ENO ????-IN1 OUT-???? ????-IN2	将 IN1 端指定单元的实数与 IN1 端指定单元的实数相除，结果存入 OUT 端指定的单元中，即 IN1/IN2 = OUT	ID、QD、VD. MD、SMD. SD. LD、AC. * VD、*LD. * AC、常数	
带余数的整数除法指令	DIV EN ENO ????-IN1 OUT-???? ????-IN2	将 IN1 端指定单元的整数与 IN1 端指定单元的整数相除，结果存入 OUT 端指定的单元中，即 IN1/IN2 = OUT 该指令是将两个 16 位整数相除，得到一个 32 位结果，其中低 16 位为商，高 16 位为余数。因此 IN 端操作数类型为字型，OUT 端的操作数为双字型	IW、QW、VW、MW、SMW、SW、T、C、LW、AC、AIW、*VD、*AC、*LD、常数	ID、QD、VD、MD、SMD、SD、LD、AC、*VD、*LD、*AC

5. 加 1 指令

加 1 指令的功能是将 IN 端指定单元的数加 1 后存入 OUT 端指定的单元中，可分为字节加 1 指令、字加 1 指令和双字加 1 指令。

加 1 指令说明如下：

加 1 指令	梯形图	功能说明	操作数	
			IN1	OUT
字节加 1 指令	INC_B（EN、ENO；????-IN、OUT-????）	将 IN1 端指定字节单元的数加 1，结果存入 OUT 端指定的单元中，即 IN + 1 = OUT 如果 IN、OUT 操作数相同，则为 IN 增 1	IB、QB、VB、MB、SMB、SB、LB、AC、*VD、*LD、*AC、常数	IB、QB、VB、MB、SMB、SB、LB、AC、*VD、*AC、*LD
字加 1 指令	INC_W（EN、ENO；????-IN、OUT-????）	将 IN1 端指定字单元的数加 1，结果存入 OUT 端指定的单元中，即 IN + 1 = OUT	IW、QW、VW、MW、SMW、SW、LW、T、C、AC、AIW、* VD、* LD、*AC、常数	IW、QW、VW、MW、SMW、SW、T、C、LW、AC、* VD、*LD、*AC
双字加 1 指令	INC_DW（EN、ENO；????-IN、OUT-????）	将 IN1 端指定双字单元的数加 1，结果存入 OUT 端指定的单元中，即 IN + 1 = OUT	ID、QD、VD、MD、SMD、SD、LD、AC、HC、*VD、*LD、*AC、常数	ID、QD、VD、MD、SMD、SD、LD、AC、*VD、*LD、*AC

6. 减 1 指令

减 1 指令的功能是将 IN 端指定单元的数减 1 后存入 OUT 端指定的单元中，可分为字节减 1 指令、字减 1 指令和双字减 1 指令。

减 1 指令说明如下：

减 1 指令	梯形图	功能说明	操作数	
			IN1	OUT
字节减 1 指令	DEC_B（EN、ENO；????-IN、OUT-????）	将 IN1 端指定字节单元的数减 1，结果存入 OUT 端指定的单元中，即 IN − 1 = OUT 如果 IN、OUT 操作数相同，则为 IN 增 1	IB、QB、VB、MB、SMB、SB、LB、AC、*VD、*LD、*AC、常数	IB、QB、VB、MB、SMB、SB、LB、AC、*VD、*AC、*LD
字减 1 指令	DEC_W（EN、ENO；????-IN、OUT-????）	将 IN1 端指定字单元的数减 1，结果存入 OUT 端指定的单元中，即 IN − 1 = OUT	IW、QW、VW、MW、SMW、SW、LW、T、C、AC、AIW、* VD、* LD、*AC、常数	IW、QW、VW、MW、SMW、SW、T、C、LW、AC、* VD、*LD、*AC
双字减 1 指令	DEC_DW（EN、ENO；????-IN、OUT-????）	将 IN1 端指定双字单元的数减 1，结果存入 OUT 端指定的单元中，即 IN − 1 = OUT	ID、QD、VD、MD、SMD、SD、LD、AC、HC、*VD、*LD、*AC、常数	ID、QD、VD、MD、SMD、SD、LD、AC、*VD、*LD、*AC

7. 加减乘除运算指令应用举例

编写实现 Y = X + 306 运算的程序，程序如图 6-3 所示。

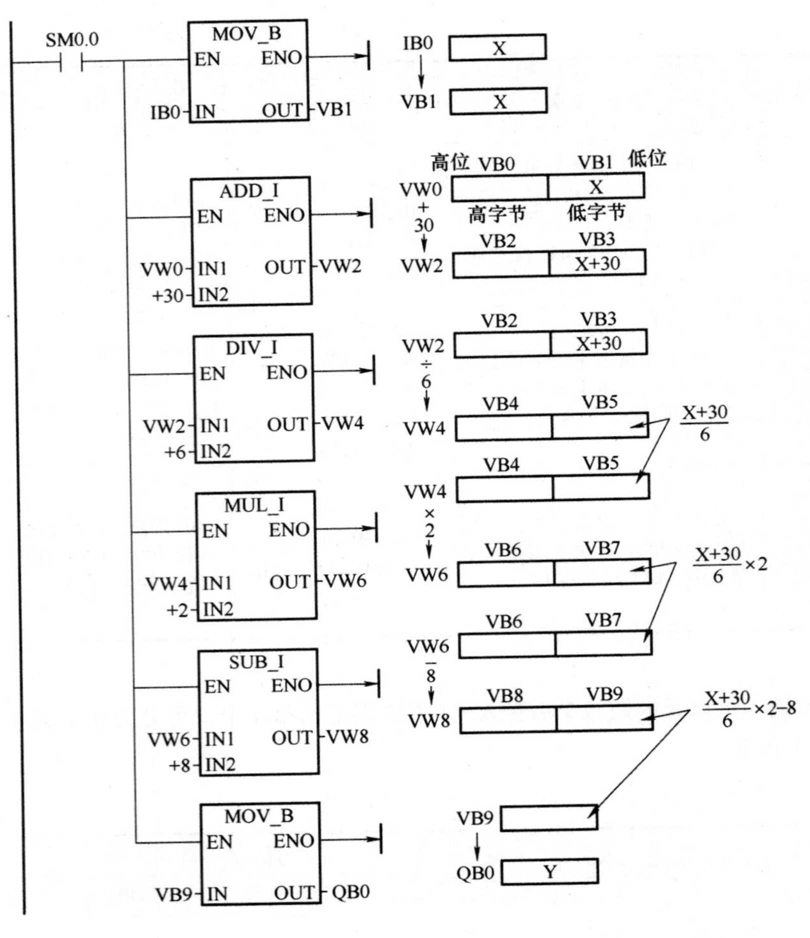

在 PLC 运行时 SM0.0 触点始终闭合，先执行 MOV_B 指令，将 IB0 单元的一个字节数据（由于 IB0.0 ~ IB0.7 端子输入）送入 VB1 单元，然后由 ADD_I 指令将 VW0 单元数据（即 VB0、VB1 单元的数据，VB1 为低字节）加 30 后存入 VW2 单元中，再依次执行除、乘和减指令，最后将 VB9 中的运算结果作为 Y 送入 QB0 单元，由 Q0.0 ~ Q0.7 端子外接的显示装置将 Y 值显示出来。

图 6-3　实现 Y = X + 306 运算的程序

6.4.2　浮点数函数运算指令

浮点数函数运算指令包括正弦、余弦、正切、平方根、自然对数、自然指数等指令。浮点数函数运算指令说明如下：

浮点数函数运算指令	梯形图	功能说明	操作数	
			IN	OUT
平方根指令	SQRT EN ENO ???? IN OUT ????	将 IN 端指定单元的实数（即浮点数）取平方根，结果存入 OUT 端指定的单元中，即 SQRT (IN) = OUT	ID、QD、VD、MD、SMD、SD、LD、AC、*VD、*LD、*AC、常数	ID、QD、VD、MD、SMD、SD、LD、AC、*VD、*LD、*AC

（续）

浮点数函数运算指令	梯形图	功能说明	操作数 IN	操作数 OUT
正弦指令	SIN EN ENO ????-IN OUT-????	将 IN 端指定单元的实数取正弦，结果存入 OUT 端指定的单元中，即 SIN(IN) = OUT	ID、QD、VD、MD、SMD、SD、LD、AC、*VD、*LD、*AC、常数	ID、QD、VD、MD、SMD、SD、LD、AC、*VD、*LD、*AC
余弦指令	COS EN ENO ????-IN OUT-????	将 IN 端指定单元的实数取余弦，结果存入 OUT 端指定的单元中，即 COS(IN) = OUT		
正切指令	TAN EN ENO ????-IN OUT-????	将 IN 端指定单元的实数取正切，结果存入 OUT 端指定的单元中，即 TAN(IN) = OUT 正切、正弦和余弦的 IN 值要以弧度为单位，在求角度的三角函数时，要先将角度值乘以 π/180（即 0.01745329）转换成弧度值，再存入 IN，然后用指令求 OUT		
自然对数指令	LN EN ENO ????-IN OUT-????	将 IN 端指定单元的实数取自然对数，结果存入 OUT 端指定的单元中，即 LN(IN) = OUT		
自然指数指令	EXP EN ENO ????-IN OUT-????	将 IN 端指定单元的实数取自然指数值，结果存入 OUT 端指定的单元中，即 EXP(IN) = OUT		

6.5 逻辑运算指令

逻辑运算指令包括取反指令、与指令、或指令和异或指令，每种指令又分为字节、字和双字指令。

6.5.1 取反指令

取反指令的功能是 IN 端指定单元的数据逐位取反，结果存入 OUT 端指定的单元中。取反指令可分为字节取反指令、字取反指令和双字取反指令。

1. 指令说明

取反指令说明如下：

取反指令	梯形图	功能说明	操作数	
			IN1	OUT
字节取反指令	INV_B EN ENO ????-IN OUT-????	将 IN 端指定字节单元中的数据逐位取反，结果存入 OUT 端指定的单元中	IB、QB、VB、MB、SMB、SB、LB、AC、*VD、*LD、*AC、常数	IB、QB、VB、MB、SMB、SB、LB、AC、*VD、*AC、*LD
字取反指令	INV_W EN ENO ????-IN OUT-????	将 IN 端指定字单元中的数据逐位取反，结果存入 OUT 端指定的单元中	IW、QW、VW、MW、SMW、SW、LW、T、C、AC、AIW、*VD、*LD、*AC、常数	IW、QW、VW、MW、SMW、SW、T、C、LW、AIW、AC、*VD、*LD、*AC
双字取反指令	INV_DW EN ENO ????-IN OUT-????	将 IN 端指定双字单元中的数据逐位取反，结果存入 OUT 端指定的单元中	ID、QD、VD、MD、SMD、SD、LD、AC、HC、*VD、*LD、*AC、常数	ID、QD、VD、MD、SMD、SD、LD、AC、*VD、*LD、*AC

2. 指令使用举例

取反指令使用如图 6-4 所示，当 I1.0 触点闭合时，执行 INV_W 指令，将 AC0 中的数据逐位取反。

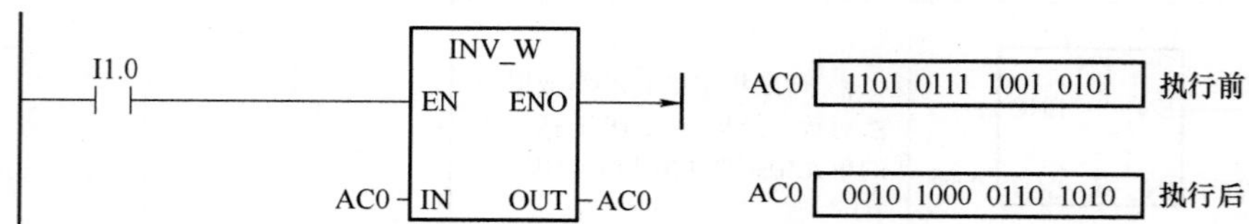

图 6-4 取反指令使用举例

6.5.2 与指令

与指令的功能是 IN1、IN2 端指定单元的数据按位相与，结果存入 OUT 端指定的单元中。与指令可分为字节与指令、字与指令和双字与指令。

1. 指令说明

与指令说明如下：

与指令	梯形图	功能说明	操作数	
			IN1	OUT
字节与指令	WAND_B EN ENO ????-IN1 OUT-???? ????-IN2	将 IN1、IN2 端指定字节单元中的数据按位相与，结果存入 OUT 端指定的单元中	IB、QB、VB、MB、SMB、SB、LB、AC、*VD、*LD、*AC、常数	IB、QB、VB、MB、SMB、SB、LB、AC、*VD、*AC、*LD

（续）

与指令	梯形图	功能说明	操作数	
			IN1	OUT
字与指令	WAND_W EN ENO ????-IN1 OUT-???? ????-IN2	将 IN1、IN2 端指定字单元中的数据按位相与，结果存入 OUT 端指定的单元中	IW、QW、VW、MW、SMW、SW、LW、T、C、AC、AIW、*VD、*LD、*AC、常数	IW、QW、VW、MW、SMW、SW、T、C、LW、AIW、AC、*VD、*LD、*AC
双字与指令	WAND_DW EN ENO ????-IN1 OUT-???? ????-IN2	将 IN1、IN2 端指定双字单元中的数据按位相与，结果存入 OUT 端指定的单元中	ID、QD、VD、MD、SMD、SD、LD、AC、HC、*VD、*LD、*AC、常数	ID、QD、VD、MD、SMD、SD、LD、AC、*VD、*LD、*AC

2. 指令使用举例

与指令使用如图 6-5 所示，当 I1.0 触点闭合时，执行 WAND_W 指令，将 AC1、AC0 中的数据按位相与，结果存入 AC0。

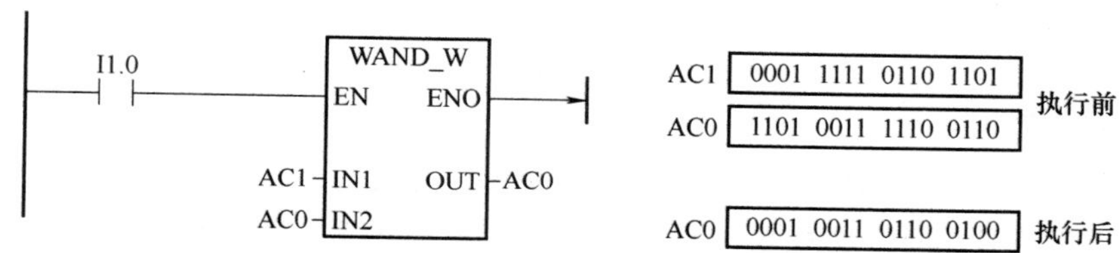

图 6-5　与指令使用举例

6.5.3　或指令

或指令的功能是 IN1、IN2 端指定单元的数据按位相或，结果存入 OUT 端指定的单元中。或指令可分为字节或指令、字或指令和双字或指令。

1. 指令说明

或指令说明如下：

或指令	梯形图	功能说明	操作数	
			IN1	OUT
字节或指令	WOR_B EN ENO ????-IN1 OUT-???? ????-IN2	将 IN1、IN2 端指定字节单元中的数据按位相或，结果存入 OUT 端指定的单元中	IB、QB、VB、MB、SMB、SB、LB、AC、*VD、*LD、*AC、常数	IB、QB、VB、MB、SMB、SB、LB、AC、*VD、*AC、*LD
字或指令	WOR_W EN ENO ????-IN1 OUT-???? ????-IN2	将 IN1、IN2 端指定字单元中的数据按位相或，结果存入 OUT 端指定的单元中	IW、QW、VW、MW、SMW、SW、LW、T、C、AC、AIW、*VD、*LD、*AC、常数	IW、QW、VW、MW、SMW、SW、T、C、LW、AIW、AC、*VD、*LD、*AC

（续）

或指令	梯　形　图	功 能 说 明	操　作　数	
			IN1	OUT
双字或指令	WOR_DW: EN ENO; ????-IN1 OUT-????; ????-IN2	将 IN1、IN2 端指定双字单元中的数据按位相或，结果存入 OUT 端指定的单元中	ID、QD、VD、MD、SMD、SD、LD、AC、HC、*VD、*LD、*AC、常数	ID、QD、VD、MD、SMD、SD、LD、AC、*VD、*LD、*AC

2. 指令使用举例

或指令使用如图 6-6 所示，当 I1.0 触点闭合时，执行 WOR_W 指令，将 AC1、VW100 中的数据按位相或，结果存入 VW100。

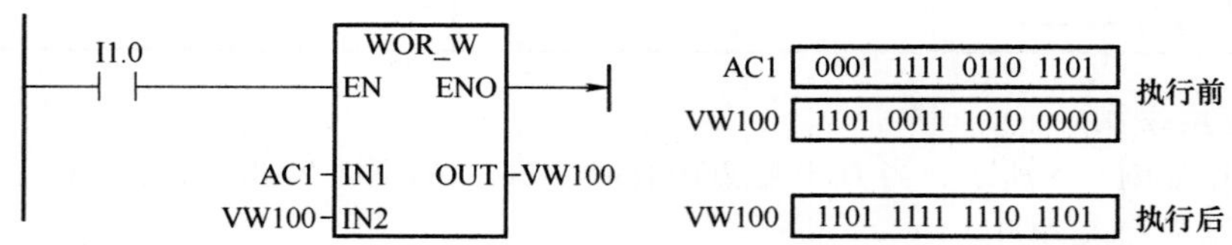

图 6-6　或指令使用举例

6.5.4　异或指令

异或指令的功能是 IN1、IN2 端指定单元的数据按位进行异或运算，结果存入 OUT 端指定的单元中。异或运算时，两位数相同，异或结果为 0，相反异或结果为 1。异或指令可分为字节异或指令、字异或指令和双字异或指令。

1. 指令说明

异或指令说明如下：

异或指令	梯　形　图	功 能 说 明	操　作　数	
			IN1	OUT
字节异或指令	WXOR_B: EN ENO; ????-IN1 OUT-????; ????-IN2	将 IN1、IN2 端指定字节单元中的数据按位相异或，结果存入 OUT 端指定的单元中	IB、QB、VB、MB、SMB、SB、LB、AC、*VD、*LD、*AC、常数	IB、QB、VB、MB、SMB、SB、LB、AC、*VD、*AC、*LD
字异或指令	WXOR_W: EN ENO; ????-IN1 OUT-????; ????-IN2	将 IN1、IN2 端指定字单元中的数据按位相异或，结果存入 OUT 端指定的单元中	IW、QW、VW、MW、SMW、SW、LW、T、C、AC、AIW、*VD、*LD、*AC、常数	IW、QW、VW、MW、SMW、SW、T、C、LW、AIW、AC、*VD、*LD、*AC
双字异或指令	WXOR_DW: EN ENO; ????-IN1 OUT-????; ????-IN2	将 IN1、IN2 端指定双字单元中的数据按位相异或，结果存入 OUT 端指定的单元中	ID、QD、VD、MD、SMD、SD、LD、AC、HC、*VD、*LD、*AC、常数	ID、QD、VD、MD、SMD、SD、LD、AC、*VD、*LD、*AC

2. 指令使用举例

异或指令使用如图 6-7 所示，当 I1.0 触点闭合时，执行 WXOR_W 指令，将 AC1、AC0 中的数据按位相异或，结果存入 AC0。

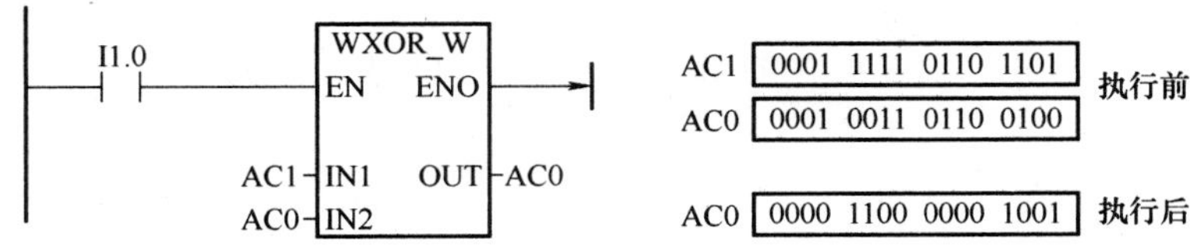

图 6-7　异或指令使用举例

6.6　移位与循环指令

移位与循环指令包括左移位指令、右移位指令、循环左移位指令、循环右移位指令和移位寄存器指令，根据操作数不同，前面四种指令又分为字节、字和双字型指令。

6.6.1　左移位与右移位指令

左移位与右移位指令的功能是将 IN 端指定单元的各位数向左或向右移动 N 位，结果保存在 OUT 端指定的单元中。根据操作数不同，左移位与右移位指令又分为字节、字和双字型指令。

1. 指令说明

左移位与右移位指令说明如下：

指令名称		梯形图	功能说明	操作数		
				IN	OUT	N
左移位指令	字节左移位指令	SHL_B EN ENO ????-IN OUT-???? ????-N	将 IN 端指定字节单元中的数据向左移动 N 位，结果存入 OUT 端指定的单元中	IB、QB、VB、MB、SMB、SB、LB、AC、*VD、*LD、*AC、常数	IB、QB、VB、MB、SMB、SB、LB、AC、*VD、*AC、*LD	IB、QB、VB、MB、SMB、SB、LB、AC、*VD、*LD、*AC、常数
	字左移位指令	SHL_W EN ENO ????-IN OUT-???? ????-N	将 IN 端指定字单元中的数据向左移动 N 位，结果存入 OUT 端指定的单元中	IW、QW、VW、MW、SMW、SW、LW、T、C、AC、AIW、*VD、*LD、*AC、常数	IW、QW、VW、MW、SMW、SW、T、C、LW、AIW、AC、*VD、*LD、*AC	
	双字左移位指令	SHL_DW EN ENO ????-IN OUT-???? ????-N	将 IN 端指定双字单元中的数据向左移动 N 位，结果存入 OUT 端指定的单元中	ID、QD、VD、MD、SMD、SD、LD、AC、HC、*VD、*LD、*AC、常数	ID、QD、VD、MD、SMD、SD、LD、AC、*VD、*LD、*AC	

（续）

指令名称		梯形图	功能说明	操作数		
				IN	OUT	N
右移位指令	字节右移位指令	SHR_B EN ENO ????-IN OUT-???? ????-N	将IN端指定字节单元中的数据向右移动N位，结果存入OUT端指定的单元中	IB、QB、VB、MB、SMB、SB、LB、AC、*VD、*LD、*AC、常数	IB、QB、VB、MB、SMB、SB、LB、AC、*VD、*AC、*LD	IB、QB、VB、MB、SMB、SB、LB、AC、*VD、*LD、*AC、常数
	字右移位指令	SHR_W EN ENO ????-IN OUT-???? ????-N	将IN端指定字单元中的数据向右移动N位，结果存入OUT端指定的单元中	IW、QW、VW、MW、SMW、SW、LW、T、C、AC、AIW、*VD、*LD、*AC、常数	IW、QW、VW、MW、SMW、SW、T、C、LW、AIW、AC、*VD、*LD、*AC	
	双字右移位指令	SHR_DW EN ENO ????-IN OUT-???? ????-N	将IN端指定双字单元中的数据向左移动N位，结果存入OUT端指定的单元中	ID、QD、VD、MD、SMD、SD、LD、AC、HC、*VD、*LD、*AC、常数	ID、QD、VD、MD、SMD、SD、LD、AC、*VD、*LD、*AC	

2. 指令使用举例

移位指令使用如图6-8所示，当I1.0触点闭合时，执行SHL_W指令，将VW200中的数据向左移3位，最后一位移出值“1”保存在溢出标志位SM1.1中。

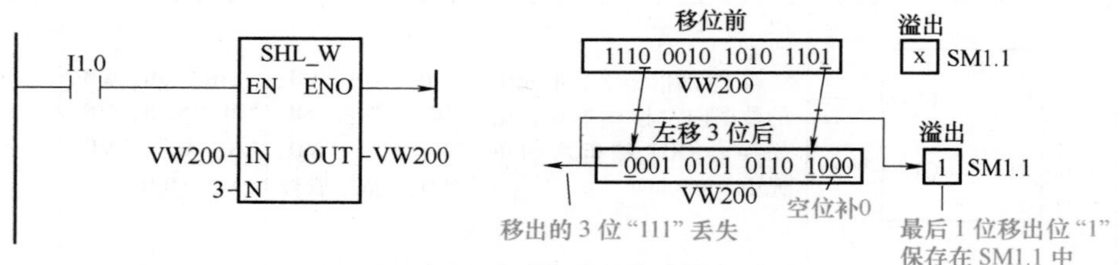

图6-8 移位指令使用举例

移位指令对移走而变空的位自动补0。如果将移位数N设为大于或等于最大允许值（对于字节操作为8，对于字操作为16，对于双字操作为32），移位操作的次数自动为最大允许位。如果移位数N大于0，溢出标志位SM1.1保存最后一次移出的位值；如果移位操作的结果为0，零标志位SM1.0置1。字节操作是无符号的，对于字和双字操作，当使用有符号数据类型时，符号位也被移动。

6.6.2 循环左移位与循环右移位指令

循环左移位与右移位指令的功能是将IN端指定单元的各位数向左或向右循环移动N位，结果保存在OUT端指定的单元中。循环移位是环形的，一端移出的位会从另一端移入。根据操作数不同，左移位与右移位指令又分为字节、字和双字型指令。

1. 指令说明

循环左移位与循环右移位指令说明如下：

指令名称		梯　形　图	功 能 说 明	操　作　数		
				IN	OUT	N
循环左移位指令	字节循环左移位指令	ROL_B EN ENO ????-IN OUT-???? ????-N	将 IN 端指定字节单元中的数据向左循环移动 N 位，结果存入 OUT 端指定的单元中	IB、QB、VB、MB、SMB、SB、LB、AC、*VD、*LD、*AC、常数	IB、QB、VB、MB、SMB、SB、LB、AC、*VD、*AC、*LD	
	字循环左移位指令	ROL_W EN ENO ????-IN OUT-???? ????-N	将 IN 端指定字单元中的数据向左循环移动 N 位，结果存入 OUT 端指定的单元中	IW、QW、VW、MW、SMW、SW、LW、T、C、AC、AIW、*VD、*LD、*AC、常数	IW、QW、VW、MW、SMW、SW、T、C、LW、AIW、AC、*VD、*LD、*AC	
	双字循环左移位指令	ROL_DW EN ENO ????-IN OUT-???? ????-N	将 IN 端指定双字单元中的数据向左循环移动 N 位，结果存入 OUT 端指定的单元中	ID、QD、VD、MD、SMD、SD、LD、AC、HC、*VD、*LD、*AC、常数	ID、QD、VD、MD、SMD、SD、LD、AC、*VD、*LD、*AC	IB、QB、VB、MB、SMB、SB、LB、AC、*VD、*LD、*AC、常数
循环右移位指令	字节循环右移位指令	ROR_B EN ENO ????-IN OUT-???? ????-N	将 IN 端指定字节单元中的数据向右循环移动 N 位，结果存入 OUT 端指定的单元中	IB、QB、VB、MB、SMB、SB、LB、AC、*VD、*LD、*AC、常数	IB、QB、VB、MB、SMB、SB、LB、AC、*VD、*AC、*LD	
	字循环右移位指令	ROR_W EN ENO ????-IN OUT-???? ????-N	将 IN 端指定字单元中的数据向右循环移动 N 位，结果存入 OUT 端指定的单元中	IW、QW、VW、MW、SMW、SW、LW、T、C、AC、AIW、*VD、*LD、*AC、常数	IW、QW、VW、MW、SMW、SW、T、C、LW、AIW、AC、*VD、*LD、*AC	
	双字循环右移位指令	ROR_DW EN ENO ????-IN OUT-???? ????-N	将 IN 端指定双字单元中的数据向左循环移动 N 位，结果存入 OUT 端指定的单元中	ID、QD、VD、MD、SMD、SD、LD、AC、HC、*VD、*LD、*AC、常数	ID、QD、VD、MD、SMD、SD、LD、AC、*VD、*LD、*AC	

2. 指令使用举例

循环移位指令使用如图 6-9 所示，当 I1.0 触点闭合时，执行 ROR_W 指令，将 AC0 中的数据循环右移 2 位，最后一位移出值“0”同时保存在溢出标志位 SM1.1 中。

如果移位数 N 大于或者等于最大允许值（字节操作为 8，字操作为 16，双字操作为 32），在执行循环移位之前，会执行取模操作，例如对于字节操作，取模操作过程是将 N 除以 8 取余数作为实际移位数，字节操作实际移位数是0~7，字操作是0~15，双字操作是0~31。如果移位次数为0，循环移位指令不执行。

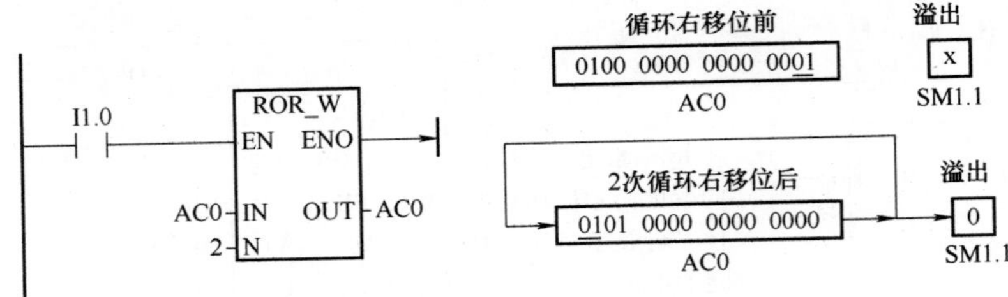

图6-9　循环移位指令使用

执行循环移位指令时，最后一个移位值会同时移入溢出标志位SM1.1。当循环移位结果是0时，零标志位（SM1.0）被置1。字节操作是无符号的，对于字和双字操作，当使用有符号数据类型时，符号位也被移位。

6.7　转换指令

PLC的主要数据类型有字节型、整数型、双整数型和实数型，数据的编码类型主要有二进制、十进制、十六进制、BCD码和ASCII码等。在编程时，指令对操作数类型有一定的要求，如字节型与字型数据不能直接进行相加运算。为了让指令能对不同类型数据进行处理，要先对数据的类型是进行转换。

6.7.1　标准转换指令

1. 数字转换指令

数字转换指令有字节与整数间的转换指令、整数与双整数间的转换指令、BCD码与整数间的转换指令和双整数转实数指令。

BCD码是一种用4位二进制数组合来表示十进制数的编码。BCD码的0000~1001分别对应十进制数的0~9。一位十进制数的二进制编码和BCD码是相同的，例如6的二进制编码0110，BCD码也为0110，但多位数十进制数两种编码是不同的，例如64的8位二进制编码为0100 0000，BCD码则为0110 0100，由于BCD码采用4位二进制数来表示1位十进制数，故16位BCD码能表示十进制数范围是0000~9999。

（1）指令说明

数字转换指令说明如下：

指令名称	梯形图	功能说明	操作数	
			IN	OUT
字节转整数指令	B_I EN ENO ????-IN OUT-????	将IN端指定字节单元中的数据（8位）转换成整数（16位），结果存入OUT端指定的单元中。字节是无符号的，因而没有符号位扩展	IB、QB、VB、MB、SMB、SB、LB、AC、*VD、*LD、*AC、常数（字节型）	IW、QW、VW、MW、SMW、SW、T、C、LW、AIW、AC、*VD、*LD、*AC（整数型）

（续）

<table>
<tr><th rowspan="2">指令名称</th><th rowspan="2">梯 形 图</th><th rowspan="2">功 能 说 明</th><th colspan="2">操 作 数</th></tr>
<tr><th>IN</th><th>OUT</th></tr>
<tr><td>整数转字节指令</td><td> 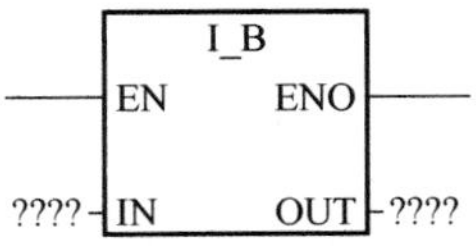I_B
EN ENO
????-IN OUT-????</td><td>将 IN 端指定单元的整数（16 位）转换成字节数据（8 位），结果存入 OUT 端指定的单元中。IN 中只有 0～255 范围内的数值能被转换，其他值不会转换，但会使溢出位 SM1.1 会置 1</td><td>IW、QW、VW、MW、SMW、SW、LW、T、C、AC、AIW、*VD、*LD、*AC、常数（整数型）</td><td>IB、QB、VB、MB、SMB、SB、LB、AC、*VD、*LD、*AC（字节型）</td></tr>
<tr><td>整数转双整数指令</td><td> 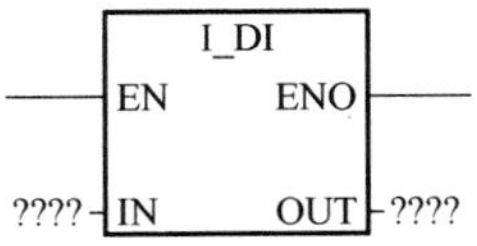I_DI
EN ENO
????-IN OUT-????</td><td>将 IN 端指定单元的整数（16 位）转换成双整数（32 位），结果存入 OUT 端指定的单元中。符号位扩展到高字节中</td><td>IW、QW、VW、MW、SMW、SW、LW、T、C、AC、AIW、*VD、*LD、*AC、常数（整数型）</td><td>ID、QD、VD、MD、SMD、SD、LD、AC、*VD、*LD、*AC（双整数型）</td></tr>
<tr><td>双整数转整数指令</td><td> 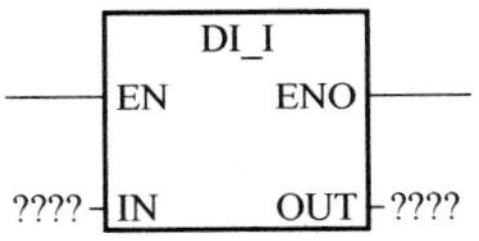DI_I
EN ENO
????-IN OUT-????</td><td>将 IN 端指定单元的双整数转换成整数，结果存入 OUT 端指定的单元中。若需转换的数值太大无法在输出中表示，则不会转换，但会使溢出标志位 SM1.1 置 1</td><td>ID、QD、VD、MD、SMD、SD、LD、AC、HC、*VD、*LD、*AC、常数（双整数型）</td><td>IW、QW、VW、MW、SMW、SW、T、C、LW、AIW、AC、*VD、*LD、*AC（整数型）</td></tr>
<tr><td>双整数转实数指令</td><td> 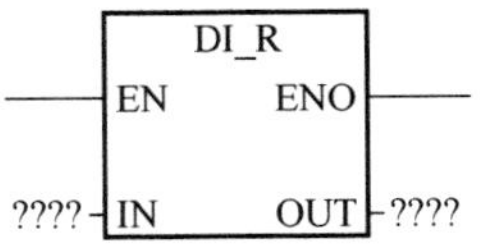DI_R
EN ENO
????-IN OUT-????</td><td>将 IN 端指定单元的双整数（32 位）转换成实数（32 位），结果存入 OUT 端指定的单元中</td><td>ID、QD、VD、MD、SMD、SD、LD、AC、HC、*VD、*LD、*AC、常数（双整数型）</td><td>ID、QD、VD、MD、SMD、SD、LD、AC、*VD、*LD、*AC（实数型）</td></tr>
<tr><td>整数转 BCD 码指令</td><td> 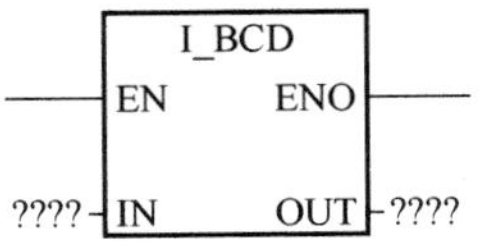I_BCD
EN ENO
????-IN OUT-????</td><td>将 IN 端指定单元的整数（16 位）转换成 BCD 码（16 位），结果存入 OUT 端指定的单元中。IN 是 0～9999 范围的整数，如果超出该范围，会使 SM1.6 置 1</td><td rowspan="2">IW、QW、VW、MW、SMW、SW、LW、T、C、AC、AIW、*VD、*LD、*AC、常数（整数型）</td><td rowspan="2">IW、QW、VW、MW、SMW、SW、T、C、LW、AIW、AC、*VD、*LD、*AC（整数型）</td></tr>
<tr><td>BCD 码转整数指令</td><td> 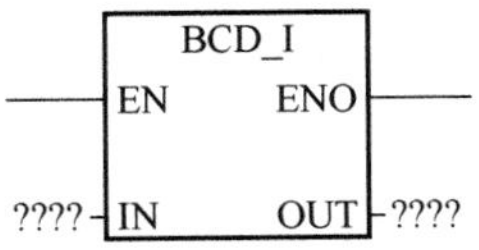BCD_I
EN ENO
????-IN OUT-????</td><td>将 IN 端指定单元的 BCD 码转换成整数，结果存入 OUT 端指定的单元中。IN 是 0～9999 范围的 BCD 码</td></tr>
</table>

（2）指令使用举例

数字转换指令使用如图 6-10 所示。

2. 四舍五入取整指令

（1）指令说明

四舍五入取整指令说明如下：

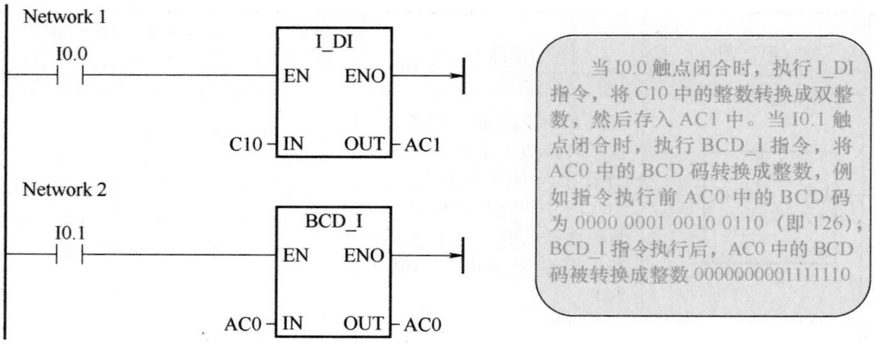

Network 1

I0.0

I_DI

EN ENO

C10 - IN OUT - AC1

Network 2

I0.1

BCD_I

EN ENO

AC0 - IN OUT - AC0

当 I0.0 触点闭合时，执行 I_DI 指令，将 C10 中的整数转换成双整数，然后存入 AC1 中。当 I0.1 触点闭合时，执行 BCD_I 指令，将 AC0 中的 BCD 码转换成整数，例如指令执行前 AC0 中的 BCD 码为 0000 0001 0010 0110（即 126）；BCD_I 指令执行后，AC0 中的 BCD 码被转换成整数 0000000001111110

图 6-10　数字转换指令使用举例

指令名称	梯 形 图	功 能 说 明	操 作 数	
			IN	OUT
四舍五入取整指令	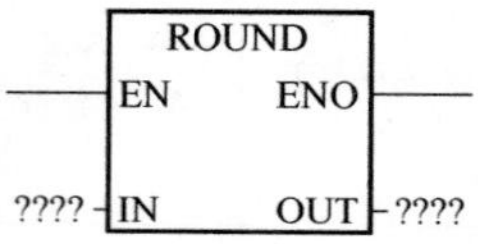 ROUND EN ENO ???? - IN OUT - ????	将 IN 端指定单元的实数换成双整数，结果存入 OUT 端指定的单元中。 在转换时，如果实数的小数部分大于 0.5，则整数部分加 1，再将加 1 后的整数送入 OUT 单元中；如果实数的小数部分小于 0.5，则将小数部分舍去，只将整数部分送入 OUT 单元；如果要转换的不是一个有效的或者数值太大的实数，转换不会进行，但会使溢出标志位 SM1.1 置 1	ID、QD、VD、MD、SMD、SD、LD、AC、*VD、*LD、*AC、常数（实数型）	ID、QD、VD、MD、SMD、SD、LD、AC、*VD、*LD、*AC（双整数型）
舍小数点取整指令	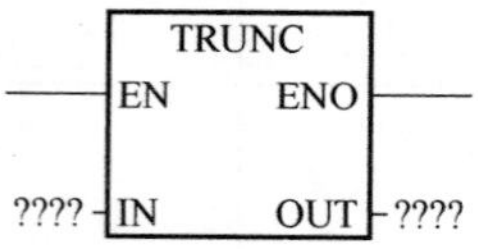 TRUNC EN ENO ???? - IN OUT - ????	将 IN 端指定单元的实数换成双整数，结果存入 OUT 端指定的单元中。 在转换时，将实数的小数部分舍去，仅将整数部分送入 OUT 单元中		

（2）指令使用举例

四舍五入取整指令使用如图 6-11 所示。当 I0.0 触点闭合时，执行 ROUND 指令，将 VD8 中的实数采用四舍五入取整的方式转换成双整数，然后存入 VD12 中。

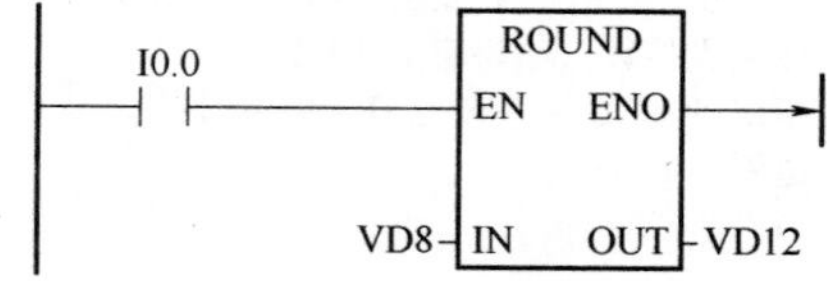

图 6-11　四舍五入取整指令使用举例

6.7.2　ASCII 码转换指令

1. 关于 ASCII 码知识

ASCII 码意为美国标准信息交换码，是一种使用 7 位或 8 位二进制数编码的方案，最多可以对256个字符（包括字母、数字、标点符号、控制字符及其他符号）进行编码。ASCII编码表见表6-3。计算机等很多数字设备的字符采用ASCII编码方式，例如当按下键盘上的“8”键时，键盘内的编码电路就将该键编码成011 1000，再送入计算机处理，如果在7位ASCII码最高位加0就是8位ASCII码。

表6-3 ASCII编码表

$b_4b_3b_2b_1$	$b_7b_6b_5$							
	000	001	010	011	100	101	110	111
0000	nul	dle	sp	0	@	P	、	p
0001	soh	dc1	!	1	A	Q	a	q
0010	stx	dc2	″	2	B	R	b	r
0011	etx	dc3	#	3	C	S	c	s
0100	eot	dc4	$	4	D	T	d	t
0101	enq	nak	%	5	E	U	e	u
0110	ack	svn	&	6	F	V	f	v
0111	bel	etb	’	7	G	W	g	w
1000	bs	can	(	8	H	X	h	x
1001	ht	em	)	9	I	Y	i	y
1010	lf	sub	*	:	J	Z	j	z
1011	vt	esc	+	;	K	[	k	{
1100	ff	fs	,	<	L	\	l	|
1101	cr	gs	−	=	M	]	m	}
1110	so	rs	.	>	N	^	n	~
1111	si	us	/	?	O	_	o	del

2. 整数转ASCII码指令

(1) 指令说明

整数转ASCII码指令说明如下：

指令名称	梯形图	功能说明	操作数	
			IN	FMT、OUT
整数转ASCII码指令	ITA（EN、ENO；????-IN、OUT-????；????-FMT）	将IN端指定单元中的整数转换成ASCII码字符串，存入OUT端指定首地址的8个连续字节单元中。FMT端指定单元中的数据用来定义ASCII码字符串在OUT存储区的存放形式	IW、QW、VW、MW、SMW、SW、LW、T、C、AC、AIW、*VD、*LD、*AC、常数（整数型）	IB、QB、VB、MB、SMB、SB、LB、AC、*VD、*LD、*AC、常数 OUT禁用AC和常数（字节型）

在ITA指令中，IN端为整数型操作数，FMT端指定字节单元中的数据用来定义ASCII码字符串在OUT存储区的存放格式，OUT存储区是指OUT端指定首地址的8个连续字节单元，又称

输出存储区。FMT 端单元中的数据定义如下：

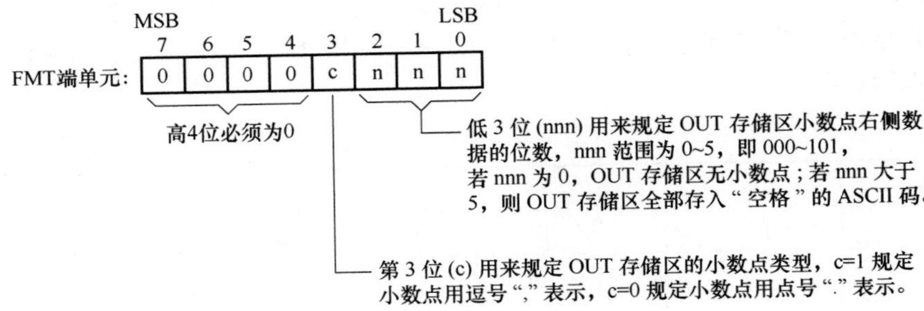

（2）指令使用举例

整数转 ASCII 码指令使用如图 6-12 所示。当 I0.0 触点闭合时，执行 ITA 指令，将 IN 端 VW10 中的整数转换成 ASCII 码字符串，保存在 OUT 端指定首地址的 8 个连续单元（VB12 ~ VB19）构成的存储区中，ASCII 码字符串在存储区的存放形式由 FMT 端 VB0 单元中的数据低 4 位规定。

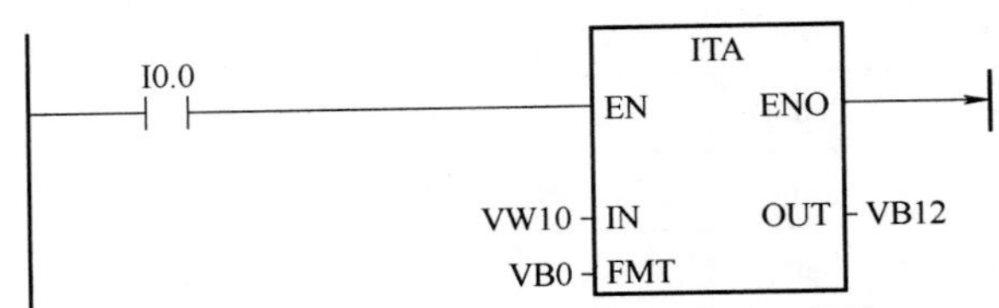

图 6-12 整数转 ASCII 码指令使用举例

例如，VW10 中整数为 12，VB0 中的数据为 3（即 00000011），执行 ITA 指令后，VB12 ~ VB19 单元中存储的 ASCII 码字符串为"0.012"，各单元具体存储的 ASCII 码见表 6-4，其中 VB19 单元存储的为"2"的 ASCII 码"00110010"。

表 6-4 FMT 单元取不同值时存储区中 ASCII 码的存储形式

FMT	IN	OUT							
VB0	VW10	VB12	VB13	VB14	VB15	VB16	VB17	VB18	VB19
3（00000011）	12				0	.	0	1	2
	1234				1	.	2	3	4
11（0001011）	-12345		-	1	2	,	3	4	5
0（00000000）	-12345			-	1	2	3	4	5
7（00000111）	-12345	空格 ASCII 码	空格 ASCII 码	空格 ASCII 码	空格 ASCII 码	空格 ASCII 码	空格 ASCII 码	空格 ASCII 码	空格 ASCII 码

输出存储区的 ASCII 码字符串格式有以下规律：

1）正数值写入输出存储区时没有符号位。

2）负数值写入输出存储区时以负号（-）开头。

3）除小数点左侧最靠近的 0 外，其他左侧 0 去掉。

4）输出存储区中的数值是右对齐的。

6.8　表格指令

6.8.1　填表指令

1. 指令说明

填表指令说明如下：

指令名称	梯形图	功能说明	操作数	
			DATA	TBL
填表指令（ATT）	AD_T_TBL EN ENO ????-DATA ????-TBL	将 DATA 端指定单元中的整数填入 TBL 端指定首地址的表中。TBL 端用于指定表的首单元地址，表的第 1 个单元存放的数用于定义表的最大格数值（不能超过 100），第 2 单元存放的数为表实际使用的格数值，当表实际使用的格数变化时该值会自动变化，表的其他单元存放 DATA 单元填入的数据	IW、QW、VW、MW、SMW、SW、LW、T、C、AC、AIW、*VD、*LD、*AC、常数（整数型）	IW、QW、VW、MW、SMW、SW、T、C、LW、*VD、*LD、*AC（字型）

2. 指令使用举例

填表指令使用如图 6-13 所示。在 PLC 上电运行时，SM0.1 触点接通一个扫描周期，MOV_W 指令执行，将“6”送入 VW200 单元中（用来定义表的最大格数），当 I0.0 触点闭合时，上升沿 P 触点接通一个扫描周期，ATT（AD_T_TBL）指令执行，由于 VW200 单元中的数据为 6，ATT 指令则将 VW200 ~ VW214 共 8 个单元定义为表，其中第 3 ~ 8 共 6 个单元（VW204 ~ VW214）定义为表的填表区，第 1 单元（VW200）为填表区最大格数，第 2 单元（VW202）为填表区实际使用格数，如果先前表的第 2 单元 VW202 中的数据为 0002，指令认为填表区的两个单元 V204、V206 已填入数据，会将 VW100 中的数据填入后续单元 VW208 中，同时 VW202 单元数据自动加 1，变为 0003。如果 I0.0 触点第二次闭合时 VW100 中的数据仍为 1234，则 ATT 指令第二次执行后，1234 则被填入 VW210 单元，VW202 中的数据会自动变为 0004。

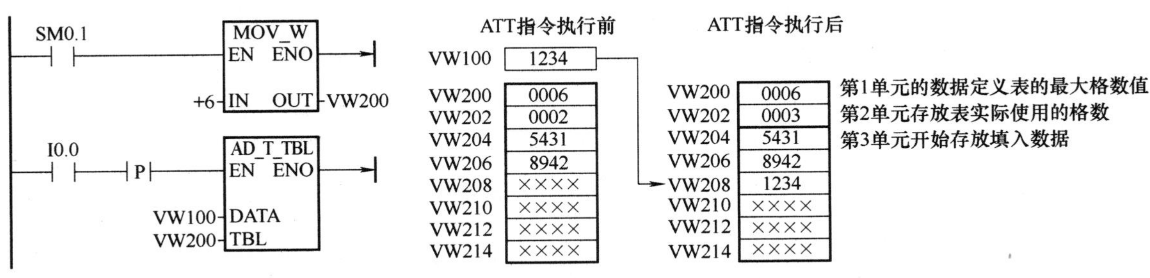

图 6-13　填表指令使用

当表的第 2 单元的数值（实际使用格数）等于第 1 单元的数值（表最大格数）时，如果再执行 ATT 指令，表出现溢出，会使 SM1.4 = 1。

6.8.2 查表指令

1. 指令说明

查表指令说明如下：

指令名称	梯形图	功能说明	操作数			
			TBL	PTN	INDX	CMD
查表指令（FND）	TBL_FIND EN ENO ????-TBL ????-PTN ????-INDX ????-CMD	从 TBL 端指定首地址的表中查找满足 CMD、PTN 端设定条件的数据，并将该数据所在单元的编号存入 INDX 端指定的单元中。 TBL 端指定表的首地址单元，该单元用于存放表的实际使用格数值；PTN、CMD 端用于共同设定查表条件，其中 CMD=1~4，1 代表"=（等于）"，2 代表"< >（不等于）"，3 代表"<（小于）"，4 代表">（大于）"；INDX 端指定的单元用于存放满足条件的单元编号	IW、QW、VW、MW、SMW、T、C、LW、*VD、*LC、*AC（字型）	IW、QW、VW、MW、SMW、SW、LW、T、C、AC、AIW、*VD、*LD、*AC、常数（整数型）	IW、QW、VW、MW、SMW、SW、T、C、LW、AIW、AC、*VD、*LD、*AC（字型）	1：等于（=） 2：不等于（<>） 3：小于（<） 4：大于（>） （字节型）

2. 指令使用举例

查表指令使用如图 6-14 所示。当 I0.0 触点闭合时，执行 FND 指令，从 VW202 为首地址单元的表中查找数据等于 3130（由 CMD 和 PTN 设定的条件）的单元，再将查找到的满足条件的单元编号存入 AC1 中。

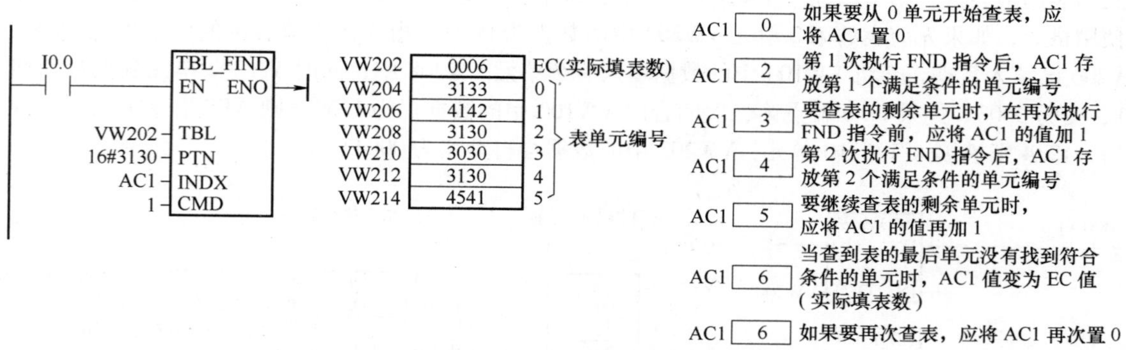

图 6-14 查表指令使用举例

如果要从表的 0 单元开始查表，执行 FND 指令查表前，应用有关指令将 AC1 置 0，执行 FND 指令后，AC1 中存放的为第 1 个满足条件的单元编号，如果需要查表剩余单元时，在再次执行 FND 指令前，须将 AC1 的值加 1，当查到表的最后单元时未找到符号条件的单元时，AC1 的值变为 EC 值（即实际填表数）。

FND 指令的 TBL 端指定单元存放的是实际使用填表数，而 ATT 指令的 TBL 端指定单元存放的是最大填表数，因此，如果要用 FND 指令查找 ATT 指令建立的表，FND 指令的 TBL 端指定单元应较 ATT 指令高 2 个字节。

6.9　时钟指令

时钟指令的功能是调取系统的实时时钟和设置系统的实时时钟，包括读取实时时钟指令和设置实时时钟指令（又称写实时时钟指令）。这里的系统实时时钟是指 PLC 内部时钟，其时间值会随实际时间的变化而变化，在 PLC 切断外接电源时依靠内部电容或电池供电。

6.9.1　时钟指令说明

时钟指令说明如下：

指令名称	梯形图	功能说明	操作数
			T
设置实时时钟指令（TODW）	SET_RTC EN　ENO ????-T	将 T 端指定首地址的 8 个连续字节单元中的日期和时间值写入系统的硬件时钟	IB、QB、VB、MB、SMB、SB、LB、*VD、*LD、*AC（字节型）
读取实时时钟指令（TODR）	READ_RTC EN　ENO ????-T	将系统的硬件时钟的日期和时间值读入 T 端指定首地址的 8 个连续字节单元中	

时钟指令 T 端指定首地址的 8 个连续字节单元（T ~ T + 7）存放不同的日期时间值，其格式为

T	T + 1	T + 2	T + 3	T + 4	T + 5	T + 6	T + 7
年 00-99	月 01-12	日 01-31	小时 00-23	分钟 00-59	秒 00-59	0	星期几 0-7 1 = 星期日 7 = 星期六 0 禁止星期

在使用时钟指令时应注意以下要点：

1）日期和时间的值都要用 BCD 码表示。例如，对于年，16#10（即 00010000）表示 2010 年；对于小时 16#22 表示晚上 10 点；对于星期 16#07 表示星期六。

2）在设置实时时钟时，系统不会检查时钟值是否正确。例如，2 月 31 日虽是无效日期，但系统仍可接受，因此要保证设置时输入时钟数据正确。

3）在编程时，不能在主程序和中断程序中同时使用读写时钟指令，否则会产生错误，中断程序中的实时时钟指令不能执行。

4）只有 CPU224 型以上的 PLC 才有硬件时钟，低端型号的 PLC 要使用实时时钟，须外插带电池的实时时钟卡。

5）对于没有使用过时钟指令的 PLC，在使用指令前需要设置实时时钟，可使用 TODW 指令来设置，也可以在编程软件中执行菜单命令“PLC→实时时钟”来设置和启动实时时钟。

6.9.2 时钟指令使用举例

时钟指令使用如图6-15所示，其实现的控制功能是：在12：00～20：00让Q0.0线圈得电，在7：30～22：30让Q0.1线圈得电。

网络1程序用于设置PLC的实时时钟：当I0.0触点闭合时，上升沿P触点接通一个扫描周期，开始由上往下执行MOV_B和SET_RTC指令，指令执行的结果是将PLC的实时时钟设置为“2009年12月28日8点16分20秒星期一”。网络2程序用于读取实时时钟，并将实时读取的BCD码小时、分钟值转换成整数表示的小时、分钟值。网络3程序的功能是让Q0.0线圈在12：00～20：00时间内得电。网络4程序的功能是让Q0.1线圈在7：30～22：30时间内得电，它将整个时间分成8：00～22：00、7：30～8：00和22：00～22：30三段来控制。

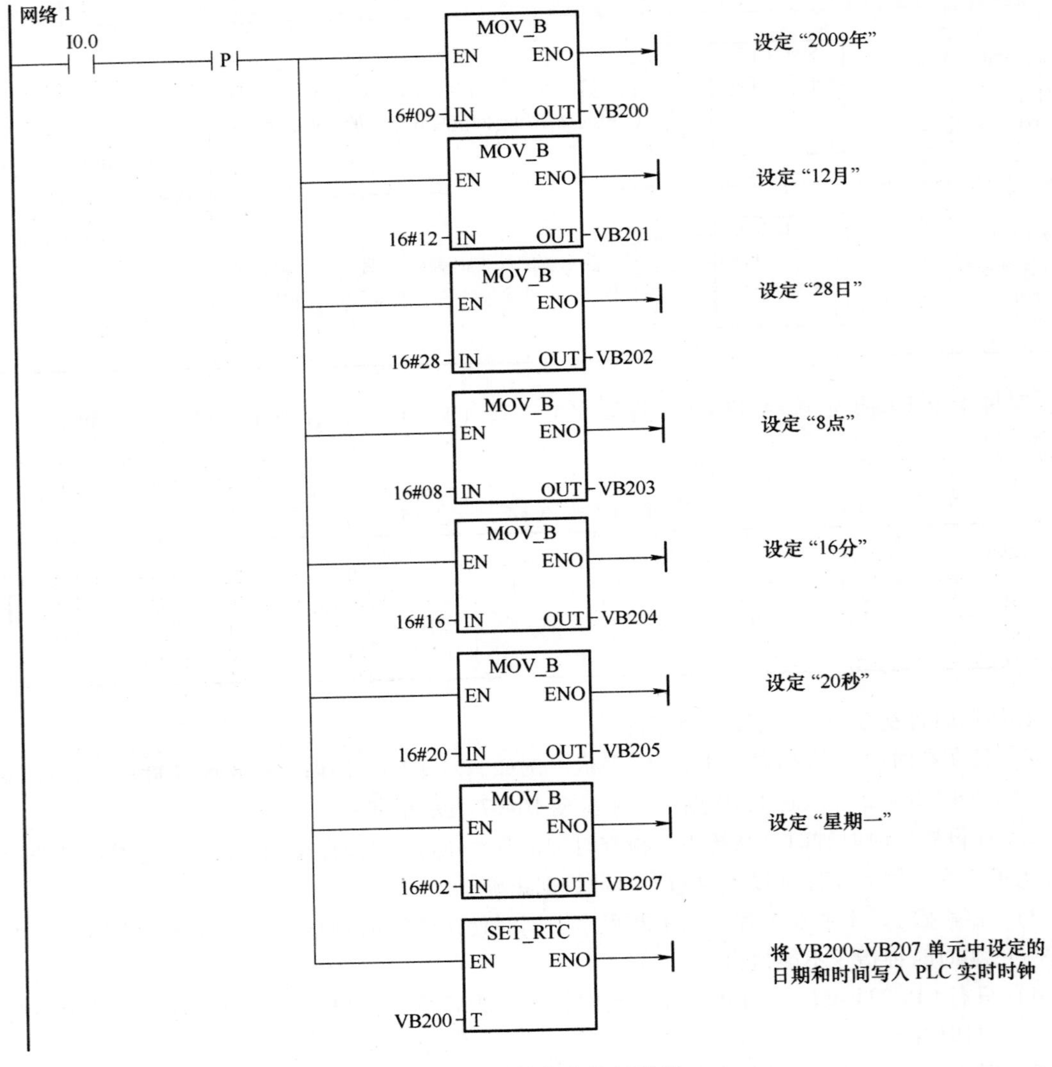

图6-15 时钟指令使用举例

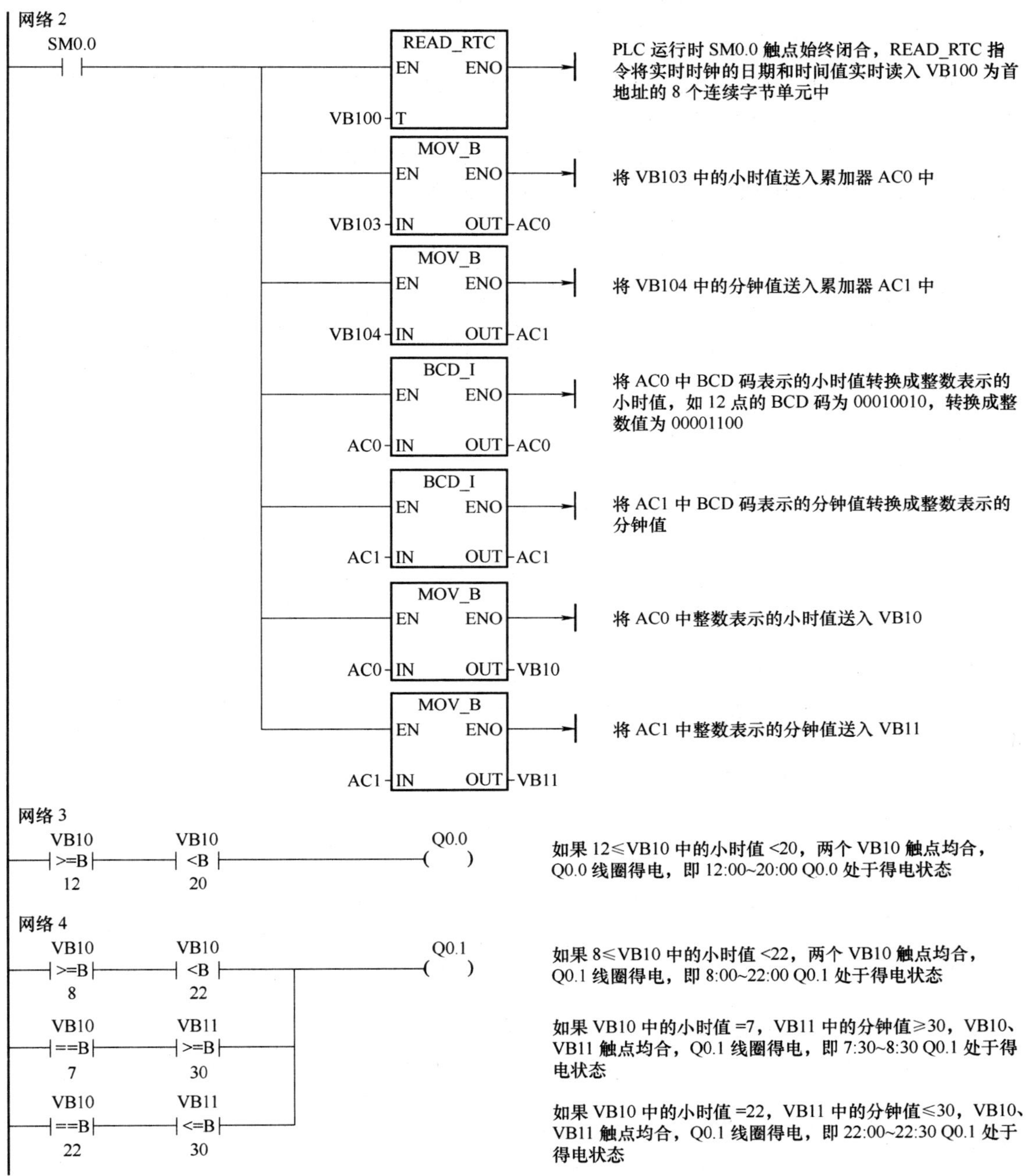

图 6-15　时钟指令使用举例（续）

6.10　程序控制指令

6.10.1　跳转与标签指令

1. 指令说明

跳转与标签指令说明如下：

<table>
<tr><th rowspan="2">指令名称</th><th rowspan="2">梯 形 图</th><th rowspan="2">功 能 说 明</th><th>操 作 数</th></tr>
<tr><th>N</th></tr>
<tr><td>跳转指令
（JMP）</td><td>????
——（JMP）</td><td>让程序跳转并执行标签为 N（????）的程序段</td><td rowspan="2">常数（0～255）（字型）</td></tr>
<tr><td>标签指令
（LBL）</td><td>????
LBL</td><td>用来对某程序段进行标号，为跳转指令设定跳转目转目标</td></tr>
</table>

跳转与标签指令可用在主程序、子程序或者中断程序中，但跳转和与之相应的标号指令必须位于同性质程序段中，**即不能从主程序跳到子程序或中断程序，也不能从子程序或中断程序跳出。**在顺序控制 SCR 程序段中也可使用跳转指令，但相应的标号指令必须也在同一个 SCR 段中。

2. 指令使用举例

跳转与标签指令使用如图 6-16 所示。

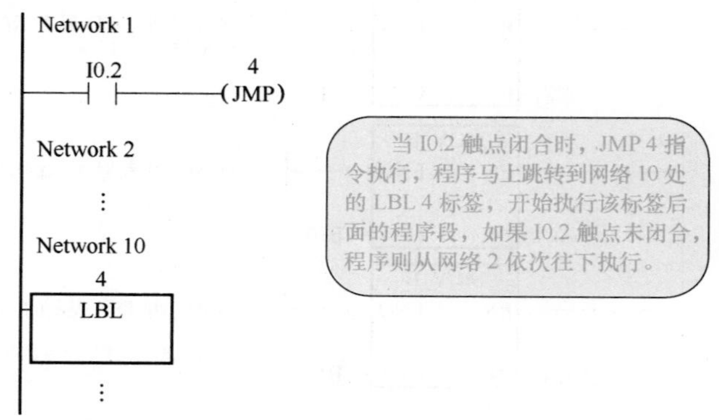

图 6-16　跳转与标签指令使用举例

6.10.2　循环指令

循环指令包括 FOR、NEXT 两条指令，这两条指令必须成对使用，当需要某个程序段反复执行多次时，可以使用循环指令。

1. 指令说明

循环指令说明如下：

<table>
<tr><th rowspan="2">指令名称</th><th rowspan="2">梯 形 图</th><th rowspan="2">功 能 说 明</th><th colspan="2">操 作 数</th></tr>
<tr><th>INDX</th><th>INIT、FINAL</th></tr>
<tr><td>循环
开始指令
（FOR）</td><td>FOR
EN ENO
????-INDX
????-INIT
????-FINAL</td><td>循环程序段开始，INDX 端指定单元用作对循环次数进行计数，INIT 端为循环起始值，FINAL 端为循环结束值</td><td rowspan="2">IW、QW、VW、MW、SMW、SW、T、C、LW、AIW、AC、*VD、*LD、*AC（整数型）</td><td rowspan="2">VW、IW、QW、MW、SMW、SW、T、C、LW、AC、AIW、*VD、*AC、常数（整数型）</td></tr>
<tr><td>循环
结束指令
（NEXT）</td><td>——（NEXT）</td><td>循环程序段结束</td></tr>
</table>

2. 指令使用举例

循环指令使用如图 6-17 所示。

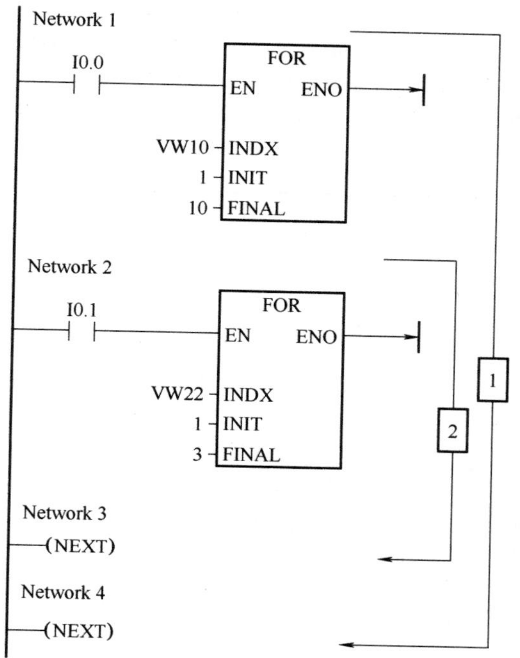

该程序有两个循环程序段（循环体），循环程序段 2（网络 2 ～网络 3）处于循环程序段 1（网络 1 ～网络 4）内部，这种一个程序段包含另一个程序段的形式称为嵌套，一个 FOR、NEXT 循环体内部最多可嵌套 8 个 FOR、NEXT 循环体。

当 I0.0 触点闭合时，循环程序段 1 开始执行，如果在 I0.0 触点闭合期间 I0.1 触点也闭合，那么在循环程序段 1 执行一次时，内部嵌套的循环程序段 2 需要反复执行 3 次，循环程序段 2 每执行完一次后，INDX 端指定单元 VW22 中的值会自动增 1（在第一次执行 FOR 指令时，INIT 值会传送给 INDX），循环程序段 2 执行 3 次后，VW22 中的值由 1 增到 3，然后程序执行网络 4 的 NEXT 指令，该指令使程序又回到网络 1，开始下一次循环。

图 6-17　循环指令使用举例

循环指令的使用要点：①FOR、NEXT 指令必须成对使用；②循环允许嵌套，但不能超过 8 层；③每次使循环指令重新有效时，指令会自动将 INIT 值传送给 INDX；④当 INDX 值大于 FINAL 值时，循环不被执行；⑤在循环程序执行过程中，可以改变循环参数。

6.10.3　结束、停止和监视定时器复位指令

1. 指令说明

循环指令说明如下：

指令名称	梯形图	功能说明
条件结束指令 （END）	——(END)	该指令的功能是根据前面的逻辑条件终止当前扫描周期。它可以用在主程序中，不能用在子程序或中断程序中
停止指令 （STOP）	——(STOP)	该指令的功能是让 PLC 从 RUN（运行）模式到 STOP（停止）模式，从而可以立即终止程序的执行。 如果在中断程序中使用 STOP 指令，可使该中断立即终止，并且忽略所有等特的中断，继续扫描执行主程序的剩余部分，然后在主程序的结束处完成从 RUN 到 STOP 模式的转变

（续）

指令名称	梯形图	功能说明
监视定时器复位指令（WDR）	——(WDR)	监视定时器又称看门狗，其定时时间为500ms，每次扫描会自动复位，然后开始对扫描时间进行计时，若程序执行时间超过500ms，监视定时器会使程序停止执行，一般情况下程序执行周期小于500ms，监视定时器不起作用。在程序适当位置插入WDR指令对监视定时器进行复位，可以延长程序执行时间

2. 指令使用举例

结束、停止和监视定时器复位指令使用如图6-18所示。

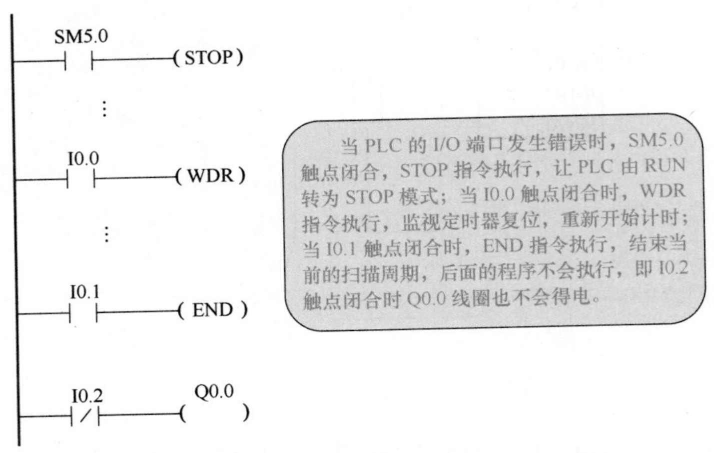

图6-18　结束、停止和监视定时器复位指令使用举例

在使用WDR指令时，如果用循环指令去阻止扫描完成或过度延迟扫描时间，下列程序只有在扫描周期完成后才能执行：

1）通信（自由端口方式除外）。

2）I/O更新（立即I/O除外）。

3）强制更新。

4）SM位更新（不能更新SM0、SM5～SM29）。

5）运行时间诊断。

6）如果扫描时间超过25s，10ms和100ms定时器将不会正确累计时间。

7）在中断程序中的STOP指令。

6.11　子程序与子程序指令

6.11.1　子程序

在编程时经常会遇到相同的程序段需要多次执行的情况。如图6-19所示，程序段A要执行两次，编程时要写两段相同的程序段，这样比较麻烦，解决这个问题的方法是将需要多次执行的程序段从主程序中分离出来，单独写成一个程序，这个程序称为子程序，然后在主程序相应的位置进行子程序调用即可。

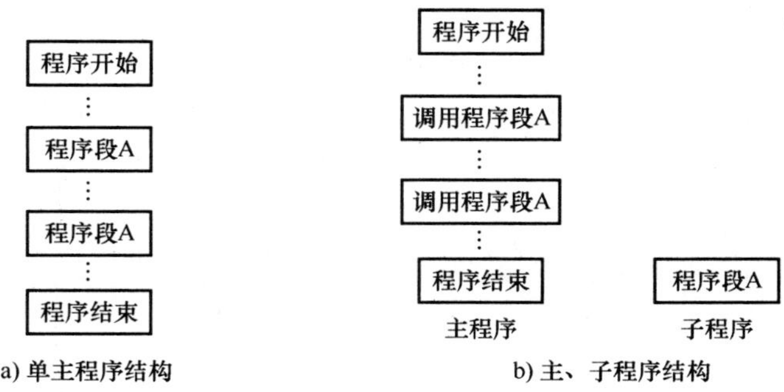

图 6-19　两种程序结构

在编写复杂的 PLC 程序时，可以将全部的控制功能划分为几个功能块，每个功能块的控制功能可用子程序来实现，这样会使整个程序结构清晰简单、易于调试、查找错误和维护。

6.11.2　子程序指令

子程序指令有两条：子程序调用指令（CALL）和子程序条件返回指令（CRET）。

1. 指令说明

子程序指令说明如下：

指令名称	梯形图	功能说明
子程序调用指令（CALL）	SBR_N（EN）	用于调用并执行名称为 SBR_N 的子程序。调用子程序时可以带参数也可以不带参数。子程序执行完成后，返回到调用程序的子程序调用指令的下一条指令。该指令位于项目指令树区域的“调用子例程”指令包内
子程序条件返回指令（CRET）	——(RET)	根据该指令前面的条件决定是否终止当前子程序而返回调用程序。该指令位于项目指令树区域的“程序控制”指令包内

子程序指令使用要点如下：

1）CRET 指令多用于子程序内部，该指令是否执行取决于其前面的条件，该指令执行的结果是结束当前的子程序返回调用程序。

2）子程序允许嵌套使用，即在一个子程序内部可以调用另一个子程序，但子程序的嵌套深度最多为 9 级。

3）当子程序在一个扫描周期内被多次调用时，在子程序中不能使用上升沿、下降沿、定时器和计数器指令。

4）在子程序中不能使用 END（结束）指令。

2. 子程序的建立

编写子程序要在编程软件中进行，打开 STEP 7-Micro/WIN SMART 编程软件，在程序编辑器上方有“MAIN（主程序）”、“SBR_0（子程序）”、“INT_0（中断程序）”三个标签，默认打开主程序编辑器，单击“SBR_0”标签即可切换到子程序编辑器，如图 6-20a 所示，在下面的编辑器中可以编写名称为“SBR_0”的子程序。另外，在项目指令树区域双击“程序块”内的“SBR_0”，也可以在右边切换到子程序编辑器。

如果需要编写两个或更多的子程序，可在“SBR_0”标签上单击鼠标右键，在弹出的右键菜单中选择“插入”→“子程序”，就会新建一个名称为SBR_1的子程序（在程序编辑器上方多出一个SBR_1标签），如图6-20b所示，在项目指令树区域的“程序块”内的也新增了一个“SBR_1”程序块，选中“程序块”内的“SBR_1”，再按键盘上的“Delete”键可将“SBR_1”程序块删除。

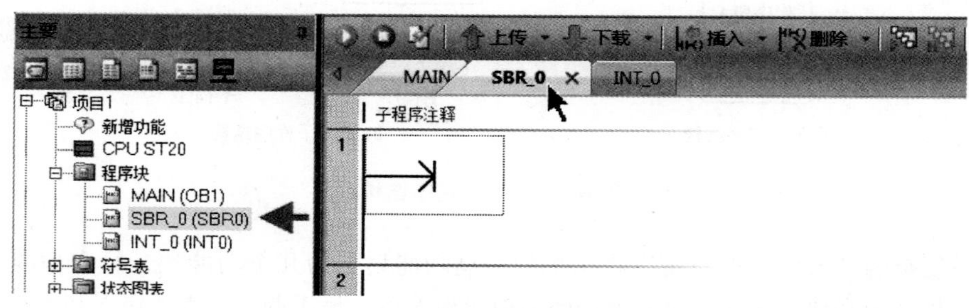

a) 切换到子程序编辑器

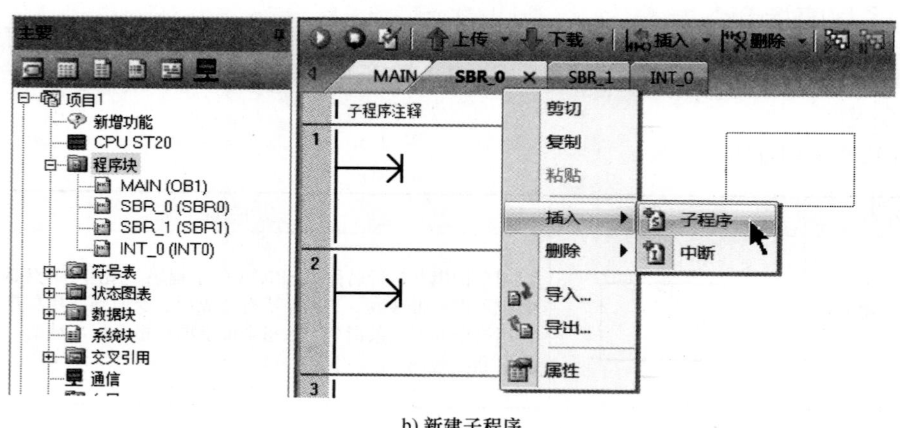

b) 新建子程序

图6-20　切换与建立子程序

3. 子程序指令使用举例

下面以主程序调用两个子程序为例来说明子程序指令的使用，先用图6-20b所示的方法建立一个SBR_1子程序块（可先不写具体程序），这样在项目指令树区域的“调用子例程”指令包内新增了一个调用SBR_1子程序的指令，如图6-21a所示。在编写主程序时，双击该指令即可将其插入程序中，主程序编写完成后，再编写子程序，图6-21b为编写好的主程序（MAIN），图6-21c、d分别为子程序0（SBR_0）和子程序1（SBR_1）。

主、子程序执行的过程是：当主程序（MAIN）中的I0.0触点闭合时，调用SBR_0指令执行，转入执行子程序SBR_0，在SBR_0程序中，如果I0.1触点闭合，则将Q0.0线圈置位，然后又返回到主程序，开始执行调用SBR_0指令的下一条指令（即程序段2），当程序运行到程序段3时，如果I0.3触点闭合，调用子程序SBR_1指令执行，转入执行SBR_1程序，如果I0.3触点断开，则执行程序段4的指令，不会执行SBR_1。若I0.3触点闭合，转入执行SBR_1后，如果SBR_1程序中的I0.5触点处于闭合状态，条件返回指令执行，提前从SBR_1返回到主程序，SBR_1中的程序段2的指令无法执行。

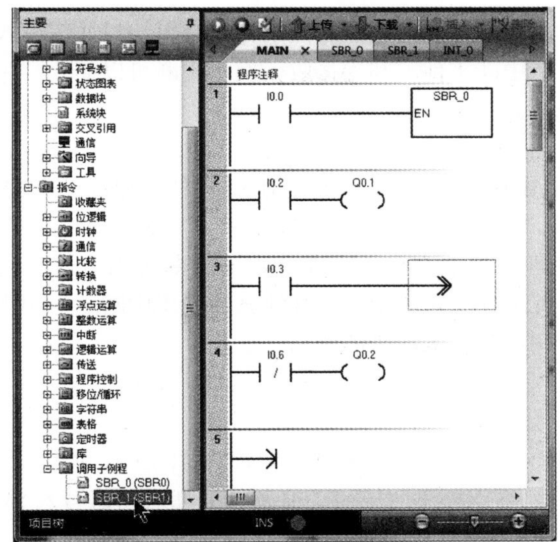

a) 在主程序中插入调用子程序指令

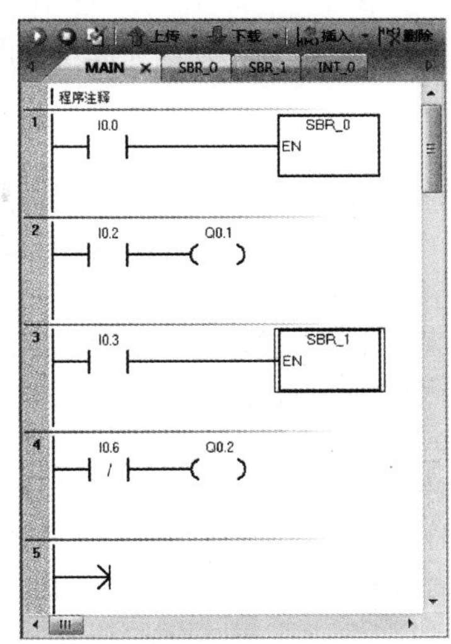

b) 主程序 (MAIN)

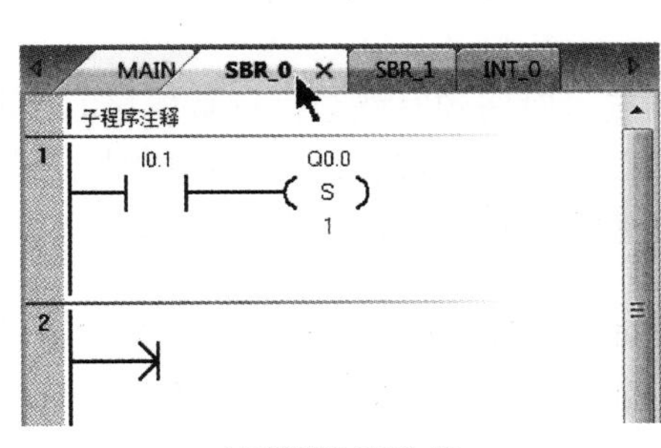

c) 子程序0 (SBR_0)

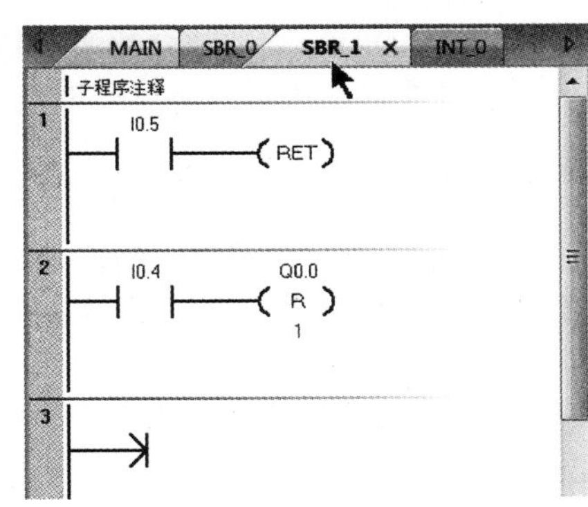

d) 子程序1 (SBR_1)

图 6-21　子程序指令使用举例

6.12　中断事件与中断指令

在生活中，人们经常遇到这样的情况：当你正在书房看书时，突然客厅的电话响了，你会停止看书，转而去接电话，接完电话后又继续去看书。这种停止当前工作，转而去做其他工作，做完后又返回来做先前工作的现象称为中断。

PLC 也有类似的中断现象，当系统正在执行某程序时，如果突然出现意外事情，就需要停止当前正在执行的程序，转而去处理意外事情，处理完后又接着执行原来的程序。

6.12.1　中断事件与中断优先级

1. 中断事件

让 PLC 产生中断的事件称为中断事件。S7-200 SMART PLC 最多有 34 个中断事件，为了识别这些中断事件，给每个中断事件都分配有一个编号，称为中断事件号。中断事件主要可分为三类：通信中断事件、I/O 中断事件和定时中断事件。

（1）通信中断

PLC 的串口通信可以由用户程序控制，通信端口的这种控制模式称为自由端口通信模式。在该模式下，接收完成、发送完成均可产生一个中断事件，利用接收、发送中断可以简化程序对通信的控制。

（2）I/O 中断

I/O 中断包括外部输入上升沿或下降沿中断、高速计数器（HSC）中断和高速脉冲输出（PTO）中断。外部输入中断是利用 I0.0～I0.3 端口的上升沿或下降沿产生中断请求，这些输入端口可用作连接某些一旦发生就必须及时处理的外部事件；高速计数器中断可以响应当前值等于预设值、计数方向改变、计数器外部复位等事件引起的中断；高速脉冲输出中断可以用来响应给定数量的脉冲输出完成后产生的中断，常用作步进电动机的控制。

（3）定时中断

定时中断包括定时中断和定时器中断。

定时中断可以用来支持一个周期性的活动，以 1ms 为计量单位，周期时间可以是 1～255ms。对于定时中断 0，必须把周期时间值写入 SMB34；对定时中断 1，必须把周期时间值写入 SMB35。每当到达定时值时，相关定时器溢出，执行中断程序。定时中断可以用固定的时间间隔去控制模拟量输入的采样或者执行一个 PID 回路。如果某个中断程序已连接到一个定时中断事件上，为改变定时中断的时间间隔，首先必须修改 SM3.4 或 SM3.5 的值，然后重新把中断程序连接到定时中断事件上。当重新连接时，定时中断功能清除前一次连接时的定时值，并用新值重新开始计时。

定时中断一旦允许，中断就连续地运行，每当定时时间到时就会执行被连接的中断程序。如果退出 RUN 模式或分离定时中断，则定时中断被禁止。如果执行了全局中断禁止指令，定时中断事件仍会继续出现，每个出现的定时中断事件将进入中断队列，直到中断允许或队列满。

定时器中断可以利用定时器来对一个指定的时间段产生中断，这类中断只能使用分辨率为 1ms 的定时器 T32 和 T96 来实现。当所用定时器的当前值等于预设值时，在 CPU 的 1ms 定时刷新中，执行被连接的中断程序。

2. 中断优先级

PLC 可以接受的中断事件很多，但如果这些中断事件同时发出中断请求，要同时处理这些请求是不可能的，正确的方法是对这些中断事件进行优先级别排队，优先级别高的中断事件请求先响应，然后再响应优先级别低的中断事件请求。

S7-200 SMART PLC 的中断事件优先级别从高到低的类别依次是：通信中断事件、I/O 中断事件、定时中断事件。由于每类中断事件中又有多种中断事件，所以每类中断事件内部也要进行优先级别排队。所有中断事件的优先级别顺序见表 6-5。

PLC 的中断处理规律主要如下：

1）当多个中断事件发生时，按事件的优先级顺序依次响应，对于同级别的事件，则按先发生先响应的原则。

2）在执行一个中断程序时，不会响应更高级别的中断请求，直到当前中断程序执行完成。

3）在执行某个中断程序时，若有多个中断事件发生请求，这些中断事件则按优先级顺序排成中断队列等候，中断队列能保存的中断事件个数有限，如果超出了队列的容量，则会产生溢出，并将某些特殊标志继电器置位。S7-200 SMART 系列 PLC 的中断队列容量及溢出置位继电器见表 6-6。

表 6-5　中断事件的优先级别顺序

中断优先级组	中断事件编号	中断事件说明	优先级顺序
通信中断（最高优先级）	8	端口 0 接收字符	最高
	9	端口 0 发送完成	
	23	端口 0 接收消息完成	
	24	端口 1 接收消息完成	
	25	端口 1 接收字符	
	26	端口 1 发送完成	
IO 中断（中等优先级）	19	PLS0 脉冲计数完成	
	20	PLS1 脉冲计数完成	
	34	PLS2 脉冲计数完成	
	0	I0.0 上升沿	
	2	I0.1 上升沿	
	4	I0.2 上升沿	
	6	I0.3 上升沿	
	35	I7.0 上升沿（信号板）	
	37	I7.1 上升沿（信号板）	
	1	I0.0 下降沿	
	3	I0.1 下降沿	
	5	I0.2 下降沿	
	7	I0.3 下降沿	
	36	I7.0 下降沿（信号板）	
	38	I7.1 下降沿（信号板）	
	12	HSC0 CV = PV（当前值 = 预设值）	
	27	HSC0 方向改变	
	28	HSC0 外部复位	
	13	HSC1 CV = PV（当前值 = 预设值）	
	16	HSC2 CV = PV（当前值 = 预设值）	
	17	HSC2 方向改变	
	18	HSC2 外部复位	
	32	HSC3 CV = PV（当前值 = 预设值）	
定时中断（最低优先级）	10	定时中断 0 SMB34	
	11	定时中断 1 SMB35	最低
	21	定时器 T32 CT = PT 中断	
	22	定时器 T96 CT = PT 中断	

注：CR40/CR60（经济型 CPU 模块）不支持 19、20、24、25、26 和 34 ~ 38 号中断。

表 6-6　S7-200 SMART PLC 的中断队列容量及溢出置位继电器

中断队列	容量（所有 S7-200 SMART PLC CPU）	溢出置位继电器（0：无溢出，1：溢出）
通信中断队列	4	SM4.0
I/O 中断队列	16	SM4.1
定时中断队列	8	SM4.2

6.12.2 中断指令

中断指令有6条：中断允许指令、中断禁止指令、中断连接指令、中断分离指令、清除中断事件指令和中断条件返回指令。

1. 指令说明

中断指令说明如下：

指令名称	梯形图	功能说明	操作数	
			INT	EVNT
中断允许指令（ENI）	—(ENI)	允许所有中断事件发出的请求		
中断禁止指令（DISI）	—(DISI)	禁止所有中断事件发出的请求		
中断连接指令（ATCH）	ATCH EN ENO ????-INT ????-EVNT	将EVNT端指定的中断事件与INT端指定的中断程序关联起来，并允许该中断事件	常数（中断程序号）（0~127）（字节型）	常数（中断事件号）CR40、CR60：0-13、16-18、21-23、27、28和32；SR20/ST20/SR30/ST30/SR40/ST40/SR60/ST60：0-13、16~28、32、34~38（字节型）
中断分离指令（DTCH）	DTCH EN ENO ????-EVNT	将EVNT端指定的中断事件断开，并禁止该中断事件		
清除中断事件指令（CEVNT）	CLR_EVNT EN ENO ????-EVNT	清除EVNT端指定的中断事件		
中断条件返回指令（CRETI）	—(RETI)	若前面的条件使该指令执行，可让中断程序中返回		

2. 中断程序的建立

中断程序是为处理中断事件而事先写好的程序，它不像子程序要用指令调用，而是当中断事件发生后系统会自动执行中断程序，如果中断事件未发生，中断程序就不会执行。在编写中断程序时，要求程序越短越好，并且在中断程序中不能使用DISI、ENI、HDEF、LSCR和END指令。

编写中断程序要在编程软件中进行，打开STEP 7-Micro/WIN SMART编程软件，单击程序编辑器上方的“INT_0”标签即可切换到中断程序编辑器，在此即可编写名称为“INT_0”的中断程序。

如果需要编写两个或更多的中断程序，可在“INT_0”标签上单击右键，在弹出的右键菜单中选择“插入”→“中断”，就会新建一个名称为INT_1的中断程序（在程序编辑器上方多出一个INT_1标签），如图6-22所示。在项目指令树区域的“程序块”内的也新增了一个“INT_1”程序块，选中该“INT_1”，按键盘上的“Delete”键可将“INT_1”程序块删除。

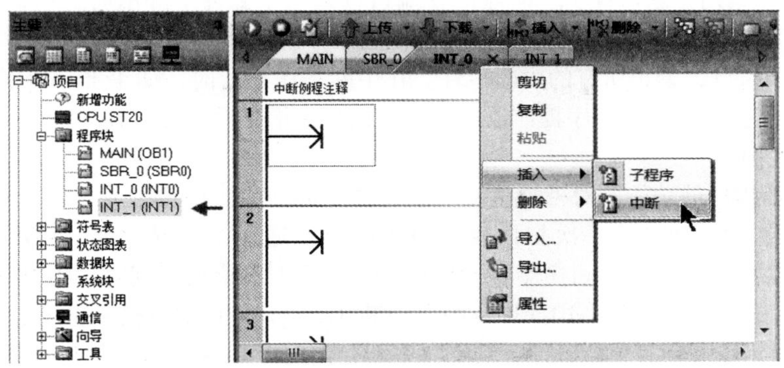

图 6-22　新建中断程序的操作

3. 指令使用举例

（1）使用举例一

中断指令使用如图 6-23 所示。在主程序运行时，若 I0.0 端口输入一个脉冲下降沿（如 I0.0 端口外接开关突然断开），马上会产生一个中断请求，即中断事件 1 产生中断请求，由于在主程序中已用 ATCH 指令将中断事件 1 与 INT_0 中断程序连接起来，故系统响应此请求，停止主程序的运行，转而执行 INT_0 中断程序，中断程序执行完成后又返回主程序。

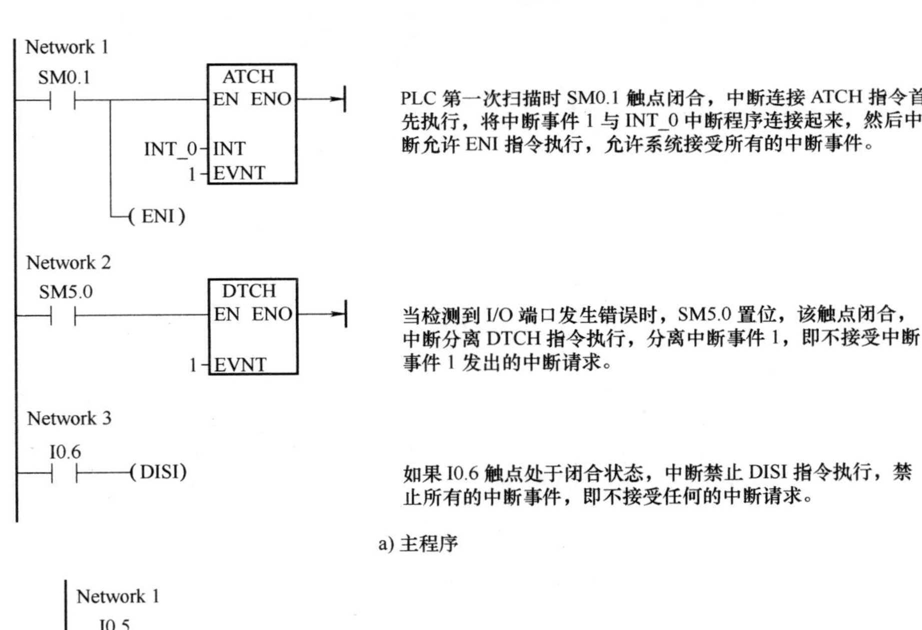

图 6-23　中断指令使用举例一

在主程序运行时，如果系统检测到 I/O 端口发生错误，会使 SM5.0 触点闭合，中断分离

DTCH 指令执行，禁用中断事件 1，即当 I0.0 端口输入一个脉冲下降沿时，系统不理会该中断，也就不会执行 INT_0 中断程序，但还会接受其他中断事件发出的请求；如果 I0.6 触点闭合，中断禁止 DISI 指令执行，禁止所有的中断事件。在中断程序运行时，如果 I0.5 触点闭合，中断条件返回 RETI 指令执行，中断程序提前返回，不会执行该指令后面的内容。

（2）使用举例二

图 6-24 所示程序的功能是对模拟量输入信号每 10ms 采样一次。

在主程序运行时，PLC 第一次扫描时 SM0.1 触点接通一个扫描周期，MOV_B 指令首先执行，将常数 10 送入定时中断时间存储器 SMB34 中，将定时中断时间间隔设为 10ms，然后中断连接 ATCH 指令执行，将中断事件 10（即定时器中断 0）与 INT_0 中断程序连接起来，再执行中断允许 ENI 指令，允许所有的中断事件。当定时中断存储器 SMB34 10ms 定时时间间隔到，会向系统发出中断请求，由于该中断事件对应的 INT_0 中断程序，所以 PLC 马上执行 INT_0 中断程序，将模拟量输入 AIW0 单元中的数据传送到 VW100 单元中，当 SMB34 下一个 10ms 定时时间到，又会发出中断请求，从而又执行一次中断程序，这样程序就可以每隔 10ms 时间对模拟输入 AIW0 单元数据采样一次。

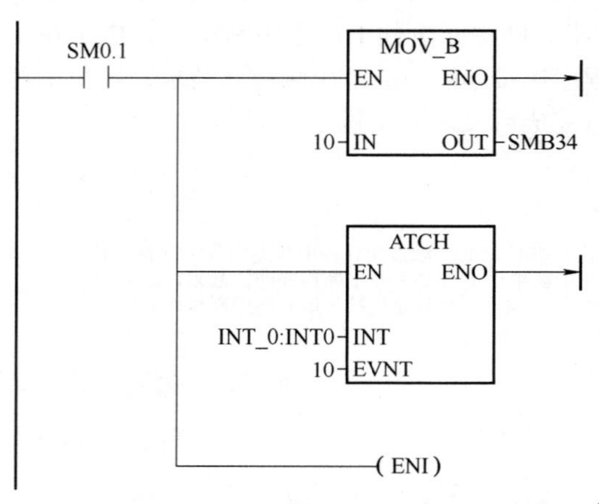

PLC 第一次扫描时 SM0.1 触点闭合，首先 MOV_B 指令执行，将 10 传送至 SMB34（定时中断的时间间隔存储器的），设置定时中断时间间隔为 10ms，然后中断连接 ATCH 指令执行，将中断事件 10 与 INT_0 中断程序连接起来，再执行中断允许 ENI 指令，允许系统接受所有的中断事件。

a) 主程序

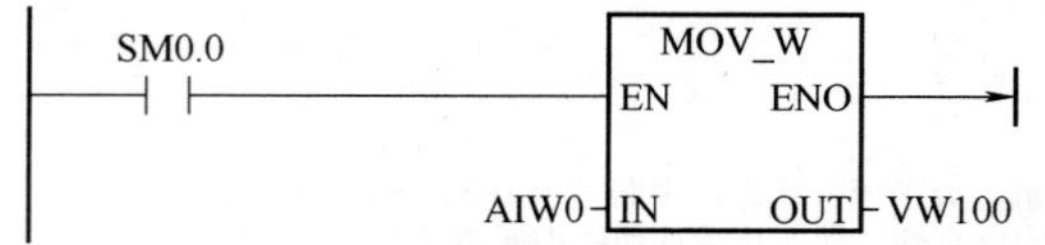

在 PLC 运行时 SM0.0 触点始终闭合，MOV_W 指令执行，将 AIW0 单元的数据（PLC 模拟量输入端口的模拟信号经内部模 / 数转换得到的数据）传送到 VW100 单元中。

b) 中断程序 (INT_0)

图 6-24　中断指令使用举例二

第 7 章

PLC 通信

在科学技术迅速发展的推动下，为了提高效率，越来越多的企业工厂使用可编程设备（如工业控制计算机、PLC、变频器、机器人和数控机床等），为了便于管理和控制，需要将这些设备连接起来，实现分散控制和集中管理，要实现这一点，就必须掌握这些设备的通信技术。

7.1 通信基础知识

通信是指一地与另一地之间的信息传递。PLC 通信是指 PLC 与计算机、PLC 与 PLC、PLC 与人机界面（触摸屏）和 PLC 与其他智能设备之间的数据传递。

7.1.1 通信方式

1. 有线通信和无线通信

有线通信是指以导线、电缆、光缆、纳米材料等看得见的材料为传输媒质的通信。无线通信是指以看不见的材料（如电磁波）为传输媒质的通信，常见的无线通信有微波通信、短波通信、移动通信和卫星通信等。

2. 并行通信与串行通信

（1）并行通信

同时传输多位数据的通信方式称为并行通信。并行通信如图 7-1 所示。

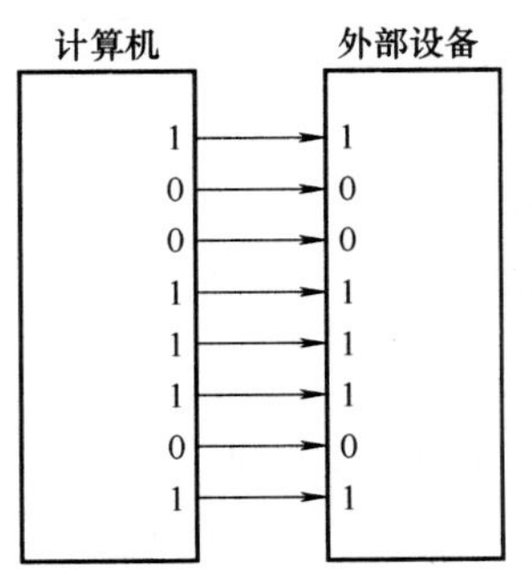

计算机中的 8 位数据 10011101 通过 8 条数据线同时送到外部设备中。并行通信的特点是数据传输速度快，它由于需要的传输线多，故成本高，只适合近距离的数据通信。PLC 主机与扩展模块之间通常采用并行通信。

图 7-1　并行通信

（2）串行通信

逐位依次传输数据的通信方式称为串行通信。串行通信如图 7-2 所示。

3. 异步通信和同步通信

串行通信又可分为异步通信和同步通信。PLC 与其他设备通常采用串行异步通信方式。

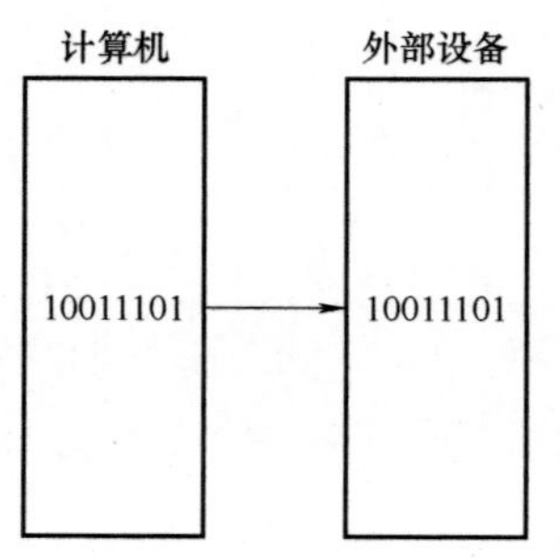

计算机中的8位数据10011101通过一条数据线逐位传送到外部设备中。串行通信的特点是数据传输速度慢，但由于只需要一条传输线，故成本低，适合远距离的数据通信。PLC与计算机、PLC与PLC、PLC与人机界面之间通常采用串行通信。

图7-2　串行通信

（1）异步通信

在异步通信中，数据是一帧一帧地传送的。异步通信如图7-3所示。这种通信是以帧为单位进行数据传输，一帧数据传送完成后，可以接着传送下一帧数据，也可以等待，等待期间为空闲位（高电平）。

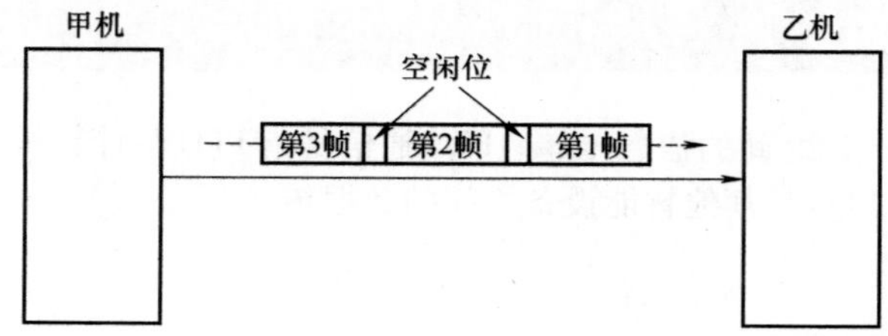

图7-3　异步通信

串行通信时，数据是以帧为单位传送的，帧数据有一定的格式。帧数据的格式如图7-4所示、从图中可以看出，一帧数据由起始位、数据位、奇偶校验位和停止位组成。

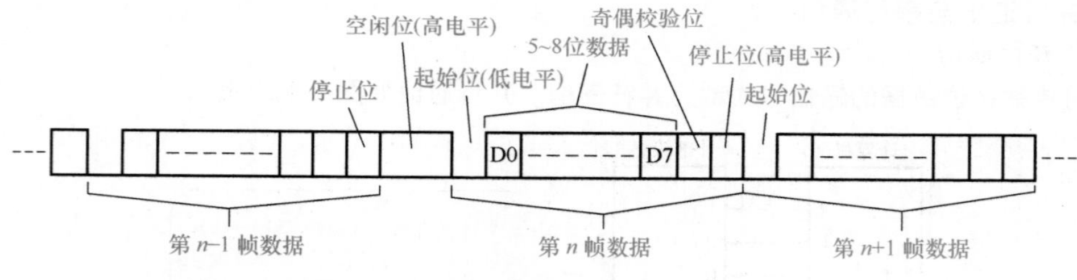

图7-4　异步通信帧数据格式

起始位：表示一帧数据的开始，起始位一定为低电平。当甲机要发送数据时，先送一个低电平（起始位）到乙机，乙机接收到起始信号后，马上开始接收数据。

数据位：它是要传送的数据，紧跟在起始位后面。数据位的数据为5～8位，传送数据时是从低位到高位逐位进行的。

奇偶校验位：该位用于检验传送的数据有无错误。奇偶校验是检查数据传送过程中有无发生错误的一种校验方式，它分为奇校验和偶校验。奇校验是指数据和校验位中1的总个数为奇数，偶校验是指数据和校验位中1的总个数为偶数。

以奇校验为例，如果发送设备传送的数据中有偶数个1，为保证数据和校验位中1的总个数为奇数，奇偶校验位应为1，如果在传送过程中数据产生错误，其中一个1变为0，那么传送到接收设备的数据和校验位中 1 的总个数为偶数，外部设备就知道传送过来的数据发生错误，会要求重新传送数据。

数据传送采用奇校验或偶校验均可，但要求发送端和接收端的校验方式一致。在帧数据中，奇偶校验位也可以不用。

停止位：它表示一帧数据的结束。停止位可以是 1 位、1.5 位或 2 位，但一定为高电平。

一帧数据传送结束后，可以接着传送第二帧数据，也可以等待，等待期间数据线为高电平（空闲位）。如果要传送下一帧，只要让数据线由高电平变为低电平（下一帧起始位开始），接收器就开始接收下一帧数据。

（2）同步通信

在异步通信中，每一帧数据发送前要用起始位，在结束时要用停止位，这样会占用一定的时间，导致数据传输速度较慢。为了提高数据传输速度，在计算机与一些高速设备数据通信时，常采用同步通信。同步通信的数据格式如图 7-5 所示。

从图中可以看出，同步通信的数据后面取消了停止位，前面的起始位用同步信号代替，在同步信号后面可以跟很多数据，所以同步通信传输速度快。但由于同步通信要求发送端和接收端严格保持同步，就需要用复杂的电路来保证，所以 PLC 不采用这种通信方式。

图 7-5　同步通信的数据格式

4. 单工通信和双工通信

在串行通信中，根据数据的传输方向不同，可分为单工通信、半双工通信和全双工通信。

（1）单工通信

在这种方式下，数据只能往一个方向传送。单工通信如图 7-6a 所示，数据只能由发送端（T）传输给接收端（R）。

（2）半双工通信

在这种方式下，数据可以双向传送，但同一时间内，只能往一个方向传送，只有一个方向的数据传送完成后，才能往另一个方向传送数据。半双工通信如图 7-6b 所示，通信的双方都有发送器和接收器，一方发送时，另一方接收，由于只有一条数据线，所以双方不能在发送时同时进行接收。

（3）全双工通信

在这种方式下，数据可以双向传送，通信的双方都有发送器和接收器，由于有两条数据线，所以双方在发送数据的同时可以接收数据。全双工通信如图 7-6c 所示。

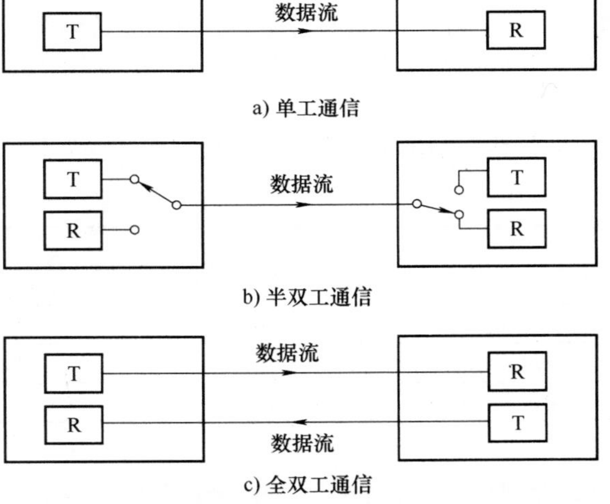

图 7-6　3 种通信方式

7.1.2　通信传输介质

有线通信常采用传输介质主要有双绞线、同轴电缆和光缆。这三种通信传输介质如图 7-7 所示。

（1）双绞线

双绞线是将两根导线扭绞在一起，以减少电磁波的干扰，如果再加上屏蔽套层，则抗干扰能力更好。双绞线的成本低、安装简单，RS-232C，RS-422A、RS-485 和 RJ45 等接口多用双绞线电缆进行通信连接。

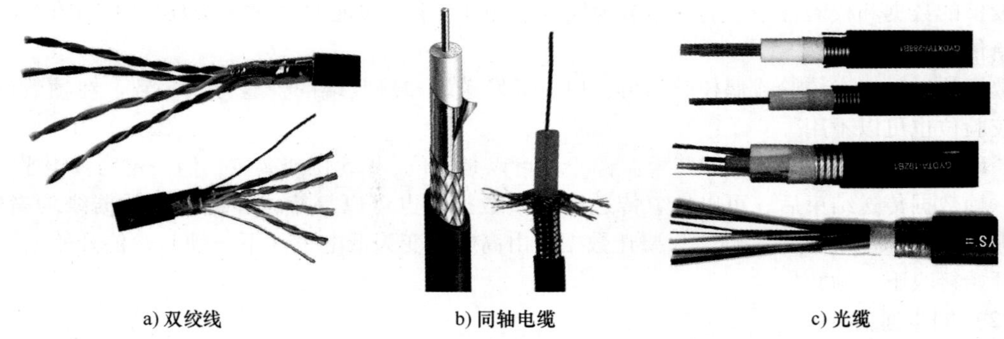

a) 双绞线　　b) 同轴电缆　　c) 光缆

图 7-7　三种通信传输介质

（2）同轴电缆

同轴电缆的结构是从内到外依次为内导体（芯线）、绝缘线、屏蔽层及外保护层。由于从截面看这四层构成了 4 个同心圆，故称为同轴电缆。根据通频带不同，同轴电缆可分为基带（5052）和宽带（7552）两种，其中基带同轴电缆常用于 Ethernet（以太网）中。同轴电缆的传送速率高、传输距离远，但价格较双绞线高。

（3）光缆

光缆是由石英玻璃经特殊工艺拉成细丝结构，这种细丝的直径比头发丝还要细，一般直径在 8～95μm（单模光纤）及 50/62.5μm（多模光纤，50μm 为欧洲标准，62.5μm 为美国标准），其可能传输的数据量却是巨大的。

光纤是以光的形式传输信号的，其优点是传输的是数字光脉冲信号，不会受电磁干扰，不怕雷击，不易被窃听，数据传输安全性好，传输距离长，且带宽宽、传输速度快。但由于通信双方发送和接收的都是电信号，因此通信双方都需要价格昂贵光纤设备进行光电转换，另外光纤连接头的制作与光纤连接需要专门工具和专门的技术人员。

双绞线、同轴电缆和光缆参数特性见表 7-1。

表 7-1　双绞线、同轴电缆和光缆参数特性

特　性	双绞线	同轴电缆		光缆
		基带（50Ω）	宽带（75Ω）	
传输速率	1～4Mbit/s	1～10Mbit/s	1～450Mbit/s	10～500Mbit/s
网络段最大长度	1.5km	1～3km	10km	50km
抗电磁干扰能力	弱	中	中	强

7.2 PLC 以太网通信

以太网是一种常见的通信网络，多台计算机通过网线与交换机连接起来就构成一个以太网局域网，局域网之间也可以进行以太网通信。以太网最多可连接 32 个网段、1024 个节点。以太网可实现高速（高达 100Mbit/s）、长距离（铜缆最远约为 1.5km，光纤最远约为 4.3km）的数据传输。

7.2.1 S7-200 SMART PLC CPU 模块以太网连接的设备类型

S7-200 SMART PLC CPU 模块具有以太网端口（俗称 RJ45 网线接口），可以与编程计算机、HMI（又称触摸屏、人机界面等）和另一台 S7-200 SMART PLC CPU 模块连接，也可以通过交换

机与以上多台设备连接，以太网连接电缆通常使用普通的网线。S7-200 SMART PLC CPU 模块以太网连接的设备类型如图 7-8 所示。

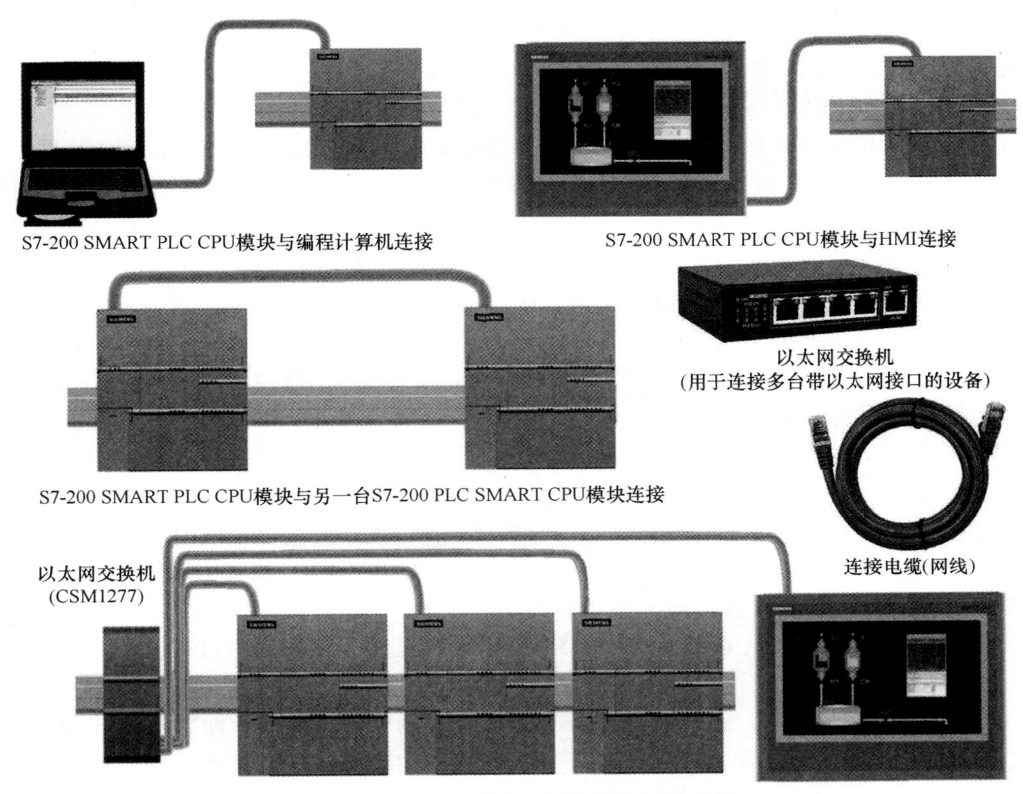

图 7-8　S7-200 SMART PLC CPU 模块以太网连接的设备类型

7.2.2　IP 地址的设置

以太网中的设备要进行通信，必须为每个设备设置不同的 IP 地址，IP 是英文 Internet Protocol 的缩写，意思是“网络之间互连协议”。

1. IP 地址的组成

在以太网通信时，处于以太网络中的设备都要有不同的 IP 地址，这样才能找到通信的对象。图 7-9 是 S7-200 SMART PLC CPU 模块的 IP 地址设置项。以太网 IP 地址由 IP 地址、子网掩码和网关组成，站名称是为了区分各通信设备而取的名称，可不填。

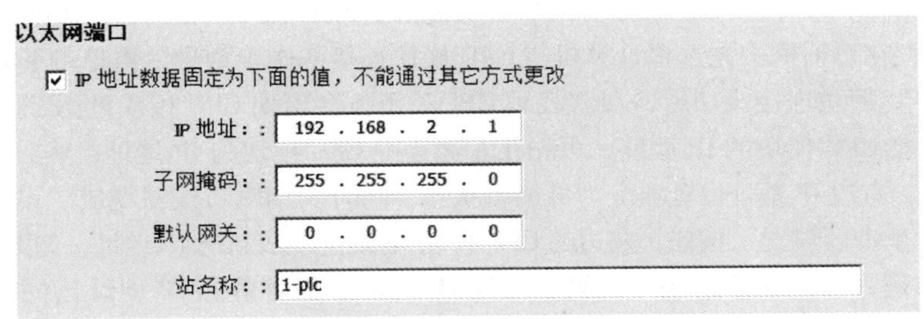

图 7-9　S7-200 SMART PLC CPU 模块 IP 地址的组成部分

（1）IP 地址

IP 地址由 32 位二进制数组成，分为四组，每组 8 位（数值范围 00000000 ~ 11111111），各组用十进制数表示（数值范围 0 ~ 255），前三组组成网络地址，后一组为主机地址（编号）。如果两台设备 IP 地址的前三组数相同，表示两台设备属于同一子网，同一子网内的设备主机地址不能相同，否则会产生冲突。

（2）子网掩码

子网掩码与 IP 地址一样，也是由 32 位二进制数组成，分为四组，每组 8 位，各组用十进制数表示。子网掩码用于检查以太网内的各通信设备是否属于同一子网。在检查时，将子网掩码 32 位的各位与 IP 地址的各位进行相与运算（1·1 = 1，1·0 = 0，0·1 = 0，0·0 = 0），如果某两台设备的 IP 地址（如 192.168.1.6 和 192.168.1.28）分别与子网掩码（255.255.255.0）进行相与运算，得到的结果相同（均为 192.168.1.0），表示这两台设备属于同一个子网。

（3）网关

网关（Gateway）又称网间连接器、协议转换器，是一种具有转换功能，能将不同网络连接起来的计算机系统或设备（如路由器）。同一子网（IP 地址前三组数相同）的两台设备可以直接用网线连接进行以太网通信，同一子网的两台以上设备通信需要用到以太网交换机，不需要用到网关，如果两台或两台以上设备的 IP 地址不属于同一子网，其通信就需要用到网关（路由器）。网关可以将一个子网内的某设备发送的数据包转换后发送到其他子网内的某设备内，反之同样也可进行。如果通信设备处于同一个子网内，不需要用到网关，故可不用设置网关地址。

2. 计算机 IP 地址的设置及网卡型号查询

当计算机与 S7-200 SMART PLC CPU 模块用网线连接起来后，就可以进行以太网通信，两者必须设置不同的 IP 地址。

进行计算机 IP 地址的设置（以 Windows XP 系统为例）时，先在桌面上双击“网上邻居”图标，弹出网上邻居窗口，单击窗口左边的“查看网络连接”，出现网络连接窗口，在窗口右边的“本地连接”上单击右键，弹出右键菜单，选择其中的“属性”，弹出“本地连接属性”对话框，在该对话框的“连接时使用”项可查看当前本地连接使用的网卡（网络接口卡）型号，在对话框的下方选中“Internet 协议（TCP/IP）”项后，单击“属性”按钮，弹出“Internet 协议（TCP/IP）属性”对话框，选中“使用下面的 IP 地址”，再在下面设置 IP 地址（前三组数应与 CPU 模块 IP 地址前三组数相同）、子网掩码（设为 255.255.255.0），如果计算机与 CPU 模块同属于一个子网，不用设置网关，下面的 DNS 服务器地址也不用设置。

3. CPU 模块 IP 地址的设置

S7-200 SMART PLC CPU 模块 IP 地址设置有三种方法：①用编程软件的“通信”对话框设置 IP 地址；②用编程软件的“系统块”对话框设置 IP 地址；③在程序中使用 SIP_ADDR 指令设置 IP 地址。

（1）用编程软件的“通信”对话框设置 IP 地址

在 STEP 7-Micro/WIN SMART 软件中，双击项目指令树区域的“通信”，弹出“通信”对话框，如图 7-10a 所示，在对话框中先选择计算机与 CPU 模块连接的网卡型号，再单击下方的“查找”按钮，计算机与 CPU 模块连接成功后，在“找到 CPU”下方会出现 CPU 模块的 IP 地址，如图 7-10b 所示。如果要修改 CPU 模块的 IP 地址，可先在左边选中 CPU 模块的 IP 地址，然后单击右边或下方的“编辑”按钮，右边 IP 地址设置项变为可编辑状态，同时“编辑”按钮变成“设置”按钮，输入新的 IP 地址后，单击“设置”按钮，左边的 CPU 模块 IP 地址换成新的 IP 地址，如图 7-10c 所示。

需要注意的是，如果在系统块中设置了固定 IP 地址（又称静态 IP 地址），并下载到 CPU 模块，在通信对话框中是不能修改 IP 地址的。

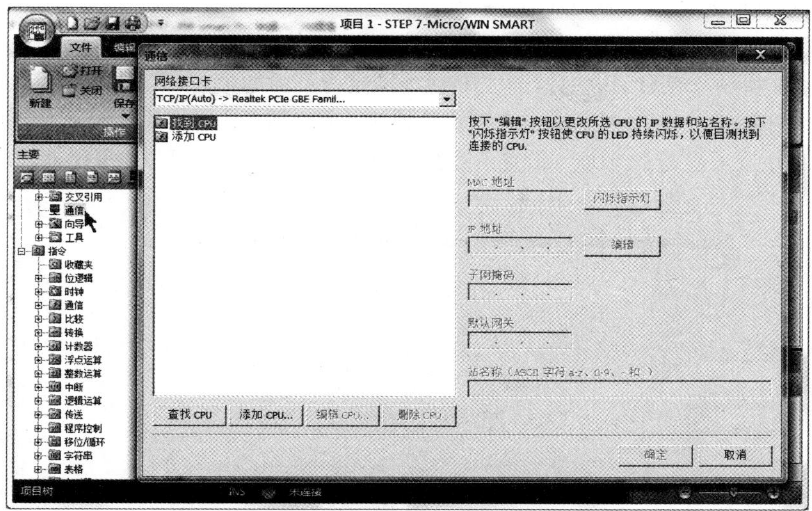

a) 双击项目指令树区域的“通信”弹出通信对话框

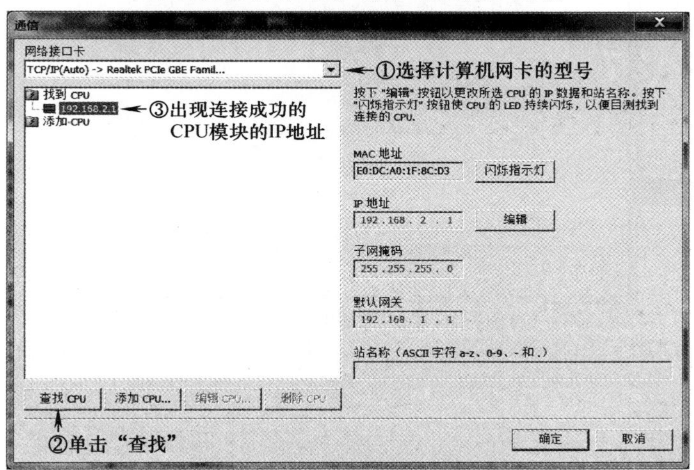

b) 在通信对话框中查找与计算机连接的 CPU 模块

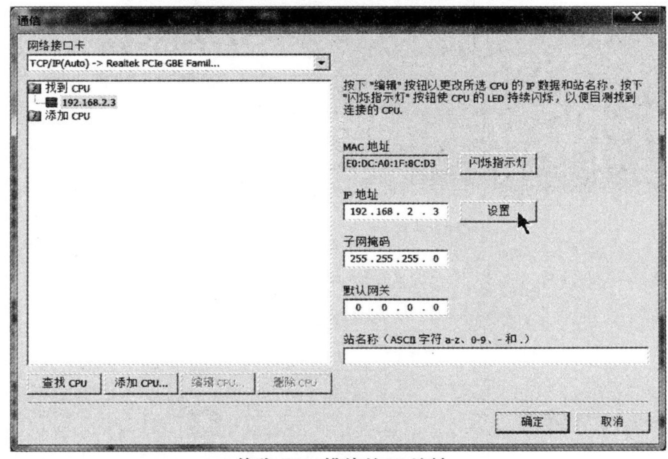

c) 修改 CPU 模块的 IP 地址

图 7-10　用编程软件的通信对话框设置 IP 地址

（2）用编程软件的“系统块”对话框设置 IP 地址

在 STEP 7-Micro/WIN SMART 软件中，双击项目指令树区域的“系统块”，弹出“系统块”对话框，如图 7-11a 所示。在对话框中勾选“IP 地址固定为下面的值……”，然后在下面对 IP 地址各项进行设置，如图 7-11b 所示。然后单击“确定”按钮关闭对话框，再将系统块下载到 CPU 模块，这样就给 CPU 模块设置了静态 IP 地址。设置了静态 IP 地址后，在通信对话框中是不能修改 IP 地址的。

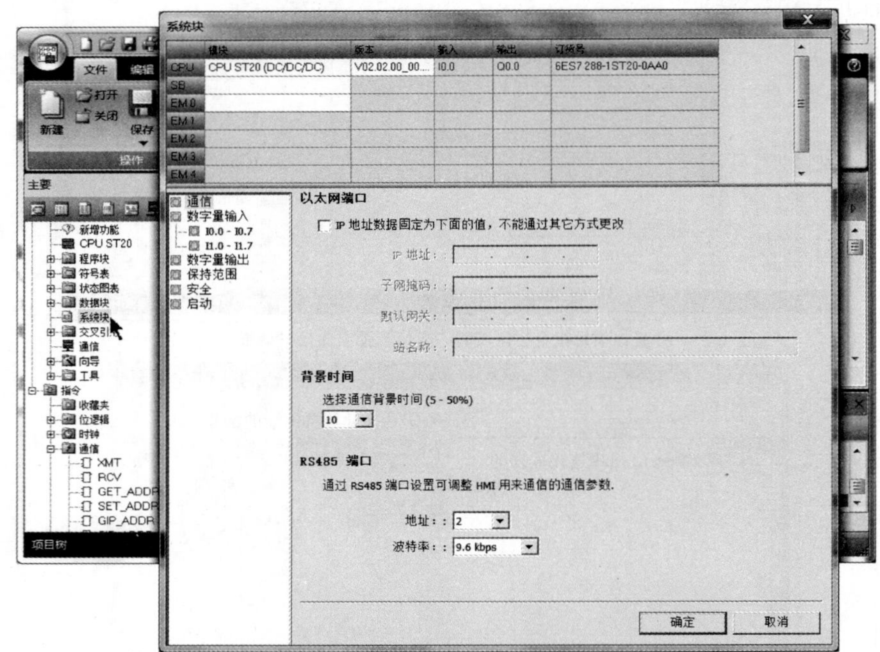

a) 双击项目指令树区域的“系统块”打开“系统块”对话框

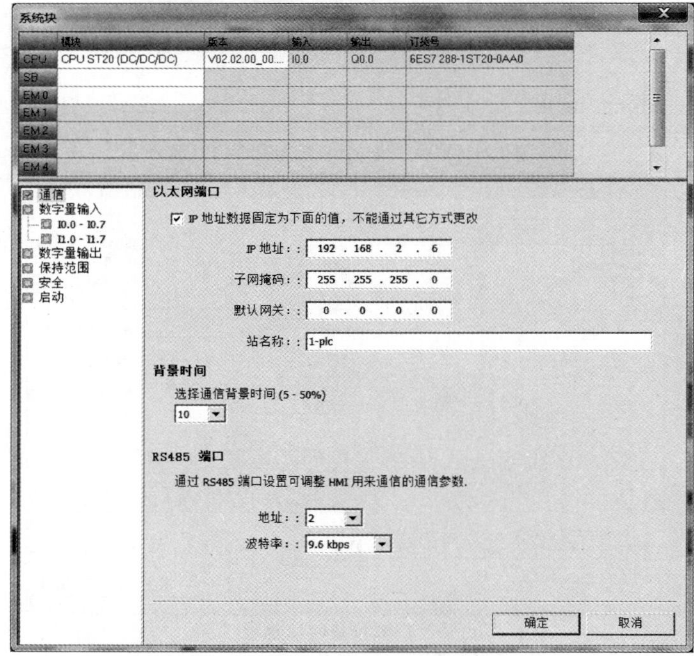

b) 在“系统块”对话框内设置 CPU 模块的 IP 地址

图 7-11　用编程软件的“系统块”对话框设置 IP 地址

（3）在程序中使用 SIP_ADDR 指令设置 IP 地址

S7-200 SMART PLC 有 SIP_ADDR 指令和 GIP_ADDR 指令，如图 7-12 所示。使用 SIP_ADDR 指令可以设置 IP 地址（如果已在系统块中设置固定 IP 地址，则使用本指令无法设置 IP 地址），而 GIP_ADDR 指令用于获取 IP 地址，两指令的使用在后面会有介绍。

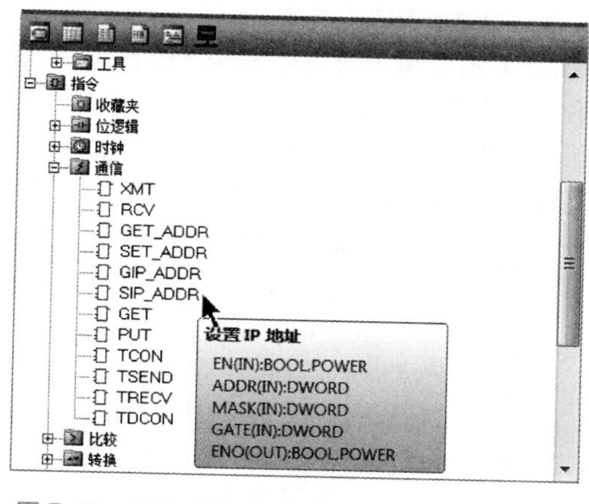

图 7-12　SIP_ADDR 指令和 GIP_ADDR 指令

7.2.3　以太网通信指令

S7-200 SMART PLC 的以太网通信专用指令有 4 条：SIP_ADDR 指令、GIP_ADDR 指令、GET 指令和 PUT 指令。

1. SIP_ADDR、GIP_ADDR 指令

SIP_ADDR 指令用于设置 CPU 模块的 IP 地址，GIP_ADDR 指令用于读取 CPU 模块的 IP 地址。

SIP_ADDR、GIP_ADDR 指令说明如下：

指令名称	梯形图及操作数	使用举例
设置 IP 地址指令（SIP_ADDR）	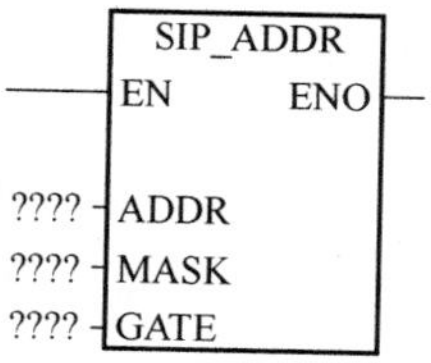 SIP_ADDR EN　ENO ????-ADDR ????-MASK ????-GATE ADDR、MASK、GATE 均为双字类型，可为 ID、QD、VD、MD、SMD、SD、LD、AC、*VD、*LD、*AC	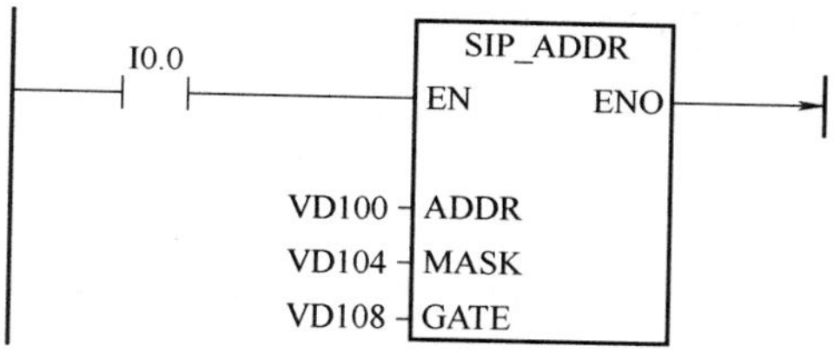 I0.0　SIP_ADDR EN　ENO VD100-ADDR VD104-MASK VD108-GATE 当 I0.0 触点闭合时，将 VD100 中的值设为 IP 地址（VB100～VB103 依次为 IP 地址的第 1～4 组数），将 VD104 中的值设为子网掩码，将 VD108 中的值设为网关 在执行该指令前，应先向 VB100～VB103、VB104～VB107、VB108～VB111 中写入 IP 地址、子网掩码和网关的值 若在系统块中设置了固定 IP 地址，则无法使用该指令设置 IP 地址
获取 IP 地址指令（GIP_ADDR）	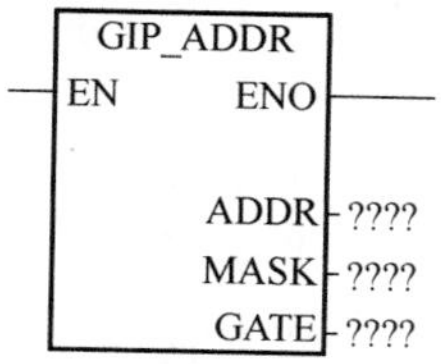 GIP_ADDR EN　ENO ADDR-???? MASK-???? GATE-???? ADDR、MASK、GATE 均为双字类型，可为 ID、QD、VD、MD、SMD、SD、LD、AC、*VD、*LD、*AC	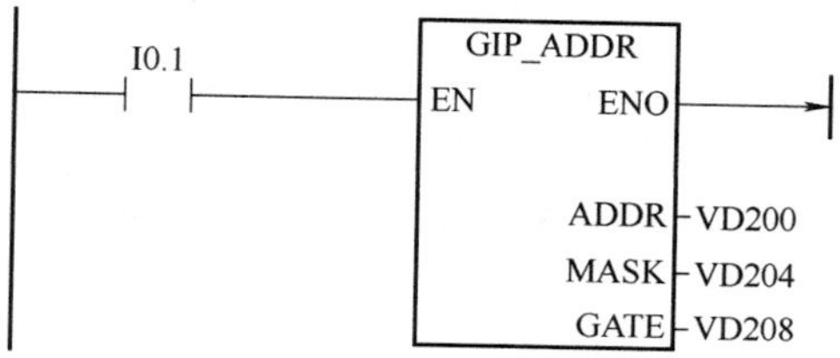 I0.1　GIP_ADDR EN　ENO ADDR-VD200 MASK-VD204 GATE-VD208 当 I0.1 触点闭合时，将 CPU 模块的 IP 地址复制到 VD200（VB200～VB203 依次存放 IP 地址的第 1～4 组数），将子网掩码复制到 VD204，将网关复制到 VD208

2. GET、PUT 指令

GET 指令用于通过以太网通信方式从远程设备读取数据，PUT 指令用于通过以太网通信方式往远程设备写入数据。

（1）指令说明

GET、PUT 指令说明如下：

指令名称	梯形图	功能说明	操作数
以太网读取数据指令（GET）	GET：EN ENO；???? - TABLE	按???? 为首单元构成的 TABLE 表的定义，通过以太网通信方式从远程设备读取数据	TABLE 均为字节类型，可为 IB、QB、VB、MB、SMB、SB、*VD、*LD、*AC
以太网写入数据指令（PUT）	PUT：EN ENO；???? - TABLE	按???? 为首单元构成的 TABLE 表的定义，通过以太网通信方式将数据写入远程设备	

在程序中使用的 GET 和 PUT 指令数量不受限制，但在同一时间内最多只能激活共 16 个 GET 或 PUT 指令。例如在某 CPU 模块中可以同时激活 8 个 GET 和 8 个 PUT 指令，或者 6 个 GET 和 10 个 PUT 指令。

当执行 GET 或 PUT 指令时，CPU 与 GET 或 PUT 表中的远程 IP 地址建立以太网连接。该 CPU 可同时保持最多 8 个连接。连接建立后，该连接将一直保持到在 CPU 进入 STOP 模式为止。

针对所有与同一 IP 地址直接相连的 GET/PUT 指令，CPU 采用单一连接。例如远程 IP 地址为 192. 168. 2. 10，如果同时启用三个 GET 指令，则会在一个 IP 地址为 192. 168. 2. 10 的以太网连接上按顺序执行这些 GET 指令。

如果尝试创建第 9 个连接（第 9 个 IP 地址），CPU 将在所有连接中搜索，查找处于未激活状态时间最长的一个连接。CPU 将断开该连接，然后再与新的 IP 地址创建连接。

（2）TABLE 表说明

在使用 GET、PUT 指令进行以太网通信时，需要先设置 TABLE 表，然后执行 GET 或 PUT 指令，CPU 模块按 TABLE 表的定义，从远程站读取数据或往远程站写入数据。

GET、PUT 指令的 TABLE 表说明见表 7-2。下面以 GET 指令将 TABLE 表指定为 VB100 为例进行说明。VB100 用于存放通信状态或错误代码，VB100 ~ VB104 按顺序存放远程站 IP 地址的四组数，VB105、VB106 为保留字节，须设为 0，VB107 ~ VB110 用于存放远程站待读取数据区的起始字节单元地址，VB111 存放远程站待读取字节的数量，VB112 ~ VB115 用于存放接收远程站数据的本地数据存储区的起始单元地址。

在使用 GET、PUT 指令进行以太网通信时，如果通信出现问题，可以查看 TABLE 表首字节单元中的错误代码，以了解通信出错的原因，TABLE 表的错误代码含义见表 7-3。

表 7-2　GET、PUT 指令的 TABLE 表说明

字节偏移量	位 7	位 6	位 5	位 4	位 3	位 2	位 1	位 0
0	D（完成）	A（激活）	E（错误）	0	错误代码			
1	远程站 IP 地址（IP 地址的第一组数 ↓ IP 地址的第四组数）							
2								
3								
4								
5	保留 =0（必须设置为零）							
6	保留 =0（必须设置为零）							
7	远程站待访问数据区的起始单元地址（I、Q、M、V、DB）							
8								
9								
10								
11	数据长度（远程站待访问的字节数量，PUT 为 1～212 个字节，GET 为 1～222 个字节）							
12	本地站待访问数据区的起始单元地址（I、Q、M、V、DB）							
13								
14								
15								

表 7-3　TABLE 表的错误代码含义

错误代码	含　义
0（0000）	无错误
1	PUT/GET 表中存在非法参数： • 本地区域不包括 I、Q、M 或 V • 本地区域的大小不足以提供请求的数据长度 • 对于 GET，数据长度为零或大于 222 字节；对于 PUT，数据长度大于 212 字节 • 远程区域不包括 I、Q、M 或 V • 远程 IP 地址是非法的（0.0.0.0） • 远程 IP 地址为广播地址或组播地址 • 远程 IP 地址与本地 IP 地址相同 • 远程 IP 地址位于不同的子网
2	当前处于活动状态的 PUT/GET 指令过多（仅允许 16 个）
3	无可用连接。当前所有连接都在处理未完成的请求
4	从远程 CPU 返回的错误： • 请求或发送的数据过多 • STOP 模式下不允许对 Q 存储器执行写入操作 • 存储区处于写保护状态（请参见 SDB 组态）
5	与远程 CPU 之间无可用连接： • 远程 CPU 无可用的服务器连接 • 与远程 CPU 之间的连接丢失（CPU 断电、物理断开）
6～9、A～F	未使用（保留以供将来使用）

7.2.4 PLC 以太网通信实例

1. 硬件连接及说明

图7-13 是一条由4 台装箱机（分别用4 台 S7-200 SMART PLC 控制）、1 台分流机（用1 台 S7-200 SMART PLC 控制）和一台操作员面板 HMI 组成的黄油桶装箱生产线，控制装箱机和分流机的5 台 PLC 之间通过以太网交换器连接并用以太网方式通信，操作员面板 HMI 仅与分流机 PLC 连接，两者以串口进行通信。

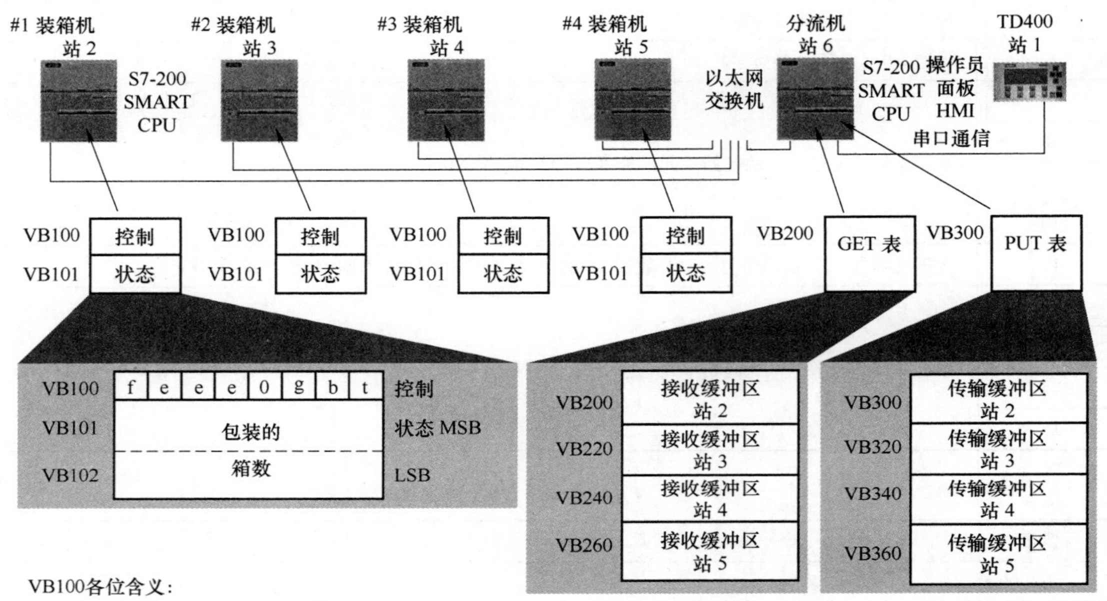

VB100各位含义：

t	黄油桶不足，无法包装；t=1，黄油桶不足
b	纸箱供应不足；b=1，必须在 30min 内增加纸箱
g	胶水供应不足；g=1，必须在 30min 内增加胶水
eee	标识遇到的故障类型的错误代码
f	故障指示器；f=1，装箱机检测到错误

图 7-13 由装箱机、分流机和操作员面板 HMI 组成的黄油桶装箱生产线示意图

黄油桶装箱生产线在工作时，装箱机 PLC 用 VB100 单元存储本机的控制和出错等信息（比如 VB100.1 =1 表示装箱机的纸箱供应不足），用 VB101、VB102 单元存储装箱数量，每台装箱机 PLC 都需要编写程序来控制和检测装箱机，并把有关信息存放到本机的 VB100 和 VB101、VB102 中。分流机 PLC 按 GET 指令的 TABLE 表的定义用 GET 指令从各装箱机 PLC 读取控制和装箱数量信息，访问 1# ~4#（站 2 ~ 站 5）装箱机 PLC 的 GET 表的起始单元分别为 VB200、VB220、VB240、VB260。分流机 PLC 按 PUT 指令的 TABLE 表的定义用 PUT 指令将0 发送到各装箱机 PLC 的 VB101、VB102，对装箱数量（装满 100 箱）清 0，以重新开始计算装箱数量，访问 1#~4#（站2 ~ 站 5）装箱机 PLC 的 PUT 指令的 TABLE 表的起始单元分别为 VB300、VB320、VB340、VB360。操作员面板 HMI 通过监控分流机 PLC 的 GET 指令的 TABLE 表有关单元值来显示各装箱机的工作情况，比如 1#装箱机 PLC 的 VB100 单元的控制信息会被分流机用 GET 指令读入 VB216 单元，HMI 监控分流机 VB216 的各位值就能了解 1#装箱机的工作情况。

2. GET、PUT 指令 TABLE 表的设定

在使用 GET、PUT 指令进行以太网通信时，必须先确定 TABLE 表的内容，然后编写程序设定好 TABLE 表，再执行 GET 或 PUT 指令，使之按设定的 TABLE 表进行以太网接收（读取）或发送（写入）数据。表 7-4 为黄油桶装箱生产线分流机 PLC 用于与 1#装箱机 PLC 进行以太网通信的 GET 和 PUT 指令 TABLE 表，分流机 PLC 与 2#～4#装箱机 PLC 以太网通信的 GET 和 PUT 指令 TABLE 表与此类似，仅各 TABLE 表分配的单元不同。

表 7-4　分流机 PLC 与 1#装箱机 PLC 以太网通信的 GET 和 PUT 指令 TABLE 表

<table>
<tr><th>GET_TABLE
缓冲区</th><th>位 7</th><th>位 6</th><th>位 5</th><th>位 4</th><th>位 3</th><th>位 2</th><th>位 1</th><th>位 0</th><th>PUT_TABLE
缓冲区</th><th>位 7</th><th>位 6</th><th>位 5</th><th>位 4</th><th>位 3</th><th>位 2</th><th>位 1</th><th>位 0</th></tr>
<tr><td>VB200</td><td>D</td><td>A</td><td>E</td><td>0</td><td colspan="4">错误代码</td><td>VB300</td><td>D</td><td>A</td><td>E</td><td>0</td><td colspan="4">错误代码</td></tr>
<tr><td>VB201</td><td colspan="4" rowspan="4">远程站 IP 地址
（站 2）</td><td colspan="4">192</td><td>VB301</td><td colspan="4" rowspan="4">远程站 IP 地址
（站 2）</td><td colspan="4">192</td></tr>
<tr><td>VB202</td><td colspan="4">168</td><td>VB302</td><td colspan="4">168</td></tr>
<tr><td>VB203</td><td colspan="4">50</td><td>VB303</td><td colspan="4">50</td></tr>
<tr><td>VB204</td><td colspan="4">2</td><td>VB304</td><td colspan="4">2</td></tr>
<tr><td>VB205</td><td colspan="8">保留 =0（必须设置为零）</td><td>VB305</td><td colspan="8">保留 =0（必须设置为零）</td></tr>
<tr><td>VB206</td><td colspan="8">保留 =0（必须设置为零）</td><td>VB306</td><td colspan="8">保留 =0（必须设置为零）</td></tr>
<tr><td>VB207</td><td colspan="8" rowspan="4">远程站待读数据区的起始单元地址
（&VB100）</td><td>VB307</td><td colspan="8" rowspan="4">远程站待写数据区的起始单元地址
（&VB101）</td></tr>
<tr><td>VB208</td><td>VB308</td></tr>
<tr><td>VB209</td><td>VB309</td></tr>
<tr><td>VB210</td><td>VB310</td></tr>
<tr><td>VB211</td><td colspan="8">远程站待读数据区的数据长度（3 个字节）</td><td>VB311</td><td colspan="8">远程站待写数据区的数据长度（2 个字节）</td></tr>
<tr><td>VB212</td><td colspan="8" rowspan="4">本地站存放读入数据的起始单元地址
（&VB216）</td><td>VB312</td><td colspan="8" rowspan="4">待写入远程站的本地站数据起始单元地址
（&VB316）</td></tr>
<tr><td>VB213</td><td>VB313</td></tr>
<tr><td>VB214</td><td>VB314</td></tr>
<tr><td>VB215</td><td>VB315</td></tr>
<tr><td>VB216</td><td colspan="8">存储从远程站读取的第 1 个字节
（远程站 VB100，反映装箱机工作情况等）</td><td>VB316</td><td colspan="8">待写入远程站的本地站第 1 个字节数据
（0，将装箱数量高 8 位清 0）</td></tr>
<tr><td>VB217</td><td colspan="8">存储从远程站读取的第 2 个字节
（远程站 VB101，装箱数量高 8 位）</td><td>VB317</td><td colspan="8">待写入远程站的本地站第 2 个字节数据
（0，将装箱数量低 8 位清 0）</td></tr>
<tr><td>VB218</td><td colspan="8">存储从远程站读取的第 3 个字节
（远程站 VB102，装箱数量低 8 位）</td><td></td><td colspan="8"></td></tr>
</table>

3. 分流机 PLC 的程序及详解

分流机 PLC 通过 GET 指令从#1～#4 号装箱机 PLC 的 VB100 单元读取装箱机工作情况信息，从 VB101、VB102 读取装箱数量，当装箱数量达到 100 时，通过 GET 指令向装箱机 PLC 的 VB101、VB102 写入 0（清 0），让装箱机 PLC 重新开始计算装箱数量。

表 7-5 是写入分流机 PLC 的用于与#1 号装箱机 PLC 进行以太网通信的程序，#1 号装箱机 PLC 的 IP 地址为 192. 168. 50. 2。分流机 PLC 与其他各装箱机 PLC 进行以太网通信的程序与本程序类似，区别主要在于与各装箱机 PLC 通信的 GET、PUT 指令的 TABLE 表不同（如#2 号装箱机 PLC 的 GET 指令的 TABLE 表起始单元为 VB220、PUT 指令的 TABLE 表起始单元为 VB320，表中的 IP 地址也与#1 号装箱机 PLC 不同），可以在追加在本程序之后。

表 7-5　分流机 PLC 与#1 号装箱机 PLC 进行以太网通信的程序

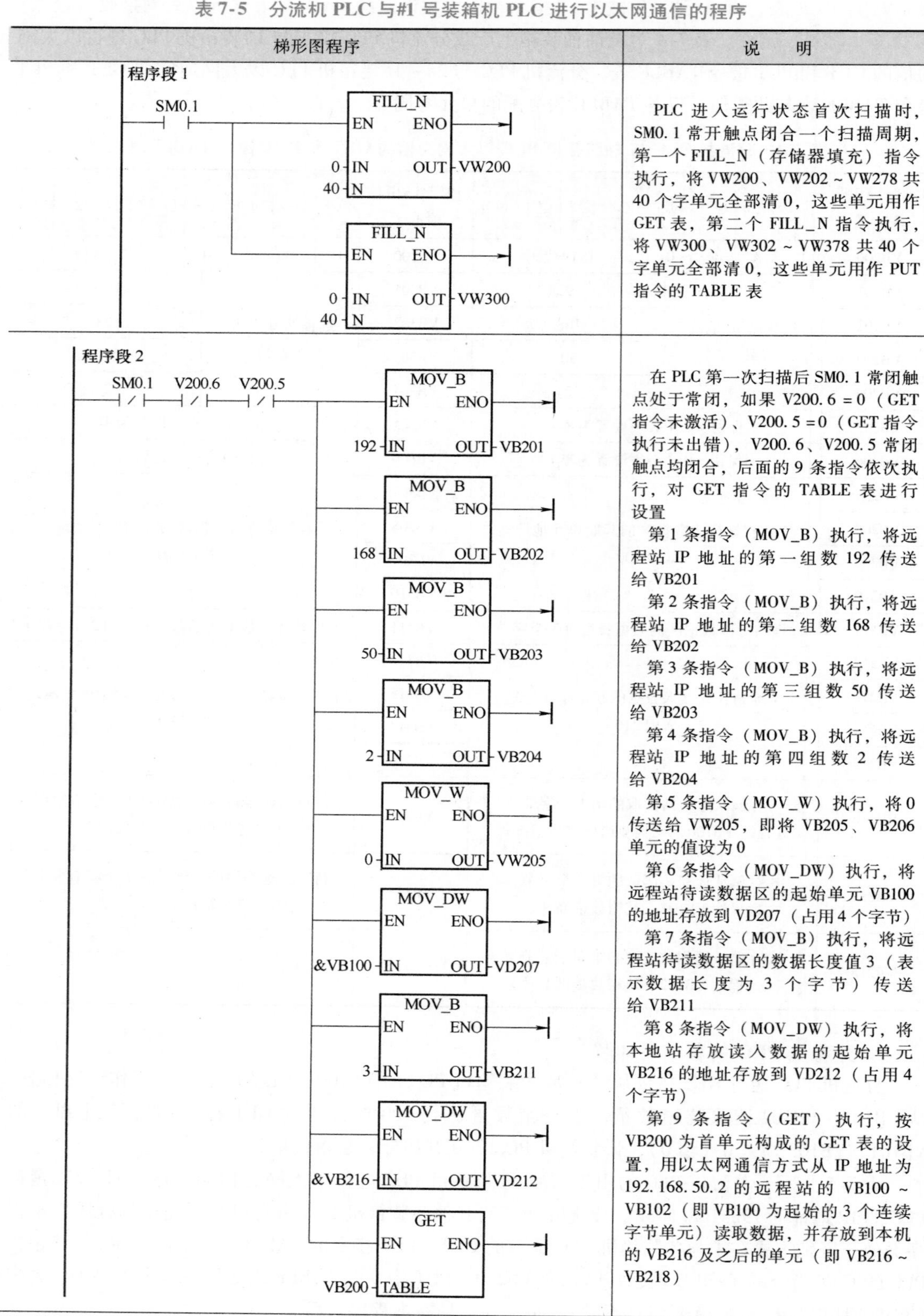

梯形图程序	说　明
程序段 1	PLC 进入运行状态首次扫描时，SM0.1 常开触点闭合一个扫描周期，第一个 FILL_N（存储器填充）指令执行，将 VW200、VW202 ~ VW278 共 40 个字单元全部清 0，这些单元用作 GET 表，第二个 FILL_N 指令执行，将 VW300、VW302 ~ VW378 共 40 个字单元全部清 0，这些单元用作 PUT 指令的 TABLE 表
程序段 2	在 PLC 第一次扫描后 SM0.1 常闭触点处于常闭，如果 V200.6 = 0（GET 指令未激活）、V200.5 = 0（GET 指令执行未出错），V200.6、V200.5 常闭触点均闭合，后面的 9 条指令依次执行，对 GET 指令的 TABLE 表进行设置 第 1 条指令（MOV_B）执行，将远程站 IP 地址的第一组数 192 传送给 VB201 第 2 条指令（MOV_B）执行，将远程站 IP 地址的第二组数 168 传送给 VB202 第 3 条指令（MOV_B）执行，将远程站 IP 地址的第三组数 50 传送给 VB203 第 4 条指令（MOV_B）执行，将远程站 IP 地址的第四组数 2 传送给 VB204 第 5 条指令（MOV_W）执行，将 0 传送给 VW205，即将 VB205、VB206 单元的值设为 0 第 6 条指令（MOV_DW）执行，将远程站待读数据区的起始单元 VB100 的地址存放到 VD207（占用 4 个字节） 第 7 条指令（MOV_B）执行，将远程站待读数据区的数据长度值 3（表示数据长度为 3 个字节）传送给 VB211 第 8 条指令（MOV_DW）执行，将本地站存放读入数据的起始单元 VB216 的地址存放到 VD212（占用 4 个字节） 第 9 条指令（GET）执行，按 VB200 为首单元构成的 GET 表的设置，用以太网通信方式从 IP 地址为 192.168.50.2 的远程站的 VB100 ~ VB102（即 VB100 为起始的 3 个连续字节单元）读取数据，并存放到本机的 VB216 及之后的单元（即 VB216 ~ VB218）

（续）

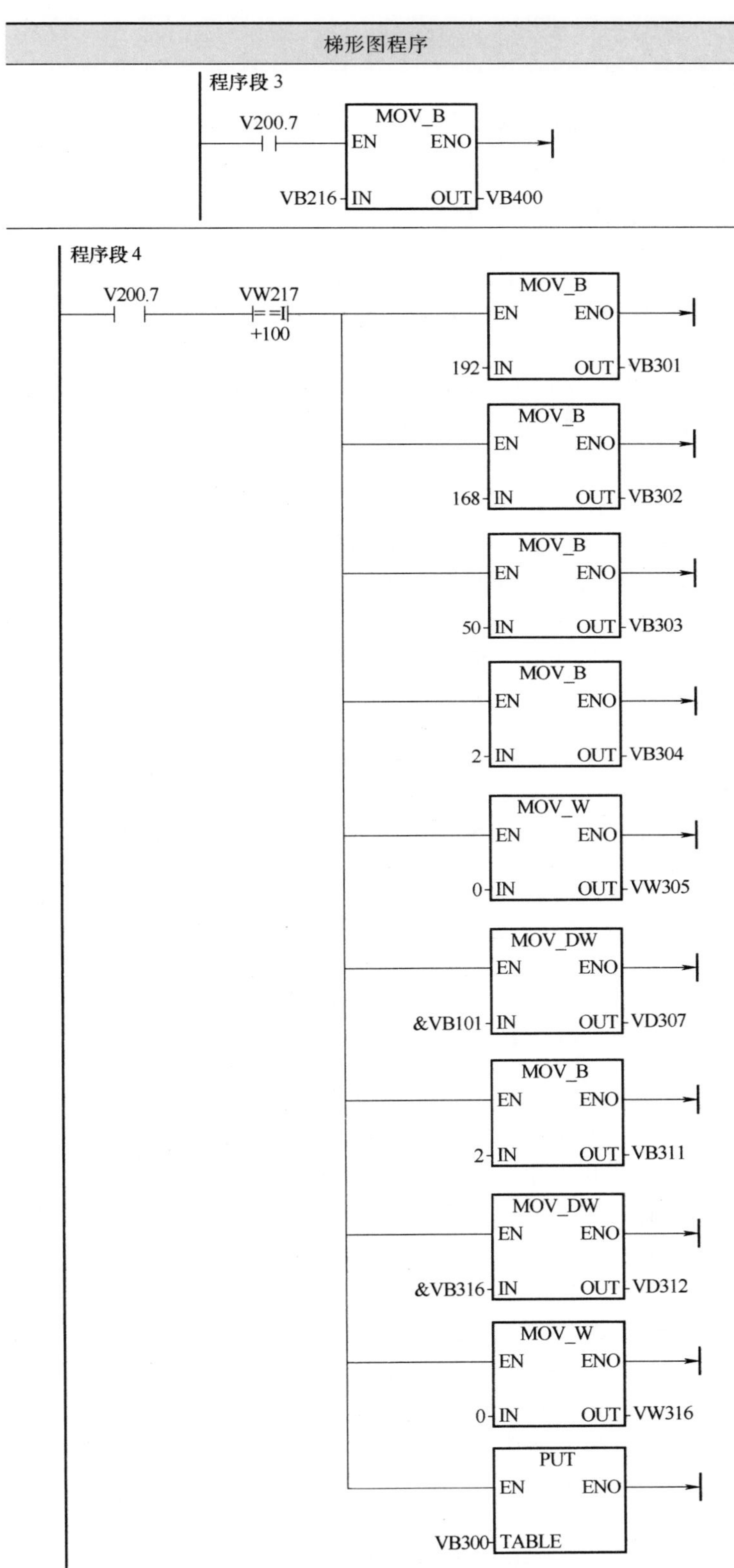

梯形图程序	说　明
程序段 3	当 GET 指令执行完成后，VB200 单元的第 7 位变为 1，VB200.7 常开触点闭合，MOV_B 指令执行，将 VB216 单元的数据（从远程站读来的装箱机工作情况数据）转存到 VB400 单元
程序段 4	当 GET 指令执行完成（V200.7 = 1，V200.7 常开触点闭合），并且 VW217 的值等于 100（即 VB217、VB218 中的装箱数量为 100）时，==I 触点接通，后面的 10 条指令依次执行，对 PUT 指令的 TABLE 表进行设置 第 1 条指令（MOV_B）执行，将远程站 IP 地址的第一组数 192 传送给 VB301 第 2 条指令（MOV_B）执行，将远程站 IP 地址的第二组数 168 传送给 VB302 第 3 条指令（MOV_B）执行，将远程站 IP 地址的第三组数 50 传送给 VB303 第 4 条指令（MOV_B）执行，将远程站 IP 地址的第四组数 2 传送给 VB304 第 5 条指令（MOV_W）执行，将 0 传送给 VW305，即将 VB305、VB306 单元的值设为 0 第 6 条指令（MOV_DW）执行，将远程站待写数据区的起始单元 VB101 的地址存放到 VD307（占用 4 个字节） 第 7 条指令（MOV_B）执行，将远程站待写数据区的数据长度值 2（表示数据长度为 2 个字节）传送给 VB311 第 8 条指令（MOV_DW）执行，将待写入远程站的本地站数据区的起始单元 VB316 的地址存放到 VD312（占用 4 个字节） 第 9 条指令（MOV_W）执行，将 0 传送给 VW316，即将 VB316、VB317 单元值设为 0 第 10 条指令（PUT）执行，按 VB300 为首单元构成的 PUT 表的设置，用以太网通信方式将本机的 VB316 及之后单元的值（即 VB316、VB317 的值，其值为 0），写入 IP 地址为 192.168.50.2 的远程站的 VB101、VB102（即以 VB101 为起始的 2 个连续字节单元） 程序段 4 的功能就是当远程站 VB101、VB102 的装箱数量值达到 100 时，对其进行清 0，以重新开始对装箱进行计数

7.3 PLC 的 RS-485/RS-232 通信

自由端口模式是指用户编程来控制通信端口，以实现自定义通信协议的通信方式。在该模式下，通信功能完全由用户程序控制，所有的通信任务和信息均由用户编程来定义。

7.3.1 RS-232C、RS-422A 和 RS-485 接口电路结构

S7-200 SMART PLC CPU 模块上除了有一个以太网接口外，还有一个 RS-485 端口（端口 0），还可以给 CPU 模块安装 RS-485/RS-232 信号板，增加一个 RS-485/RS-232 端口（端口 1）。

1. RS-232C 接口

RS-232C 接口又称 COM 接口，是美国 1969 年公布的串行通信接口，至今在计算机和 PLC 等工业控制中还广泛使用。RS-232C 接口的电路结构如图 7-14 所示。

RS-232C 标准有以下特点：

1）采用负逻辑，用 +5 ~ +15V 电压表示逻辑“0”，用 -5 ~ -15V 电压表示逻辑“1”。

2）只能进行一对一方式通信，最大通信距离为 15m，最高数据传输速率为 20kbit/s。

3）该标准有 9 针和 25 针两种类型的接口，9 针接口使用更广泛，PLC 多采用 9 针接口。

4）该标准的接口采用单端发送、单端接收电路，电路的抗干扰性较差。

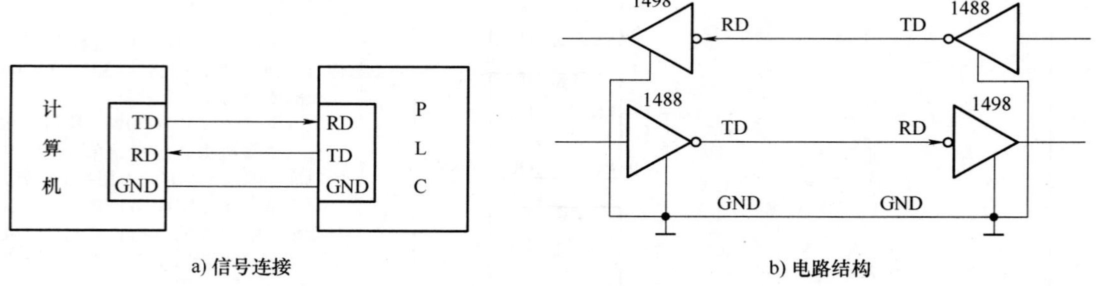

a) 信号连接　　b) 电路结构

图 7-14　RS-232C 接口

2. RS-422A 接口

RS-422A 接口采用平衡驱动差分接收电路，如图 7-15 所示。该电路采用极性相反的两根导线传送信号，这两根线都不接地，当 B 线电压较 A 线电压高时，规定传送的为“1”电平；当 A 线电压较 B 线电压高时，规定传送的为“0”电平。A、B 线的电压差可从零点几伏到近十伏。采用平衡驱动差分接收电路作接口电路，可使 RS-422A 接口有较强的抗干扰性。

RS-422A 接口采用发送和接收分开处理，数据传送采用 4 根导线，如图 7-16 所示。由于发送和接收独立，两者可同时进行，故 RS-422A 通信是全双工方式。与 RS-232C 接口相比，RS-422A 的通信速率和传输距离有了很大的提高，在最高通信速率 10Mbit/s 时最大通信距离为 12m，在通信速率为 100kbit/s 时最大通信距离可达 1200m，一台发送端可接 12 个接收端。

3. RS-485 接口

RS-485 是 RS-422A 的变形，其接口只有一对平衡驱动差分信号线，如图 7-17 所示。其发送

和接收不能同时进行，属于半双工通信方式。使用 RS485 接口与双绞线可以组成分布式串行通信网络，如图 7-18 所示，网络中最多可接 32 个站。

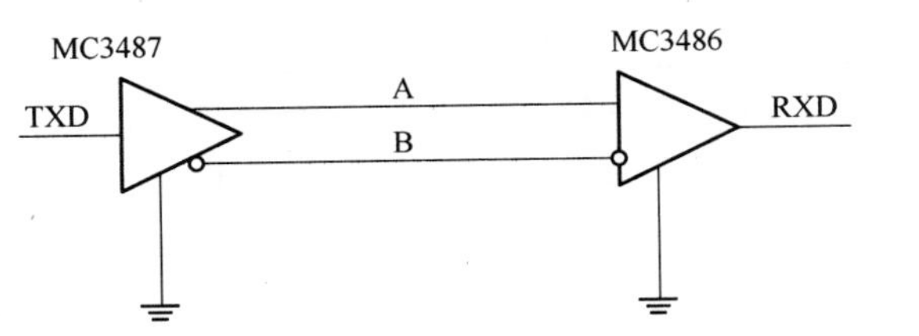

图 7-15　平衡驱动差分接收电路

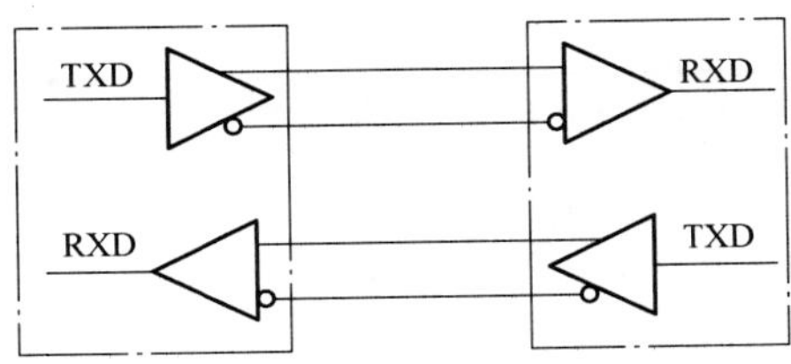

图 7-16　RS-422A 接口的电路结构

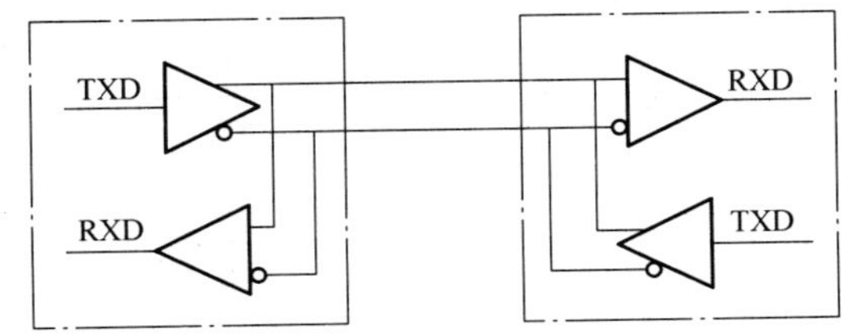

图 7-17　RS-485 接口的电路结构

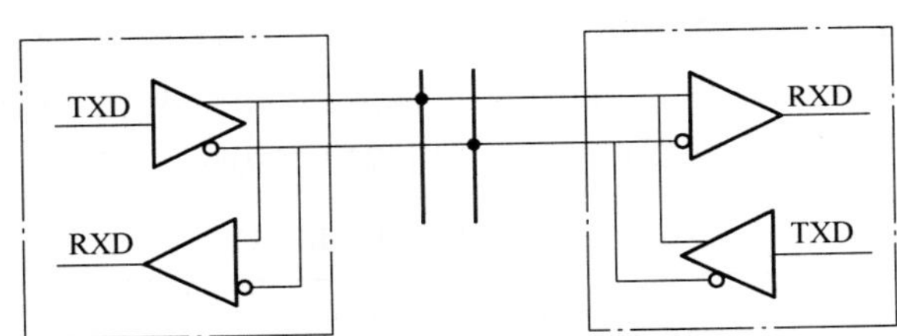

图 7-18　RS-485 与双绞线组成分布式串行通信网络

RS-485、RS-422A、RS-232C 接口通常采用相同的 9 针 D 形连接器，但连接器中的 9 针功能定义有所不同，故不能混用。当需要将 RS-232C 接口与 RS-422A 接口连接通信时，两接口之间须有 RS-232C/RS-422A 转换器，转换器结构如图 7-19 所示。

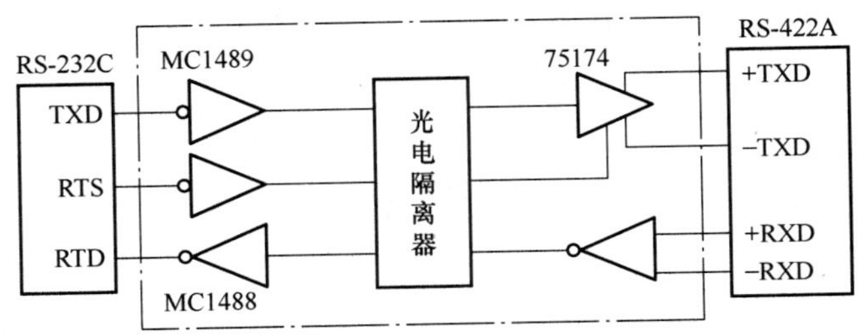

图 7-19　RS-232C/RS-422A 转换器结构

7.3.2　RS-485/RS-232 引脚功能定义

1. CPU 模块自带 RS-485 端口说明

S7-200 SMART PLC CPU 模块自带一个与 RS-485 标准兼容的 9 针 D 形通信端口，该端口也符合欧洲标准 EN50170 中的 PROFIBUS 标准。S7-200 SMART PLC CPU 模块自带 RS-485 端口（端口 0）的各引脚功能说明见表 7-6。

表 7-6　S7-200 SMART PLC CPU 模块自带 RS-485 端口（端口 0）的各引脚功能说明

CPU 自带的 9 针 D 形 RS-485 端口（端口 0）	引脚编号	信号	说明
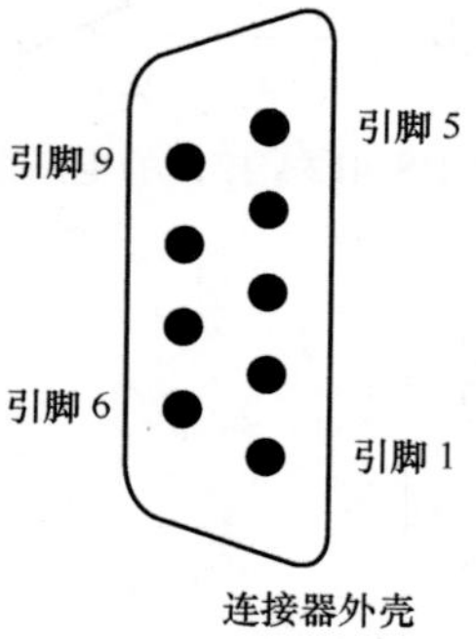 引脚 9　引脚 5　引脚 6　引脚 1　连接器外壳	1	屏蔽	机壳接地
	2	24V -	逻辑公共端
	3	RS-485 信号 B	RS-485 信号 B
	4	请求发送	RTS（TTL）
	5	5V -	逻辑公共端
	6	+5V	+5V，100Ω 串联电阻
	7	24V +	+24V
	8	RS-485 信号 A	RS-485 信号 A
	9	不适用	10 位协议选择（输入）
	连接器外壳	屏蔽	机壳接地

2. CM01 信号板的 RS-485/RS-232 端口说明

CM01 信号板上有一个 RS-485/RS-232 端口，在编程软件的系统块中可设置将其用作 RS-485 端口或 RS-232 端口。CM01 信号板可直接安装在 S7-200 SMART PLC CPU 模块上，其 RS-485/RS-232 端口的各引脚采用接线端子方式，各引脚功能说明见表 7-7。

表 7-7　CM01 信号板的 RS-485/RS-232 端口说明

CM01 信号板（SB）端口（端口 1）	引脚编号	信号	说明
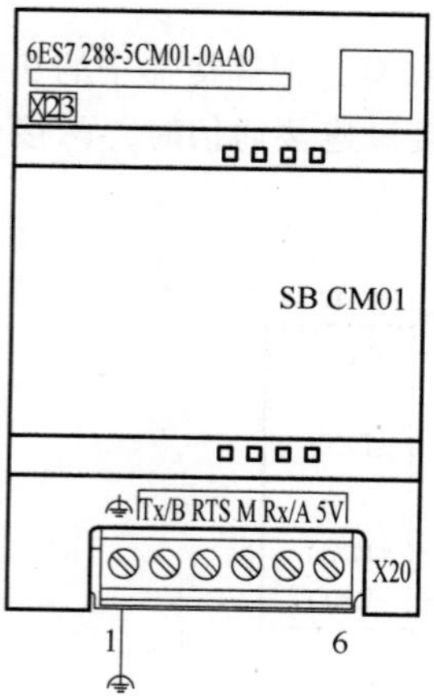 6ES7 288-5CM01-0AA0　X23　SB CM01　Tx/B RTS M Rx/A 5V　X20　1　6	1	接地	机壳接地
	2	Tx/B	RS-232-Tx（发送端）/RS-485-B
	3	请求发送	RTS（TTL）
	4	M 接地	逻辑公共端
	5	Rx/A	RS-232-Rx（接收端）/RS-485-A
	6	+5V DC	+5V，100Ω 串联电阻

7.3.3　获取端口地址指令和设置端口地址指令

GET_ADDR、SET_ADDR 指令说明如下：

指令名称	梯形图	功能说明	操作数	
			ADDR	PORT
获取端口地址指令（GET_ADDR）	GET_ADDR EN ENO ????-ADDR ????-PORT	读取 PORT 端口所接设备的站地址（站号），并将站地址存放到 ADDR 指定的单元中	IB、QB、VB、MB、SMB、SB、LB、AC、*VD、*LD、*AC、常数（常数值仅对 SET_ADDR 指令有效）	常数：0 或 1 CPU 自带 RS485 端口为端口 0 CM01 信号板 RS232/RS485 端口为端口 1
设置端口地址指令（SET_ADDR）	SET_ADDR EN ENO ????-ADDR ????-PORT	将 PORT 端口所接设备的站地址（站号）设为 ADDR 指定的值。 新地址不会永久保存，循环上电后，受影响的端口将返回到原来的地址（即系统块设定的地址）		

7.3.4　发送和接收指令

1. 指令说明

发送和接收指令说明如下：

指令名称	梯形图	功能说明	操作数	
			TBL	PORT
发送指令（XMT）	XMT EN ENO ????-TBL ????-PORT	将 TBL 表数据存储区的数据通过 PORT 端口发送出去 TBL 端指定 TBL 表的首地址，PORT 端指定发送数据的通信端口	IB、QB、VB、MB、SMB、SB、*VD、*LD、*AC（字节型）	常数：0 或 1 CPU 自带 RS485 端口为端口 0 CM01 信号板 RS232/RS485 端口为端口 1
接收指令（RCV）	RCV EN ENO ????-TBL ????-PORT	将 PORT 通信端口接收来的数据保存在 TBL 表的数据存储区中 TBL 端指定 TBL 表的首地址，PORT 端指定接收数据的通信端口		

发送和接收指令用于自由模式下通信，通过设置 SMB30（端口 0）和 SMB130（端口 1）可将 PLC 设为自由通信模式，SMB30、SMB130 各位功能说明见表 7-8。PLC 只有处于 RUN 状态时才能进行自由模式通信，处于自由通信模式时，PLC 无法与编程设备通信，在 STOP 状态时自由通信模式被禁止，PLC 可与编程设备通信。

表 7-8　SMB30、SMB130 各位功能说明

位号	位定义	说明
7	校验位	00 = 不校验；01 = 偶校验；10 = 不校验；11 = 奇校验
6		
5	每个字符的数据位	0 = 8 位/字符；1 = 7 位/字符

（续）

位号	位定义	说明
4	自由口波特率选择（kb/s）	000 = 38.4；001 = 19.2；010 = 9.6；011 = 4.8；100 = 2.4；101 = 1.2；110 = 115.2；111 = 57.6
3		
2		
1	协议选择	00 = PPI 从站模式；01 = 自由口模式；10 = 保留；11 = 保留
0		

2. 发送指令使用说明

发送指令可发送一个字节或多个字节（最多为 255 个），要发送的字节存放在 TBL 表中，TBL 表（发送存储区）的格式如图 7-20 所示。TBL 表中的首字节单元用于存放要发送字节的个数，该单元后面为要发送的字节，发送的字节不能超过 255 个。

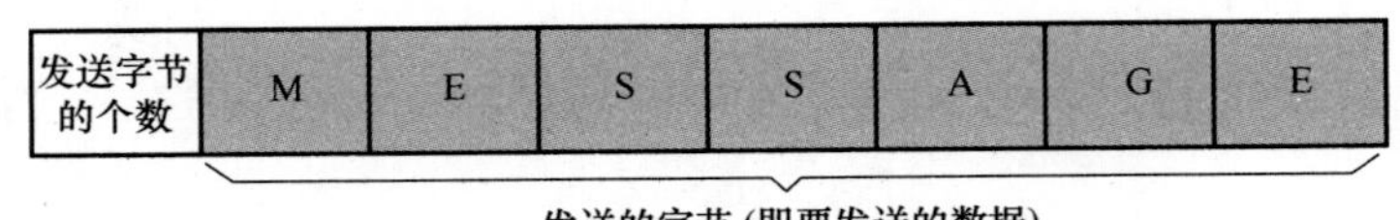

图 7-20 TBL 表（发送存储区）的格式

如果将一个中断程序连接到发送结束事件上，在发送完存储区中的最后一个字符时，则会产生一个中断，端口 0 对应中断事件 9，端口 1 对应中断事件 26。如果不使用中断来执行发送指令，可以通过监视 SM4.5 或 SM4.6 位值来判断发送是否完成。

如果将发送存储区的发送字节数设为 0 并执行 XMT 指令，会发送一个间断语（BREAK），发送间断语和发送其他任何消息的操作都是一样的。当间断语发送完成后，会产生一个发送中断，SM4.5 或者 SM4.6 的位值反映该发送操作状态。

3. 接收指令使用说明

接收指令可以接收一个字节或多个字节（最多为 255 个），接收的字节存放在 TBL 表中，TBL 表（接收存储区）的格式如图 7-21 所示。TBL 表中的首字节单元用于存放要接收字节的个数值，该单元后面依次是起始字符、数据存储区和结束字符，起始字符和结束字符为可选项。

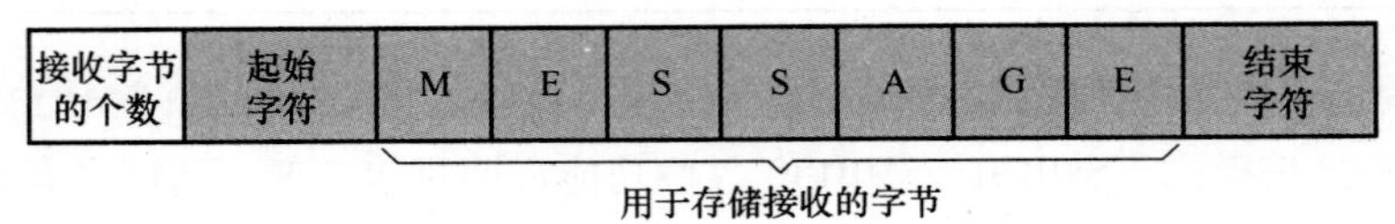

图 7-21 TBL 表（接收存储区）的格式

如果将一个中断程序连接到接收完成事件上，在接收完存储区的最后一个字符时，会产生一个中断，端口 0 对应中断事件 23，端口 1 对应中断事件 24。如果不使用中断，也可通过监视 SMB86（端口 0）或者 SMB186（端口 1）来接收信息。

接收指令允许设置接收信息的起始和结束条件，端口 0 由 SMB86 ~ SMB94 设置，端口 1 由 SMB186 ~ SMB194 设置。接收信息端口的状态与控制字节见表 7-9。

表 7-9　接收信息端口的状态与控制字节

端口 0	端口 1	说　明
SMB86	SMB186	接收消息状态字节 7 ... 0 n | r | e | 0 | 0 | t | c | p n：1 = 接收消息功能被终止（用户发送禁止命令） r：1 = 接收消息功能被终止（输入参数错误或丢失启动或结束条件） e：1 = 接收到结束字符。 t：1 = 接收消息功能被终止（定时器时间已用完） c：1 = 接收消息功能被终止（实现最大字符计数） p：1 = 接收消息功能被终止（奇偶校验错误）
SMB87	SMB187	接收消息控制字节 7 ... 0 en | sc | ec | il | c/m | tmr | bk | 0 en：0 = 接收消息功能被禁止。 1 = 允许接收消息功能。 每次执行 RCV 指令时检查允许/禁止接收消息位。 sc：0 = 忽略 SMB88 或 SMB188。 1 = 使用 SMB88 或 SMB188 的值检测起始消息。 ec：0 = 忽略 SMB89 或 SMB189。 1 = 使用 SMB89 或 SMB189 的值检测结束消息。 il：0 = 忽略 SMW90 或 SMW190。 1 = 使用 SMW90 或 SMW190 的值检测空闲状态。 c/m：0 = 定时器是字符间定时器。 1 = 定时器是消息定时器。 tmr：0 = 忽略 SMW92 或 SMW192。 1 = 当 SMW92 或 SMW192 中的定时时间超出时终止接收。 bk：0 = 忽略断开条件。 1 = 用中断条件作为消息检测的开始。
SMB88	SMB188	消息字符的开始
SMB89	SMB189	消息字符的结束
SMW90	SMW190	空闲线时间段按毫秒设定，空闲线时间用完后接收的第一个字符是新消息的开始
SMW92	SMW192	中间字符/消息定时器溢出值按毫秒设定，如果超过这个时间段，则终止接收消息
SMB94	SMB194	要接收的最大字符数（1～255 字节），此范围必须设置为期望的最大缓冲区大小，即使不使用字符计数消息终端

4. XMT、RCV 指令使用举例

XMT、RCV 指令使用举例见表 7-10，其实现的功能是从 PLC 的端口 0 接收数据并存放到 VB100 为首单元的存储区（TBL 表）内，然后又将 VB100 为首单元存储区内的数据从端口 0 发送出去。

在 PLC 上电进入运行状态时，SM0.1 常开触点闭合一个扫描周期，主程序执行一次，先对 RS485 端口 0 通信进行设置，然后将中断事件 23（端口 0 接收消息完成）与中断程序 INT_0 关联起来，将中断事件 9（端口 0 发送消息完成）与中断程序 INT_2 关联起来，并开启所有的中断，再执行 RCV（接收）指令，启动端口 0 接收数据，接收的数据存放在 VB100 为首单元的 TBL 表中。

表 7-10　XMT、RCV 指令使用举例

梯形图程序		说　明
MAIN （主程序）	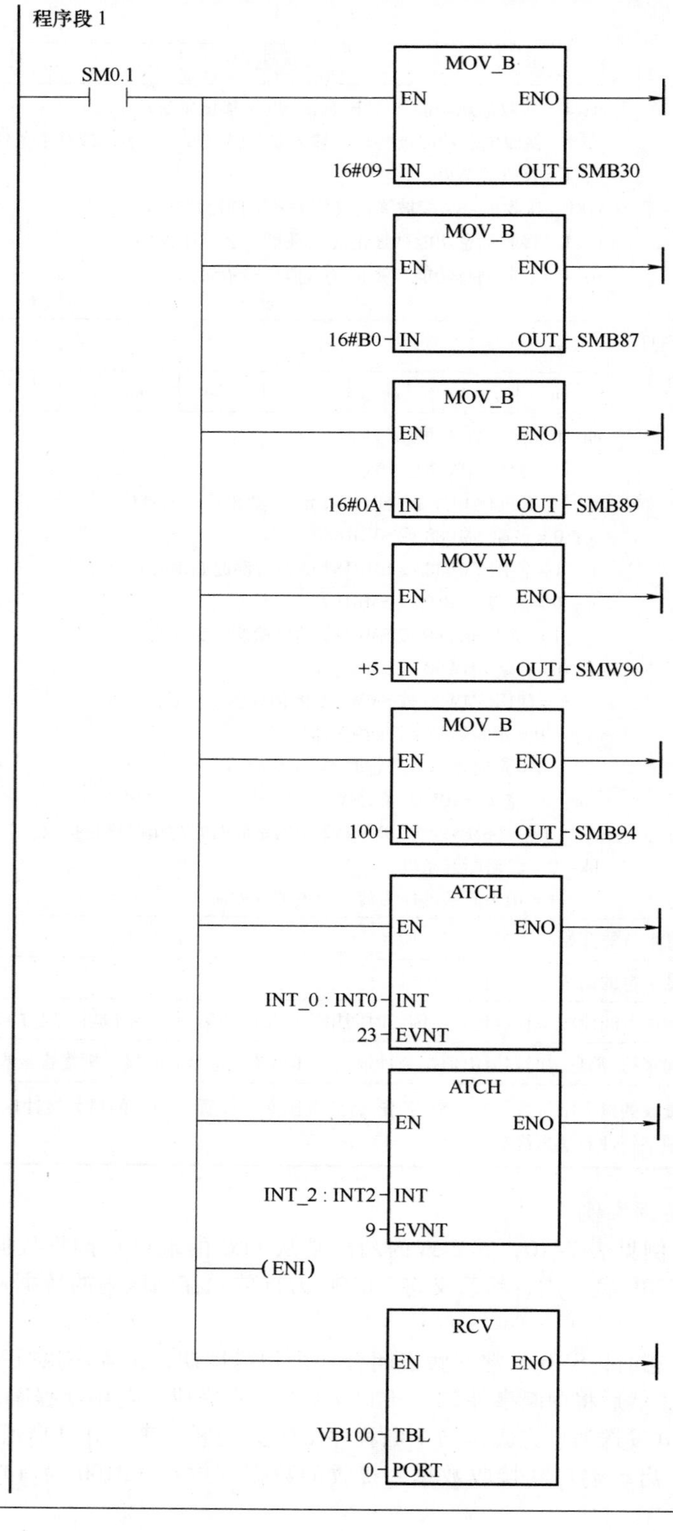 程序段 1 SM0.1 MOV_B: EN ENO; 16#09-IN OUT-SMB30 MOV_B: EN ENO; 16#B0-IN OUT-SMB87 MOV_B: EN ENO; 16#0A-IN OUT-SMB89 MOV_W: EN ENO; +5-IN OUT-SMW90 MOV_B: EN ENO; 100-IN OUT-SMB94 ATCH: EN ENO; INT_0 : INT0-INT; 23-EVNT ATCH: EN ENO; INT_2 : INT2-INT; 9-EVNT (ENI) RCV: EN ENO; VB100-TBL; 0-PORT	PLC 进入运行状态首次扫描时，SM0.1 常开触点闭合一个扫描周期，其右边的 9 条指令由上往下依次执行 第 1 条指令（MOV_B）执行，将 16#09（即 16 进制数 09）送入 SMB30 单元，SMB30 = 00001001，对端口 0 进行如下设置： ① 位 7 位 6 = 00，数据传送不校验 ② 位 5 = 0，每个字符的数据位为 8 位 ③ 位 4 位 3 位 2 = 010，通信波特率为 9.6kbit/s ④ 位 2 位 1 = 01，通信设为自由端口模式 第 2 条指令（MOV_B）执行，将 16#B0 送入 SMB87（RCV 消息控制字节），SMB87 = 10110000，进行如下设置： ① 位 7 = 1，启用接收数据功能 ② 位 5 = 1，检测结束字符（SMB89 的值） ③ 位 4 = 1，检测起始字符（SMB88 的值） 第 3 条指令（MOV_B）执行，将 16#0A（0A 为换行字符的 ASCII 码）送入 SMB89 作为结束字符 第 4 条指令（MOV_W）执行，把 5 送入 SMW90，将空闲线时间被设为 5ms 第 5 条指令（MOV_B）执行，把 100 送入 SMB94，将最大字符数设为 100 第 6 条指令（ATCH）执行，将中断事件 23（端口 0 接收消息完成）与中断程序 INT_0 关联起来 第 7 条指令（ATCH）执行，将中断事件 9（端口 0 发送消息完成）与中断程序 INT_2 关联起来 第 8 条指令（ENI）执行，打开所有的中断，允许所有中断事件发出的申请 第 9 条指令（RCV）执行，启动接收功能，将端口 0 接收来的数据保存在以 VB100 为首单元的 TBL 表中

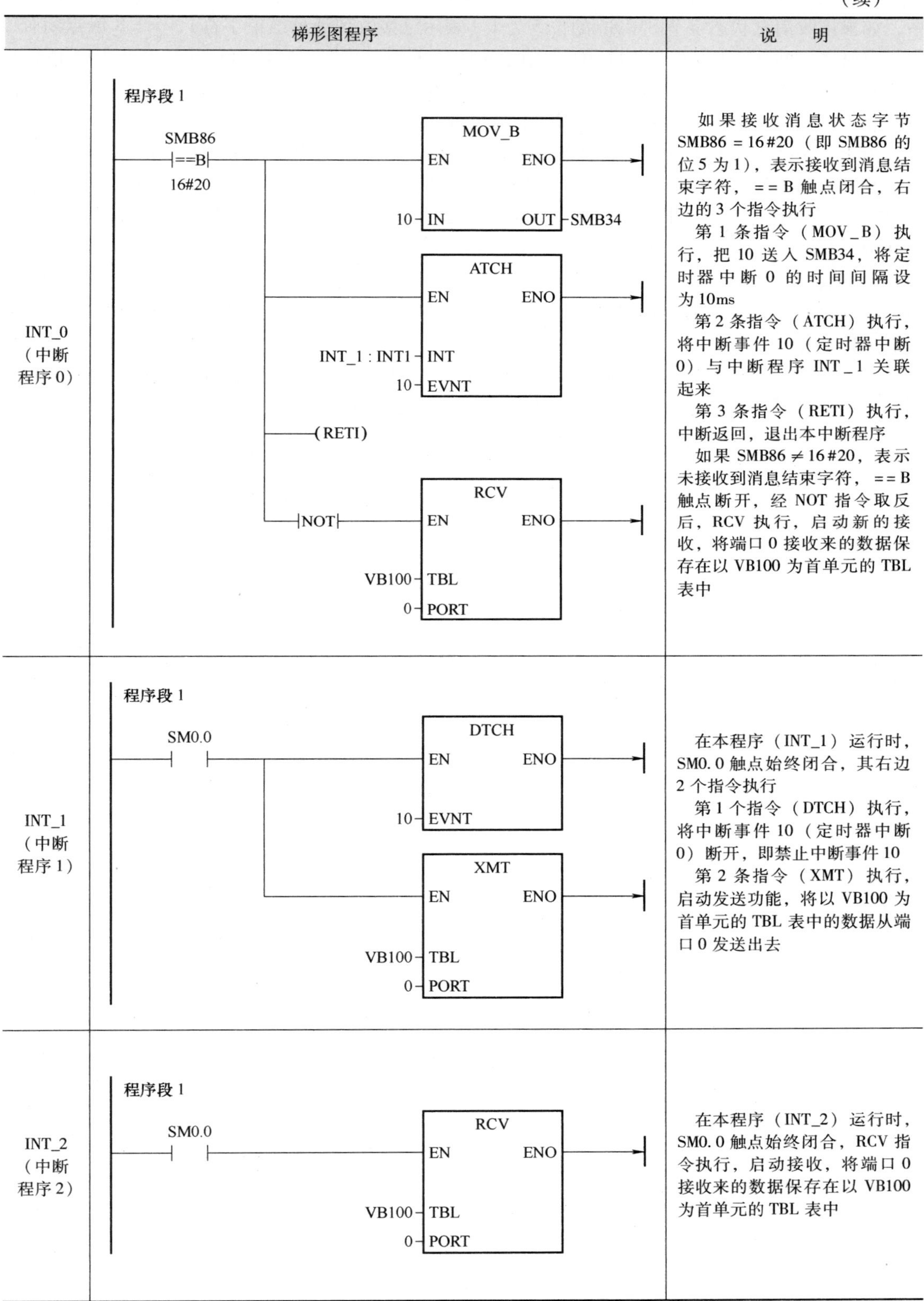

（续）

	梯形图程序	说　明
INT_0（中断程序 0）	程序段 1 SMB86 ==B 16#20 MOV_B: EN ENO; 10 - IN, OUT - SMB34 ATCH: EN ENO; INT_1 : INT1 - INT, 10 - EVNT (RETI) NOT RCV: EN ENO; VB100 - TBL, 0 - PORT	如果接收消息状态字节 SMB86 = 16#20（即 SMB86 的位 5 为 1），表示接收到消息结束字符，= = B 触点闭合，右边的 3 个指令执行 第 1 条指令（MOV_B）执行，把 10 送入 SMB34，将定时器中断 0 的时间间隔设为 10ms 第 2 条指令（ATCH）执行，将中断事件 10（定时器中断 0）与中断程序 INT_1 关联起来 第 3 条指令（RETI）执行，中断返回，退出本中断程序 如果 SMB86 ≠ 16#20，表示未接收到消息结束字符，= = B 触点断开，经 NOT 指令取反后，RCV 执行，启动新的接收，将端口 0 接收来的数据保存在以 VB100 为首单元的 TBL 表中
INT_1（中断程序 1）	程序段 1 SM0.0 DTCH: EN ENO; 10 - EVNT XMT: EN ENO; VB100 - TBL, 0 - PORT	在本程序（INT_1）运行时，SM0.0 触点始终闭合，其右边 2 个指令执行 第 1 个指令（DTCH）执行，将中断事件 10（定时器中断 0）断开，即禁止中断事件 10 第 2 条指令（XMT）执行，启动发送功能，将以 VB100 为首单元的 TBL 表中的数据从端口 0 发送出去
INT_2（中断程序 2）	程序段 1 SM0.0 RCV: EN ENO; VB100 - TBL, 0 - PORT	在本程序（INT_2）运行时，SM0.0 触点始终闭合，RCV 指令执行，启动接收，将端口 0 接收来的数据保存在以 VB100 为首单元的 TBL 表中

一旦端口 0 接收数据完成，会触发中断事件 23 而执行中断程序 INT_0，在中断程序 INT_0 中，如果接收消息状态字节 SMB86 的位 5 为 1（表示已接收到消息结束字符），==B 触点闭合，则将定时器中断 0（中断事件 10）的时间间隔设为 10ms，并把定时器中断 0 与中断程序 INT_1 关联起来，如果 SMB86 的位 5 不为 1（表示未接收到消息结束字符），==B 触点处于断开，经 NOT 指令取反后，RCV 指令执行，启动新的数据接收。

由于在中断程序 INT_0 中将定时器中断 0（中断事件 10）与中断程序 INT_1 关联起来，10ms 后会触发中断事件 10 而执行中断程序 INT_1。在中断程序 INT_1 中，先将定时器中断 0（中断事件 10）与中断程序 INT_1 断开，再执行 XMT（发送）指令，将 VB100 为首单元的 TBL 表中的数据从端口 0 发送出去。

一旦端口 0 数据发送完成，会触发中断事件 9（端口 0 发送消息完成）而执行中断程序 INT_2。在中断程序 INT_2 中，执行 RCV 指令，启动端口 0 接收数据，接收的数据存放在 VB100 为首单元的 TBL 表中。

在本例中，发送 TBL 表和接收 TBL 表分配的单元相同，实际通信编程时可根据需要设置不同的 TBL 表，另外本例中没有编写发送 TBL 表的各单元的具体数据。

第 8 章 西门子变频器的使用

8.1 变频器的基本结构及原理

8.1.1 异步电动机的两种调速方式

当三相异步电动机定子绕组通入三相交流电后，定子绕组会产生旋转磁场，旋转磁场的转速 n_0 与交流电源的频率 f 和电动机的磁极对数 p 有如下关系：

$$n_0 = 60f/p$$

电动机转子的旋转速度 n（即电动机的转速）略低于旋转磁场的旋转速度 n_0（又称同步转速）。两者的转速差与同步转速之比称为转差率 s，电动机的转速为

$$n = (1 - s)60f/p$$

由于转差率 s 很小，一般为 0.01 ~ 0.05，为了计算方便，可认为电动机的转速近似为

$$n = 60f/p$$

从上面的近似公式可以看出，三相异步电动机的转速 n 与交流电源的频率 f 和电动机的磁极对数 p 有关，当交流电源的频率 f 发生改变时，电动机的转速会发生变化。通过改变交流电源频率来调节电动机转速的方法称为变频调速；通过改变电动机磁极对数 p 来调节电动机转速的方法称为变极调速。

变极调速只适用于笼型异步电动机（不适用于绕线转子异步电动机），它是通过改变电动机定子绕组的连接方式来改变电动机的磁极对数，从而实现变极调速。适合变极调速的电动机称为多速电动机，常见的多速电动机有双速电动机、三速电动机和四速电动机等。

对异步电动机进行变频调速，需要用到专门的电气设备——变频器。变频器先将工频（50Hz 或 60Hz）交流电源转换成频率可变的交流电源并提供给电动机，只要改变输出交流电源的频率，就能改变电动机的转速。由于变频器输出电源的频率可连接变化，故电动机的转速也可连续变化，从而实现电动机无级变速调节。图 8-1 列出了几种常见的变频器。

8.1.2 两种类型的变频器结构与原理

变频器的功能是将工频（50Hz 或 60Hz）交流电源转换成频率可变的交流电源提供给电动机，通过改变交流电源的频率来对电动机进行调速控制。变频器种类很多，主要可分为交-直-交型变频器和交-交型变频器两类。

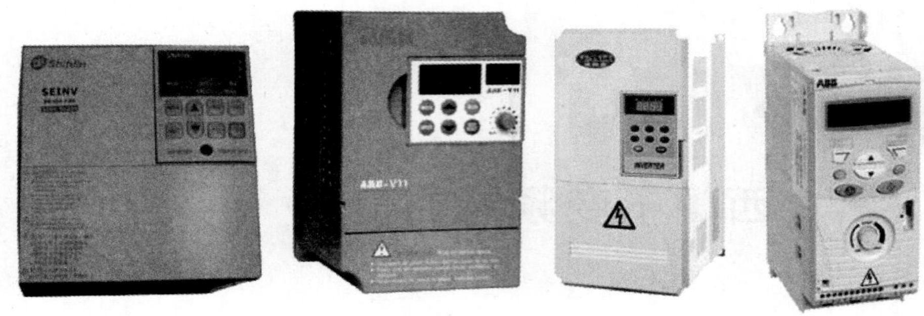

图 8-1　几种常见的变频器

1. 交-直-交型变频器的结构与原理

交-直-交型变频器利用电路先将工频电源转换成直流电源，再将直流电源转换成频率可变的交流电源，然后提供给电动机，通过调节输出电源的频率来改变电动机的转速。交-直-交型变频器的典型结构如图 8-2 所示。

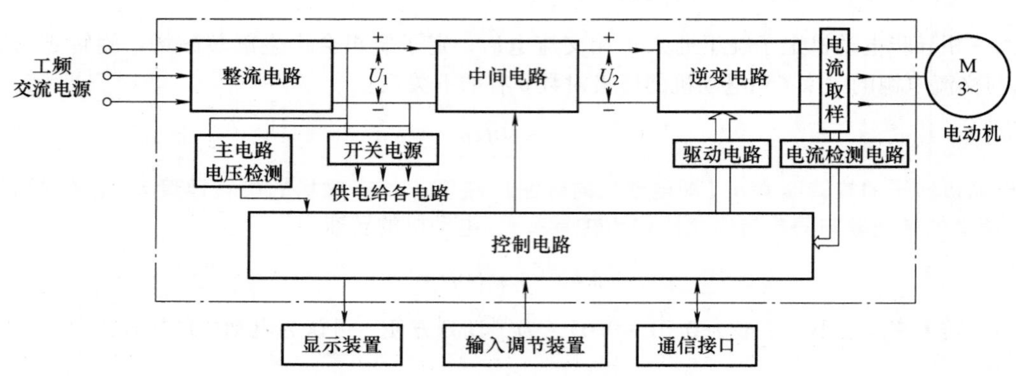

图 8-2　交-直-交型变频器的典型结构框图

交-直-交型变频器工作原理如下：

三相或单相工频交流电源经整流电路转换成脉动的直流电，直流电再经中间电路进行滤波平滑，然后送到逆变电路，与此同时，控制系统会产生驱动脉冲，经驱动电路放大后送到逆变电路，在驱动脉冲的控制下，逆变电路将直流电转换成频率可变的交流电并送给电动机，驱动电动机运转。改变逆变电路输出交流电的频率，电动机转速就会发生相应的变化。

整流电路、中间电路和逆变电路构成变频器的主电路，用来完成交-直-交的转换。由于主电路工作在高电压大电流状态，为了保护主电路，变频器通常设有主电路电压检测电路和输出电流检测电路，当主电路电压过高或过低时，电压检测电路则将该情况反映给控制电路，当变频器输出电流过大（如电动机负荷大）时，电流取样元件或电路会产生过电流信号，经电流检测电路处理后也送到控制电路。当主电路出现电压不正常或输出电流过大时，控制电路通过检测电路获得该情况后，会根据设定的程序做出相应的控制，如让变频器主电路停止工作，并发出相应的报警指示。

控制电路是变频器的控制中心，当它接收到输入调节装置或通信接口送来的指令信号后，会发出相应的控制信号去控制主电路，使主电路按设定的要求工作，同时控制电路还会将有关的设置和机器状态信息送到显示装置，以显示有关信息，便于用户操作或了解变频器的工作情况。

变频器的显示装置一般采用显示屏和指示灯；输入调节装置主要包括按钮、开关和旋钮等；通信接口用来与其他设备（如可编程序控制器 PLC）进行通信，接收它们发送过来的信息，同时将变频器有关信息反馈给这些设备。

2. 交-交型变频器的结构与原理

交-交型变频器利用电路直接将工频电源转换成频率可变的交流电源并提供给电动机，通过调节输出电源的频率来改变电动机的转速。交-交型变频器的结构如图 8-3 所示。从图中可以看出，交-交型变频器与交-直-交型变频器的主电路不同，它采用交-交变频电路直接将工频电源转换成频率可调的交流电源的方式进行变频调速。

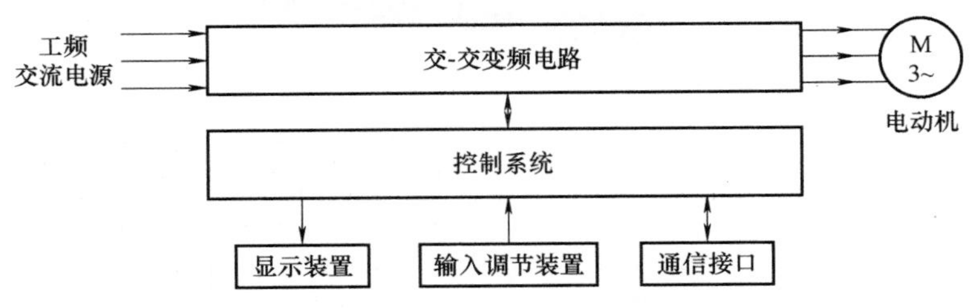

图 8-3　交-交型变频器的结构框图

交-交变频电路一般只能将输入的交流电频率降低输出，而工频电源频率本来就低，所以交-交型变频器的调速范围很窄。另外，这种变频器要采用大量的晶闸管等电力电子器件，导致装置体积大、成本高，故交-交型变频器使用远没有交-直-交型变频器广泛，因此本书主要介绍交-直-交型变频器。

8.2　西门子 MM440 变频器的结构与接线

西门子 MICROMASTER 440 变频器简称 MM440 变频器，是一种用于控制三相交流电动机速度的变频器。该变频器有多种型号，其额定功率范围为 0.12 ~ 200kW（在恒定转矩 CT 控制方式时），最高可达 250kW（在可变转矩 VT 控制方式时）。

MM440 变频器内部由微处理器控制，功率输出器件采用先进的绝缘栅双极型晶体管（IGBT），故具有很高的运行可靠性和功能的多样性，其采用的全面而完善的保护功能，为变频器和电动机提供了良好的保护。

MM440 变频器具有默认的工厂设置参数，在驱动数量众多的实现简单功能的电动机时可直接让变频器使用默认参数。另外，MM440 变频器具有全面而完善的控制功能参数，在设置相关参数后，可用于更高级的电动机控制系统。MM440 变频器可用于单机驱动系统，也可集成到自动化系统中。

8.2.1　外形和型号（订货号）含义

MM440 变频器的具体型号很多，区别主要在于功率不同，功率越大，体积越大，根据外形尺寸不同，可分为 A ~ F、FX 和 GX 型，A 型最小，GX 型最大。MM440 变频器的具体型号一般用订货号来表示，MM440 变频器外形和型号（订货号）含义如图 8-4 所示。图中订货号表示的含义为“西门子 MM440 变频器，防护等级是 IP20，无滤波器，输入电压为三相 380V，功率为 0.37kW，外形尺寸为 A 型”。

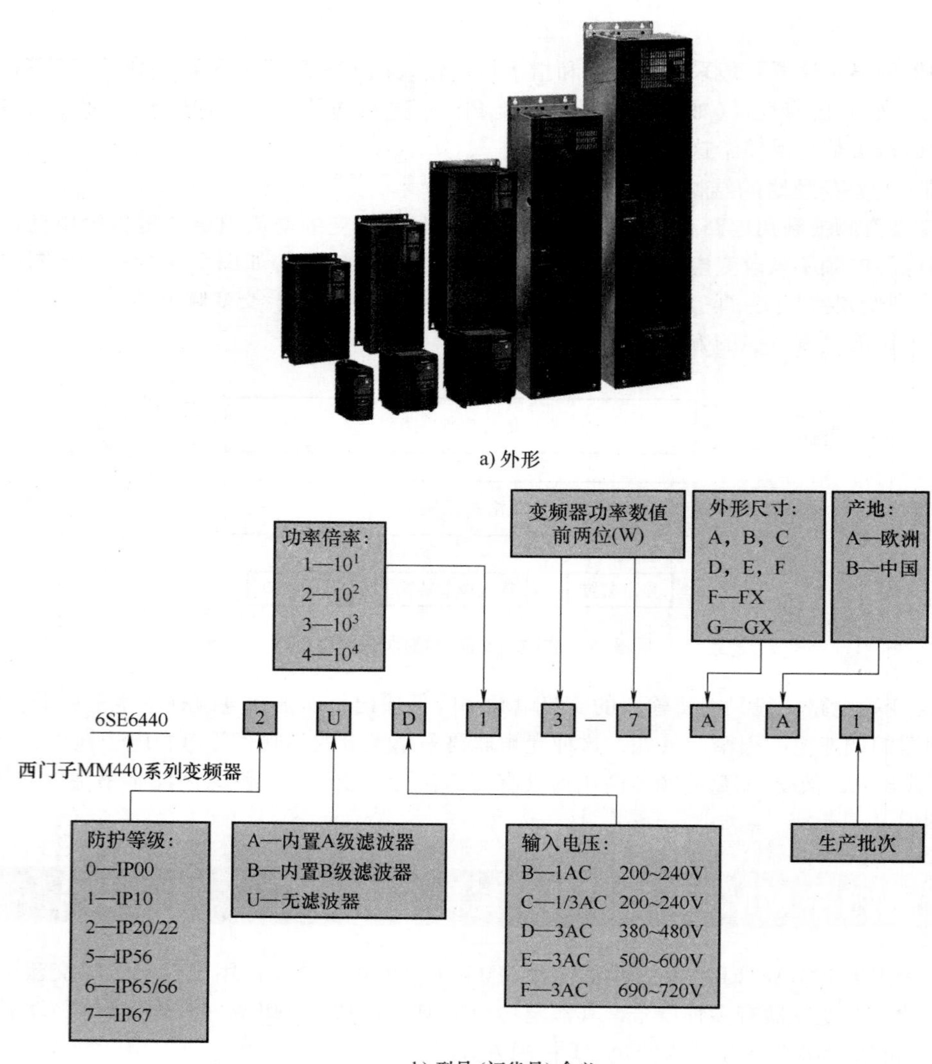

图 8-4　MM440 变频器的外形与型号含义

8.2.2　内部结构及外部接线图

MM440 变频器的内部结构及外部接线如图 8-5 所示，其外部接线主要分为主电路接线和控制电路接线。

8.2.3　主电路的外部端子接线

变频器的主电路由整流电路、中间电路和逆变电路组成，其功能是先由整流电路将输入的单相或三相交流电源转换成直流电源，中间电路将直流电源滤波平滑后，由逆变电路将直流电源转换成频率可调的三相交流电源输出，提供给三相交流电动机。

MM440 变频器主电路的接线端子如图 8-6 所示，其接线方法如图 8-7 所示。如果变频器使用单相交流电源，L、N 两根电源线分别接到变频器的 L/L1 、L1/N 端，如果使用三相交流电源，L1 、L2、L3 三根电源线分别接到变频器的 L/L1 、L1/N 端、L3 端。变频器的 U、V、W 输出端接到三相交流电动机的 U、V、W 端。

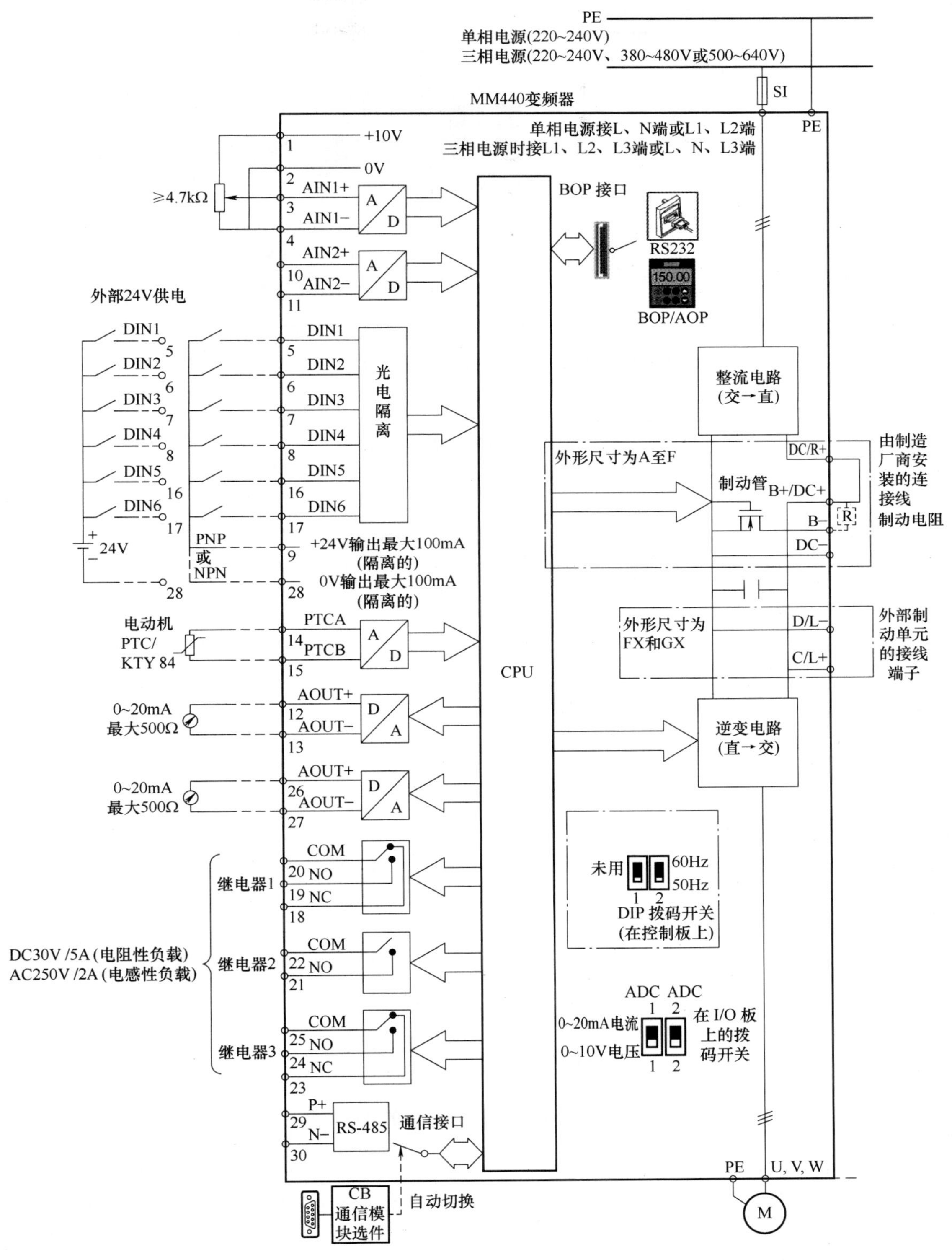

图 8-5　MM440 变频器的内部结构及外部接线图

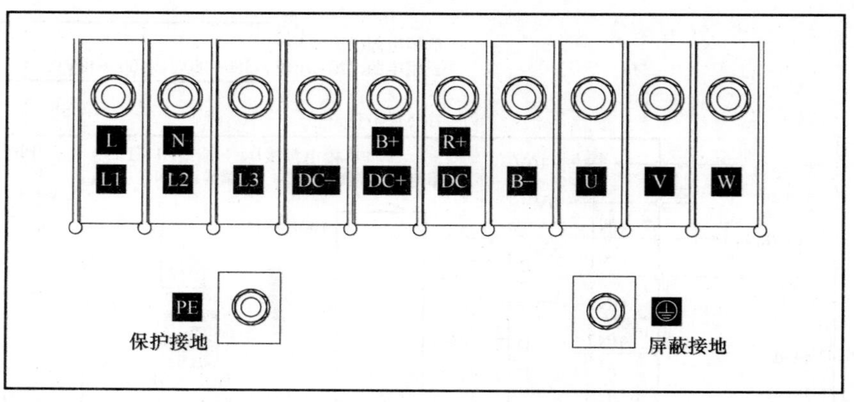

图 8-6　MM440 变频器主电路的接线端子（以 D、E 机型为例）

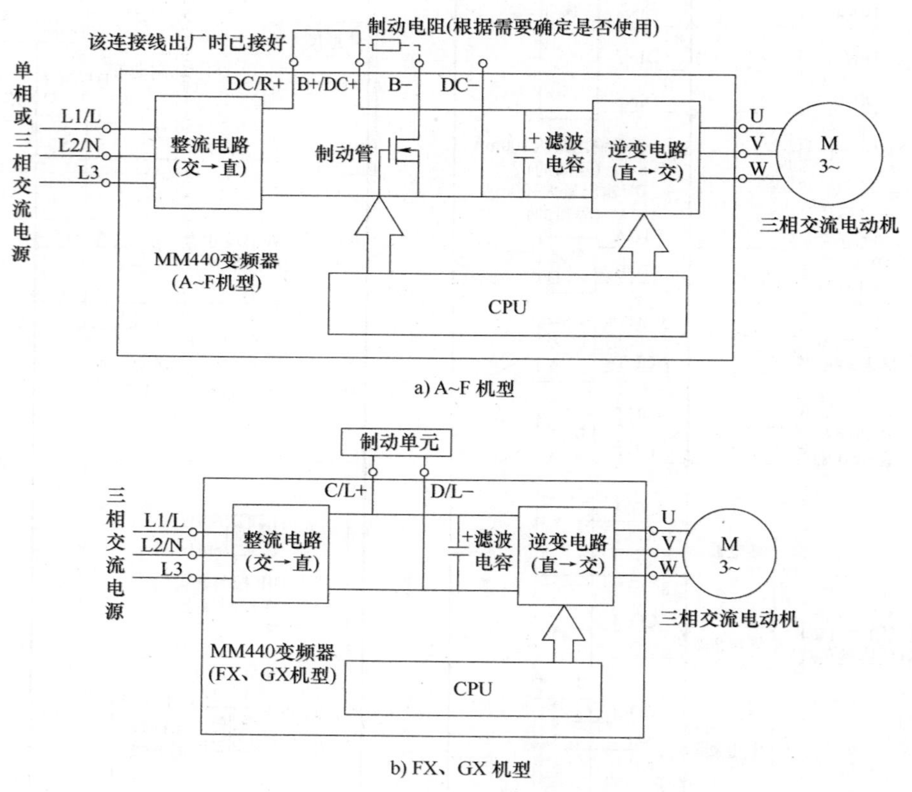

图 8-7　MM440 变频器主电路的接线方法

在需要电动机停机时，变频器停止输出三相交流电源，电动机失电会惯性运转，此时的电动机相当于一台发电机（再生发电），其绕组会产生电流（再生电流），该电流经逆变电路会对中间电路的滤波电容充电而构成回路，电流再经逆变电路流回电动机绕组，这个流回绕组的电流会产生磁场对电动机进行制动，电流越大，制动力矩越大，制动时间越短。为了提高制动效果，变频器在中间电路增加一个制动管，在需要使用变频器的制动功能时，应给制动管外接制动电阻，在制动时，CPU 控制制动管导通，这样电动机惯性运转产生的再生电流的途径为电动机绕组→逆变电路→制动电阻→制动管→逆变电路→电动机绕组，由于制动电阻阻值小，故再生电流大，产生很强的磁场对电动机进行制动。对于 A ~ F 机型，一般采用制动管外接制动电阻方式进行制动；对于 FX、GX 机型，由于其连接的电动机功率大，电动机再生发电产生的电流大，不宜使用制动管和制动电阻制动，而是采用在 D/L－、C/L＋外接制动单元进行制动。

8.2.4　控制电路外部端子的典型实际接线

MM440 变频器的控制电路端子包括数字量输入端子、模拟量输入端子、数字量输出端子、模拟量输出端子和控制电路电源端子，其典型接线如图 8-8 所示。

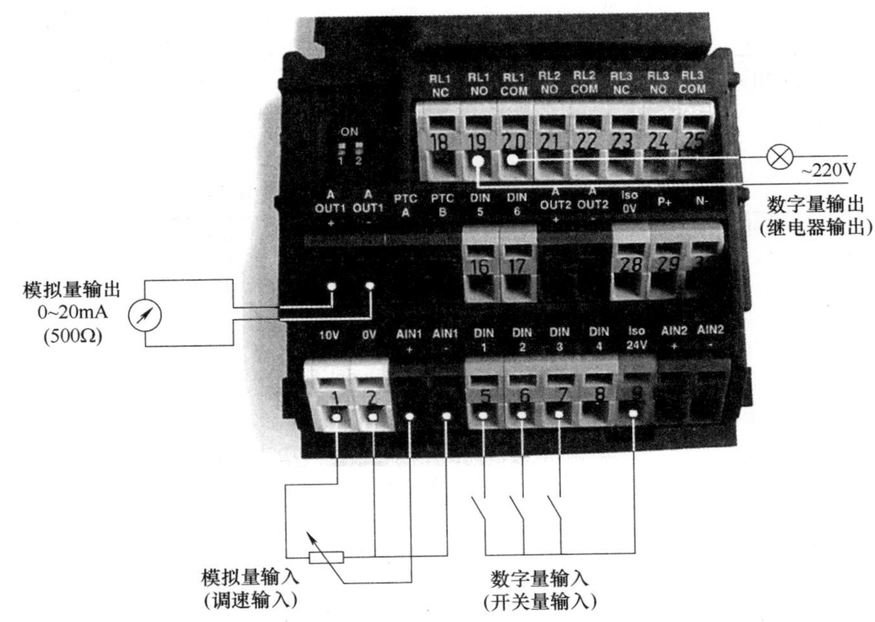

图 8-8　MM440 变频器控制电路的外部端子典型实际接线

8.2.5　数字量输入端子的接线及参数设置

1. 接线

MM440 变频器有 DIN1 ~ DIN6 六路数字量（或称开关量）输入端子，这些端子可以外接开关。在接线时，可使用变频器内部 24V 直流电源，如图 8-9a 所示，也可以使用外部 24V 电源，如图 8-9b 所示。当某端的外接开关闭合时，24V 电源会产生电流流过开关和该端内部的光电耦合输入电路，表示输入为 ON（或称输入为“1”）。

2. 设置参数

DIN1 ~ DIN6 数字量输入端子的功能分别由变频器的 P0701 ~ P0706 参数设定的，参数值不同，其功能不同，各参数值对应的功能见表 8-1。比如参数 P0701 用于设置 DIN1（即 5 号端子）的功能，其默认值为 1，对应的功能为接通正转/断开停车，即 DIN1 端子外接开关闭合时起动电动机正转，外接开关断开时，让电动机停转。参数 P0704 用于设置 DIN4 端子的功能，其默认值为 15，对应的功能是让电动机以某一固定的频率运行。

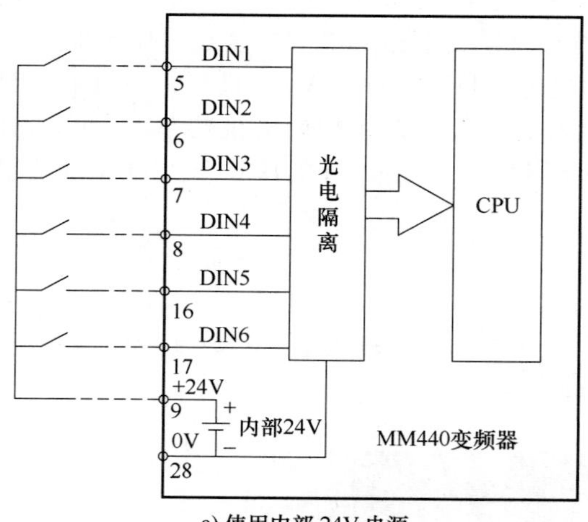

a) 使用内部 24V 电源

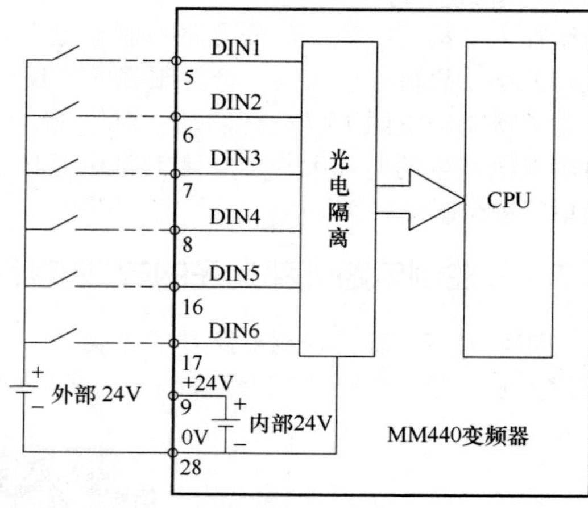

b) 使用外部 24V 电源

图 8-9　数字量输入端子的两种接线方式

表 8-1　DIN1 ~ DIN6 端对应的设置参数及各参数值的含义

数字输入	端子编号	参数编号	出厂设置	功 能 说 明
DIN1	5	P0701	1	P0701 ~ P0706 各参数值对应功能： =0 禁用数字输入 =1 接通正转/断开停车 =2 接通反转/断开停车 =3 断开按惯性自由停车 =4 断开按第二降速时间快速停车 =9 故障复位 =10 正向点动 =11 反向点动 =12 反转（与正转命令配合使用） =13 电动电位计升速 =14 电动电位计降速 =15 固定频率直接选择 =16 固定频率选择 + ON 命令 =17 固定频率编码选择 + ON 命令 =25 使能直流制动 =29 外部故障信号触发跳闸 =33 禁止附加频率设定值 =99 使能 BICO 参数化
DIN2	6	P0702	12	
DIN3	7	P0703	9	
DIN4	8	P0704	15	
DIN5	16	P0705	15	
DIN6	17	P0706	15	
	9	公共端		

说明：

1. 开关量的输入逻辑可以通过 P0725 改变
2. 开关量输入状态由参数 r0722 监控，开关闭合时相应笔画点亮

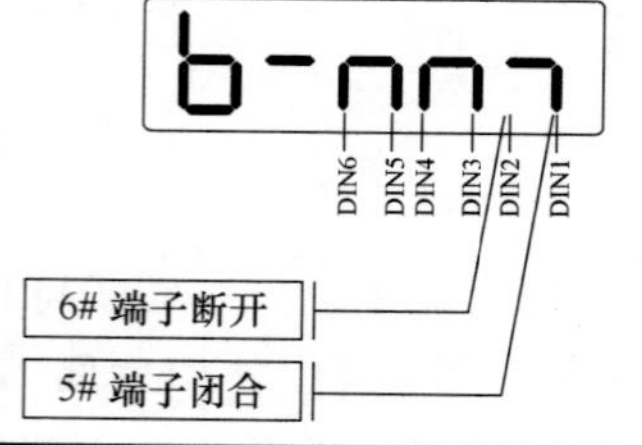

DIN1 ~ DIN6 端的输入逻辑由参数 P0725 设置，P0725 = 1（默认值）时，高电平输入为 ON，P0725 = 0 时，低电平输入为 ON。DIN1 ~ DIN6 端的输入状态由参数 r0722 监控，在变频器操作面板上调出 r0722 的值，通过查看显示值 6 个纵向笔画的亮灭来了解 DIN1 ~ DIN6 端的输入状态，某纵向笔画亮时表示对应的 DIN 端输入为 ON。

8.2.6　模拟量输入端子的接线及参数设置

MM440 变频器有 AIN1、AIN2 和 PTC 三路模拟量输入端子，AIN1、AIN2 用作调速输入端子，

PTC 用作温度检测输入端子。

1. AIN1、AIN2 端子的接线及参数设置

(1) 接线

AIN1、AIN2 端子用于输入 0～10V 直流电压或 0～20mA 的直流电流，控制变频器输出电源的频率在 0～50Hz 范围变化。AIN1、AIN2 端子的接线如图 8-10a 所示，在变频器面板上有 AIN1、AIN2 两个设置开关，如图 8-10b 所示。

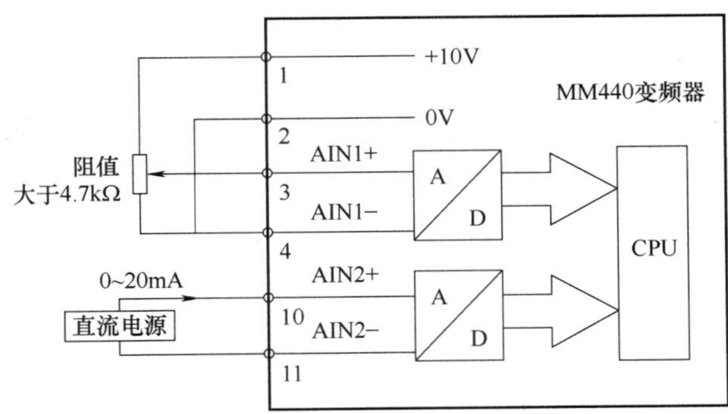

a) AIN1、AIN2 端子的接线

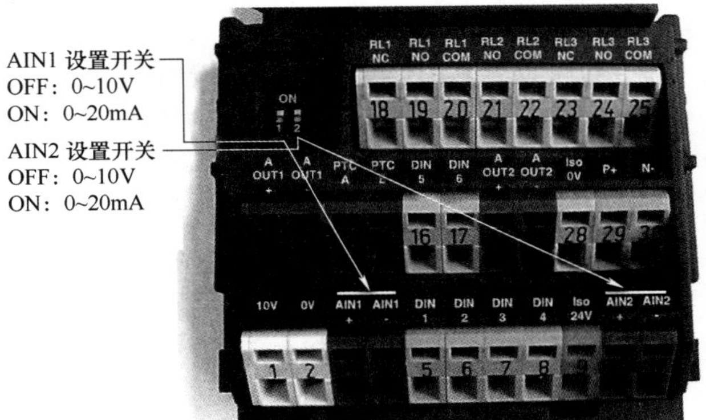

开关选择 ON 时将输入类型设为 0～20mA 电流输入，开关选择 OFF 时将输入类型设为 0～10V 电压输入，当某路输入端子设为电流输入类型时，变频器会根据输入电流变化（不会根据电压变化）来改变输出电源频率。

b) 用AIN1、AIN2 设置开关可将各自端子设为电流或电压输入类型

图 8-10　AIN1、AIN2 端子的接线及输入类型的设置

(2) AIN 端输入值与变频器频率输出值关系的参数设置

在用 AIN 设置开关将 AIN 端子设为电流（或电压）输入类型时，会默认将 0～20mA（或 0～10V）对应 0～50Hz，如果需要其他范围的电流（或电压）对应 0～50Hz，可通过设置参数 P0757～P0761 来实现。

表 8-2 是将 AIN1 端输入 2～10V 对应变频器输出 0～50Hz 的参数设置，该设置让 2V 对应基准频率（P2000 设定的频率，默认为 50Hz）的 0%（即 0Hz），10V 对应基准频率的 100%（即 50Hz），P0757［0］表示 P0757 的第一组参数（又称下标参数 0），P0761［0］用于设置死区宽度（即输入电压或电流变化而输出频率不变的一段范围）。

表 8-3 是将 AIN2 端输入 4～20mA 对应变频器输出 0～50Hz 的参数设置，该设置使 AIN2 端在输入 4～20mA 范围内的电流时，让变频器输出电源频率在 0～50Hz 范围内变化。P0757［1］表示 P0757 的第二组参数（又称下标参数 1）。

表 8-2　AIN1 端输入 2～10V 对应变频器输出 0～50Hz 的参数设置

参数号	设定值	参 数 功 能
P0757 [0]	2	电压 2V 对应 0% 的标度，即 0Hz
P0758 [0]	0%	
P0759 [0]	10	电压 10V 对应 100% 的标度，即 50Hz
P0760 [0]	100%	
P0761 [0]	2	死区宽度

表 8-3　AIN2 端输入 4～20mA 对应变频器输出 0～50Hz 的参数设置

参数号	设定值	参 数 功 能
P0757 [1]	4	电流 4mA 对应 0% 的标度，即 0Hz
P0758 [1]	0%	
P0759 [1]	20	电流 20mA 对应 100% 的标度，即 50Hz
P0760 [1]	100%	
P0761 [1]	4	死区宽度

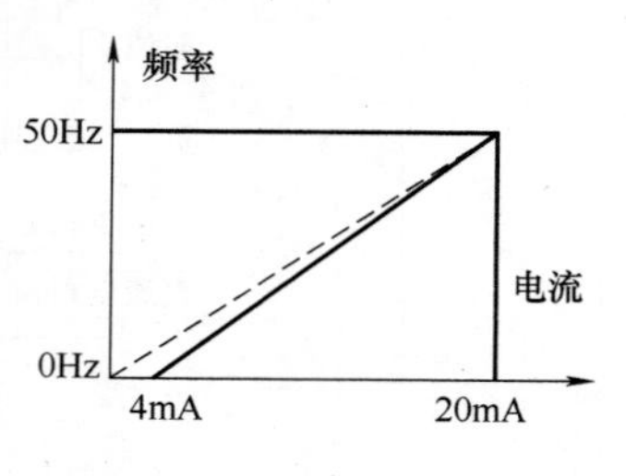

（3）AIN 端用作数字量输入端的接线及参数设置

AIN1、AIN2 端默认用作模拟量输入端，也可以将其用作 DIN7、DIN8 数字量输入端，其接线如图 8-11 所示。另外还需将 AIN1、AIN2 端子对应的参数 P0707、P0708 的值设为 0 以外的值，P0707、P0708 的参数值功能与 P0701～P0706 一样。

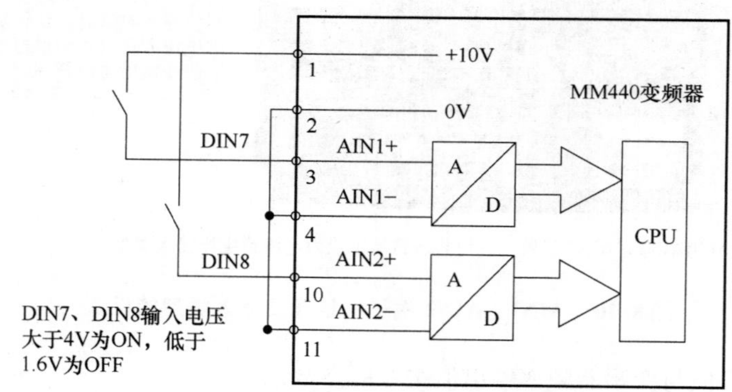

图 8-11　AIN1、AIN2 端用作 DIN7、DIN8 数字量输入端的接线

2. PTC 端子（电动机温度保护）的接线

PTC 端子用于外接温度传感器（PTC 型或 KTY84 型），传感器一般安装电动机上，变频器通过温度传感器检测电动机的温度，一旦温度超过某一值，变频器将会发出温度报警。PTC 端子的接线如图 8-12 所示。

（1）采用 PTC 传感器（P0601 = 1）

如果变频器 PTCA、PTCB 端（即 14、15 脚）连接 PTC 型温度传感器，需要将参数 P0601 设为 1，使 PTC 功能有效。在正常情况下，PTC 传感器阻值大约 1500Ω 以下，温度越高，其阻值越大，一旦阻值大于 1500Ω，14、15 脚之间的输入电压超过 4V，变频器将发出报警信号，并停机保护。PTC 传感器阻值变化范围应在 1000～2000Ω。

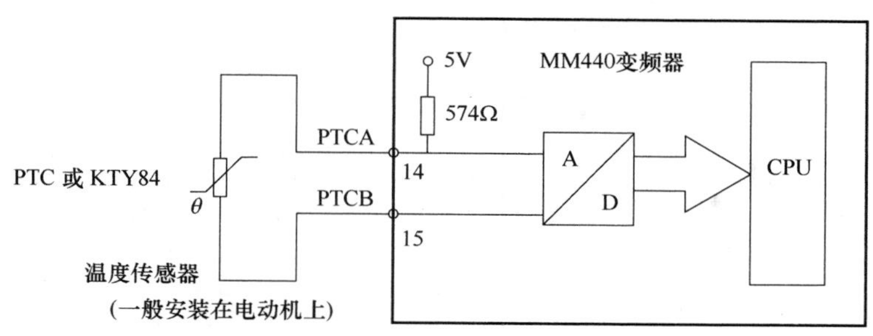

图 8-12　PTC 端子的接线

（2）采用 KTY84 传感器（P0601 = 2）

如果变频器 PTCA、PTCB 端连接 KTY84 型温度传感器，应将 KTY84 阳极接到 PTCA，阴极接到 PTCB，并将参数 P0601 设为 2，使 KTY84 功能有效，进行温度监控，检测的温度测量值会被写入参数 r0035。电动机过温保护的动作阈值可用参数 P0604（默认值为 130℃）设定。

8.2.7　数字量输出端子的接线及参数设置

1. 接线

MM440 变频器有三路继电器输出端子，也称为数字量输出端子，其中两个双触点继电器和一个单触点继电器，其外部接线如图 8-13 所示。

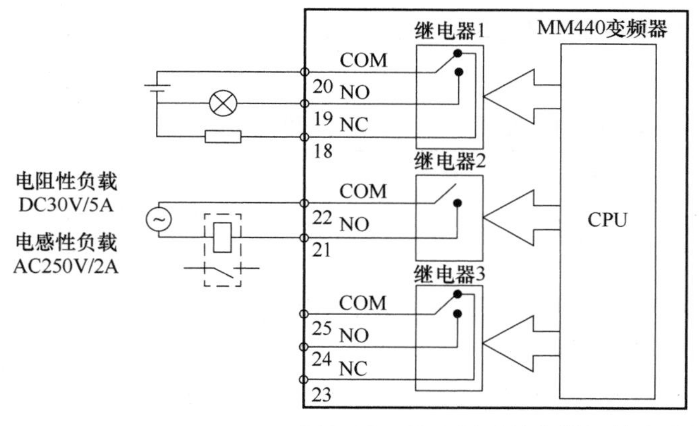

如果继电器输出端子外接电阻性负载（如电阻、灯泡等），且采用直流电源时，允许直流电压最高为 30V，电流最大为 5A，若这些端子外接感性负载（如各类线圈），且采用交流电源时，允许交流电压最高为 250V，电流最大为 2A。

图 8-13　数字量（继电器）输出端子的接线

2. 参数设置

3 个数字量输出端子的功能可由参数 P0731、P0732 和 P0733 的设定值来确定。数字量输出端子 1 的默认功能为变频器故障（P0731 = 52.3），即变频器出现故障时，该端子内部的继电器常闭触点断开，常开触点闭合；数字量输出端子 2 的默认功能为变频器报警（P0732 = 52.7）；数字量输出端子 3 对应的设置参数 P0733 = 0.0，无任何功能，用户可修改 P0733 的值来设置该端子的功能。

8.2.8　模拟量输出端子的接线及参数设置

1. 接线

MM440 变频器有两路模拟量输出端子（AOUT1、AOUT2），如图 8-14 所示，用于输出 0 ~

20mA 的电流来反映变频器输出频率、电压、电流等的大小，一般外接电流表（内阻最大允许值为 500Ω）来指示变频器的频率、电压或电流等数值。

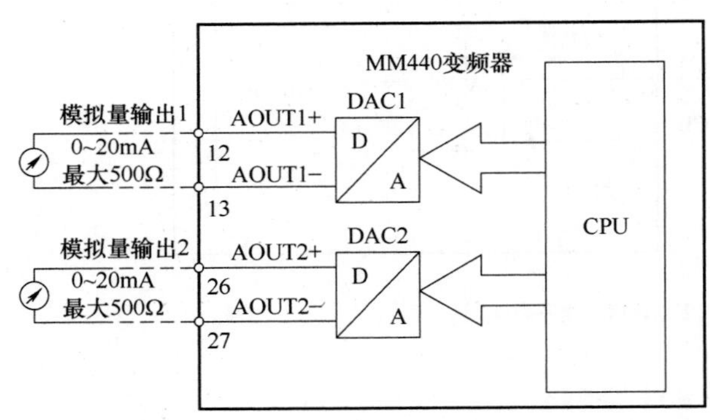

P0771 下标：
P0771[0]：模拟输出 1 (DAC1)
P0771[1]：模拟输出 2 (DAC2)

P0771 设定值：
21：实际频率
24：实际输出频率
25：实际输出电压
26：实际直流回路电压
27：实际输出电流

输出模拟信号与所设置的物理量成线性关系

图 8-14　模拟量输出端子的接线及参数设置

2. 参数设置

模拟量输出端子的功能由参数 P0771 来设定，P0771［0］、P0771［1］分别用于设置 AOUT1、AOUT2 端的功能，例如设置 P0771［0］= 24.0，就把 AOUT1 端设为变频器实际输出频率，该端输出的电流越大，表示变频器输出电源频率越高。

AOUT 端默认输出 0 ~ 20mA 对应变频器输出频率 0 ~ 50Hz，通过设置参数 P077 ~ P0780 可以改变 AOUT 端输出电流与变频器输出频率之间的关系，AOUT1、AOUT2 分别由各参数的第一、二组参数设置。表 8-4 是让 AOUT1 端输出 4 ~ 20mA 对应变频器输出频率 0 ~ 50Hz 的参数设置。

表 8-4　AOUT1 端用输出 4 ~ 20mA 对应变频器输出频率 0 ~ 50Hz 的参数设置

参数号	设定值	参 数 功 能	电流/mA（20，4，0，50 频率/Hz）
P0777［0］	0%	0Hz 对应输出电流 4mA	
P0778［0］	4		
P0779［0］	100%	50Hz 对应输出电流 20mA	
P0780［0］	20		

8.3　变频器的停车、制动及再起动方式

8.3.1　电动机的铭牌数据与变频器对应参数

变频器是用来驱动电动机运行的，了解电动机的一些参数数据，才能对变频器有关参数做出合适的设置。电动机的主要参数数据一般会在铭牌上标示，图 8-15 是一种典型的电动机铭牌数据，该铭牌标注了电动机在电源频率为 50Hz 和 60Hz 时的主要参数数据，铭牌主要数据对应的变频器参数如图 8-16 所示。例如变频器参数 P0304 用于设置电动机的额定电压值，设置范围为 10 ~ 2000，默认值为 230（V），电动机铭牌标注的额定电压为 230 ~ 400V，那么可以将 P0304 的值设为 400，这样变频器额定输出电压被限制在 400V 以内。

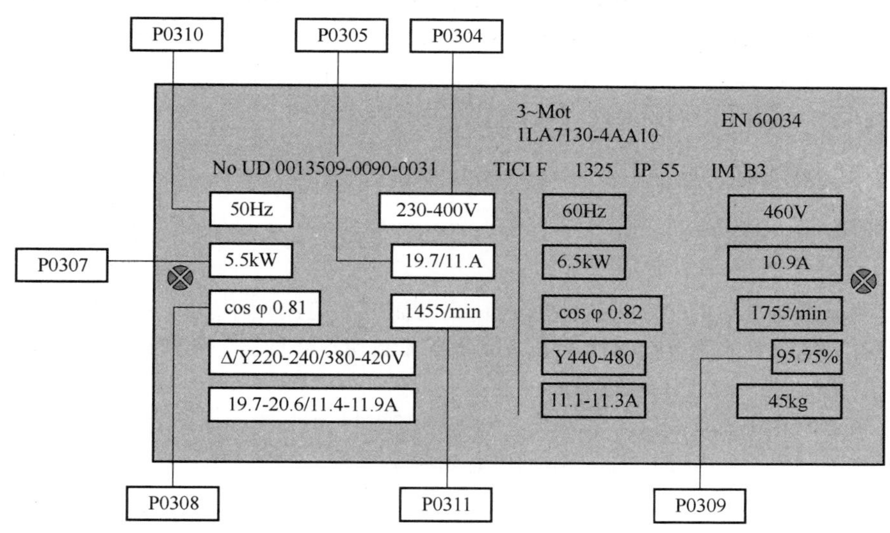

图 8-15　一种典型的电动机铭牌数据

参数	名称			范围	访问级
P0304[3]	电动机的额定电压 CStat：C 参数组：电动机	数据类型：U16 使能有效：确认	单位：V 快速调试：是	最小值：10 默认值：230 最大值：2000	访问级： 1
P0305[3]	电动机额定电流 CStat：C 参数组：电动机	数据类型：浮点数 使能有效：确认	单位：A 快速调试：是	最小值：0.01 默认值：3.25 最大值：10000.00	访问级： 1
P0307[3]	电动机额定功率 CStat：C 参数组：电动机	数据类型：浮点数 使能有效：确认	单位：– 快速调试：是	最小值：0.01 默认值：0.75 最大值：2000.00	访问级： 1
P0308[3]	电动机额定功率因数 CStat：C 参数组：电动机	数据类型：浮点数 使能有效：确认	单位：– 快速调试：是	最小值：0.000 默认值：0.000 最大值：1.000	访问级： 2
P0309[3]	电动机的额定效率 CStat：C 参数组：电动机	数据类型：浮点数 使能有效：确认	单位：% 快速调试：是	最小值：0.0 默认值：0.0 最大值：99.9	访问级： 2
P0310[3]	电动机的额定频率 CStat：C 参数组：电动机	数据类型：浮点数 使能有效：确认	单位：Hz 快速调试：是	最小值：12.00 默认值：50.00 最大值：650.00	访问级： 1
P0311[3]	电动机的额定速度 CStat：C 参数组：电动机	数据类型：U16 使能有效：确认	单位：r/min 快速调试：是	最小值：0 默认值：0 最大值：40000	访问级： 1

图 8-16　电动机铭牌主要数据对应的变频器参数

8.3.2　变频器的停车方式

MM440 变频器有 OFF1、OFF2、OFF3 三种停车方式。

1）OFF1 为变频器默认停车方式，用 DIN 端子控制，当 DIN 端子输入为 ON 时运行，输入为 OFF（如 DIN 端子外接开关断开）时停车，即输入低电平有效。在按 OFF1 方式停车时，变频器按 P1121 设定的时间停车（即从 P1082 设定的最高频率下降到 0Hz 的时间）。OFF1 用作一般场合的常规停车。

2）OFF2 为自由停车方式。当有 OFF2 命令输入时，变频器马上停止输出电源，电动机按惯性自由停车。OFF2 除了可用于紧急停车外，还可以用在变频器输出端有接触器的场合，在变频器运行时，禁止断开输出端接触器，可在使用 OFF2 停车 0.1s 后，才可断开输出端接触器。

3）OFF3 为快速停车方式。其停车时间可在参数 P1135 中设定，该时间也是从最高频率下降到 0Hz 的时间。OFF3 一般用作快速停车，也可用在需要不同停车时间的场合。

OFF1、OFF2、OFF3 命令均为低电平有效。

8.3.3 变频器的制动方式

为了缩短电动机减速时间，MM440 变频器支持直流制动方式和能耗制动方式。

（1）直流制动方式

直流制动是指给电动机的定子绕组通入直流电流，该电流产生磁场对转子进行制动。在使用直流制动时，电动机的温度会迅速上升，因此直流制动不能长期、频繁地使用。当变频器连接的为同步电动机时，不能使用直流制动。

与直流制动的相关的参数有 P1230 = 1（使能直流制动）、P1232（直流制动强度）、P1233（直流制动持续时间）和 P1234（直流制动的起始频率）。

（2）能耗制动

能耗制动是指将电动机惯性运转时产生的电能，反送入变频器消耗在制动电阻或制动单元上，从而达到快速制动停车的目的。与能耗制动相关的参数有 P1237（能耗制动的工作周期）、P1240 = 0（禁止直流电压控制器，从而防止斜坡下降时间的自动延长）。

电动机惯性运转时，工作在发电状态，其产生的电压会反送入变频器，导致变频器主电路的电压升高（过高时可能会引起变频器过电压保护），在变频器的制动电路中连接合适的制动电阻或制动单元（75kW 以上变频器使用制动单元），可以迅速消耗这些电能。变频器的功率越大，可连接电动机功率也就越大，大功率电动机惯性运转时产生的电流大，因此选用的制动电阻要求功率也要大，否则容易烧坏。不同规格的 MM440 变频器的制动电阻选配见表 8-5，表中的制动电阻是按 5% 的工作周期确定阻值和功率的，如果实际工作周期大于 5%，需要将制动电阻功率加大，阻值不变，确保制动电阻不被烧毁。

表 8-5　不同规格的 MM440 变频器选用的制动电阻

变频器规格		选用的制动电阻		
功率/kW	外形尺寸	额定电压/V	电阻值/Ω	连续功率/W
0.12 ~ 0.75	A	230	180	50
1.1 ~ 2.2	B	230	68	120
3.0	C	230	39	250
4，5.5	C	230	27	300
7.5，11，15	D	230	10	800
18.5，22	E	230	7	1200
30，37，45	F	230	3	2500
2.2，3，4	B	380	160	200
5.5，7.5，11	C	380	56	650
15，18.5，22	D	380	27	1200
30，37	E	380	15	2200
45，55，75	F	380	8	4000
5.5，7.5，11	C	575	82	650
15，18.5，22	D	575	39	1300
30，37	E	575	27	1900
45，55，75	F	575	12	4200

8.3.4 变频器的再起动方式

变频器的再起动分为自动再起动和捕捉再起动。

自动再起动是指变频器在主电源跳闸或故障后的重新起动，要求起动命令在数字输入端保持常开才能进行自动再起动。

捕捉再起动是指变频器快速地改变输出频率，去搜寻正在自由旋转的电动机的实际速度，一旦捕捉到电动机的实际速度值，就让电动机按常规斜坡函数曲线升速运行到频率的设定值。

自动再起动和捕捉再起动的设置参数分别为 P1210、P1200，其参数值及功能见表 8-6。

表 8-6　MM440 变频器再起动方式及设置参数

再起动方式	自动再起动	捕捉再起动
应用场合	上电自起动	重新起动旋转的电动机
参数设置	P1210：默认值为 1 =0　禁止自动再起动 =1　上电后跳闸复位 =2　在主电源中断后再起动 =3　在主电源消隐或故障后再起动 =4　在主电源消隐后再起动 =5　在主电源中断和故障后再起动 =6　在电源消隐，电源中断或故障后再起动	P1200：默认值为 0 =0　禁止捕捉再起动 =1　捕捉再起动总是有效，双方向搜索电动机速度 =2　捕捉再起动功能在上电，故障，OFF2 停车时，双方向搜索电动机速度 =3　捕捉再起动在故障，OFF2 停车时有效，双方向搜索电动机速度 =4　捕捉再起动总是有效，单方向搜索电动机的速度 =5　捕捉再起动在上电，故障，OFF2 停车时有效，单方向搜索电动机速度 =6　故障，OFF2 停车时有效，单方向搜索电动机速度
建议	同时采用上述两种功能	

8.4 用面板和外部端子操作调试变频器

MM440 变频器可以外接 SDP（状态显示板）、BOP（基本操作板）或 AOP（高级操作板），3 种面板外形如图 8-17 所示，SDP 为变频器标配面板，BOP、AOP 为选件面板（需另外购置）。

SDP
状态显示板

BOP
基本操作板

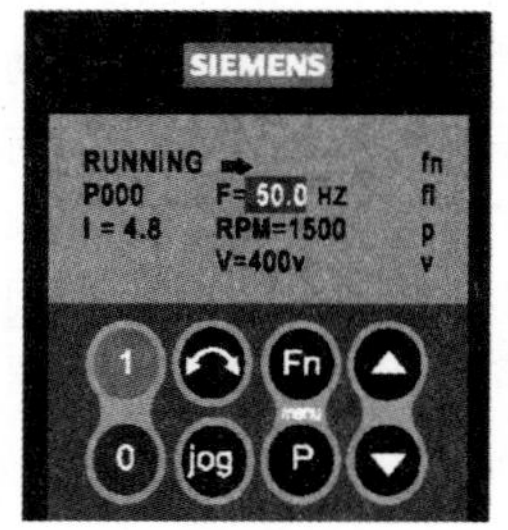

AOP
高级操作板

图 8-17　MM440 变频器可外接的面板

8.4.1 用 SDP 和外部端子操作调试变频器

SDP 上只有两个用于显示状态的 LED 指示灯，无任何按键，故只能查看状态而无法在面板上操作变频器，操作变频器需要通过外部端子连接的开关或电位器来进行，由于无法通过 SDP 修改变频器的参数，因此只能按出厂参数值或先前通过其他方式设置的参数值工作。

1. SDP 指示灯及指示含义

SDP 面板上有两个指示灯，指示含义如图 8-18 所示。

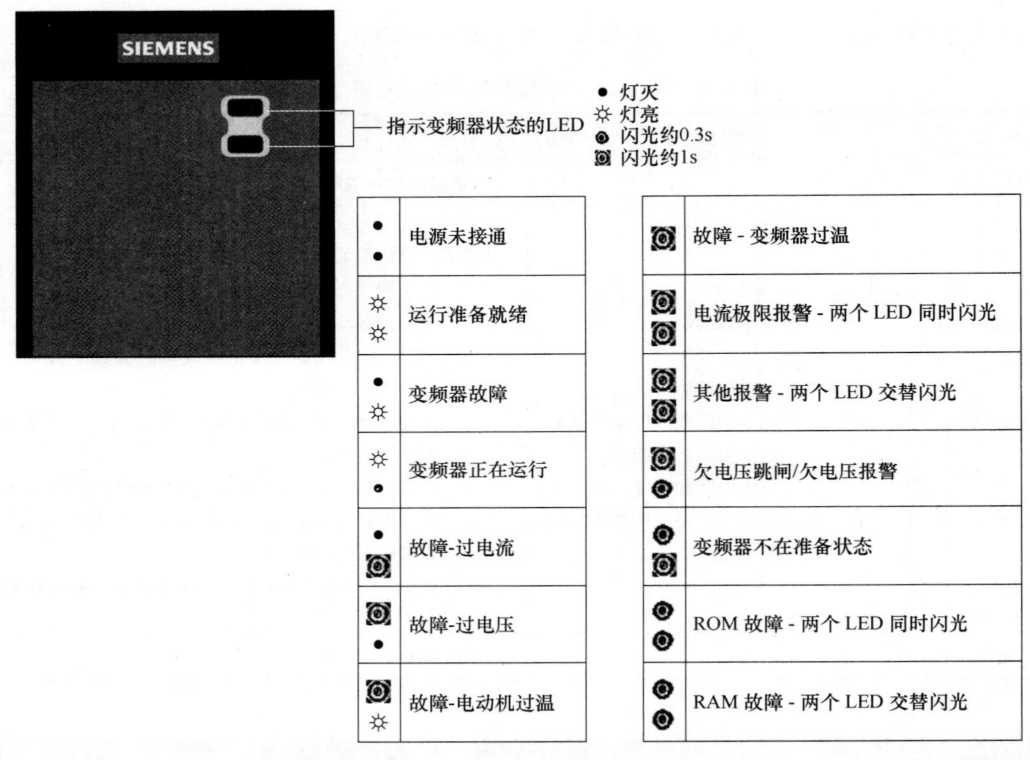

图 8-18　SDP 面板的指示灯及指示含义

2. 通过外部端子操作变频器

当变频器连接 SDP 时，只能使用变频器控制电路的外部端子来操作变频器。当 DIN1 端子外接开关闭合时，电动机起动并正转，开关断开时，电动机停转。在电动机运转时，调节 AIN1 端子外接的电位器，可以对电动机进行调速，同时 AOUT1 端子输出电流也会发生变化，外接电流表指针偏转，指示变频器当前输出至电动机的电源频率，变频器输出频率越高，AOUT1 端子输出电流越大，指示输出电源频率越高。一旦变频器出现故障，RL1 端子（继电器输出端子 1）内部的继电器动作，常开触点闭合，外接指示灯通电发光，指示变频器出现故障。如果将 DIN3 端子外接开关闭合，会对变频器进行故障复位，RL1 端子内部继电器的常开触点断开，外接指示灯断电熄灭。

8.4.2 用 BOP 操作调试变频器

BOP 上有显示屏和操作按键，在使用 BOP 连接变频器（要先将 SDP 从变频器上拆下）时，可以设置变频器的参数，也可以直接用面板上的按键操作变频器运行。

1. BOP 介绍

BOP 上方为五位数字七段显示屏，用于显示参数号、参数值、数值、报警和故障等信息，BOP 不能存储参数信息。BOP 外形及按键名称如图 8-19 所示，显示屏及按键功能说明见表 8-7。

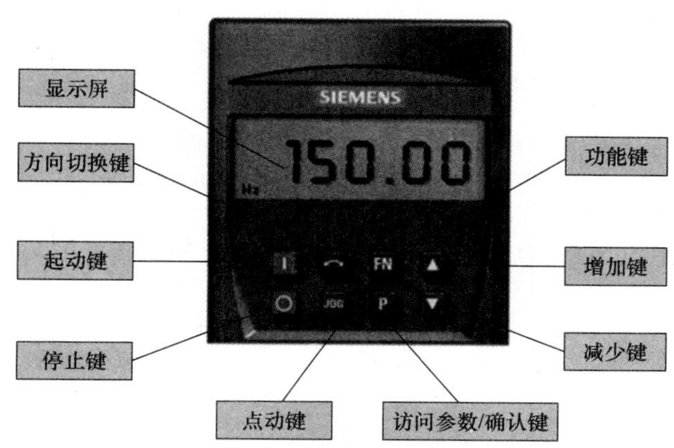

图 8-19　BOP 外形及按键名称

2. 用 BOP 设置变频器的参数

在变频器处于默认设置时，BOP 可以设置修改参数，但不能控制电动机运行，要控制电动机运行必须将参数 P0700 的值设为 1，参数 P1000 的值也应设为 1。在变频器通电时可以安装或拆卸 BOP，如果在电动机运行时拆卸 BOP，变频器将会让电动机自动停车。

表 8-7　BOP 显示屏及按键功能说明

显示/按钮	功　　能	功能的说明
P(1) r0000 Hz	状态显示	LCD 显示变频器当前的设定值
I	起动电动机	按此键起动变频器。默认值运行时此键是被封锁的。为了使此键的操作有效，应设定 P0700 = 1
0	停止电动机	OFF1：按此键，变频器将按选定的斜坡下降速率减速停车。缺省值运行时此键被封锁；为了允许此键操作，应设定 P0700 = 1 OFF2：按此键两次（或一次，但时间较长）电动机将在惯性作用下自由停车。此功能总是“使能”的
	改变电动机的转动方向	按此键可以改变电动机的转动方向。电动机的反向用负号（ - ）表示或用闪烁的小数点表示。默认值运行时此键是被封锁的，为了使此键的操作有效，应设定 P0700 = 1
jog	电动机点动	在变频器无输出的情况下按此键，将使电动机起动，并按预设定的点动频率运行。释放此键时，变频器停车。如果变频器/电动机正在运行，按此键将不起作用

（续）

显示/按钮	功　能	功能的说明
Fn	功能	此键用于浏览辅助信息 变频器运行过程中，在显示任何一个参数时按下此键并保持不动2s，将显示以下参数值： 1. 直流回路电压（用d表示－单位：V） 2. 输出电流（A） 3. 输出频率（Hz） 4. 输出电压（用o表示－单位：V） 5. 由P0005选定的数值［如果P0005选择显示上述参数中的任何一个（3，4，或5），这里将不再显示］ 连续多次按下此键，将轮流显示以上参数 跳转功能 在显示任何一个参数（r××××或P××××）时短时间按下此键，将立即跳转到r0000，如果需要的话，您可以接着修改其他的参数。跳转到r0000后，按此键将返回原来的显示点 在出现故障或报警的情况下，按此键可以将操作板上显示的故障或报警信息复位
P	访问参数	按此键即可访问参数
▲	增加数值	按此键即可增加面板上显示的参数数值
▼	减少数值	按此键即可减少面板上显示的参数数值

用BOP设置变频器参数的方法见表8-8和表8-9。表8-8为设置参数P0004＝7的操作方法，表8-9为设置P100［0］＝1的操作方法，P1000［0］表示P0100的第0组参数（又称下标参数0）。“r----”参数为只读参数，其显示的是特定的参数值，用户无法修改，“P----”参数的参数值可以由用户修改。

在用BOP设置变频器的参数时，如果面板显示“busy”，表明变频器正在忙于处理更高优先级任务。

表8-8　设置参数P0004＝7的操作方法

操作步骤	显示的结果
1. 按 P 访问参数	r0000
2. 按 ▲ 直到显示出P0004	P0004
3. 按 P 进入参数数值访问级	0
4. 按 ▲ 或 ▼ 达到所需要的数值	7
5. 按 P 确认并存储参数的数值	P0004
6. 使用者只能看到电动机的参数	

表 8-9　设置 P100［0］=1 的操作方法

操作步骤		BOP 显示结果
1	按[P]键，访问参数	r0000
2	按[▲]键，直到显示 P1000	P1000
3	按[P]键，显示 in000，即 P1000 的第 0 组值	in000
4	按[P]键，显示当前值 2	2
5	按[▼]键，达到所要求的数值 1	1
6	按[P]键，存储当前设置	P1000
7	按[FN]键，显示 r0000	r0000
8	按[P]键，显示频率	50.00

3. 故障复位操作

如果变频器运行时发生故障或报警，变频器会出现提示，并按照设定的方式进行默认的处理（一般是停车），此时需要用户查找原因并排除故障，然后在面板上进行故障复位操作。下面以变频器出现“F0003（电压过低）”故障为例来说明故障复位的操作方式。

当变频器欠电压时，面板会显示故障代码“F0003”。如果故障已经排除，按 Fn 键，变频器会复位到运行准备状态，显示设定频率“5000”并闪烁，若故障仍然存在，则故障代码“F0003”仍会显现。

8.4.3　用 AOP 操作调试变频器

1. AOP 外形与特点

AOP 与 BOP 一样，也有显示屏和操作按键，但 AOP 功能更为强大。在使用 AOP 连接变频器时，要先将 SDP 或 BOP 从变频器上拆下。用 AOP 可以设置变频器的参数、也可以直接用面板上的按键操作变频器运行，另外还有更多其他功能。在变频器通电情况下，可以安装或拆卸 AOP。

AOP 的外形与特点如图 8-20 所示。

高级操作面板 (AOP) 是可选件，具有以下特点：

- 清晰的多种语言文本显示
- 多组参数组的上装和下载功能
- 可以通过 PC 编程
- 具有连接多个站点的能力，最多可以连接 30 台变频器

图 8-20　AOP 的外形与特点

2. 用 AOP 控制变频器运行的参数设置及操作

为了让 AOP 能操作变频器驱动电动机运行（起动、停转、点动等），须设参数 P0700 = 4

（或5），具体步骤如下：

1）在变频器上安装好AOP。

2）用▲和▼键选择文本语言的语种。

3）按P键，确认所选择的文本语种。

4）按P键，翻过开机“帮助”显示屏幕。

5）用▲和▼选择参数。

6）按P键，确认选择的参数。

7）选定所有的参数。

8）按P键，确认所有选择的参数。

9）用▲和▼键选择P0010（参数过滤器）。

10）按P键，编辑参数的数值。

11）将P0010的访问级设定为1。

12）按P键，确认所做的选择。

13）用▲和▼键选择P0700（选择命令源）。

14）按P键，编辑参数的数值。

15）设置P0700 = 4（通过AOP链路的USS进行设置）。

16）按P键，确认所做的选择。

17）用▲和▼键选择P1000（频率设定值源）。

18）设置P1000 = 1（让操作面板设定频率有效）。

19）用▲和▼键，选择P0010。

20）按P键，编辑参数的数值。

21）把P0010的访问级设定为0。

22）按P键，确认所做的选择。

23）按Fn键，返回r0000。

24）按P健，显示标准屏幕。

25）按I键，起动变频器/电动机。

26）用▲键增加输出。

27）用▼键减少输出。

28）按O停止变频器/电动机。

如果将AOP用作变频器的常规控制装置，建议用户设定P2014.1 = 5000，为此应先设定P0003 = 3。P2014的这一设定值将在变频器与控制源（即AOP）通信停止时使变频器跳闸。

8.5 MM440变频器的参数调试及常规操作

MM440变频器的参数分为P型参数（以字母P开头）和r型参数（以字母r开头），P型参数是用户可修改的参数，r型参数为只读参数，主要用于显示一些特定的信息，用户可查看但不能修改。

8.5.1 变频器所有参数的复位

如果要把变频器所有参数复位到工厂默认值时，须将BOP或AOP连接到变频器，再进行以下操作：

1）设置调试参数过滤器参数 P0010 = 30（0—准备，1—快速调试，2—用于维修，29—下载，30—工厂设定值）。

2）设置工厂复位参数 P0970 = 1（0—禁止复位，1—参数复位）。

整个复位过程需要约 3min 才能完成。MM440 变频器所有参数复位的操作流程如图 8-21 所示。

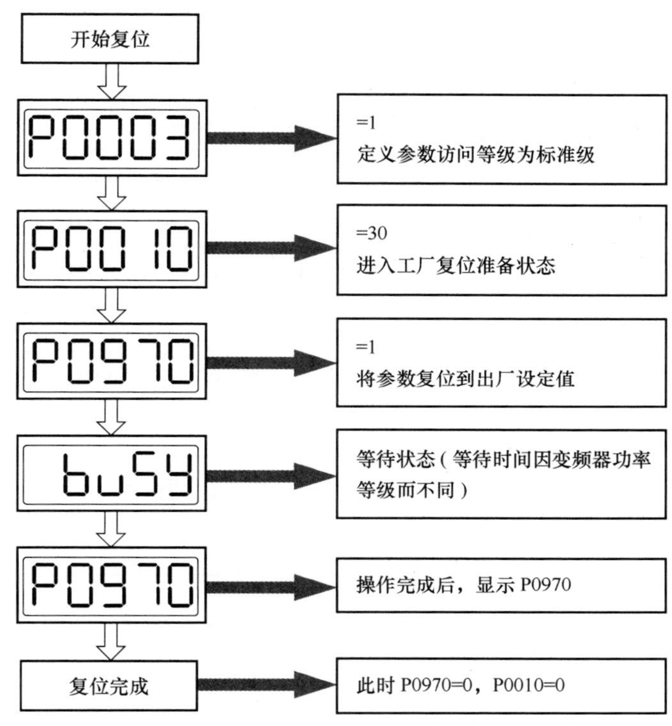

图 8-21　MM440 变频器所有参数复位的操作流程

8.5.2　变频器参数快速调试设置的步骤及说明

MM440 变频器一些常用参数默认值通常是根据西门子公司的标准电动机设置的，如果连接其他类型的电动机，建议在运行前对变频器进行快速调试，即根据电动机及负载具体特性，以及变频器的控制方式等对变频器有关参数进行必要的设置，再来驱动电动机运行。在快速调试设置时，需要给变频器连接 BOP 或 AOP 面板，也可以使用带调试软件 STARTER 或 DriveMonitor 的 PC 工具。

MM440 变频器参数快速调试设置流程如图 8-22 所示。在快速调试时，首先要设置用户访问级参数 P0003，如果设 P0003 = 1，则调试操作时只能看到标准级（即访问级 1）的参数，扩展级（访问级 2）和专家级（访问级 3）的参数不会显示出来，图 8-22 流程图中设置 P0003 = 3，故快速调试设置时会显示有关的扩展级和专家级参数。在快速调试过程中，如果对某参数不是很了解，可查看变频器使用手册的参数表，阅读该参数的详细说明，对于一些不是很重要的参数，可以保持默认值，如果调试时不了解电动机的参数，可设参数 P3900 = 3，让变频器自动检测所连接电动机的参数。

图 8-22　MM440 变频器参数快速调试流程

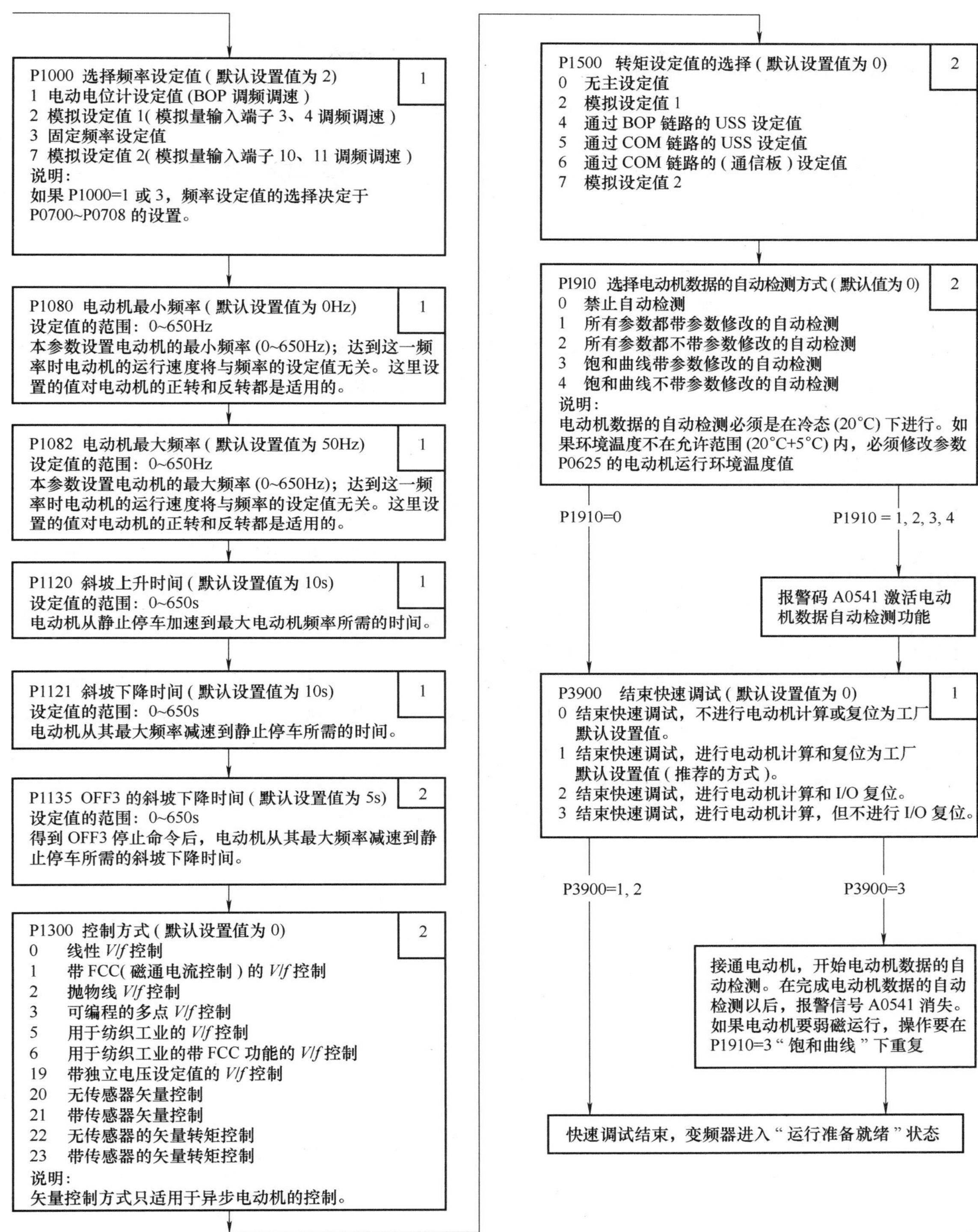

图 8-22　MM440 变频器参数快速调试流程（续）

8.5.3 变频器的常规操作

1. 常规操作的前提条件

MM440 变频器常规操作前提条件如下：

1）设置 P0010 =0，让变频器进行初始化，进入运行准备状态。

2）设置 P0700 =1，让 BOP 或 AOP 的起动/停止按键操作有效。

3）设置 P1000 =1，使能 BOP 或 AOP 的电动电位计（即让▲和▼键可调节频率来改变电动机转速）。

2. 常规操作

用 BOP 或 AOP 对 MM440 变频器进行常规操作如下：

1）按下Ⅰ（运行）键，起动电动机。

2）在电动机运转时，按下▲（增加）键，使电动机升速到 50Hz。

3）在电动机达到 50Hz 时，按下▼（减少）键，使电动机转速下降。

4）按下⊙（转向）键，改变电动机的运转方向。

5）按下 0（停止）键，让电动机停转。

3. 操作注意事项

在操作 MM440 变频器时，要注意以下事项：

1）变频器自身没有主电源开关，当电源电压一接通时变频器内部就会通电。在按下运行键或 DIN1 端子输入 ON 信号（正转）之前，变频器的输出一直被封锁，处于等待状态。

2）如果变频器安装了 BOP 或 AOP，且已设置要显示输出频率（P0005 =21），那么在变频器减速停车时，相应的设置值大约每一秒钟显示一次。

3）在变频器出厂时，已按相同额定功率的西门子公司四极标准电动机的常规应用对象进行了参数设置。如果用户采用了其他型号的电动机，就必须按电动机铭牌上的规格数据对有关参数进行重新设置。

4）只有 P0010 =1 时才能设置修改电动机参数。

5）在起动电动机运行前，必须确保 P0010 =0。

第 9 章

变频器应用电路

9.1 输入端子控制正反转和面板键盘调速的变频器电路

9.1.1 控制要求

用两个开关控制变频器驱动电动机运行，一个开关控制电动机正转和停转，一个开关控制电动机反转和停转，电动机加速和减速时间均为 10s，电动机转速可使用 BOP 或 AOP 来调节。

9.1.2 电路及操作说明

用数字量输入端子控制电动机正反转及面板键盘调速的变频器电路及操作说明如图 9-1 所示，SA1、SA2 分别用于控制电动机正、反转，电动机调速由 BOP 或 AOP 来完成。

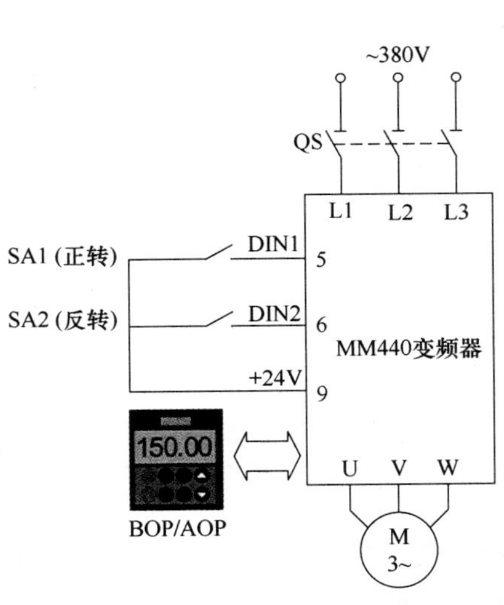

1. 正转控制

当 SA1 开关闭合时，变频器的 DIN1 端（5 脚）输入为 ON，驱动电动机开始正转，并在 10s 加速到 30Hz（对应电动机转速为 1680r/min），并稳定运行在 30Hz。电动机加速时间（即斜坡上升时间）由参数 P1120=10s（默认值）决定，面板键盘调速前的电动机稳定转速 30Hz 由参数 P1040=30 决定。当 SA1 开关断开时，变频器的 DIN1 端输入为 OFF，电动机在 10s 减速到停止，电动机减速时间（即斜坡下降时间）由参数 P1121=10（默认值）决定。

2. 反转控制

当 SA2 开关闭合时，变频器的 DIN2 端（6 脚）输入为 ON，驱动电动机开始反转，并在 10s 加速到 30Hz（对应电动机转速为 1680r/min），并稳定运行在 30Hz。当 SA2 开关断开时，变频器的 DIN2 端输入为 OFF，电动机在 10s 减速到停止。与正转控制一样，电动机加速时间、稳定转速、减速时间分别由参数 P1120、P1040、P1121 决定。

3. 面板键盘调速

当操作 BOP 或 AOP 上的▼键时，变频器输出频率下降，电动机转速下降，转速最低频率由 P1080=0 决定；当操作面板上的▲键时，变频器输出频率上升，电动机转速升高，转速最高频率由 P1082=50（对应电动机额定转速 2800r/min）决定。

图 9-1 用数字量输入端子控制电动机正反转及面板键盘调速的变频器电路及操作说明

9.1.3 参数设置

在参数设置时，一般先将变频器所有参数复位到工厂默认值，然后设置电动机参数，再设置其他参数。

1）将变频器所有参数复位到工厂默认值。在 BOP 或 AOP 上先设置调试参数过滤器参数 P0010 = 3，再设置工厂复位参数 P0970 = 1，然后按下 P 键，开始参数复位，大约 3min 完成复位过程，变频器的参数复位到工厂默认值。

2）设置电动机的参数。在设置电动机参数时，设置 P0100 = 1，进入参数快速调试，按照电动机铭牌设置电动机的一些主要参数，具体见表 9-1。电动机参数设置完成后，再设置 P0100 = 0，让变频器退出快速调试，进入准备运行状态。

表 9-1 电动机参数的设置

参数号	工厂默认值	设置值及说明
P003	1	1—设用户访问级为标准级
P0010	0	1—快速调试
P0100	0	0—工作地区：功率 kW 表示，频率为 50Hz
P0304	230	380—电动机额定电压（V）
P0305	3.25	0.95—电动机额定电流（A）
P0307	0.75	0.37—电动机额定功率（kW）
P0308	0	0.8—电动机额定功率因数（$\cos\varphi$）
P0310	50	50—电动机额定功率（Hz）
P0311	0	2800—电动机额定转速（r/min）

3）其他参数设置。其他参数主要用于设置数字量输入端子功能、调速方式和电动机转速的频率范围等，具体见表 9-2。

表 9-2 其他参数的设置

参数号	工厂默认值	设置值及说明
P003	1	1—设用户访问级为标准级
P0700	2	2—命令源选择由端子排输入
P0701	1	1—ON 接通正转，OFF 停止
P0702	12	2—ON 接通反转，OFF 停止
P1000	2	1—由 BOP 或 AOP 键盘（电动电位计）输入频率设定值
P1080	0	0—电动机运行的最低频率（Hz）
P1082	50	50—电动机运行的最高频率（Hz）
P1040	5	30—设置键盘控制的频率值（Hz）

9.2 输入端子控制正反转和面板电位器调速的变频器电路

9.2.1 控制要求

用变频器外接的两个开关分别控制电动机正转和反转，用变频器外接的电位器对电动机进行调速。

9.2.2　电路及操作说明

用输入端子外接开关控制正反转和面板电位器调速的变频器电路及操作说明如图 9-2 所示，SA1、SA2 分别控制电动机正、反转，RP 用于对电动机进行调速。

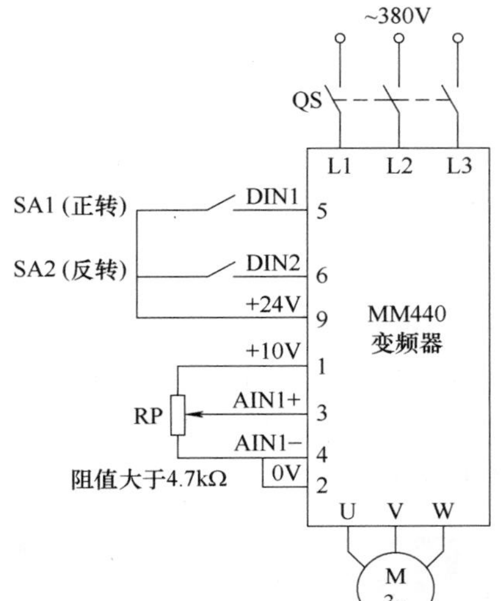

1. 正转和调速控制

当 SA1 开关闭合时，变频器的 DIN1 端（5 脚）输入为 ON，驱动电动机正转，调节 AIN1 端（3、4 脚）的 RP 电位器，AIN 端的输入电压在 0 ～ 10V 范围内变化，对应变频器输出频率在 0 ～ 50Hz 范围内变化，电动机转速在 0 ～ 2800r/min 范围内变化。当 SA1 开关断开时，变频器的 DIN1 端输入为 OFF，电动机停止运转。

2. 反转和调速控制

当 SA2 开关闭合时，变频器的 DIN2 端（6 脚）输入为 ON，驱动电动机反转，调节 AIN1 端（3、4 脚）的 RP 电位器，AIN 端的输入电压在 0 ～ 10V 范围内变化，对应变频器输出频率在 0 ～ 50Hz 范围内变化，电动机转速在 0 ～ 2800r/min 范围内变化。当 SA2 开关断开时，变频器的 DIN2 端输入为 OFF，电动机停止运转。

图 9-2　用输入端子外接开关控制正反转和面板电位器调速的变频器电路及操作说明

9.2.3　参数设置

如果变频器配有 BOP 或 AOP，为了让电动机运行时能发挥出良好性能，应进行参数设置，先将变频器所有参数复位到工厂默认值，然后设置电动机参数，再设置其他参数。

1）复位变频器所有参数到工厂默认值。用 BOP 或 AOP 先设置 P0010 = 3，再设置 P0970 = 1，然后按下 P 键，大约 3min 完成复位过程，变频器的参数复位到工厂默认值。

2）设置电动机的参数。先设置 P0100 = 1，进入参数快速调试，按照电动机铭牌设置电动机的一些主要参数，具体见表 9-3。电动机参数设置完成后，再设置 P0100 = 0，让变频器进入运行准备状态。

表 9-3　电动机参数的设置

参数号	工厂默认值	设置值及说明
P003	1	1—设用户访问级为标准级
P0010	0	1—快速调试
P0100	0	0—工作地区：功率 kW 表示，频率为 50Hz
P0304	230	380—电动机额定电压（V）
P0305	3.25	0.95—电动机额定电流（A）
P0307	0.75	0.37—电动机额定功率（kW）
P0308	0	0.8—电动机额定功率因数（cosφ）
P0310	50	50—电动机额定功率（Hz）
P0311	0	2800—电动机额定转速（r/min）

3）其他参数设置。其他参数主要用于设置数字量输入端子功能、调速方式和电动机转速的频率范围等，具体见表9-4。

表9-4　其他参数的设置

参数号	工厂默认值	设置值及说明
P0003	1	1—设用户访问级为标准级
P0700	2	2—命令源选择由端子排输入
P0701	1	1—ON 接通正转，OFF 停止
P0702	12	2—ON 接通反转，OFF 停止
P1000	2	2—频率设定值选择为模拟输入
P1080	0	0—电动机运行的最低频率（Hz）
P1082	50	50—电动机运行的最高频率（Hz）

若变频器只有 SOP（无操作按键），就无法进行参数设置，只能让变频器参数按工厂默认值工作，变频器参数的工厂默认值为外部端子操作有效。采取参数工厂默认值是可以使用外部端子操作变频器运行的，但变频器驱动电动机时无法发挥出良好性能。

9.3　变频器的多段速控制及应用电路

9.3.1　变频器多段速控制的三种方式

MM440 变频器可以通过 DIN1 ~ DIN6 数字量输入端子，控制电动机最多能以 15 种速度运行，并且一种速度可直接切换到另一种速度，该功能称为变频器的多段速功能（又称多段固定频率功能）。变频器实现多段速控制有以下几种方式：

1. 直接选择方式（P0701 ~ P0706 = 15）

直接选择方式是指用 DIN1 ~ DIN6 端子直接选择固定频率，一个端子可以选择一个固定频率。在使用这种方式时，先设参数 P0701 ~ P0706 = 15，将各个 DIN 端子功能设为直接选择方式选择固定频率，再在各端子的固定频率参数 P1001 ~ P1006 中设置固定频率，最后设置 P1000 = 3，将频率来源指定为参数设置的固定频率。

在直接选择方式下，变频器各 DIN 端子的对应功能设置参数和固定频率设置参数见表9-5，例如 DIN1 端子（5 脚）的功能设置参数是 P0701，对应的固定频率设置参数为 P1001。

表9-5　变频器各 DIN 端子的对应功能设置参数和固定频率设置参数

变频器端子号	端子功能设置参数	对应的固定频率设置参数	说　明
5	P0701	P1001	1. P0701 ~ P0706 参数值均设为 15，将各对应端子的功能设为直接选择固定频率，参数值设为 16 则为直接选择 + ON 命令方式 2. P1000 应设为 3，将频率设定值选择设为固定频率 3. 当多个选择同时激活时，选定的频率是其总和
6	P0702	P1002	
7	P0703	P1003	
8	P0704	P1004	
16	P0705	P1005	
17	P0706	P1006	

2. 直接选择 + ON 命令方式（P0701 ~ P0706 = 16）

直接选择 + ON 命令方式是指 DIN1 ~ DIN6 端子能直接选择固定频率，还具有起动功能，即用 DIN 端子可直接起动电动机，并按设定的固定频率运行。在使用这种方式时，应设参数 P0701 ~ P0706 = 16，将各 DIN 端子功能设为直接选择 + ON 命令方式选择固定频率，其他参数设置与直接选择方式相同，见表 9-5。

3. 二进制编码选择 + ON 命令方式（P0701 ~ P0704 = 17）

二进制编码选择 + ON 命令方式是指用 DIN1 ~ DIN4 四个端子组合来选择固定频率（最多可选择 15 个固定频率），在选择时兼有起动功能。在使用这种方式时，应设参数 P0701 ~ P0704 = 17，将各 DIN 端子功能设为二进制编码选择 + ON 命令方式选择固定频率，DIN1 ~ DIN4 端子的输入状态与对应选择的固定频率参数见表 9-6，固定频率参数用于设置具体的固定频率值。例如当 DIN1 端子输入为 ON（表中用 1 表示），变频器按 P1001 设置的固定频率输出电源去驱动电动机，当 DIN1、DIN2 端子都输入 ON 时，变频器按 P1003 设置的固定频率输出。

表 9-6　DIN1 ~ DIN4 端子的输入状态与对应选择的固定频率参数

DIN4（端子 8）	DIN3（端子 7）	DIN2（端子 6）	DIN1（端子 5）	固定频率参数
0	0	0	1	P1001
0	0	1	0	P1002
0	0	1	1	P1003
0	1	0	0	P1004
0	1	0	1	P1005
0	1	1	0	P1006
0	1	1	1	P1007
1	0	0	0	P1008
1	0	0	1	P1009
1	0	1	0	P1010
1	0	1	1	P1011
1	1	0	0	P1012
1	1	0	1	P1013
1	1	1	0	P1014
1	1	1	1	P1015

9.3.2　变频器多段速控制应用电路

1. 控制要求

用三个开关对变频器进行多段速控制，其中一个开关用于控制电动机的起动和停止，另外两个开关组合对变频器进行 3 段速运行控制。

2. 电路及操作说明

用三个开关进行多段速控制的变频器电路及操作说明如图 9-3 所示，SA3 用于控制电动机起动和停止，SA1、SA2 组合对变频器进行 3 段速运行控制。

3. 参数设置

在参数设置时，先将变频器所有参数复位到工厂默认值，然后设置电动机参数，再设置其他参数。

1）将变频器所有参数复位到工厂默认值。在 BOP 或 AOP 上先设置参数 P0010 = 3，再设置参数 P0970 = 1，然后按下 P 键，开始参数复位，大约 3min 完成复位过程，变频器的参数复位到工厂默认值。

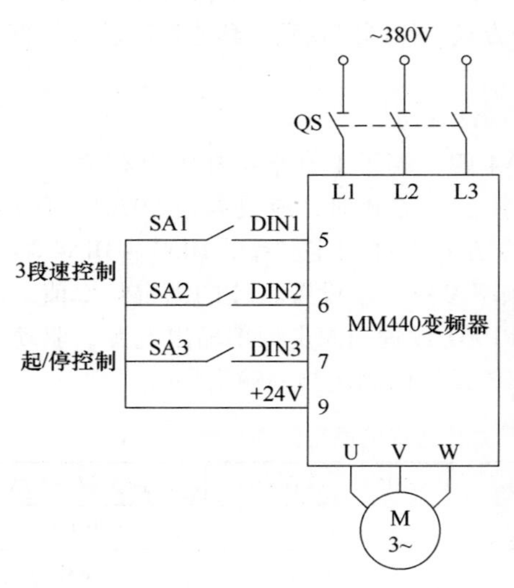

当开关SA3闭合时，DIN3端子输入为ON，变频器起动电动机运行。

（1）第1段速控制

将SA2断开、SA1闭合，DIN2=0（OFF）、DIN1=1（ON），变频器按P1001设置值输出频率为15Hz的电源去驱动电动机，电动机的转速为840r/m（即2800 r/m×15/50=840r/m）。

（2）第2段速控制

将SA2闭合、SA1断开，DIN2=1（ON）、DIN1=0（OFF），变频器按P1002设置值输出频率为30Hz的电源去驱动电动机，电动机的转速为1680r/m。

（3）第3段速控制

将SA2闭合、SA1闭合，DIN2=1（ON）、DIN1=1（ON），变频器按P1003设置值输出频率为50Hz的电源去驱动电动机，电动机的转速为2800r/m。

（4）停止控制

将SA2、SA1都断开，DIN2、DIN1输入均为OFF，变频器停止输出电源，电动机停转。另外，在电动机运行任何一个频率时，将SA3开关断开，DIN3端子输入为OFF，电动机也会停转。

图9-3　用三个开关进行多段速控制的变频器电路及操作说明

2）设置电动机的参数。在设置电动机参数时，设置P0100=1，进入参数快速调试，按照电动机铭牌设置电动机的一些主要参数，具体见表9-7，电动机参数设置完成后，再设P0100=0，让变频器退出快速调试，进入准备运行状态。

3）其他参数设置。其他参数主要用于设置DIN端子的多段速控制方式和多段固定频率值等，具体见表9-8，将DIN端子设为二进制编码选择+ON命令方式控制多段速，3段速频率分别设为15Hz、30Hz、50Hz。

表9-7　电动机参数的设置

参数号	工厂默认值	设置值及说明
P003	1	1—设用户访问级为标准级
P0010	0	1—快速调试
P0100	0	0—工作地区：功率kW表示，频率为50Hz
P0304	230	380—电动机额定电压（V）
P0305	3. 25	0. 95—电动机额定电流（A）
P0307	0. 75	0. 37—电动机额定功率（kW）
P0308	0	0. 8—电动机额定功率因数（cosφ）
P0310	50	50—电动机额定功率（Hz）
P0311	0	2800—电动机额定转速（r/min）

表9-8　DIN端子的多段速控制方式和多段固定频率值的参数设置

参数号	工厂默认值	设置值及说明
P0003	1	1—设用户访问级为标准级
P0700	2	2—命令源选择由端子排输入
P0701	1	17—选择固定频率（二进制编码选择+ON命令）
P0702	1	17—选择固定频率（二进制编码选择+ON命令）

（续）

参数号	工厂默认值	设置值及说明
P0703	1	1—ON 接通正转，OFF 停止
P1000	2	3—选择固定频率设定值
P1001	0	15—设定固定频率 1（Hz）
P1002	5	30—设定固定频率 2（Hz）
P1003	10	50—设定固定频率 3（Hz）

9.4　变频器 PID 控制电路

9.4.1　PID 控制原理

PID（Proportion Integration Differentiation）又称比例积分微分控制，是一种闭环控制，适合压力控制、温度控制和流量控制。下面以图 9-4 所示的变频器恒压供水系统来说明 PID 控制原理。

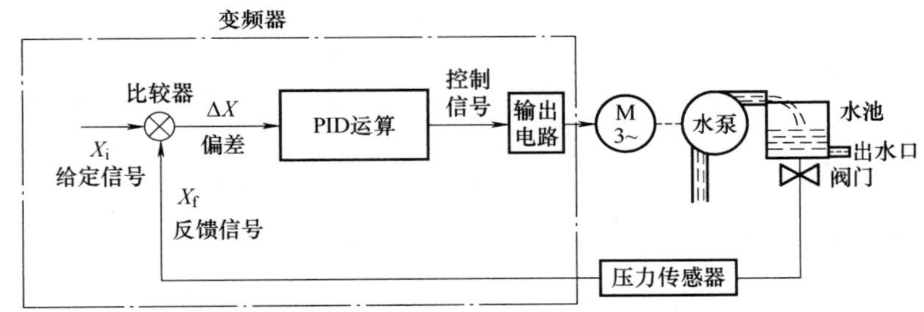

图 9-4　变频器恒压供水的 PID 控制

电动机驱动水泵将水抽入水池，水池中的水除了从出水口流出提供用水外，还经阀门送到压力传感器，传感器将水压大小转换成相应的电信号 X_f，X_f 反馈到比较器与给定信号 X_i 进行比较，得到偏差信号 ΔX（$\Delta X = X_i - X_f$）。

若 $\Delta X > 0$，表明水压小于给定值，偏差信号经 PID 运算得到控制信号，控制输出电路，使之输出频率上升，电动机转速加快，水泵抽水量增多，水压增大。

若 $\Delta X < 0$，表明水压大于给定值，偏差信号经 PID 运算得到控制信号，控制输出电路，使之输出频率下降，电动机转速变慢，水泵抽水量减少，水压下降。

若 $\Delta X = 0$，表明水压等于给定值，偏差信号经 PID 运算得到控制信号，控制输出电路，使之输出频率不变，电动机转速不变，水泵抽水量不变，水压不变。

由于控制回路的滞后性，会使水压值总与给定值有偏差。例如当用水量增多水压下降时，$\Delta X > 0$，控制电动机转速变快，提高水泵抽水量，从压力传感器检测到水压下降到控制电动机转速加快，提高抽水量，恢复水压需要一定时间。通过提高电动机转速恢复水压后，系统又要将电动机转速调回正常值，这也要一定时间，在这段回调时间内水泵抽水量会偏多，导致水压又增大，又需进行反调。这样的结果是水池水压会在给定值上下波动（振荡），即水压不稳定。

采用了 PID 运算可以有效减小控制环路滞后和过调问题（无法彻底消除）。PID 运算包括 P 运算、I 运算和 D 运算。P（比例）运算是将偏差信号 ΔX 按比例放大，提高控制的灵敏度；I（积分）运算是对偏差信号进行积分运算，消除 P 运算比例引起的误差和提高控制精度，但积分运算使控制具有滞后性；D（微分）运算是对偏差信号进行微分运算，使控制具有超前性和预测性。

9.4.2 PID 有关参数

西门子 MM440 变频器的 PID 原理图及有关参数如图 9-5 所示，其给定信号源由参数 P2253 设定（见表 9-9），反馈信号源由参数 P2264 设定（见表 9-10）。

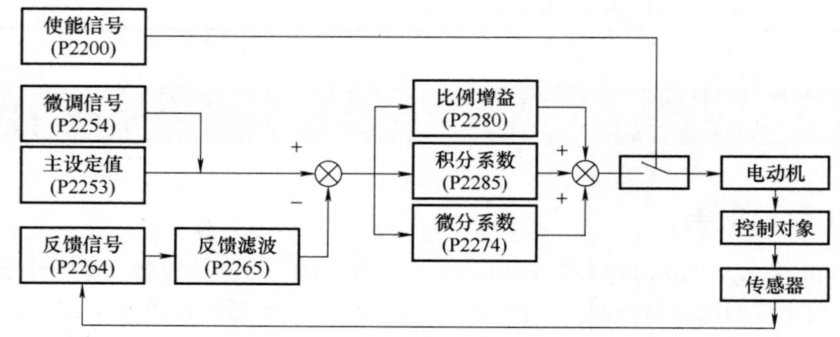

图 9-5 西门子 MM440 变频器的 PID 原理图及有关参数

表 9-9 MM440 变频器 PID 给定信号源设置参数

PID 给定源参数	设定值	功能解释	说 明
P2253	=2250	BOP 面板	通过改变 P2240 改变目标值
	=755.0	模拟通道 1	通过模拟量大小来改变目标值
	=755.1	模拟通道 2	

表 9-10 MM440 变频器 PID 反馈信号源设置参数

PID 反馈源参数	设定值	功能解释	说 明
P2264	=755.0	模拟通道 1	当模拟量波动较大时，可适当加大滤波
	=755.1	模拟通道 2	时间（由 P2265 设定），确保系统稳定

9.4.3 PID 控制恒压供水的变频器电路及参数设置

1. 电路

西门子 MM440 变频器的 PID 控制恒压供水电路如图 9-6 所示，SA1 用于起动/停止电动机，BOP 或 AOP 用于设置给定信号源和有关参数，压力传感器用于将水位高低转换成相应大小的电流（0~20mA 范围内），以作为 PID 控制的反馈信号，为了让变频器 AIN2 端为电流输入方式接收反馈信号，须将面板上的 AIN2 设置开关置于“ON”位置。

2. 操作说明

1）起动运行。闭合开关 SA1，变频器的 DIN1 端输入为 ON，马上输出电源驱动电动机运行，电动机带动水泵往水池中抽水。

2）PID 控制过程。电动机带动水泵往水池中抽水时，水池中的水一部分从出水口流出，另一部分经阀门流向压力传感器，水池的水位越高，压力传感器承受的压力越大，其导通电阻越小，流往变频器 AIN2 端的电流越大（电流途径为：DC24V +→AIN2 +端子→AIN2 内部电路→AIN2 -端子→压力传感器→DC24V -）。

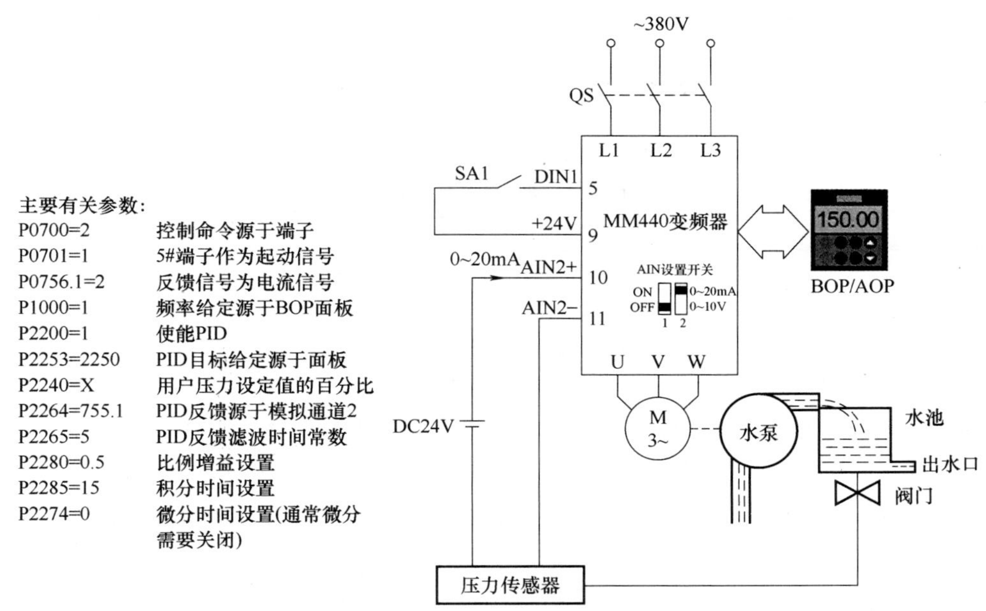

图 9-6　西门子 MM440 变频器的 PID 控制恒压供水电路

如果 AIN2 端输入的反馈电流小于给定值 12mA（给定值由 P2240 设定，其值设为 60 表示最大电流 20mA 的 60%），表明水池水位低于要求的水位，变频器在内部将反馈电流与给定值进行 PID 运算，控制电动机升速，水泵抽水量增大，水位快速上升。如果水位超过了要求的水位，AIN2 端输入的反馈电流大于给定值 12mA，变频器控制电动机降速，水泵抽水量减小（小于出水口流出的水量），水位下降。总之，当水池水位超过了要求的水位时，通过变频器 PID 电路的比较运算，控制电动机升速，反之，控制电动机降速，让水池的水位在要求的水位上下小幅波动。

3）停止运行。断开开关 SA1，变频器的 DIN1 端输入为 OFF，会停止输出电源，电动机停转。

更改参数 P2240 的值可以改变给定值（也称目标值），从而改变水池水位（也即改变水压高低）。P2240 的值是以百分比表示的，可以用 BOP 或 AOP 上的增、减键改变，当设置 P2231 = 1 时，用增、减键改变的 P2240 值会被保存到变频器，当设置 P2232 = 0 时，用增、减键可将 P2240 的值设为负值。

3. 参数设置

在参数设置时，先将变频器所有参数复位到工厂默认值，然后设置电动机参数，再设置其他参数。

1）将变频器所有参数复位到工厂默认值。在 BOP 或 AOP 上先设置参数 P0010 = 3，再设置参数 P0970 = 1，然后按下 P 键，开始参数复位，大约 3min 完成复位过程，变频器的参数复位到工厂默认值。

2）设置电动机的参数。在设置电动机参数时，设置 P0100 = 1，进入参数快速调试，按照电动机铭牌设置电动机的一些主要参数，电动机参数设置完成后，再设置 P0100 = 0，让变频器退出快速调试，进入准备运行状态。

3）其他参数设置。PID 控制的参数设置主要有控制参数设置（见表 9-11）、给定参数设置（见表 9-12）、反馈参数设置（见表 9-13）和 PID 参数设置（见表 9-14）。

表 9-11　控制参数的设置及说明

参数号	工厂默认值	设置值及说明
P0003	1	2—用户访问级为扩展级
P0004	0	0—参数过滤显示全部参数
P0700	2	2—由端子排输入（选择命令源）
* P0701	1	1—端子 DIN1 功能为 ON 接通正转 OFF 停车
* P0702	12	0—端子 DIN2 禁用
* P0703	9	0—端子 DIN3 禁用
* P0704	0	0—端子 DIN4 禁用
P0725	1	1—端子 DIN 输入为高电平有效
P1000	2	1—频率设定由 BOP（▲▼）设置
* P1080	0	20—电动机运行的最低频率（下限频率）（Hz）
* P1082	50	50—电动机运行的最高频率（上限频率）（Hz）
P2200	0	1—PID 控制功能有效

注：标“＊”号的参数可根据用户的需要改变。

表 9-12　给定参数（目标参数）的设置及说明

参数号	工厂默认值	设置值及说明
P0003	1	3—用户访问级为专家级
P0004	0	0—参数过滤显示全部参数
P2253	0	2250—已激活的 PID 设定值（PID 设定值信号源）
* P2240	10	60—由 BOP（▲▼）设定的目标值（%）
* P2254	0	0—无 PID 微调信号源
* P2255	100	100—PID 设定值的增益系数
* P2256	100	0—PID 微调信号增益系数
* P2257	1	1—PID 设定值斜坡上升时间
* P2258	1	1—PID 设定值的斜坡下降时间
* P2261	0	0—PID 设定值无滤波

注：标“＊”号的参数可根据用户的需要改变。

表 9-13　反馈参数的设置及说明

参数号	工厂默认值	设置值及说明
P0003	1	3—用户访问级为专家级
P0004	0	0—参数过滤显示全部参数
P2264	755. 0	755. 1—PID 反馈信号由 AIN2 +（即模拟输入 2）设定
* P2265	0	0—PID 反馈信号无滤波
* P2267	100	100—PID 反馈信号的上限值（%）
* P2268	0	0—PID 反馈信号的下限值（%）
* P2269	100	100—PID 反馈信号的增益（%）
* P2270	0	0—不用 PID 反馈器的数学模型
* P2271	0	0—PID 传感器的反馈型式为正常

注：标“＊”号的参数可根据用户的需要改变。

表 9-14　PID 参数的设置及说明

参数号	工厂默认值	设置值及说明
P0003	1	3—用户访问级为专家级
P0004	0	0—参数过滤显示全部参数
* P2280	3	25—PID 比例增益系数
* P2285	0	5—PID 积分时间
* P2291	100	100—PID 输出上限（%）
* P2292	0	0—PID 输出下限（%）
* P2293	1	1—PID 限幅的斜坡上升/下降时间（s）

注：标“ * ”号的参数可根据用户的需要改变。

第 10 章

PLC 与变频器综合应用

10.1 PLC 控制变频器驱动电动机延时正反转的电路

10.1.1 控制要求

用三个开关操作 PLC 控制变频器驱动电动机延时正反转运行，一个开关用作正转控制，一个开关用作停转控制，一个开关用作反转控制。当正转开关闭合时，延时 20s 电动机正转运行，运行频率为 30Hz（对应电动机转速为 1680r/min）；当停转开关闭合时，电动机停转；当反转开关闭合时，延时 15s 电动机反转运行，运行频率为 30Hz（对应电动机转速为 1680r/min）。

10.1.2 PLC 输入输出端子的分配

PLC 采用西门子 S7-200 系列中的 CPU221 DC/DC/DC，其输入输出端子的分配见表 10-1。

表 10-1 PLC 输入输出（I/O）端子的分配

输　入			输　出		
输入端子	外接部件	功能	输出端子	外接部件	功能
I0.1	SB1	正转控制	Q0.1	连接变频器的 DIN1 端子	正转/停转控制
I0.2	SB2	反转控制	Q0.2	连接变频器的 DIN2 端子	反转/停转控制
I0.3	SB3	停转控制			

10.1.3 电路接线

用 3 个开关操作 PLC 控制变频器驱动电动机延时正反转的电路如图 10-1 所示。

10.1.4 变频器参数设置

在参数设置时，一般先将变频器所有参数复位到工厂默认值，然后设置电动机参数，再设置其他参数。

1）将变频器所有参数复位到工厂默认值。在 BOP 或 AOP 上先设置调试参数过滤器参数 P0010 = 3，再设置工厂复位参数 P0970 = 1，然后按下 P 键，开始参数复位，大约 3min 完成复位过程，变频器的参数复位到工厂默认值。

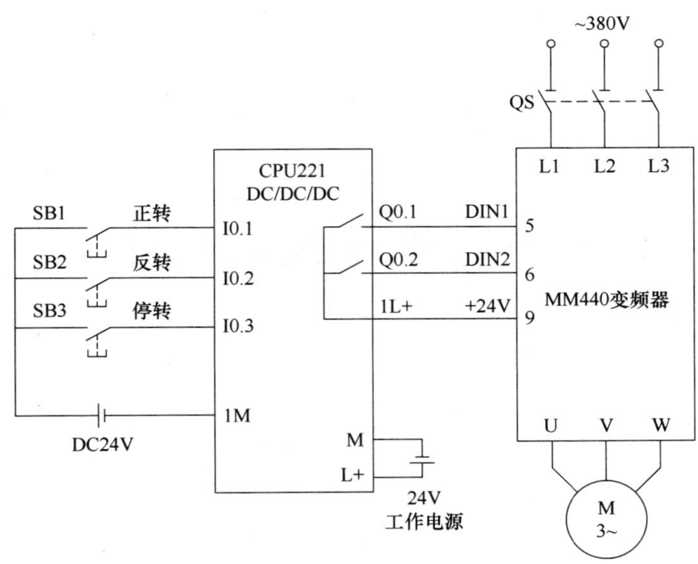

图 10-1　PLC 控制变频器驱动电动机延时正反转的电路

2）设置电动机的参数。在设置电动机参数时，设置 P0100 = 1，进入参数快速调试，按照电动机铭牌设置电动机的一些主要参数（见表 10-2），电动机参数设置完成后，再设置 P0100 = 0，让变频器退出快速调试，进入准备运行状态。

表 10-2　电动机参数的设置

参数号	工厂默认值	设置值及说明
P003	1	1—设用户访问级为标准级
P0010	0	1—快速调试
P0100	0	0—工作地区：功率 kW 表示，频率为 50Hz
P0304	230	380—电动机额定电压（V）
P0305	3. 25	0. 95—电动机额定电流（A）
P0307	0. 75	0. 37—电动机额定功率（kW）
P0308	0	0. 8—电动机额定功率因数（cosφ）
P0310	50	50—电动机额定功率（Hz）
P0311	0	2800—电动机额定转速（r/min）

3）其他参数设置。其他参数主要用于设置数字量输入端子功能、调速方式和电动机转速的频率范围等，具体见表 10-3。

表 10-3　其他参数的设置

参数号	工厂默认值	设置值及说明
P0003	1	1—设用户访问级为标准级
P0700	2	2—命令源由端子排输入
P0701	1	1—ON 接通正转，OFF 停止
P0702	1	2—ON 接通反转，OFF 停止
P1000	2	1—频率设定值为键盘（MOP）设定值
P1080	0	0—电动机运行的最低频率（Hz）
P1082	50	50—电动机运行的最高频率（Hz）
P1120	10	5—斜坡上升时间（s）
P1121	10	10—斜坡下降时间（s）
P1040	5	30—设定键盘控制的频率值（Hz）

10.1.5 PLC控制程序及说明

用三个开关操作PLC控制变频器驱动电动机延时正反转的PLC程序及说明如图10-2所示。

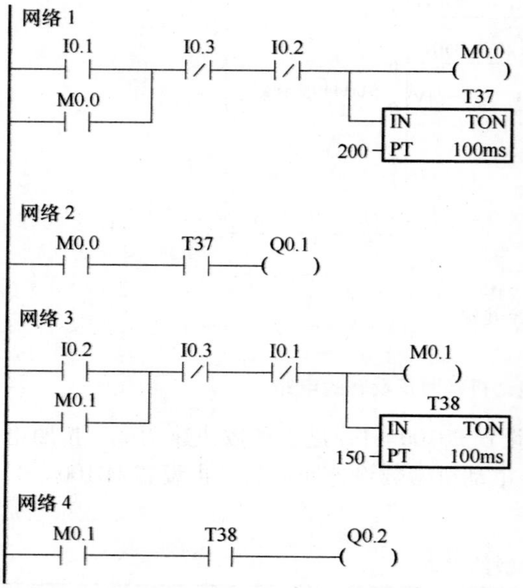

网络1
I0.1 I0.3 I0.2 M0.0
M0.0
T37
IN TON
200 PT 100ms

网络2
M0.0 T37 Q0.1

网络3
I0.2 I0.3 I0.1 M0.1
M0.1
T38
IN TON
150 PT 100ms

网络4
M0.1 T38 Q0.2

正转和停转控制过程

按下正转开关SB1，PLC的I0.1端子输入为ON，这会使PLC程序中的[网络1]I0.1常开触点闭合，辅助继电器M0.0线圈得电，同时定时器T37得电开始20s计时。M0.0线圈得电一方面使[网络1]M0.0自锁常开触点闭合，锁定M0.0线圈得电，另一方面使[网络2]M0.0常开触点闭合，为Q0.1线圈得电作准备。20s后，定时器T37计时时间到达而产生动作，[网络2]T37常开触点闭合，Q0.1线圈得电，Q0.1端子内部的硬件触点闭合，变频器DIN1端子输入为ON，变频器输出电源起动电动机正转，电动机在5s（由P1120=5决定）运行频率达到30Hz（由P1040=30决定），对应的电动机转速为1680r/min（2800 r/min×30/50）。

按下停转开关SB3，PLC的I0.3端子输入为ON，这会使PLC程序中的[网络1]I0.3常闭触点断开，辅助继电器M0.0线圈失电，同时定时器T37失电。M0.0线圈失电一方面使[网络1]M0.0自锁常开触点断开，解除自锁，另一方面使[网络2]M0.0常开触点断开，Q0.1线圈失电，Q0.1端子内部的硬件触点断开，变频器DIN1端子输入为OFF，变频器输出电源频率下降，电动机减速，在10s内（由P1211=10决定）频率下降到0Hz，电动机停转。

a) 正转和停转控制说明

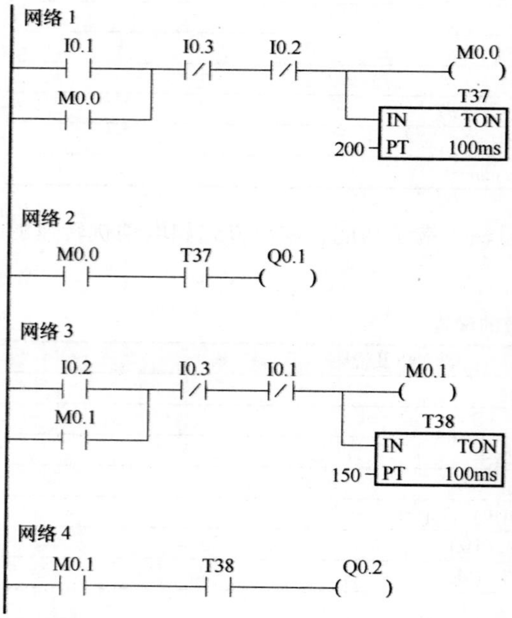

网络1
I0.1 I0.3 I0.2 M0.0
M0.0
T37
IN TON
200 PT 100ms

网络2
M0.0 T37 Q0.1

网络3
I0.2 I0.3 I0.1 M0.1
M0.1
T38
IN TON
150 PT 100ms

网络4
M0.1 T38 Q0.2

反转和停转控制过程

按下反转开关SB2，PLC的I0.2端子输入为ON，PLC程序中的[网络3]I0.2常开触点闭合，辅助继电器M0.1线圈得电，同时定时器T38得电开始15s计时。M0.1线圈得电一方面使[网络3]M0.1自锁常开触点闭合，锁定M0.01线圈得电，另一方面使[网络4]M0.1常开触点闭合，为Q0.2线圈得电作准备。15s后，定时器T38计时时间到产生动作，[网络4]T38常开触点闭合，Q0.2线圈得电，Q0.2端子内部的硬件触点闭合，变频器DIN2端子输入为ON，变频器输出电源启动电动机反转，电动机在5s运行频率达到30Hz，对应的电动机转速为1680r/min。

按下停转开关SB3，PLC的I0.3端子输入为ON，这时PLC程序中的[网络3]I0.3常闭触点断开，辅助继电器M0.1线圈失电，同时定时器T38失电。M0.1线圈失电一方面使[网络3]M0.1自锁常开触点断开，解除自锁，另一方面使[网络4]M0.1常开触点断开，Q0.2线圈失电，Q0.2端子内部的硬件触点断开，变频器DIN2端子输入为OFF，变频器输出电源频率下降，电动机减速，在10s频率下降到0Hz，电动机停转。

b) 反转和停转控制说明

图10-2 用三个开关操作PLC控制变频器驱动电动机延时正反转的PLC程序及说明

10.2　PLC 控制变频器实现多段速运行的电路

10.2.1　控制要求

用两个开关操作 PLC 来控制变频器驱动电动机多段速运行，一个开关用作起动开关，一个开关用作停止开关。当起动开关闭合时，电动机起动并按第 1 段速运行，30s 后，电动机按第 2 段速运行，再延时 30s 后，电动机按第 3 段速运行。当停止开关闭合时，电动机停转。

10.2.2　PLC 输入输出端子的分配

PLC 采用西门子 S7-200 系列中的 CPU221 DC/DC/DC，其输入输出端子的分配见表 10-4。

表 10-4　PLC 输入输出（I/O）端子的分配

输　入			输　出		
输入端子	外接部件	功能	输出端子	外接部件	功能
I0.1	SB1	起动控制	Q0.1	连接变频器的 DIN1 端子	用作 3 段速控制
I0.2	SB2	停止控制	Q0.2	连接变频器的 DIN2 端子	用作 3 段速控制
			Q0.3	连接变频器的 DIN3 端子	用作起/停控制

10.2.3　电路接线

用两个开关操作 PLC 控制变频器驱动电动机多段速运行的电路如图 10-3 所示。

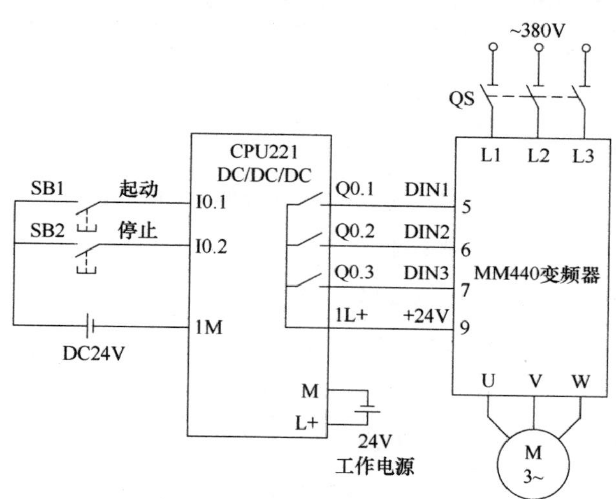

图 10-3　用两个开关操作 PLC 控制变频器驱动电动机多段速运行的电路

10.2.4　变频器参数设置

在参数设置时，先将变频器所有参数复位到工厂默认值，然后设置电动机参数，再设置其他参数。

1）将变频器所有参数复位到工厂默认值。在 BOP 或 AOP 上先设置参数 P0010 = 3，再设置参数 P0970 = 1，然后按下 P 键，开始参数复位，大约 3min 完成复位过程，变频器的参数复位到工厂默认值。

2）设置电动机的参数。在设置电动机参数时，设置 P0100 = 1，进入参数快速调试，按照电动机铭牌设置电动机的一些主要参数（见表 10-5），电动机参数设置完成后，再设置 P0100 = 0，让变频器退出快速调试，进入准备运行状态。

3）其他参数设置。其他参数主要用于设置 DIN 端子的多段速控制方式和多段固定频率值等，具体见表 10-6，将 DIN 端子设为二进制编码选择 + ON 命令方式控制多段速，3 段速频率分别设为 15Hz、30Hz、50Hz。

表 10-5　电动机参数的设置

参数号	工厂默认值	设置值及说明
P003	1	1—设用户访问级为标准级
P0010	0	1—快速调试
P0100	0	0—工作地区：功率 kW 表示，频率为 50Hz
P0304	230	380—电动机额定电压（V）
P0305	3.25	0.95—电动机额定电流（A）
P0307	0.75	0.37—电动机额定功率（kW）
P0308	0	0.8—电动机额定功率因数（$\cos\varphi$）
P0310	50	50—电动机额定功率（Hz）
P0311	0	2800—电动机额定转速（r/min）

表 10-6　DIN 端子的多段速控制方式和多段固定频率值的参数设置

参数号	工厂默认值	设置值及说明
P0003	1	1—设用户访问级为标准级
P0700	2	2—命令源选择由端子排输入
P0701	1	17—选择固定频率（二进制编码选择 + ON 命令）
P0702	1	17—选择固定频率（二进制编码选择 + ON 命令）
P0703	1	1—ON 接通正转，OFF 停止
P1000	2	3—选择固定频率设定值
P1001	0	15—设定固定频率 1（Hz）
P1002	5	30—设定固定频率 2（Hz）
P1003	10	50—设定固定频率 3（Hz）

10.2.5　PLC 控制程序及说明

用两个开关操作 PLC 来控制变频器驱动电动机多段速运行的 PLC 程序及说明如图 10-4 所示。

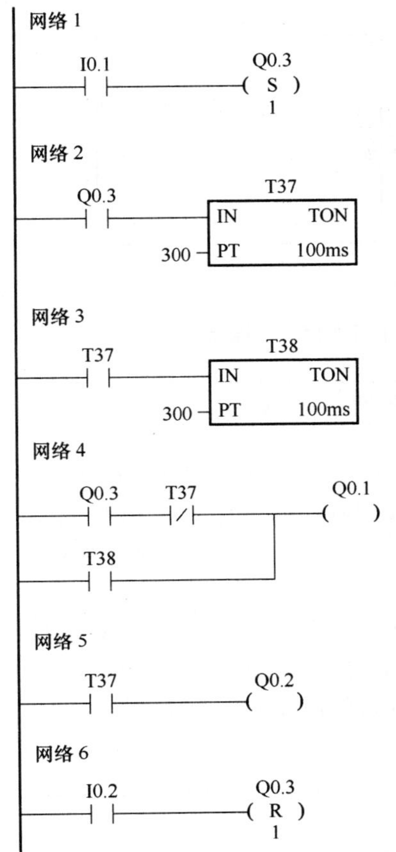

当起动开关 SB1 闭合时，PLC 的 I0.1 端子输入为 ON，PLC 程序的 I0.1 常开触点（网络 1）闭合，线圈 Q0.3 被置位为 1（得电），这会使：①网络 2 中的 Q0.3 常开触点闭合，定时器 T37 得电开始 30s 计时；②PLC 的 Q0.3 端子内部的硬件触点闭合，变频器 DIN3 端子输入为 ON，由于变频器参数设置时已将 DIN3 端子设为起 / 停功能，该端子输入为 ON 时变频器输出电源，起动电动机运转；③网络 4 中的 Q0.3 常开触点闭合，Q0.1 线圈得电，PLC 的 Q0.1 端子内部的硬件触点闭合，变频器 DIN1 端子输入为 ON，此时 PLC 的 Q0.2 端子内部的硬件触点处于断开，变频器 DIN2 端子输入为 OFF。DIN2＝0、DIN1＝1 使变频器输出第 1 段 15Hz 的频率，电动机转速为 840r/m。

30s，定时器 T37 计时时间到而动作，这会使：①网络 3 中的 T37 常开触点闭合，定时器 T38 得电开始 30s 计时；②网络 4 中的 T37 常闭触点断开，Q0.1 线圈失电，PLC 的 Q0.1 端子内部的硬件触点断开，变频器 DIN1 端子输入为 OFF；③网络 5 中的 T37 常开触点闭合，Q0.2 线圈得电，PLC 的 Q0.2 端子内部的硬件触点闭合，变频器 DIN2 端子输入为 ON。DIN2＝1、DIN1＝0 使变频器输出第 2 段 30Hz 的频率，电动机转速为 1680r/m。

再过 30s，定时器 T38 计时时间到而动作，网络 4 中的 T38 常开触点闭合，Q0.1 线圈得电，PLC 的 Q0.1 端子内部的硬件触点闭合，变频器 DIN1 端子输入为 ON，由于此时 Q0.2 线圈处于得电状态，PLC 的 Q0.2 端子内部的硬件触点处于闭合，变频器 DIN2 端子输入为 ON。DIN2＝1、DIN1＝1 使变频器输出第 3 段 50Hz 的频率，电动机转速为 2800r/m。

当停止开关 SB2 闭合时，网络 6 中的 I0.2 常开触点闭合，线圈 Q0.3 被复位为 0（失电），这会使：①PLC 的 Q0.3 端子内部的硬件触点断开，变频器 DIN3 端子输入为 OFF，变频器停止输出电源，电动机停转；②网络 2 中的 Q0.3 常开触点断开，定时器 T37 失电，网络 3 中的 T37 常开触点马上断开，定时器 T38 失电，网络 4、网络 5 中的 T38、T37 常开触点均断开，Q0.1、Q0.2 线圈都会失电，变频器的输入端子 DIN1＝0、DIN2＝0。

图 10-4　用两个开关操作 PLC 来控制变频器驱动电动机多段速运行的 PLC 程序及说明

10.3　PLC 以 USS 协议通信控制变频器的应用实例

通用串行接口协议（Universal Serial Interface Protocol，USS）是西门子公司所有传动产品的通用通信协议，是一种基于串行总线进行数据通信的协议。S7-200 PLC 通过 USS 协议与西门子变频器通信，不但可以控制变频器，还可以对变频器的参数进行读写。

10.3.1　S7-200 PLC 与 MM440 变频器串口通信的硬件连接

1. 硬件连接

S7-200 PLC 有一个或两个 RS-485 端口（Port0、Port1），利用该端口与 MM440 变频器的 RS-485 端口连接，可以使用 USS 协议与变频器进行串行通信，从而实现对变频器的控制。S7-200 PLC 与 MM440 变频器的串行通信硬件连接一般只要用两根导线，具体如图 10-5 所示。

2. 注意事项

为了得到更好的通信效果，S7-200 PLC 与变频器连接时应了解以下要点：

1）在条件允许的情况下，USS 主站尽量选用直流供电型的 S7-200 CPU。

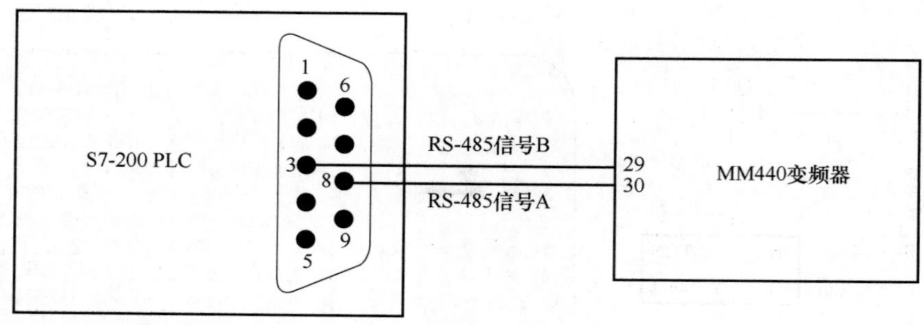

图 10-5　S7-200 PLC 与 MM440 变频器的串行通信硬件连接

2）USS 通信电缆一般采用双绞线（如网线）即可，如果干扰比较大，可采用屏蔽双绞线。

3）在采用屏蔽双绞线作为通信电缆时，把具有不同电位参考点的设备互连会在互连电缆中产生不应有的电流，从而造成通信口的损坏。要确保通信电缆连接的所有设备共用一个公共电路参考点，或者各设备间相互隔离，以防止不应有的电流产生。屏蔽线必须连接到机箱接地点或 9 针端口的插针 1。建议将变频器 0V 端子连接到机箱的接地点。

4）通信时最好采用较高的波特率，通信速率只与通信距离有关，与干扰没有直接关系。

5）终端电阻的作用是用来防止信号反射，并不用来抗干扰。如果在通信距离很近，波特率较低或点对点的通信的情况下，可不用终端电阻。在多点通信的情况下，一般也只需在 USS 主站上加终端电阻就可以取得较好的通信效果。

6）如果使用交流供电型的 CPU22X 和单相变频器进行 USS 通信，CPU22X 和变频器的电源必须接同一相交流电源。

7）如果条件允许，建议使用 CPU226（或 CPU224 + EM277）来调试 USS 通信程序。

8）严禁带电插拔 USS 通信电缆，特别是正在通信中，否则易损坏变频器和 PLC 的通信端口。如果使用大功变频器，即使切断变频器的电源，也需等待几分钟以让内部电容放电后，再去插拔通信电缆。

10.3.2　USS 协议

USS 协议是西门子公司所有传动产品中基于串行总线进行数据通信的通用通信协议。USS 协议是主-从结构的协议，规定了在 USS 总线上可以有一个主站和最多 31 个从站；总线上的每个从站都有一个站地址（在从站参数中设定），主站依靠地址识别每个从站；每个从站也只对主站发来的报文做出响应并回送报文，从站之间不能直接进行数据通信。另外，还有一种广播通信方式，主站可以同时给所有从站发送报文，从站在接收道报文并做出相应的响应后可不回送报文。

S7-200 PLC 的 USS 通信主要用于 PLC 与西门子系列变频器之间的通信，可实现的功能主要如下：

1）控制变频器的起动、停止等运行状态。

2）更改变频器的转速等参数。

3）读取变频器的状态和参数。

1. USS 通信的报文帧格式

在 USS 通信时，报文是一帧一帧地传送的，一个报文帧由很多个字节组成，包括起始字节

（固定为 02H）、报文长度字节、净数据区和 BCC 校验字节。USS 报文帧的格式如下：

起始字节	报文长度字节	从站地址字节	净数据区						BCC 校验字节
02H	1 个字节	1 个字节	字节 1	字节 2	…	…	字节 $n-1$	字节 n	1 个字节
			PKW 区			PZD 区			

报文帧的净数据区由 PKW 区和 PZD 区组成。

PKW 区：用于读写参数值、参数定义或参数描述文本，并可修改和报告参数的改变。

PZD 区：用于在主站和从站之间传送控制和过程数据。控制参数按设定好的固定格式在主、从站之间对应往返。

2. USS 通信主站轮询从站的过程

USS 通信主站轮询从站的过程如图 10-6 所示。

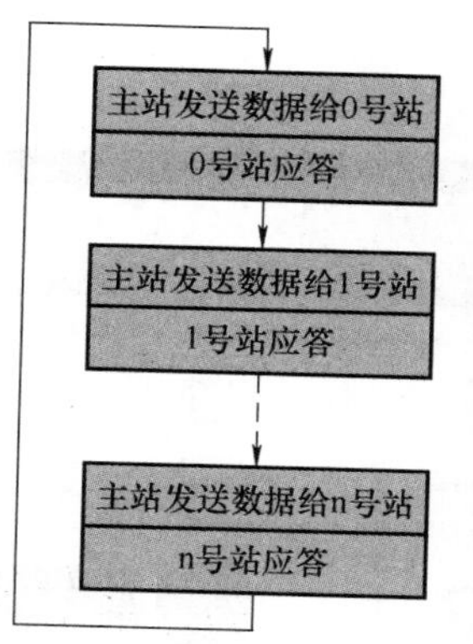

USS 通信通常有一个主站和多个从站（比如一台 PLC 控制多台变频器），各从站的地址为 0~n 不重复的值，中间可以不连续，主站在轮询从站时，主站（PLC）发送数据给 0 号从站，0 号从站应答（从站回送一个特定代码给主站，表示已接收到数据），然后又发送给 1 号从站，1 号从站再应答，一直到发送给 n 号从站，n 号从站应答。

对于某一个特定的站点，如果 PLC 发送完数据以后，接不到该站点的应答，则再发送一包数据，如果仍然接收不到应答，则放弃该站，开始对下一站号进行发送。

图 10-6　USS 通信主站轮询从站的过程

USS 通信时，主站轮询从站的时间间隔与两者通信的波特率有关，具体见表 10-7。比如通信波特率是 2400bit/s，那么访问单个从站大概需要 130ms，波特率越大，主站轮询从站所需要的时间间隔就会越少。

表 10-7　USS 通信波特率与主站轮询从站的时间间隔

波特率/(bit/s)	主站轮询从站的时间间隔
2400	130ms × 从站个数
4800	75ms × 从站个数
9600	50ms × 从站个数
19200	35ms × 从站个数
38400	30ms × 从站个数
57600	25ms × 从站个数
115200	25ms × 从站个数

10.3.3 在 S7-200 PLC 编程软件中安装 USS 通信库

S7-200 PLC 与西门子变频器进行 USS 通信，除了两者要硬件上连接外，还要用 STEP 7-Micro/WIN 编程软件给 PLC 编写 USS 通信程序，如果用普通的指令编写通信程序，非常麻烦且容易出错，而利用 USS 通信指令编写 USS 通信程序则方便快捷。STEP7-Micro/WIN 编程软件本身不带 USS 通信库，需要另外安装 Toolbox_V32-STEP 7-Micro WIN 的软件包，才能使用 USS 通信指令。S7-200 SMART 型 PLC 的编程软件 STEP 7-Micro/WIN SMART 软件自带 USS 通信库，不需要另外安装。

在安装 USS 通信库时，打开 Toolbox_V32-STEP 7-Micro WIN 安装文件夹，双击其中的"Setup.exe"文件，如图 10-7 所示，即开始安装 USS 通信库，安装过程与大多数软件安装一样，安装完成后，打开 STEP 7-Micro/WIN 编程软件，在指令树区域的"库"内可找到"USS Protocol Port 0"和"USS Protocol Port 1"，如图 10-8 所示。它们分别为 PLC 的 Port 0、Port1 端口的 USS 通信库，在每个库内都有 8 个 USS 通信库指令，可以像使用普通指令一样用这些指令编写 USS 通信程序。

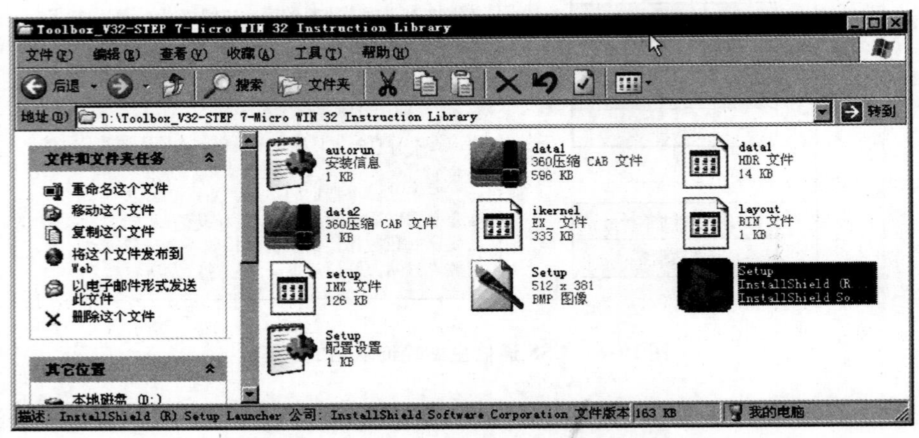

图 10-7 双击"Setup.exe"文件安装 USS 通信库

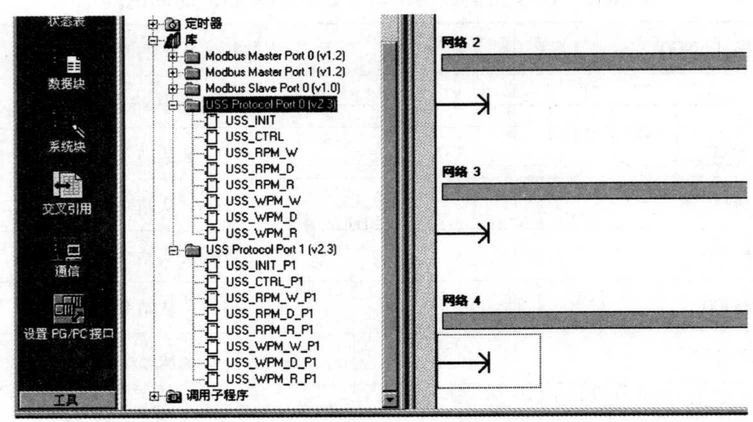

图 10-8 Port 0 和 Port 1 的 USS 通信库各有 8 个 USS 通信库指令

10.3.4　USS 通信指令

1. USS_INIT（或 USS_INIT_P1）指令

USS_INIT 为 Port 0 端口指令，USS_INIT_P1 为 Port 1 端口指令，两者功能相同。

USS_INIT 指令用于启用、初始化或禁止变频器通信。在使用任何其他 USS 通信指令之前，必须先执行 USS_INIT 指令，且执行无错。一旦该指令完成，立即将“Done（完成）”位置 1，然后才能继续执行下一条指令。

（1）指令说明

USS_INIT 指令的符号和参数如图 10-9 所示。

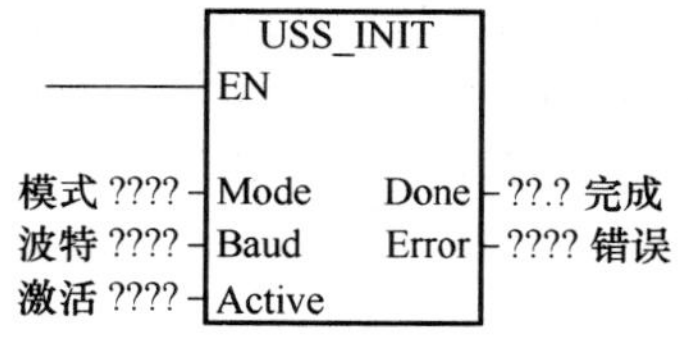

输入/输出	操作数	数据类型
模式	VB, IB, QB, MB, SB, SMB, LB, AC, 常数, *VD, *AC, *LD	字节
波特、激活	VD, ID, QD, MD, SD, SMD, LD, AC, 常数, *VD, *AC, *LD	双字
完成	I, Q, M, S, SM, T, C, V, L	布尔
错误	VB, IB, QB, MB, SB, SMB, LB, AC, *VD, *AC, *LD	字节

图 10-9　USS_INIT 指令的符号和参数

当 EN 端输入为 ON 时，PLC 每次扫描时都会执行一次 USS_INIT 指令，为了保证每次通信时仅执行一次该指令，需要在 EN 端之前使用边缘检测指令，以脉冲方式打开 EN 输入。在每次通信或者改动了初始化参数时，需要执行一条新 USS_INIT 指令。

“Mode（模式）”端的数值用于选择通信协议。当 Mode = 1 时，将端口分配给 USS 协议，并启用该协议；当 Mode = 0，将端口分配给 PPI 通信，并禁止 USS 协议。

“Baud（波特）”端用于设置通信波特率（速率）。USS 通信可用的波特率主要有 1200bit/s、2400bit/s、4800bit/s、9600bit/s、19200bit/s、38400bit/s、57600bit/s 和 115200bit/s。

“Active（激活）”端用于设置激活站点的地址。有些驱动器站点的地址仅支持 0 ~ 31，该端地址用 32 位（双字）二进制数表示，如图 10-10 所示。例如地址的 D0 位为 1 表示站点的地址为 0，D1 位为 1 表示站点的地址为 1。

“Done（完成）”端为完成标志输出。当 USS_INIT 指令完成且无错误时，该端输出 ON。

“Error（错误）”端用于输出包含执行指令出错的结果。

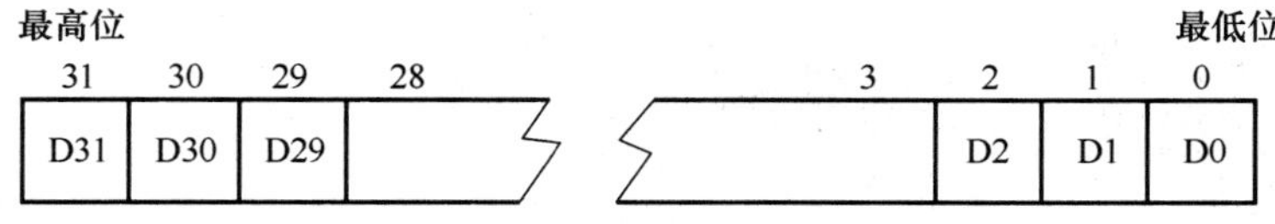

D0 位为 1 表示站点的地址为 0
D1 位为 1 表示站点的地址为 1

图 10-10　USS_INIT 指令的“Active（激活）”端的地址表示方法

（2）指令使用举例

USS_INIT 指令使用举例如图 10-11 所示。

2. USS_CTRL（或 USS_CTRL_P1）指令

USS_CTRL 为 Port 0 端口指令，USS_CTRL_P1 为 Port 1 端口指令，两者功能相同。

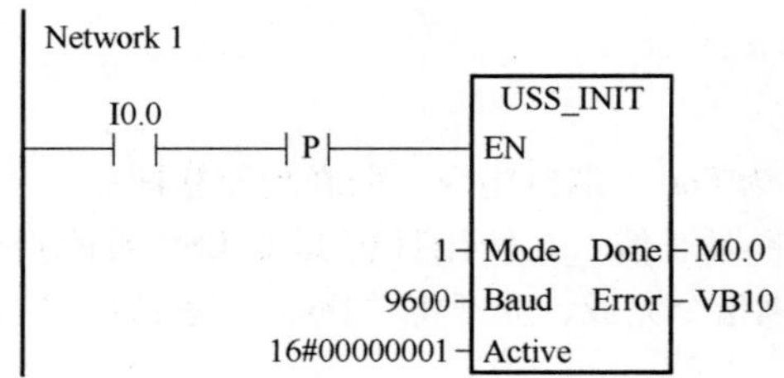

图 10-11　USS_INIT 指令使用举例

USS_CTRL 指令用于控制 ACTIVE（激活）的西门子变频器。USS_CTRL 指令将选择的命令放在通信缓冲区，然后送给已用 USS_INIT 指令的 ACTIVE 参数激活选中的变频器。只能为每台变频器指定一条 USS_CTRL 指令。某些变频器仅将速度作为正值报告，若速度为负值，变频器将速度作为正值报告，但会逆转 D_Dir（方向）位。

（1）指令说明

USS_CTRL 指令的符号和参数如图 10-12 所示。

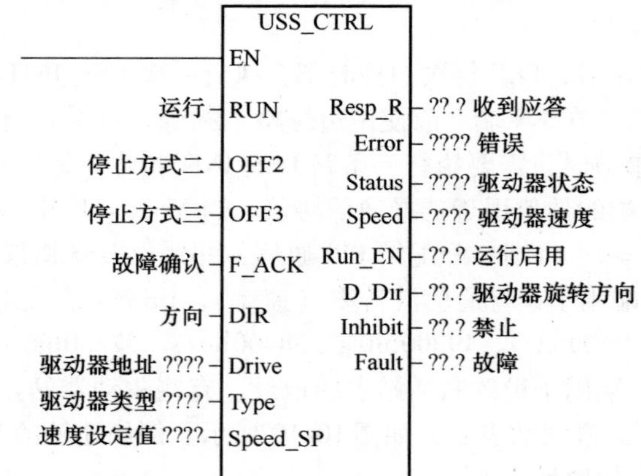

输入 / 输出	操作数	数据类型
RUN, OFF2, OFF3, F_ACK, DIR	I, Q, M, S, SM, T, C, V, L, 使能位	布尔
Resp_R, Run_EN, D_Dir, Inhibit, Fault	I, Q, M, S, SM, T, C, V, L	布尔
Drive, Type	VB, IB, QB, MB, SB, SMB, LB, AC, 常数 , *VD, *AC, *LD	字节
Error	VB, IB, QB, MB, SB, SMB, LB, AC, *VD, *AC, *LD	字节
Status	VW, T, C, IW, QW, SW, MW, SMW, LW, AC, AQW, *VD, *AC, *LD	字
Speed_SP	VD, ID, QD, MD, SD, SMD, LD, AC, 常数 , *VD, *AC, *LD,	实数
Speed	VD, ID, QD, MD, SD, SMD, LD, AC, *VD, *AC, *LD	实数

图 10-12　USS_CTRL 指令的符号和参数

EN 端必须输入为 ON 才能执行 USS_CTRL 指令，在通信程序运行时，应当让 USS_CTRL 指令始终执行（即 EN 端始终为 ON）。

RUN 端用于控制变频器运行（ON）或停止（OFF）。当 RUN 端输入为 ON 时，PLC 会往变频器发送命令，让变频器按指定的速度和方向开始运行。为了控制变频器运行，必须满足：①被控变频器已被 USS_INIT 指令的 Active 参数已选中激活；②OFF2、OFF3 端输入均为 OFF；

③FAULT（故障）和 INHIBIT（禁止）端均为 0。

OFF2 端输入为 ON 时，控制变频器按惯性自由停止。

OFF3 端输入为 ON 时，控制变频器迅速停止。

F_ACK（故障确认）端用于确认变频器的故障。当 F_ACK 端从 0 转为 1 时，变频器清除故障信息。

DIR（方向）端用于控制变频器的旋转方向。

Drive（驱动器地址）端用于输入被控变频器的地址，有效地址为 0 ~ 31。

Type（驱动器类型）端用于输入被控变频器的类型。MM3 型（或更早版本）变频器的类型设为 0，MM4 型变频器的类型设为 1。

Speed_SP（速度设定值）端用于设置变频器的运行速度，该速度为变频器全速运行的速度百分比数值。Speed_SP 为负值会使变频器反向旋转，数值范围为 -200.0% ~200.0%。

Resp_R（收到应答）端用于确认被控变频器收到应答。主站对所有激活的变频器从站进行轮询，查找最新变频器状态信息。当主站 S7-200 PLC 收到从站变频器应答时，Resp_R 位会打开（输出 ON），进行一次扫描，并更新所有相应的值。

Error（错误）是一个包含对变频器最新通信请求结果的错误字节。USS 指令执行错误主题定义了可能因执行指令而导致的错误条件。

Status（驱动器状态）是变频器返回的反映变频器状态的字值。MM4 变频器的状态字各位含义如图 10-13 所示。

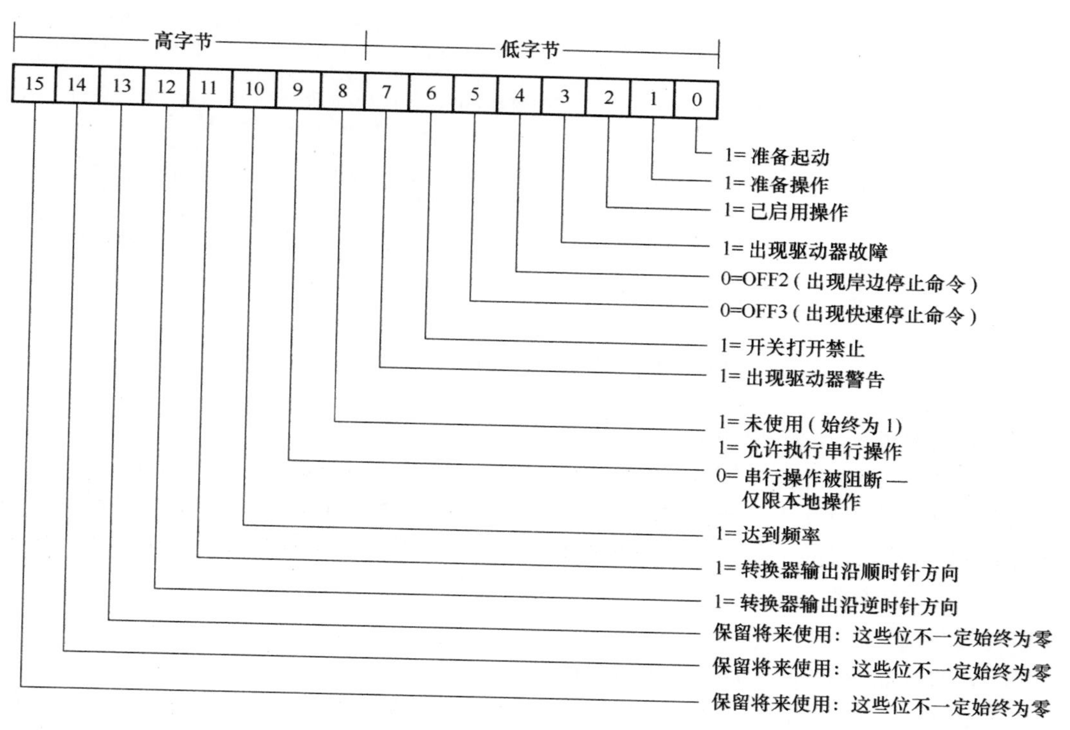

图 10-13 MM4 变频器的状态字各位含义

Speed（速度）是以全速百分比反映变频器的速度。速度值范围为 -200.0% ~200.0%。

Run_EN（运行起用）用于反映变频器的工作状态是运行（1）还是停止（0）。

D_Dir（运行方向）用于反映变频器的旋转方向。

Inhibit（禁止）表示变频器的禁止位状态（0 表示不禁止，1 表示禁止）。如果要清除禁止位，故障位必须关闭，RUN、OFF2 和 OFF3 输入也必须关闭。

Fault（故障）表示故障位的状态（0 表示无错误，1 表示有错误）。故障代码的含义可查看变频器使用手册，要清除故障位，应先纠正引起故障的原因，并打开 F_ACK 位。

（2）指令使用举例

USS_CTRL 指令使用举例如图 10-14 所示。

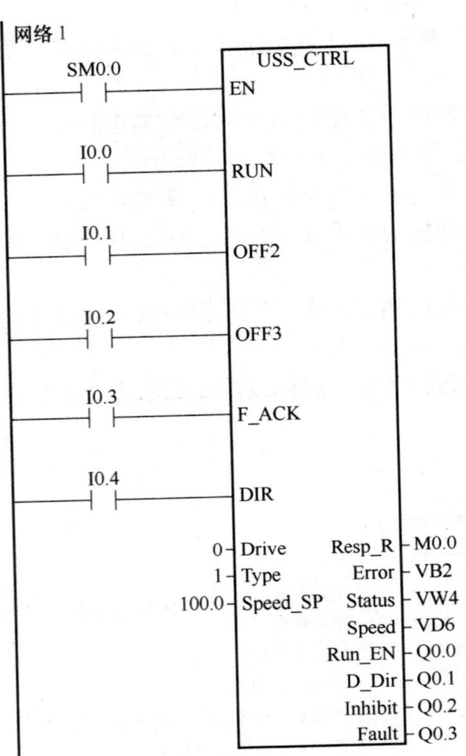

PLC 运行时，SM0.0 触点始终闭合，USS_CTRL 指令的 EN 端输入为 ON 而一直执行。当 I0.0 常开触点闭合时，USS_CTRL 指令 RUN 端的输入为 ON，控制变频器启动运行；当 I0.1 常开触点闭合时，USS_CTRL 指令 OFF2 端的输入为 ON，控制变频器按惯性自由停车；当 I0.2 常开触点闭合时，USS_CTRL 指令 OFF3 端的输入为 ON，控制变频器迅速停车；当 I0.3 常开触点闭合时，USS_CTRL 指令 F_ACK 端的输入为 ON，控制变频器清除故障信息；当 I0.4 常开触点闭合时，USS_CTRL 指令 DIR 端的输入为 ON，控制变频器驱动电动机正向旋转。

Drive=0 表示控制对象为 0 号变频器；Type=1 表示受控驱动器类型为 MM4 型变频器；Speed_SP=100.0 表示将变频器设为全速运行。Resp_R=M0.0 表示如果 PLC 收到变频器的应答，则置位 M0.0；Error=VB2 表示与变频器通信出现错误时，将反映错误信息的字节存入 VB2；Status=VW4 表示将变频器送来的反映变频器状态的字数据存入 VW4；Speed=VD6 表示将变频器的当前运行速度值（以全速的百度比值）存入 VD6；Run_EN=Q0.0 表示将变频器的运行状态赋值给 Q0.0，变频器运行时，将 Q0.0 置位 1，变频器停止时 Q0.0=0；D_Dir=Q0.1 表示将变频器的运行方向赋值给 Q0.1，正向运行时，将 Q0.1 置位 1，反向运行时 Q0.1=0；Inhibit 表示将变频器的禁止位状态赋值给 Q0.2；Fault 表示将变频器的故障位状态赋值给 Q0.3。

图 10-14　USS_CTRL 指令使用举例

3. USS_RPM_x（或 USS_ RPM_x_P1）指令

USS_RPM_x 为 Port 0 端口指令，USS_ RPM_x_P1 为 Port 1 端口指令，两者功能相同。

USS_RPM_x 具体可分为 USS_RPM_W、USS_RPM_D 和 USS_RPM_R 三条指令，USS_RPM_W 指令用于读取不带符号的字参数，USS_RPM_D 指令用于读取不带符号的双字参数，USS_RPM_R 指令用于读取浮点参数。

（1）指令说明

USS_RPM_x 指令的符号和参数如图 10-15 所示。

在使用时，一次只能让一条 USS_RPM_x 指令激活。当变频器确认收到命令或返回一条错误信息时，USS_RPM_x 事项完成。当该进程等待应答时，逻辑扫描继续执行。在启动请求传送（XMT_REQ = ON）前，EN 位必须先打开（EN = ON），并应当保持打开，直至设置“完成”位（Done = ON），表示进程完成。例如当 XMT_REQ 输入打开时，在每次扫描都会向变频器传送一条 USS_RPM_x 请求，因此 XMT_REQ 输入应当以边沿检测脉冲方式打开。

驱动器（Drive）端用于输入要读取数据的变频器的地址。变频器的有效地址是 0 ~ 31。

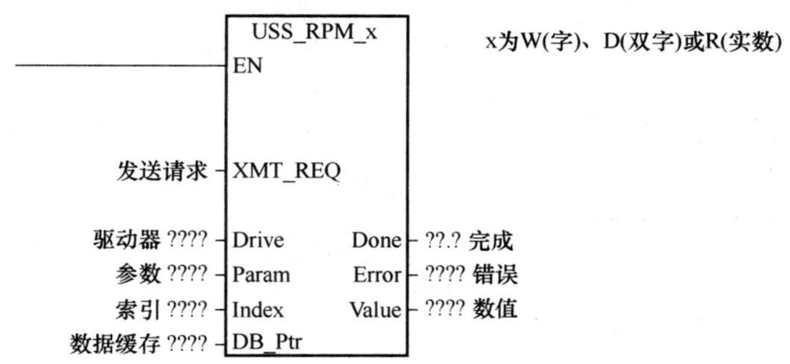

输入/输出	操作数	数据类型
XMT_REQ	I, Q, M, S, SM, T, C, V, L, 使能位受上升边缘检测元素条件限制	布尔
Drive	VB, IB, QB, MB, SB, SMB, LB, AC, 常数, *VD, *AC, *LD	字节
Param, Index	VW, IW, QW, MW, SW, SMW, LW, T, C, AC, AIW, 常数, *VD, *AC, *LD	字
DB_Ptr	&VB	双字
Done	I, Q, M, S, SM, T, C, V, L	布尔
Error	VB, IB, QB, MB, SB, SMB, LB, AC. *VD, *AC, *LD	字节
Value	VW, IW, QW, MW, SW, SMW, LW, T, C, AC, AQW, *VD, *AC, *LD VD, ID, QD, MD, SD, SMD, LD, *VD, *AC, *LD	字 双字, 实数

图 10-15　USS_RPM_x 指令的符号和参数

参数（Param）端用于输入要读取数值的参数号。

索引（Index）端用于输入要读取的参数的索引号。

数值（Value）端为返回的参数值。

数据缓存（DB_Ptr）端用于输入 16 个字节的缓冲区地址。该缓冲区被 USS_RPM_x 指令用于存放向变频器发出的命令结果。

完成（Done）端在 USS_RPM_x 指令完成时输出为 ON。

错误（Error）端和数值（Value）端输出包含执行指令的结果。在“Done”输出打开之前，“Error”和“Value”输出无效。

（2）指令使用举例

USS_RPM_x 指令使用举例如图 10-16 所示。

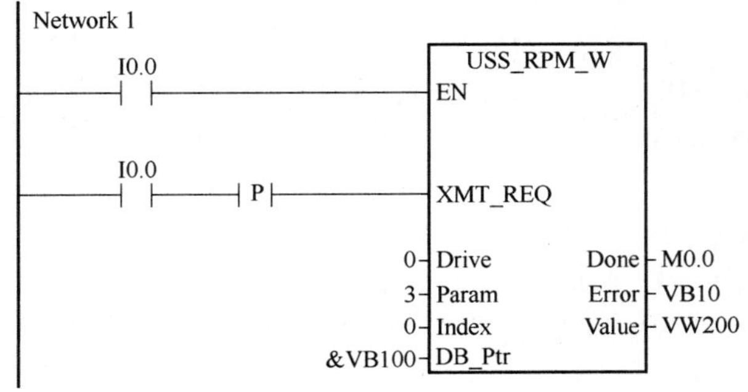

当 I0.0 常开触点闭合时，USS_RPM_x 指令的 EN 端输入为 ON 且 XMT_REQ 端输入上升沿，指令执行，读取 0 号（Drive=0）变频器 P0003 参数（Param=3）的第 0 组参数（Index=0），指令执行完成后 Done 输出 ON 将 M0.0 置 1，出错信息存放到 VB10（Error=VB10），读取的参数值存放到 VW200（Value=VW200）。USS_RPM_x 指令执行时，使用 VB100 ~ VB115 作为数据缓存区（DB_Ptr=&VB100）。

图 10-16　USS_RPM_x 指令使用举例

4. USS_WPM_x（或 USS_ WPM_x_P1）指令

USS_WPM_x 为 Port 0 端口指令，USS_ WPM_x_P1 为 Port 1 端口指令，两者功能相同。

USS_WPM_x 具体可分为 USS_WPM_W、USS_WPM_D 和 USS_WPM_R 三条指令，USS_WPM_W 指令用于写入不带符号的字参数，USS_WPM_D 指令用于写入不带符号的双字参数，USS_WPM_R 指令用于写入浮点参数。

（1）指令说明

USS_WPM_x 指令的符号和参数如图 10-17 所示。

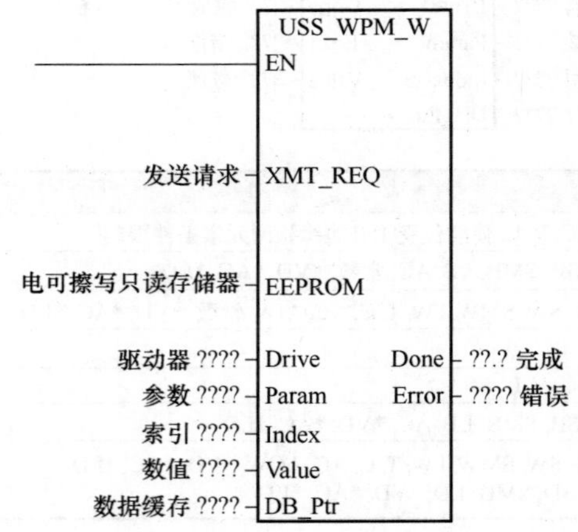

输入/输出	操作数	数据类型
XMT_REQ	I, Q, M, S, SM, T, C, V, L, 使能位受上升边缘检测元素条件限制	布尔
EEPROM	I, Q, M, S, SM, T, C, V, L, 使能位	
Drive	VB, IB, QB, MB, SB, SMB, LB, AC, 常数, *VD, *AC, *LD	字节
Param Index	VW, IW, QW, MW, SW, SMW, LW, T, C, AIW, 常数, AC*VD, *AC, *LD	字
Value	VW, IW, QW, MW, SW, SMW, LW, T, C, AC, AQW, *VD, *AC, *LD VD, ID, QD, MD, SD, SMD, LD, *VD, *AC, *LD	字 双字, 实数
DB_Ptr	&VB	双字
Done	I, Q, M, S, SM, T, C, V, L	布尔
Error	VB, IB, QB, MB, SB, SMB, LB, AC, *VD, *AC, *LD	字节

图 10-17　USS_WPM_x 指令的符号和参数

在使用时，一次只能让一条 USS_WPM_x 指令或 USS_RPM_x 指令激活，即两者不能同时执行。当变频器确认收到命令或返回一条错误信息时，USS_WPM_x 事项完成。当该进程等待应答时，逻辑扫描继续执行。在启动请求传送（XMT_REQ = ON）前，EN 位必须先打开（EN = ON），并应保持，直至设置“完成”位（Done = ON），表示进程完成。例如当 XMT_REQ 输入打开时，在每次扫描都会向变频器传送一条 USS_WPM_x 请求，因此 XMT_REQ 输入应当以边沿检测脉冲方式打开。

EEPROM（电可擦写只读存储器）端用于启用对变频器的 RAM 和 EEPROM 的写入，当输入关闭时，仅启用对 RAM 的写入。MM3 变频器不支持该功能，因此该输入必须关闭。

驱动器（Drive）端用于输入要写入数据的变频器的地址。变频器的有效地址是 0 ~ 31。

参数（Param）端用于输入要写入数值的参数号。

索引（Index）端用于输入要写入的参数的索引值。

数值（Value）端为写入变频器 RAM 中的参数值。通过设置参数 P971（RAM 到 EEPROM 传输方式）的值可将该数值写入变频器 RAM 的同时送到 EEPROM，这样断电后数值可以保存下来。

数据缓存（DB_Ptr）端用于输入 16 个字节的缓冲区地址。该缓冲区被 USS_WPM_x 指令用于存放向变频器器发出的命令结果。

完成（Done）端在 USS_WPM_x 指令完成时输出为 ON。

错误（Error）端和数值（Value）端输出包含执行指令的结果。

（2）指令使用举例

USS_WPM_x 指令使用举例如图 10-18 所示。

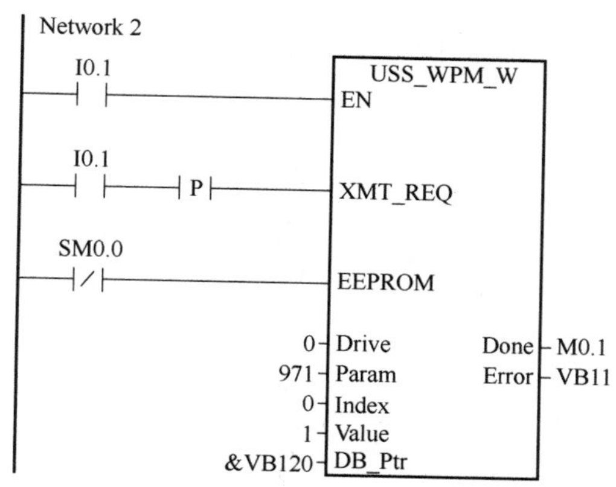

当 I0.1 常开触点闭合时，USS_WPM_x 指令的 EN 端输入为 ON 且 XMT_REQ 端输入上升沿，指令执行，将数值 1（Value=1）作为参数值写入 0 号（Drive=0）变频器的 P971 参数（Param=971）的第 0 组参数（Index=0），指令执行完成后，Done 输出 ON 将 M0.1 置 1，出错信息存放到 VB11（Error=VB11）。USS_WPM_x 指令执行时，使用 VB120 ~ VB135 作为数据缓存区（DB_Ptr=&VB120）。

图 10-18　USS_WPM_x 指令使用举例

10.3.5　S7-200 PLC 以 USS 协议通信控制 MM440 变频器的应用实例

1. 控制要求

S7-200 PLC 用 RS-485 端口连接 MM440 变频器，使用 USS 协议通信控制变频器启动、停止、正转和反转，以及读写变频器参数。

2. 电路连接

S7-200 PLC 用 RS-485 端口连接控制 MM440 变频器的电路如图 10-19 所示。

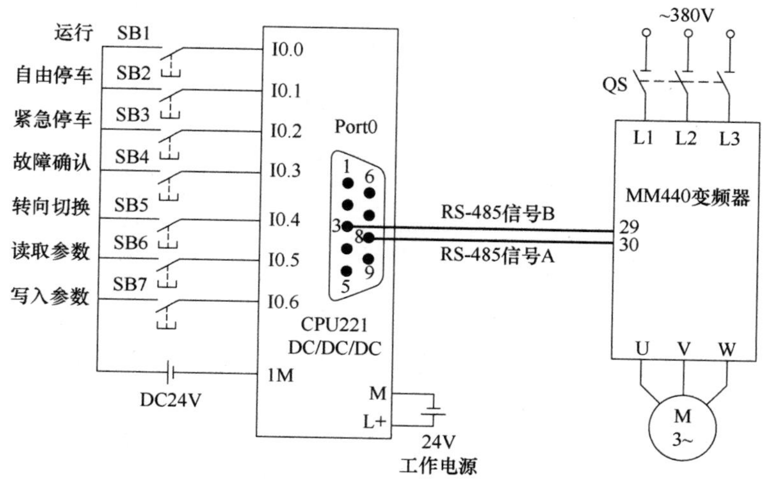

图 10-19　S7-200 PLC 用 RS-485 端口连接控制 MM440 变频器的电路

3. 变频器参数设置

在参数设置时，先将变频器所有参数复位到工厂默认值，然后设置电动机参数，再设置其他参数。

1）将变频器所有参数复位到工厂默认值。在BOP或AOP面板上先设置参数P0010 = 3，再设置参数P0970 = 1，然后按下P键，开始参数复位，大约3min完成复位过程，变频器的参数复位到工厂默认值。

2）设置电动机的参数。在设置电动机参数时，设置P0100 = 1，进入参数快速调试，按照电动机铭牌设置电动机的一些主要参数（见表10-8），电动机参数设置完成后，再设P0100 = 0，让变频器退出快速调试，进入准备运行状态。

3）其他参数设置。其他参数主要是与变频器与USS通信有关的参数，且体设置见表10-9。

表10-8 电动机参数的设置

参数号	工厂默认值	设置值及说明
P003	1	1—设用户访问级为标准级
P0010	0	1—快速调试
P0100	0	0—工作地区：功率kW表示，频率为50Hz
P0304	230	380—电动机额定电压（V）
P0305	3.25	0.95—电动机额定电流（A）
P0307	0.75	0.37—电动机额定功率（kW）
P0308	0	0.8—电动机额定功率因数（$\cos\varphi$）
P0310	50	50—电动机额定功率（Hz）
P0311	0	2800—电动机额定转速（r/min）

表10-9 与USS通信有关的参数设置

参数号	工厂默认值	设置值及说明
P0003	1	3—设置用户访问级为专家级
P0700	2	5—COM链路的USS通信（RS-485端口）
P1000	2	5—通过COM链路的USS通信设置频率
P2010.0	6	7—设置USS通信的波特率为19200bit/s
P2011.0	0	0—设置USS通信站地址为0
P2012.0	2	2—设置USS报文的PZD长度为2个字长
P2013.0	127	127—设置USS报文的PKW长度是可变的
P2014.0	0	0—设置USS报文停止传送时不产生故障信号

4. PLC通信程序及说明

S7-200 PLC以USS协议通信控制MM440变频器起动、停止、正转、反转和读写变频器参数的PLC程序及说明见表10-10。

表 10-10 S7-200 PLC 以 USS 协议通信控制 MM440 变频器及读写参数的 PLC 程序及说明

程序说明	梯形图程序
网络 1： PLC 上电第一次扫描时，SM0.1 触点闭合一个扫描周期，USS_INIT（USS 初始化）指令执行，启用 USS 协议通信，激活 0 号变频器，将通信波特率设为 19200bit/s，执行完成后 Done 输出将 Q0.0 置 1，若执行出错，将错误信息存放到 VB1 中。 网络 2： PLC 运行时 SM0.0 触点始终闭合，USS_CTRL 指令的 EN 端输入为 ON 而一直执行。 当 I0.0 触点闭合时，RUN 端输入为 ON，起动变频器运行。 当 I0.1 触点闭合时，OFF2 端输入为 ON，控制变频器按惯性自由停车。 当 I0.2 触点闭合时，OFF3 端输入为 ON，控制变频器迅速停车。 当 I0.3 触点闭合时，F_ACK 端输入为 ON，控制变频器清除故障信息。 当 I0.4 触点闭合时，DIR 端输入为 ON，控制变频器驱动电动机改变旋转方向。 Drive =0 表示控制对象为 0 号变频器。 Type =1 表示受控驱动器类型为 MM4 型变频器。 Speed_SP = 100.0 表示将变频器设为全速运行。 Resp_R = M0.0 表示如果 PLC 收到变频器的应答，则置位 M0.0。 Error = VB2 表示与变频器通信出现错误时，将反映错误信息的字节存入 VB2。 Status = VW4 表示将变频器送来的反映变频器状态的字数据存入 VW4。 Speed = VD6 表示将变频器的当前运行速度值（以全速的百度比值）存入 VD6。 Run_EN = Q0.1 表示将变频器的运行状态赋值给 Q0.1（运行：Q0.1 =1；停止：Q0.1 =0）。 D_Dir = Q0.2 表示将变频器的运行方向赋值给 Q0.2（正向：Q0.2 =1；反向：Q0.2 =0）。 Inhibit = Q0.3 表示将变频器的禁止位状态赋值给 Q0.3。 Fault = Q0.4 表示将变频器的故障位状态赋值给 Q0.4。 网络 3： 当 I0.5 常开触点闭合时，USS_RPM_W 指令的 EN 端输入为 ON 且 XMT_REQ 端输入上升沿，指令执行，读取 0 号（Drive =0）变频器的 P0005 参数（Param =5）的第 0 组参数（Index =0），指令执行完成后 Done 输出 ON 将 M0.1 置 1，出错信息存放到 VB10（Error = VB10），读取的参数值存放到 VW12（Value = VW12）。USS_RPM_W 指令执行时，使用 VB20 ~ VB35 作为数据缓存区（DB_Ptr = &VB20）。 网络 4： 当 I0.6 常开触点闭合时，USS_WPM_W 指令的 EN 端输入为 ON 且 XMT_REQ 端输入上升沿，指令执行，将数值 50.0（Value =50.0）作为参数值写入 0 号（Drive =0）变频器 P2000（Param =2000）的第 0 组参数（Index =0），同时保存在 EEPROM 中（EEPROM 端输入为 ON），指令执行完成后 Done 输出 ON 将 M0.2 置 1，出错信息存放到 VB14（Error = VB14）。USS_WPM_x 指令执行时，使用 VB40 ~ VB55 作为数据缓存区（DB_Ptr = &VB40）	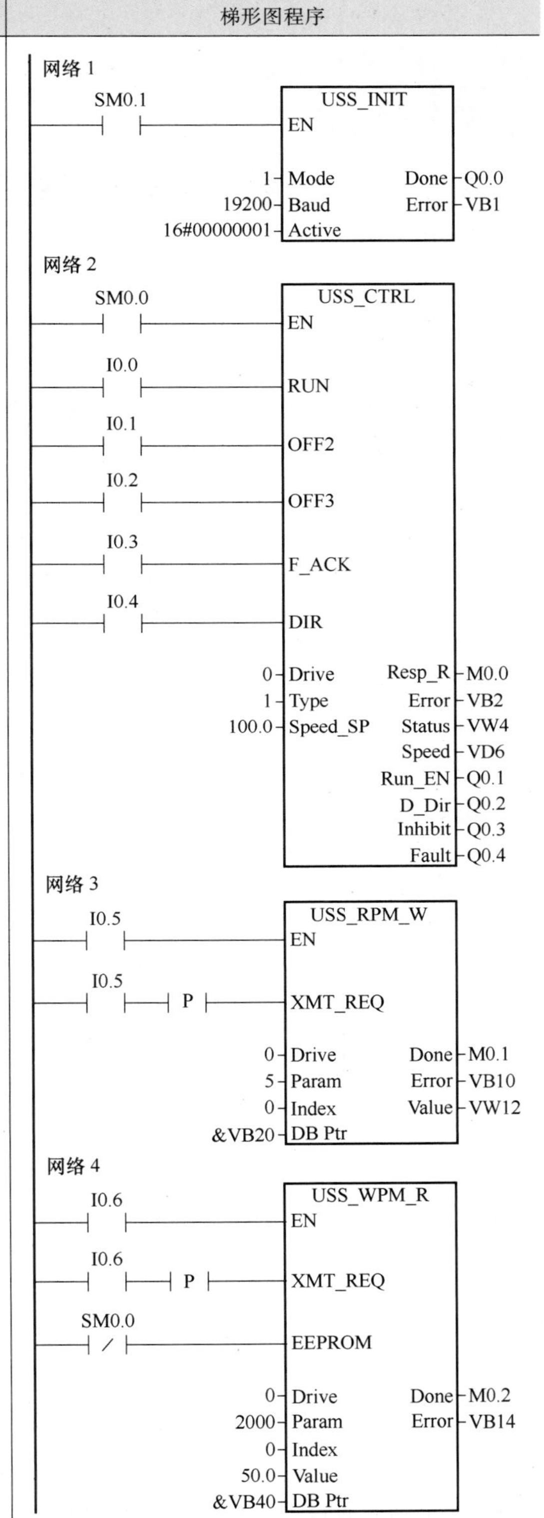

第 11 章 西门子触摸屏介绍

11.1 触摸屏基础知识

触摸屏是一种带触摸显示功能的数字输入输出设备，利用触摸屏可以使人们直观方便地进行人机交互，其又称人机界面（HMI）。利用触摸屏不但可以在触摸屏上对 PLC 进行操作，还可在触摸屏上实时监视 PLC 的工作状态。要使用触摸屏操作和监视 PLC，必须用专门的软件为触摸屏制作（又称组态）相应的操作和监视画面。

11.1.1 基本组成

触摸屏主要由触摸检测部件和触摸屏控制器组成。触摸检测部件安装在显示器屏幕前面，用于检测用户触摸位置，然后送给触摸屏控制器；触摸屏控制器的功能是从触摸点检测装置上接收触摸信号，并将它转换成触点坐标，再送给有关电路或设备。触摸屏的基本结构如图 11-1 所示。

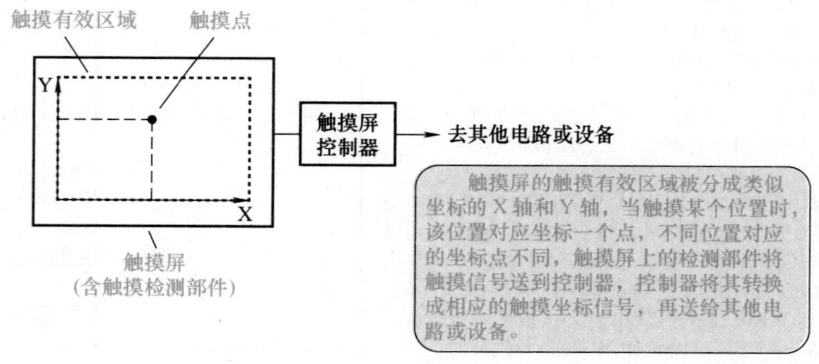

图 11-1　触摸屏的基本结构

11.1.2 工作原理

根据工作原理不同，触摸屏主要分为电阻式、电容式、红外线式和表面声波式四种。下面介绍广泛使用的电阻式触摸屏的工作原理。

电阻触摸屏的基本结构如图 11-2a 所示。它由一块 2 层透明复合薄膜屏组成，下面是由玻璃或有机玻璃构成的基层，上面是一层外表面经过硬化处理的光滑防刮塑料层，在基板和塑料层的内表面都涂有透明金属导电层 ITO（氧化铟），在两导电层之间有许多细小的透明绝缘支点把它们隔开，当按压触摸屏某处时，该处的两导电层会接触。

触摸屏的两个金属导电层是触摸屏的两个工作面，在每个工作面的两端各涂有一条银胶，称为该工作面的一对电极，为分析方便，这里认为上工作面左右两端接 X 电极，下工作面上下两端接 Y 电极，X、Y 电极都与触摸屏控制器连接，如图 11-2b 所示。当 2 个 X 电极上施加一固定电压，如图 11-3a 所示，而 2 个 Y 电极不加电压时，在 2 个 X 极之间的导电涂层各点电压由左至右逐渐降低，这是因为工作面的金属涂层有一定的电阻，越往右的点与左 X 电极电阻越大，这时若按下触摸屏上某点，上工作面触点处的电压经触摸点和下工作面的金属涂层从 Y 电极（Y + 或 Y - ）输出，触摸点在 X 轴方面越往右，从 Y 电极输出电压越低，即将触点在 X 轴的位置转换成不同的电压。同样地，如果给 2 个 Y 电极施加一固定电压，如图 11-3b 所示，当按下触摸屏某点时，会从 X 电极输出电压，触摸点越往上，从 X 电极输出的电压越高。

电阻式触摸屏采用分时工作，先给 2 个 X 电极加电压而从 Y 电极取 X 轴坐标信号，再给 2 个 Y 电极加电压，从 X 电极取 Y 轴坐标信号。分时施加电压和接收 X、Y 轴坐标信号都由触摸屏控制器来完成。

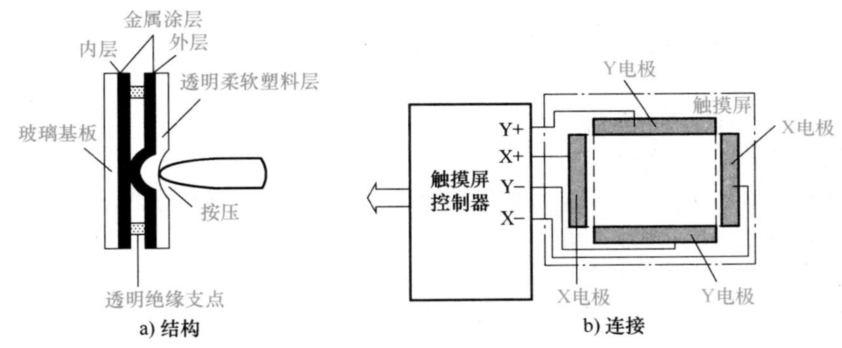

图 11-2　电阻触摸屏的基本结构

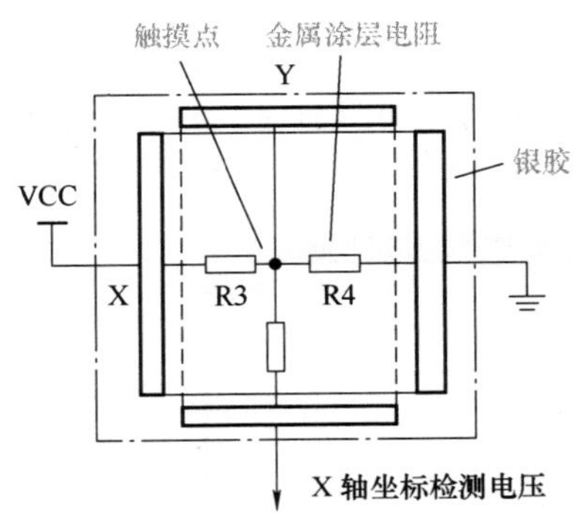

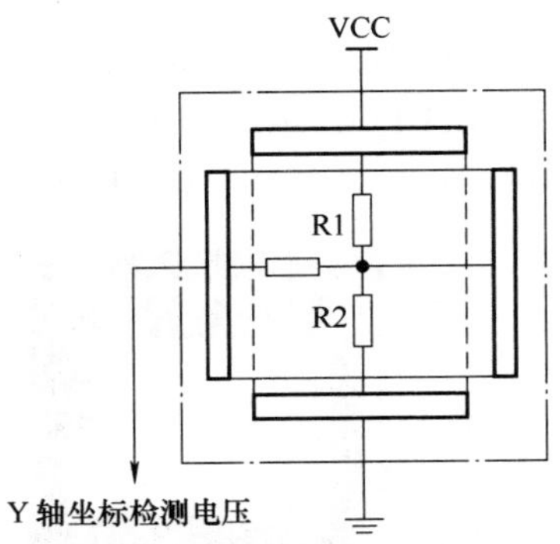

图 11-3　电阻触摸屏工作原理说明图

电阻触摸屏除了有四线式外，常用的还有五线式电阻触摸屏。五线式电阻触摸屏内部也有两个金属导电层，与四线式不同的是，五线式电阻触摸屏的四个电极分别加在内层金属导电层的四周，工作时分时给两对电极加电压，外金属导电层用作纯导体，在触摸时，触摸点的 X、Y 轴坐标信号分时从外金属层送出（触摸时，内金属层与外金属层会在触摸点处接通）。五线电阻触摸屏内层 ITO 需要四条引线，外层只作导体仅有一条，触摸屏的引出线共有 5 条。

11.2 西门子精彩系列触摸屏简介

11.2.1 SMART LINE 触摸屏的特点

SIMATIC 精彩系列触摸屏（SMART LINE）是西门子公司根据市场需求新推出的具有触摸操作功能的 HMI（人机界面）设备，具有人机界面的标准功能，且经济适用，具备高性价比。最新一代精彩系列触摸屏 SMART LINE V3 的功能更是得到了大幅度提升，与西门子 S7-200 SMART PLC 一起，可组成完美的自动化控制与人机交互平台。

西门子精彩系列触摸屏（SMART LINE）主要特点如下：

- 屏幕尺寸有宽屏 7in⊖、10 寸两种，支持横向和竖向安装。
- 屏幕高分辨率有 800×480（7in）、1024×600（10in）两种，64K 色，LED 背光。
- 集成以太网接口（俗称网线接口），可与 S7-200 SMART PLC、LOGO！等进行通信（最多可连接 4 台）。
- 具有隔离串口（RS422/485 自适应切换），可连接西门子、三菱、施耐德、欧姆龙及部分台达系列 PLC。
- 支持 Modbus RTU 协议通信。
- 具有硬件实时时钟功能。
- 集成 USB 2.0 host 接口，可连接鼠标、键盘、Hub 以及 USB 存储器。
- 具有数据和报警记录归档功能。
- 具有强大的配方管理，趋势显示，报警功能。
- 通过 Pack & Go 功能，可轻松实现项目更新与维护。
- 编程绘制画面使用全新的 WinCC Flexible SMART 组态软件，简单直观，功能强大。

11.2.2 常见型号及外形

在用 WinCC Flexible SMART 软件（SMART LINE 触摸屏的组态软件）组态项目选择设备时，可以发现 SMART LINE 触摸屏有 8 种型号，7in 和 10in 屏各 4 种，如图 11-4 所示。其中 Smart 700 IE V3 型和 Smart 1000 IE V3 型两种最为常用，其外形如图 11-5 所示。

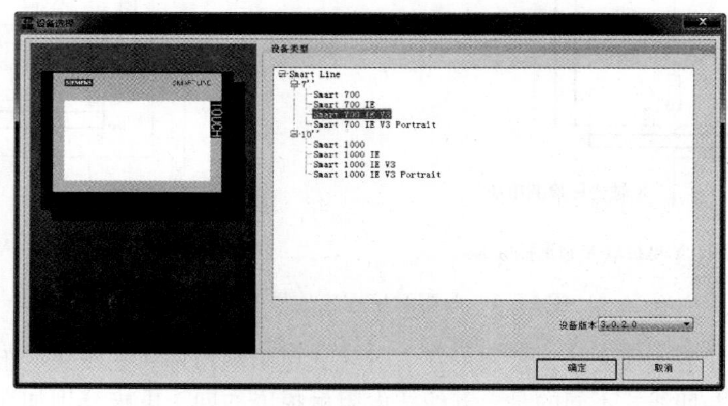

图 11-4 SMART LINE 触摸屏有 8 种型号

⊖ 1in = 0.0254m，后同。

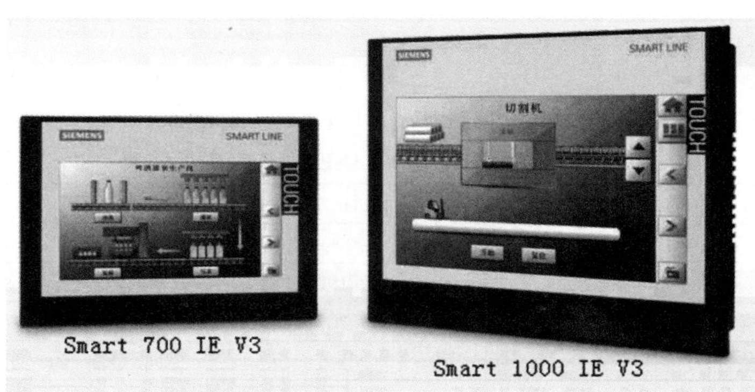

图 11-5　两种常用的 SMART LINE 触摸屏

11.2.3　触摸屏主要部件说明

SMART LINE 触摸屏的各型号外形略有不同，但组成部件大同小异，图 11-6 为 Smart 700 IE V3 型触摸屏的组成部件及说明。

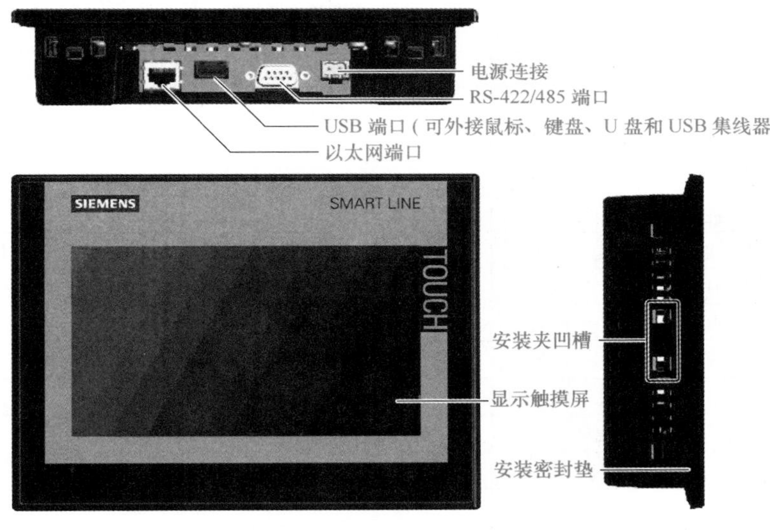

a) 底视、前视和侧视图

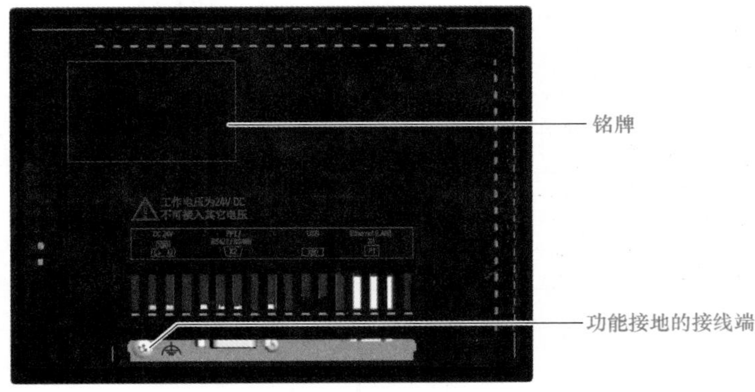

b) 后视图

图 11-6　Smart 700 IE V3 型触摸屏的组成部件及说明

11.2.4 技术规格

西门子 SMART LINE 触摸屏的技术规格见表 11-1。

表 11-1 西门子 SMART LINE 触摸屏的技术规格

<table>
<tr><td colspan="2">设备</td><td>Smart 700 IE V3</td><td>Smart 1000 IE V3</td></tr>
<tr><td colspan="2">显示尺寸（in）</td><td>7in 宽屏</td><td>10.1in 宽屏</td></tr>
<tr><td colspan="2">开孔尺寸 W×H/mm×mm</td><td>192×138</td><td>259×201</td></tr>
<tr><td colspan="2">前面板尺寸 W×H/mm×mm</td><td>209×155</td><td>276×218</td></tr>
<tr><td colspan="2">安装方式</td><td colspan="2">横向/竖向</td></tr>
<tr><td colspan="2">显示类型</td><td colspan="2">LCD-TFT</td></tr>
<tr><td colspan="2">分辨率（W×H，像素）</td><td>800×480</td><td>1024×600</td></tr>
<tr><td colspan="2">颜色</td><td colspan="2">65536</td></tr>
<tr><td colspan="2">亮度</td><td colspan="2">250cd/m²</td></tr>
<tr><td colspan="2">背光寿命（25℃）</td><td colspan="2">最大 20000h</td></tr>
<tr><td colspan="2">触屏类型</td><td colspan="2">高灵敏度 4 线电阻式触摸屏</td></tr>
<tr><td colspan="2">CPU</td><td colspan="2">ARM，600MHz</td></tr>
<tr><td colspan="2">内存</td><td colspan="2">128MB DDR 3</td></tr>
<tr><td colspan="2">项目内存</td><td colspan="2">8MB Flash</td></tr>
<tr><td colspan="2">供电电源</td><td colspan="2">DC 24V</td></tr>
<tr><td colspan="2">电压允许范围</td><td colspan="2">DC 19.2～28.8V</td></tr>
<tr><td colspan="2">蜂鸣器</td><td colspan="2">√</td></tr>
<tr><td colspan="2">时钟</td><td colspan="2">硬件实时时钟</td></tr>
<tr><td colspan="2">串口通信</td><td colspan="2">1×RS-422/485，带隔离串口，最大通信速率 187.5kbit/s</td></tr>
<tr><td colspan="2">以太网接口</td><td colspan="2">1×RJ45，最大通信速率 100Mbit/s</td></tr>
<tr><td colspan="2">USB</td><td colspan="2">USB 2.0 host，支持 U 盘、鼠标、键盘、Hub</td></tr>
<tr><td colspan="2">认证</td><td colspan="2">CE，RoHS</td></tr>
<tr><td rowspan="4">环境条件</td><td>操作温度</td><td colspan="2">0～50℃（垂直安装）</td></tr>
<tr><td>存储/运输温度</td><td colspan="2">-20～60℃</td></tr>
<tr><td>最大相对湿度</td><td colspan="2">90%（无冷凝）</td></tr>
<tr><td>耐冲击性</td><td colspan="2">15g/11ms</td></tr>
<tr><td rowspan="2">防护等级</td><td>前面</td><td colspan="2">IP65</td></tr>
<tr><td>背面</td><td colspan="2">IP20</td></tr>
<tr><td rowspan="11">软件功能</td><td>组态软件</td><td colspan="2">WinCC flexible Smart V3</td></tr>
<tr><td>可连接的西门子 PLC</td><td colspan="2">S7-200/S7-200 SMART/LOGO!</td></tr>
<tr><td>第三方 PLC</td><td colspan="2">Mitsubishi FX/Protocol4；Modicon Modbus；Omron CP/CJ</td></tr>
<tr><td>变量</td><td colspan="2">800</td></tr>
<tr><td>画面数</td><td colspan="2">150</td></tr>
<tr><td>报警缓存（掉电保持）</td><td colspan="2">256</td></tr>
<tr><td>配方</td><td colspan="2">10×100</td></tr>
<tr><td>趋势曲线</td><td colspan="2">√</td></tr>
<tr><td>掉电保持</td><td colspan="2">√</td></tr>
<tr><td>变量归档</td><td colspan="2">5 个变量</td></tr>
<tr><td>报警归档</td><td colspan="2">√</td></tr>
</table>

11.3　触摸屏与其他设备的连接

11.3.1　触摸屏的供电接线

Smart 700 IE V3 型触摸屏的供电电压为直流 24V，允许范围为 19.2～28.2V，其电源接线如图 11-7 所示。电源连接器为触摸屏自带，无须另外购置。

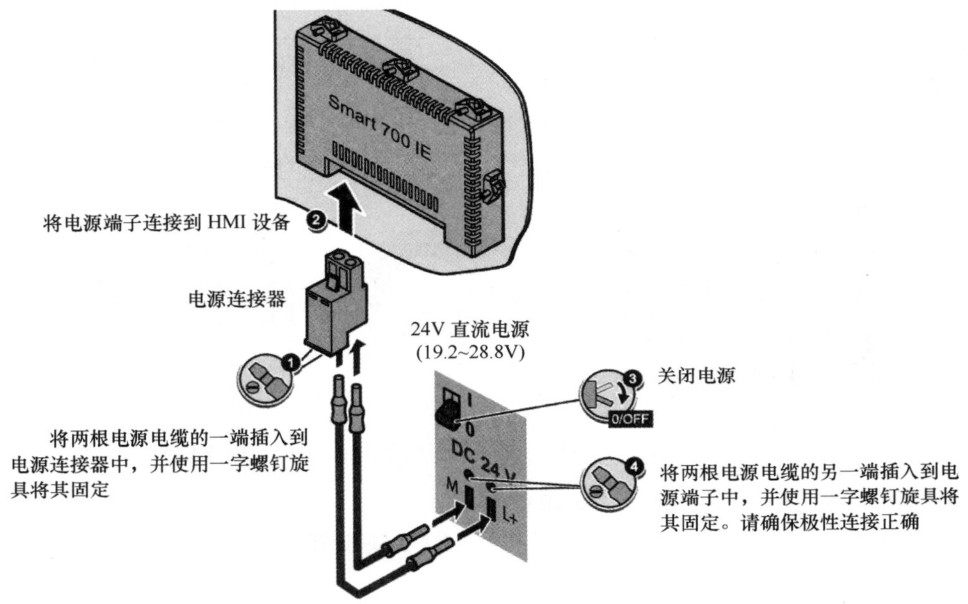

图 11-7　Smart 700 IE V3 型触摸屏的电源接线

11.3.2　触摸屏与组态计算机的以太网连接

SMART LINE 触摸屏中的控制和监控画面是使用安装在计算机的 WinCC Flexible SMART 组态软件中制作的，画面制作完成后，计算机通过电缆将画面项目下载到触摸屏。计算机与 SMART LINE 触摸屏一般使用以太网连接通信，具体连接如图 11-8 所示，将一根网线的两个 RJ45 头分别插入触摸屏和计算机的以太网端口（LAN 口）。

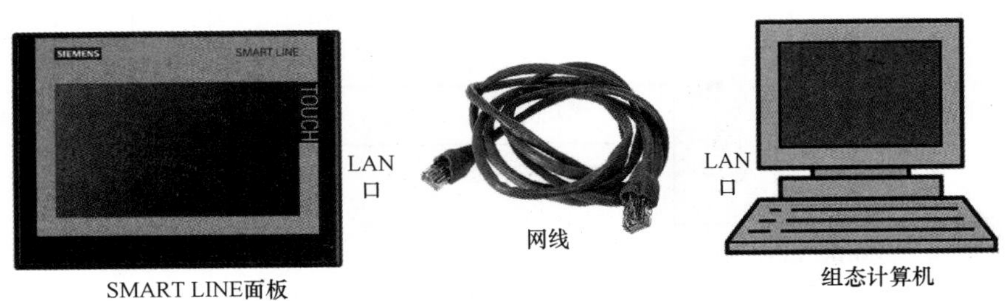

图 11-8　SMART LINE 触摸屏与组态计算机用网线连接通信

11.3.3　触摸屏与西门子 PLC 的连接

对于具有以太网端口（或安装了以太网通信模块）的西门子 PLC，可采用网线与 SMART

LINE 触摸屏连接，对于无以太网端口的西门子 PLC，可采用 RS-485 端口与 SMART LINE 触摸屏连接。SMART LINE 触摸屏支持连接的西门子 PLC 及支持的通信协议见表 11-2。

表 11-2　SMART LINE 触摸屏支持连接的西门子 PLC 及支持的通信协议

SMART LINE 面板支持连接的西门子 PLC	支持的协议
西门子 S7-200	以太网、PPI、MPI
西门子 S7-200 CN	以太网、PPI、MPI
西门子 S7-200 Smart	以太网、PPI、MPI
西门子 LOGO!	以太网

1. 触摸屏与西门子 PLC 的以太网连接

SMART LINE 触摸屏与西门子 PLC 的以太网连接如图 11-9 所示。对于无以太网端口的西门子 PLC，需要先安装以太网通信模块，再将网线头插入通信模块的以太网端口。

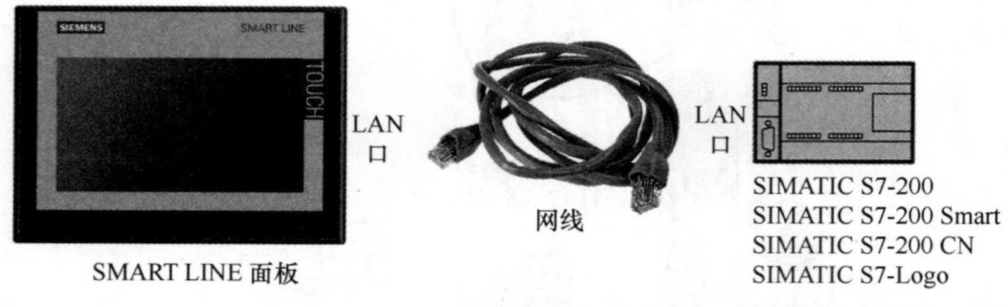

图 11-9　SMART LINE 触摸屏与西门子 PLC 的以太网连接

2. 触摸屏与西门子 PLC 的 RS-485 串行连接

SMART LINE 触摸屏与西门子 PLC 的 RS-485 串行连接如图 11-10 所示。两者连接使用 9 针 D-Sub 接口，但通信只用到了其中的第 3 针和第 8 针。

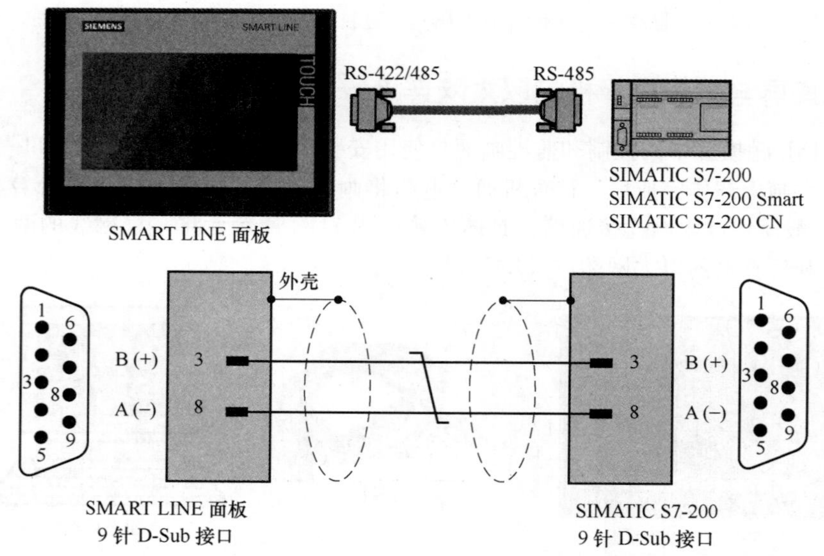

图 11-10　SMART LINE 触摸屏与西门子 PLC 的 RS-485 串行连接

11.3.4　触摸屏与三菱、施耐德和欧姆龙 PLC 的连接

SMART LINE 触摸屏除了可以与西门子 PLC 连接外，还可以与三菱、施耐德、欧姆龙及部分

台达 PLC 进行 RS-422/RS-485 串行连接，如图 11-11 所示。

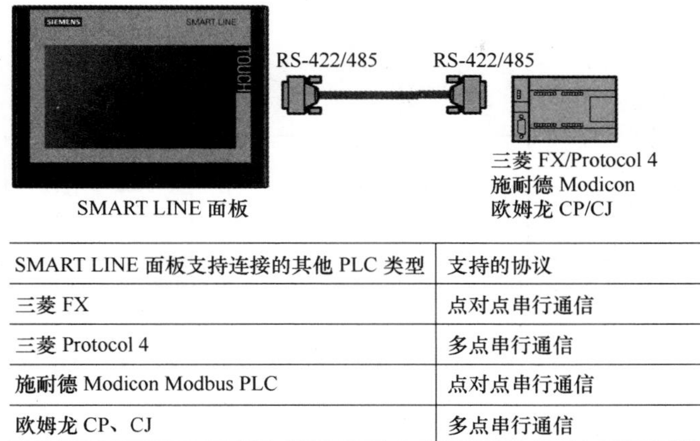

SMART LINE 面板支持连接的其他 PLC 类型	支持的协议
三菱 FX	点对点串行通信
三菱 Protocol 4	多点串行通信
施耐德 Modicon Modbus PLC	点对点串行通信
欧姆龙 CP、CJ	多点串行通信

图 11-11　SMART LINE 触摸屏与其他 PLC 的 RS-422/RS-485 串行连接

1. 触摸屏与三菱 PLC 的 RS-422/RS-485 串行连接

SMART LINE 触摸屏与三菱 PLC 的 RS-422/RS-485 串行连接如图 11-12 所示。

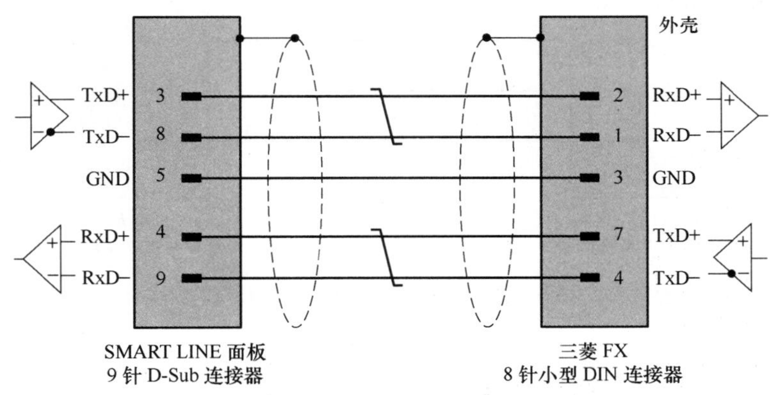

a) 触摸屏与三菱 FX PLC 的 RS-422/RS-485 串行连接

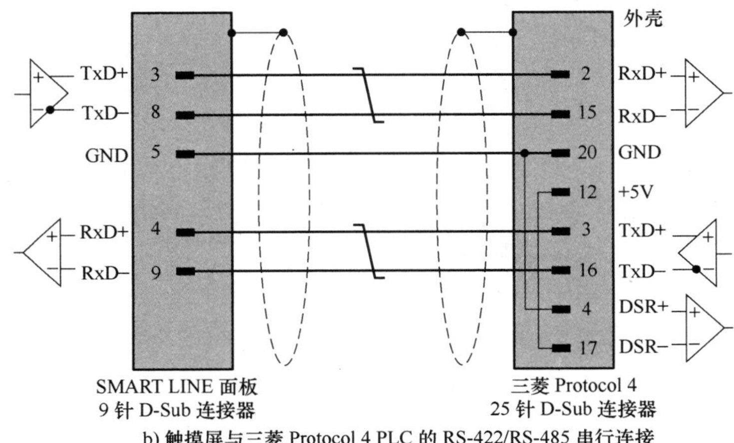

b) 触摸屏与三菱 Protocol 4 PLC 的 RS-422/RS-485 串行连接

图 11-12　SMART LINE 触摸屏与三菱 PLC 的 RS-422/RS-485 串行连接

2. 触摸屏与施耐德 PLC 的 RS-422/RS-485 串行连接

SMART LINE 触摸屏与施耐德 PLC 的 RS-422/RS-485 串行连接如图 11-13 所示。

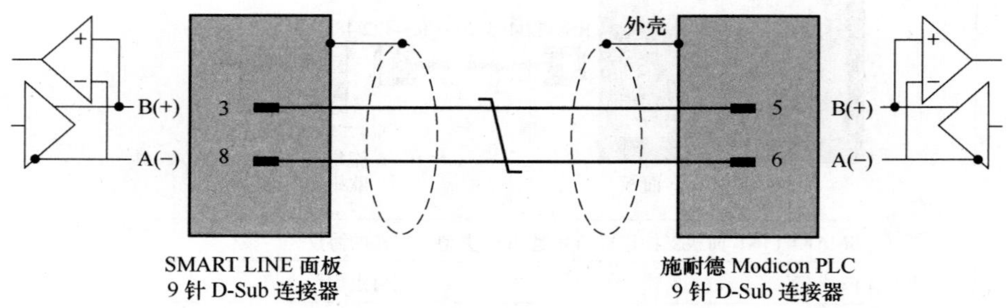

图 11-13　SMART LINE 触摸屏与施耐德 PLC 的 RS-422/RS-485 串行连接

3. 触摸屏与欧姆龙 PLC 的 RS-422/RS-485 串行连接

SMART LINE 触摸屏与欧姆龙 PLC 的 RS-422/RS-485 串行连接如图 11-14 所示。

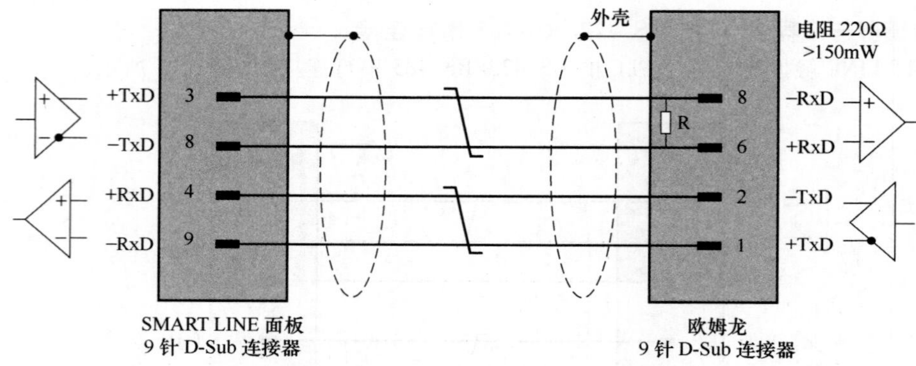

图 11-14　SMART LINE 触摸屏与欧姆龙 PLC 的 RS-422/RS-485 串行连接

第 12 章 西门子 WinCC 组态软件快速入门

WinCC 软件是西门子人机界面（HMI）设备的组态（意为设计、配置）软件，根据使用方式不同，可分为 SIMATIC WinCC V14（TIA 博途平台中的组态软件）、WinCC V7.4（单独使用的组态软件）和 WinCC flexible SMART V3（SMART LINE 触摸屏的组态软件），以上版本均为目前最新版本，前两种 WinCC 安装文件体积庞大（接近 10GB），而 WinCC flexible SMART 安装文件体积小巧（1GB 左右），可直接下载使用，无须授权且使用容易上手。由于这三种 WinCC 软件在具体使用上大同小异，故这里以 WinCC flexible SMART V3 来介绍西门子 WinCC 软件的使用。

12.1 WinCC flexible SMART V3 软件的安装

12.1.1 系统要求

WinCC flexible SMART V3 软件安装与使用的系统要求见表 12-1。

表 12-1 WinCC flexible SMART V3 软件安装与使用的系统要求

操作系统	Windows 7/Windows 10 操作系统
RAM	最小 1.5GB，推荐 2GB
处理器	最低要求 Pentium Ⅳ或同等 1.6GHz 的处理器，推荐使用 Core 2 Duo
图形	XGA 1024×768 WXGA 用于笔记本 16 位色深
硬盘 空闲存储空间	最小 3GB 如果 WinCC flexible SMART 未安装在系统分区中，则所需存储空间的分配如下： • 大约 2.6GB 分配到系统分区 • 大约 400MB 分配到安装分区 例如，确保留出足够的剩余硬盘空间用于页面文件。更多信息，请查阅 Windows 文档
可同时安装的 西门子其他软件	• STEP7（TIA Portal）V14 SP1 • WinCC（TIA Portal）V13 SP2 • WinCC（TIA Portal）V14 SP1 • WinCC（TIA Portal）V15 • WinCC flexible 2008 SP3 • WinCC flexible 2008 SP5 • WinCC flexible 2008 SP4 CHINA

扫一扫看视频

12.1.2 软件的下载与安装

WinCC flexible SMART V3 软件安装包可在西门子自动化官网（www. ad. siemens. com. cn）搜索免费下载。为了使软件安装顺利进行，安装前请关闭计算机的安全软件和其他正在运行的软件。安装时，按照安装文件说明选择相应的选项，单击下一步，直至完成。

12.2 用 WinCC 软件组态一个简单的项目

WinCC flexible SMART V3 软件功能强大，下面通过组态一个简单的项目来快速了解该软件的使用。图 12-1 是组态完成的项目画面，当单击画面中的“开灯”按钮时，圆形（代表指示灯）颜色变为红色，单击画面中的“关灯”按钮时，圆形颜色变为灰色。

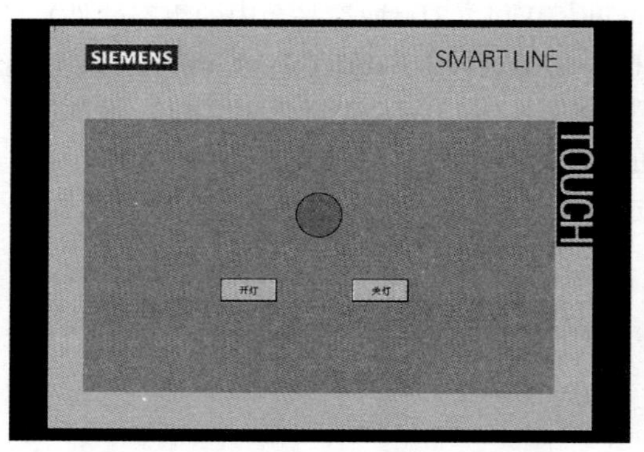

图 12-1 要组态的项目画面

12.2.1 项目的创建与保存

1. 软件的启动和创建项目

WinCC flexible SMART V3 软件可使用开始菜单启动，也可以直接双击计算机桌面上的 WinCC 图标启动，启动后出现图 12-2a 所示的对话框，可以选择打开已有的或者以前编辑过的项目，这里选择创建一个空项目，接着出现图 12-2b 所示的对话框，从中选择要组态的触摸屏的类型，单击“确定”按钮，一段时间后，WinCC 启动完成，出现 WinCC flexible SMART V3 软件窗口，并自动创建了一个文件名为“项目”的项目，如图 12-2c 所示。

WinCC flexible SMART V3 软件界面由标题栏、菜单栏、工具栏、项目视图、工作区、工具箱和属性视图组成。

2. 项目的保存

为了防止计算机断电造成组态的项目丢失，也为了以后查找管理项目方便，建议创建项目后将项目更名并保存下来。在 WinCC flexible SMART V3 软件中执行菜单命令“项目”→“保存”，将出现项目保存对话框，将当前项目保存在“灯控制”文件夹（该文件夹位于 D 盘的“WinCC 学习例程”文件夹中），项目更名为“灯亮灭控制”，如图 12-3 所示。“灯控制”文件夹和“WinCC 学习例程”文件夹均可以在项目保存时新建。项目保存后，打开“灯控制”文件夹，可以看到该文件夹中有 4 个含“灯亮灭控制”文字的文件，如图 12-4 所示，第 1 个是项目文件，后面 3 个是软件自动建立的与项目有关的文件。

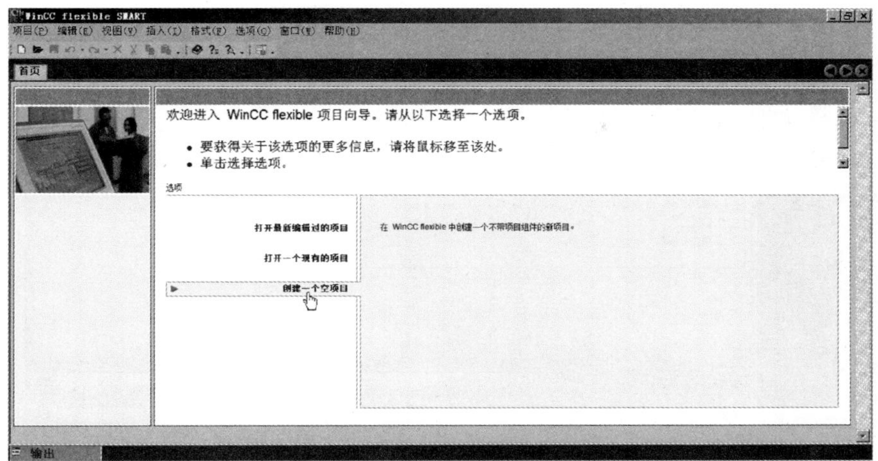

a) 选择创建空项目

b) 选择要组态的触摸屏型号

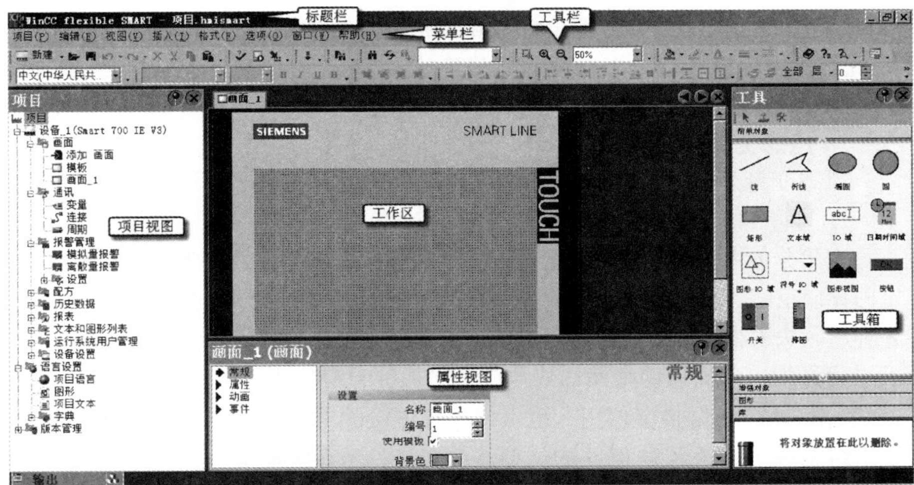

c) 软件起动完成并自动创建一个文件名为“项目”的项目

图 12-2　WinCC flexible SMART V3 的启动和创建项目

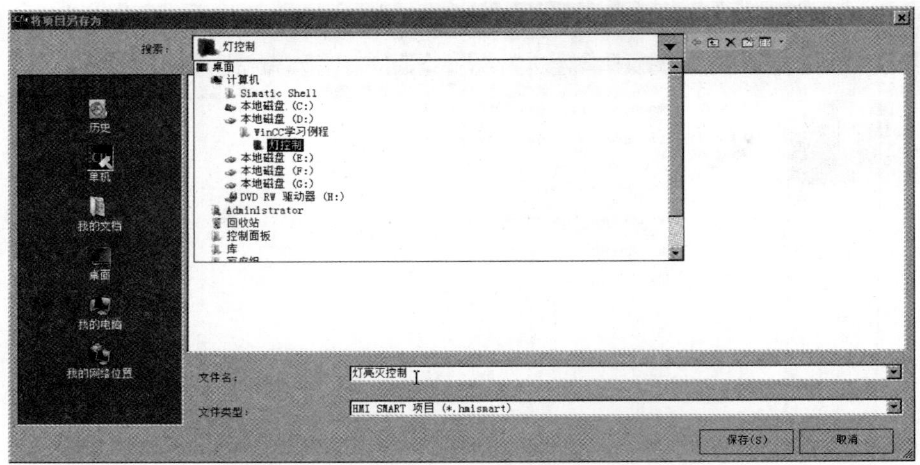

图 12-3　项目的更名及保存

图 12-4　项目文件及相关文件

12.2.2　组态变量

项目创建后，如果组态的项目是传送到触摸屏来控制 PLC 的，需要建立通信连接，以设置触摸屏连接的 PLC 类型和通信参数。为了让暂无触摸屏和 PLC 的用户快速掌握 WinCC 的使用方法，本项目仅在计算机中模拟运行，无须建立通信连接（建立通信连接的方法在后面的实例中会介绍）直接进行变量组态。

1. 组态变量的操作

组态变量是指在 WinCC 中定义项目要用的变量。组态变量的操作过程见表 12-2。

扫一扫看视频

2. 变量说明

变量分为内部变量和外部变量，变量都有一个名称和数据类型。触摸屏内部有一定的存储空间，组态一个变量就是从存储空间分出一个区块，变量名就是这个区块的名称，区块大小由数据类型确定，Byte（字节）型变量就是一个 8 位的存储区块。

定义为内部变量的存储区块只能供触摸屏自身使用，与外部的 PLC 无关联。定义为外部变量的存储区块可供触摸屏使用，也可供外部连接的 PLC 使用。例如当触摸屏连接 S7-200 PLC 时，如果组态一个变量名为 I0.0 的位型外部变量，当在触摸屏中让变量 I0.0 = 1 时，与触摸屏连接的 PLC 的 I0.0 值会随之变成 1，相当于 PLC 的 I0.0 端子输入 ON，如果将变量 I0.0 设为内部变量，触摸屏的 I0.0 值变化时 PLC 中的 I0.0 值不会随之变化。WinCC 可组态的变量数据类型及取值范围见表 12-3。

表 12-2　组态变量的操作过程

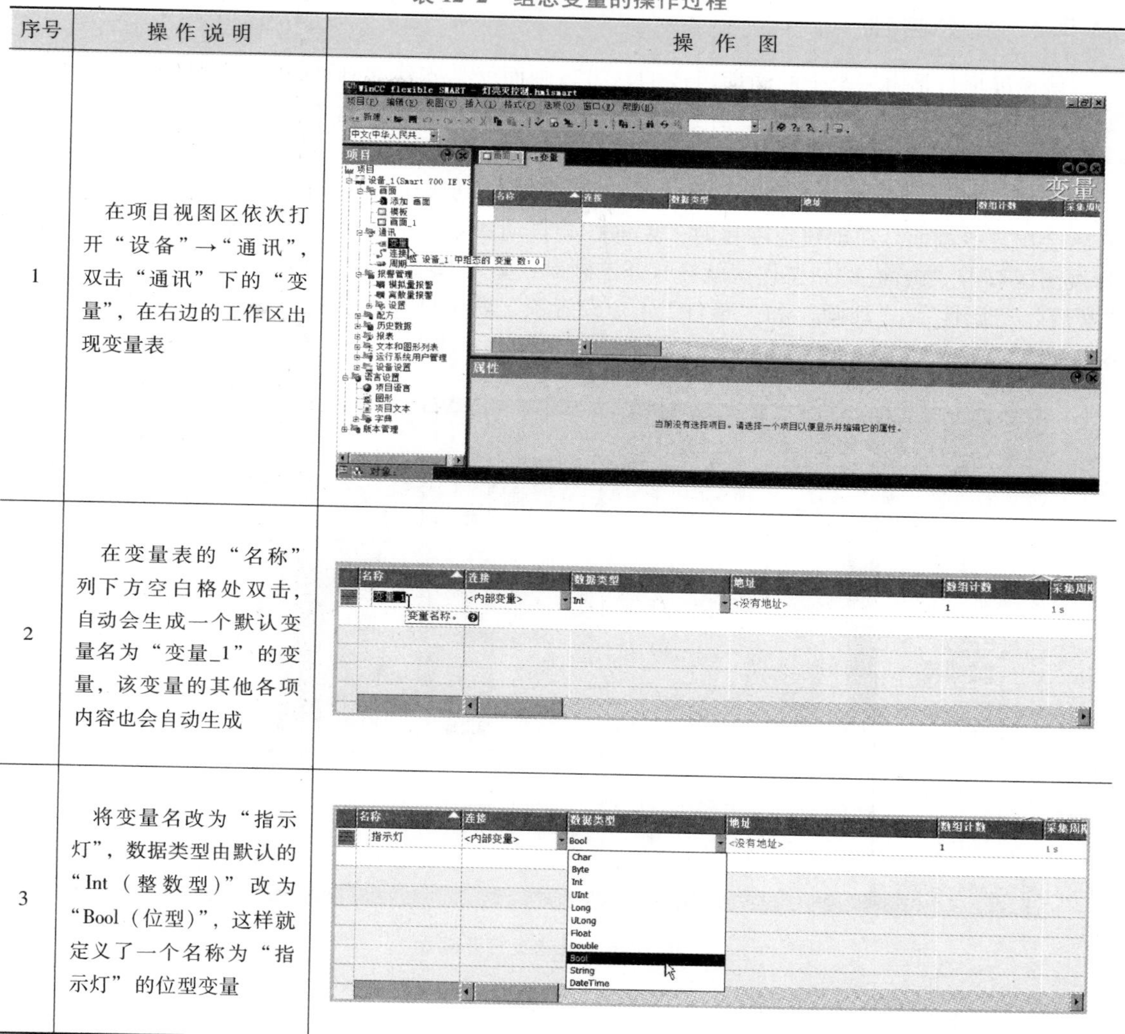

序号	操作说明	操作图
1	在项目视图区依次打开“设备”→“通讯”，双击“通讯”下的“变量”，在右边的工作区出现变量表	
2	在变量表的“名称”列下方空白格处双击，自动会生成一个默认变量名为“变量_1”的变量，该变量的其他各项内容也会自动生成	
3	将变量名改为“指示灯”，数据类型由默认的“Int（整数型）”改为“Bool（位型）”，这样就定义了一个名称为“指示灯”的位型变量	

表 12-3　WinCC 可组态的变量数据类型及取值范围

变量类型	符号	位数/bit	取值范围
字符	Char	8	—
字节	Byte	8	0 ~ 255
有符号整数	Int	16	−32768 ~ 32767
无符号整数	Unit	16	0 ~ 65535
长整数	Long	32	−2147483648 ~ 2147483647
无符号长整数	Ulong	32	0 ~ 4294967295
实数（浮点数）	Float	32	±1.175495e−38 ~ ±3.402823e+38
双精度浮点数	Double	64	—
布尔（位）变量	Bool	1	True（1）、False（0）
字符串	String	—	—
日期时间	Date Time	64	日期/时间

12.2.3 组态画面

触摸屏项目是由一个个的画面组成的，组态画面就是先建立画面，然后在画面上放置一些对象（如按钮、图形、图片等），并根据显示和控制要求对画面及对象进行各种设置。

1. 新建或打开画面

在 WinCC 软件的项目视图区双击“画面”下的“添加画面”即可新建一个画面，右边的工作区会出现该画面。在创建空项目时，WinCC 会自动建立一个名称为“画面_1”的画面，在项目视图区双击“画面_1”，工作区就会打开该画面，如图 12-5 所示。在其下方的属性视图窗口有“常规”、“属性”、“动画”和“事件”4 个设置项，默认打开“常规”项，可以设置画面的名称、背景色等。

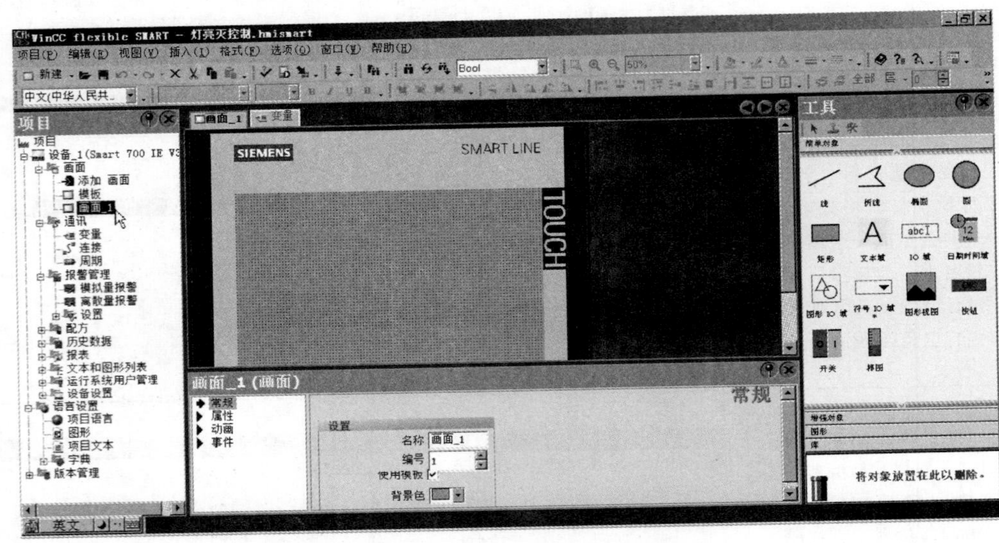

图 12-5 新建或打开画面

2. 组态按钮

（1）组态开灯按钮

组态开灯按钮的操作过程见表 12-4。

表 12-4 组态开灯按钮的操作过程

序号	操作说明	操作图
1	在 WinCC 软件窗口右边的工具箱中找到按钮工具	

（续）

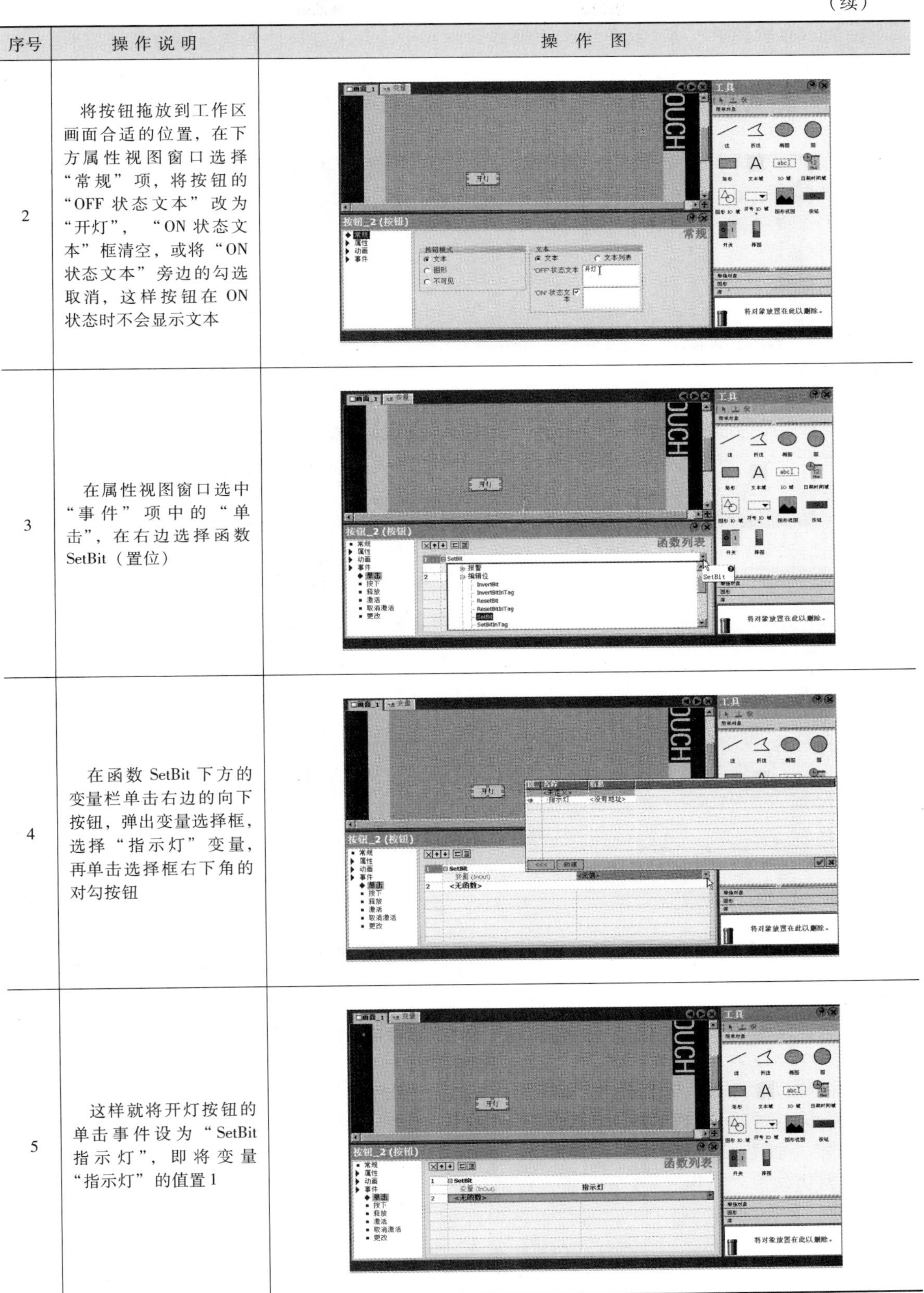

序号	操作说明	操作图
2	将按钮拖放到工作区画面合适的位置，在下方属性视图窗口选择“常规”项，将按钮的“OFF 状态文本”改为“开灯”，“ON 状态文本”框清空，或将“ON 状态文本”旁边的勾选取消，这样按钮在 ON 状态时不会显示文本	
3	在属性视图窗口选中“事件”项中的“单击”，在右边选择函数 SetBit（置位）	
4	在函数 SetBit 下方的变量栏单击右边的向下按钮，弹出变量选择框，选择“指示灯”变量，再单击选择框右下角的对勾按钮	
5	这样就将开灯按钮的单击事件设为“SetBit 指示灯”，即将变量“指示灯”的值置 1	

（2）组态关灯按钮

在 WinCC 软件中，将工具箱中按钮拖放到画面中，在下方属性视图窗口打开“常规”项，并在按钮的“OFF 状态文本”框输入“关灯”，将“ON 状态文本”框清空，如图 12-6a 所示，再将关灯按钮“单击”的事件设为“ResetBit 指示灯”，如图 12-6b 所示。

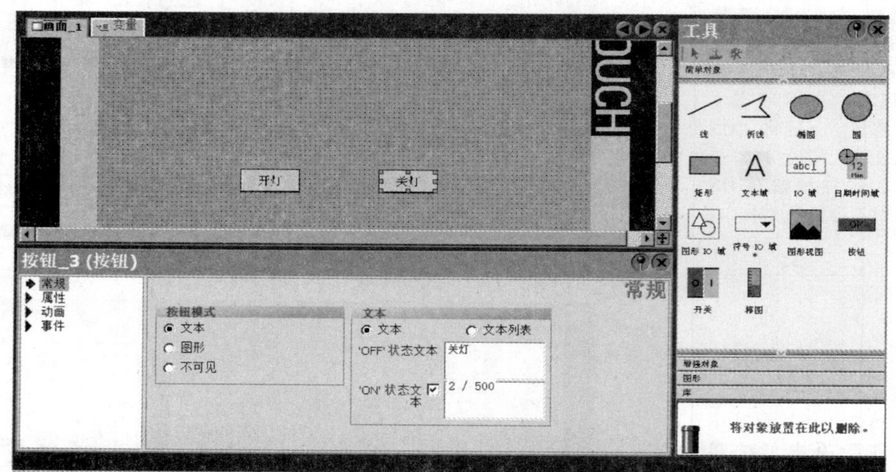

a) 在画面中放置一个按钮并设其 OFF 状态文本为“关灯”

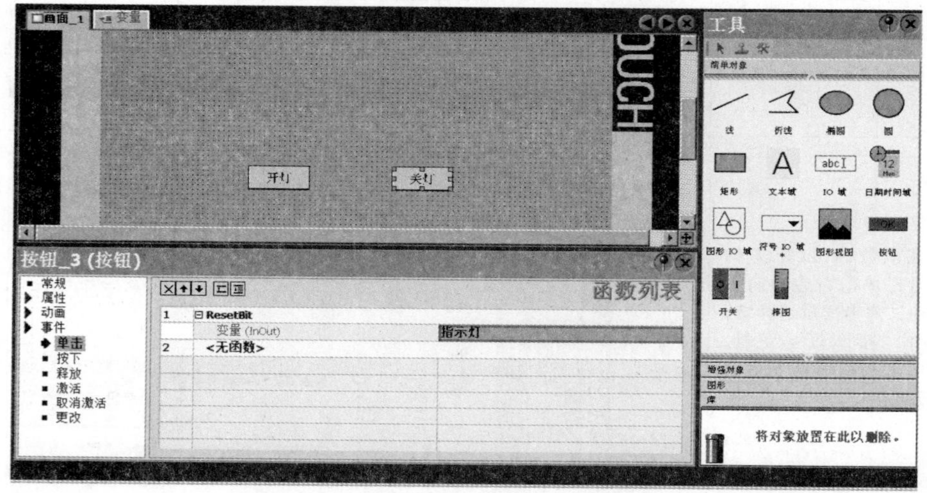

b) 将关灯按钮“单击”的事件设为“ResetBit 指示灯”

图 12-6　组态关灯按钮

3. 组态指示灯图形

在 WinCC 软件窗口右边的工具箱中找到圆形，如图 12-7a 所示，将其拖放到工作区画面的合适位置，如图 12-7b 所示，在下方属性视图窗口选中“动画”项下的“外观”，如图 12-7c 所示，在右边勾选“启用”，变量选择“指示灯”，类型选择“位”，再在值表中分别设置值“0”的背景色为灰色，值“1”的背景色为红色。这样设置后，如果“指示灯”变量的值为“0”时，圆形（指示灯图形）颜色为灰色，“指示灯”变量的值为“1”时，圆形颜色为红色。

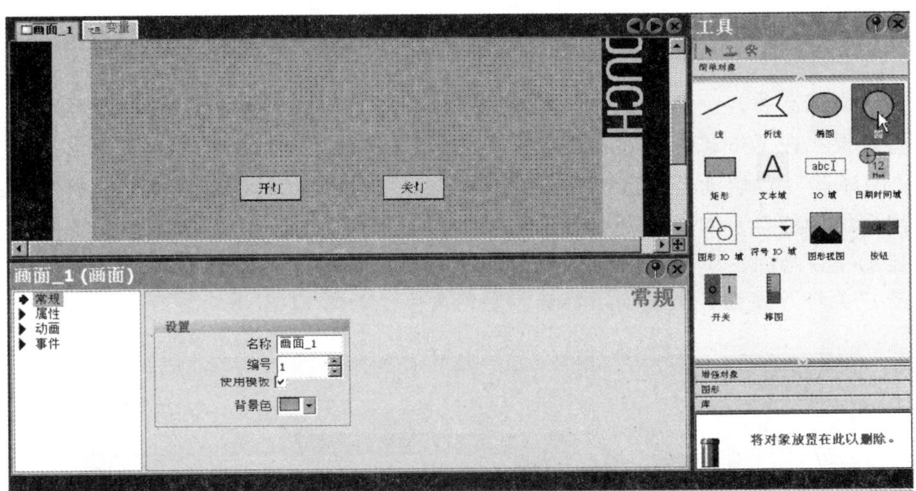

a) 在工具箱中找到圆形

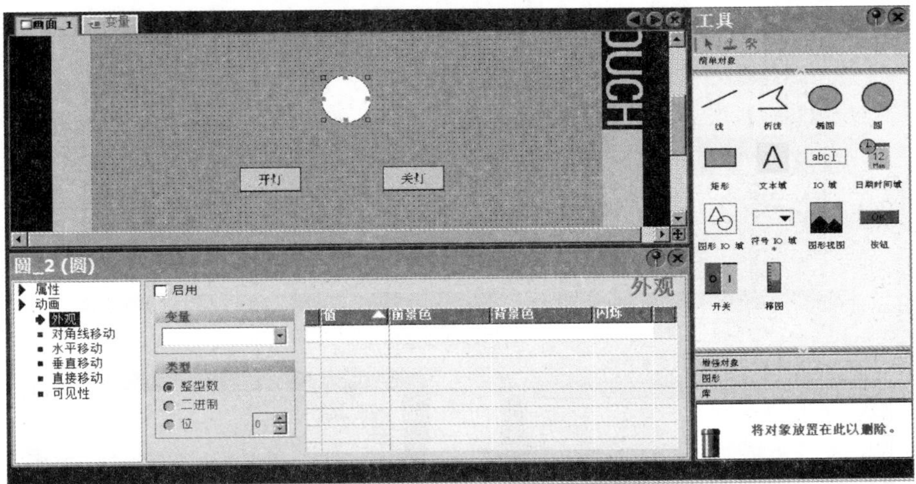

b) 将工具箱中的圆形拖放到画面合适的位置

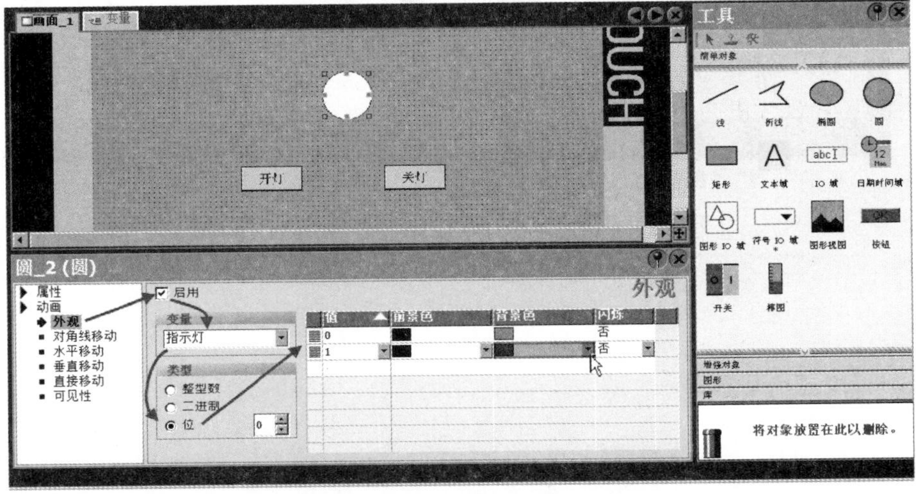

c) 将圆形的颜色与“指示灯”变量的值关联起来

图 12-7　组态指示灯图形

12.2.4 项目的模拟运行

变量和画面组态后，一个简单的项目就完成了，在 WinCC 中可以执行模拟运行操作，来查看项目运行效果。在 WinCC 软件的工具栏中单击（启动运行系统）工具，也可执行菜单命令“项目”→“编译器”→“启动运行系统”，软件马上对项目进行编译。如图 12-8a 所示，在下方的输出窗口出现编译信息，如果项目编译未出错，显示编译完成后，会弹出一个类似触摸屏的窗口，窗口显示项目画面，单击其中的“开灯”按钮，圆形指示灯颜色变为红色，如图 12-8b 所示，再单击“关灯”按钮，圆形指示灯颜色变为灰色，如图 12-8c 所示。

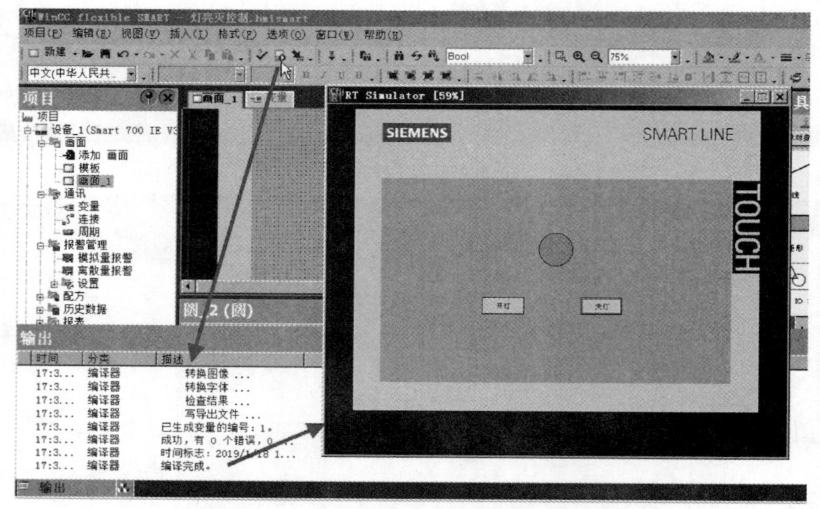

a) 启动模拟运行

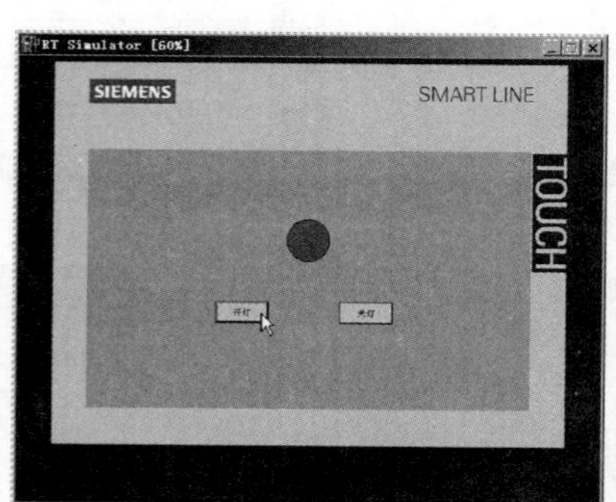

b) 单击“开灯”按钮时指示灯变为红色

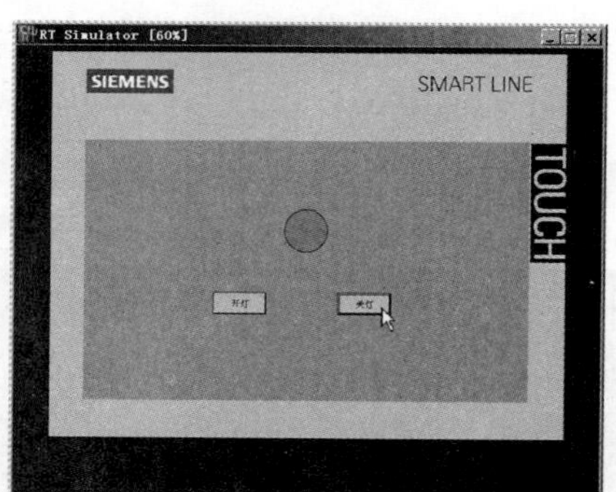

c) 单击“关灯”按钮时指示灯变为灰色

图 12-8 项目的模拟运行

第 13 章 WinCC 软件常用对象的使用

13.1 IO 域的使用举例

IO 域的 I 意为输入（Input）、O 意为输出（Output），IO 域可分为 3 种：输入域、输出域和输入/输出域。输入域为数据输入的区域，输出域为显示数据的区域，输入/输出域可以用作数据输入，也可用于显示数据。下面通过一个例子来说明 IO 域的使用。

13.1.1 组态任务

要求在一个画面上组态 3 个 IO 域，如图 13-1 所示。第 1 个 IO 域用于输入 3 位十进制整数，第 2 个 IO 域用于显示 3 位十进制整数，第 3 个 IO 域用于输入或显示 10 个字符串。

图 13-1 IO 域组态完成画面

13.1.2 组态过程

1. 组态变量

在 WinCC 软件的项目视图区双击“通讯”下的“变量”，在工作区打开变量表，如图 13-2a 所示，在变量表的第一行双击，会自动建立一个变量名为“变量_1”的变量，将其数据类型设为 Int（整型数据），在变量表第二行双击，自动建立一个变量名为“变量_2”的变量，将其数据类型也设为 Int（整型数据），用同样的方法建立一个变量名为“变量_3”的变量，将其数据类型也设为 String（字符串型数据），如图 13-2b 所示。

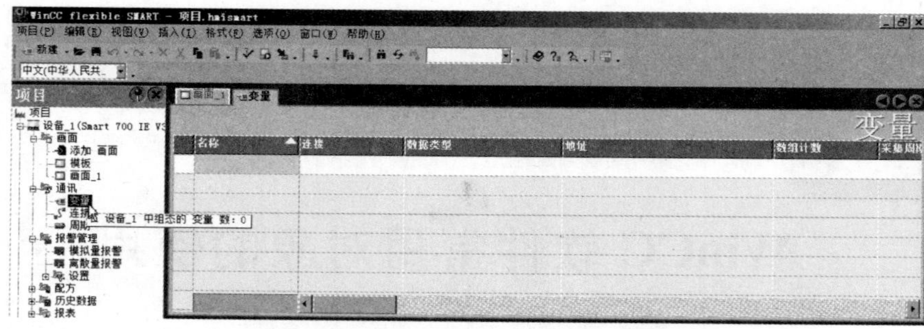

a) 双击项目视图区“通讯”下的“变量”来打开变量表

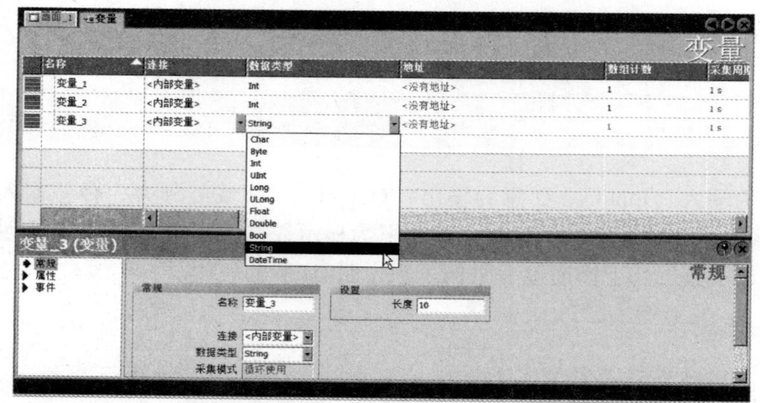

b) 建立三个变量并设置各自的数据类型

图 13-2　组态三个变量

2. 组态 IO 域（见表 13-1）

表 13-1　组态 IO 域的过程

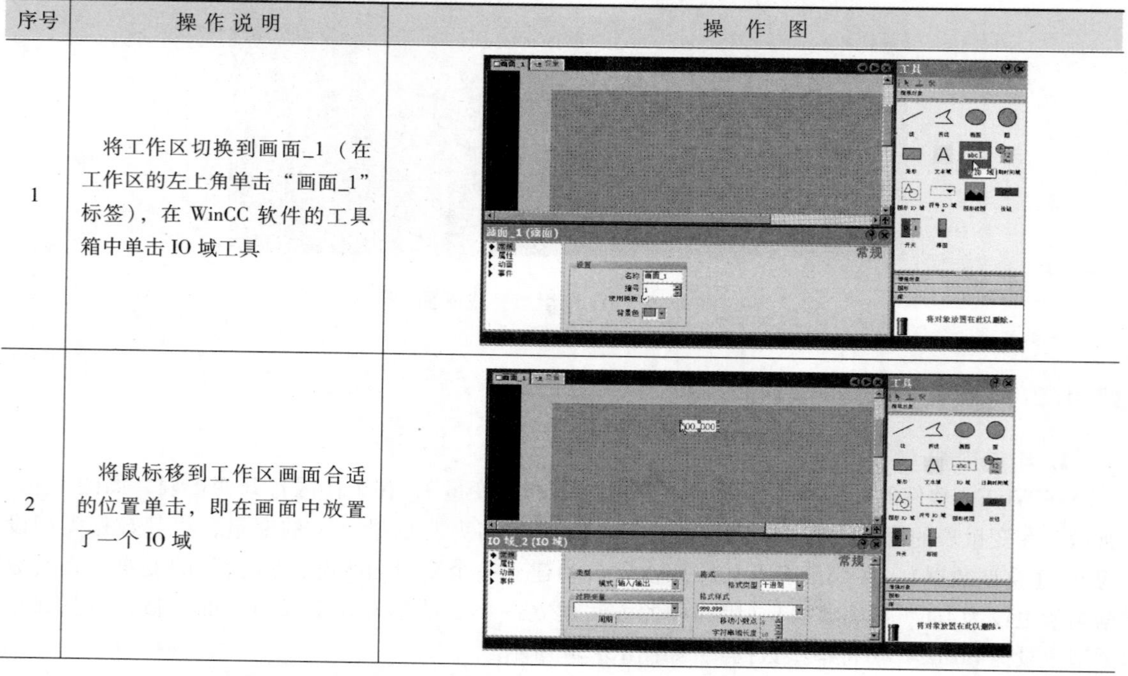

序号	操作说明	操作图
1	将工作区切换到画面_1（在工作区的左上角单击“画面_1”标签），在 WinCC 软件的工具箱中单击 IO 域工具	
2	将鼠标移到工作区画面合适的位置单击，即在画面中放置了一个 IO 域	

（续）

序号	操作说明	操作图
3	在下方的 IO 域属性视图窗口，将类型设为“输入模式”、格式类型设为“十进制”、过程变量设为“变量 1”、格式样式设为“999”，这样该 IO 域就设成输入域，该区域可以输入 3 位十进制整数，输入的数据保存在“变量_1”	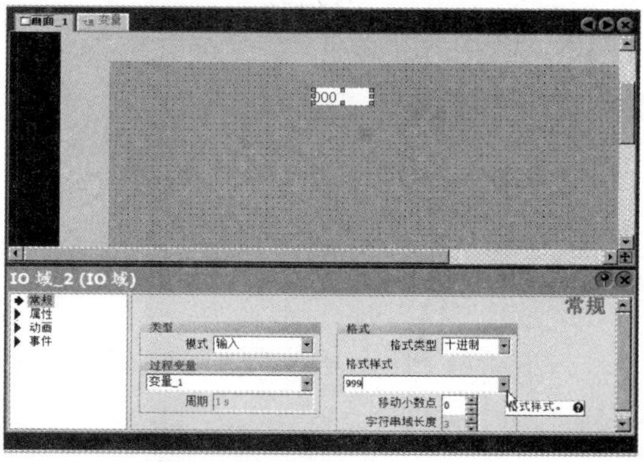
4	用同样的方法在画面上放置第二个 IO 域，在下方的 IO 域属性视图窗口，将类型设为“输出模式”、格式类型设为“十进制”、过程变量设为“变量 2”、格式样式设为“999”，这样该 IO 域就设成输出域，该区域可以显示 3 位十进制整数，显示的数据取自“变量_2”	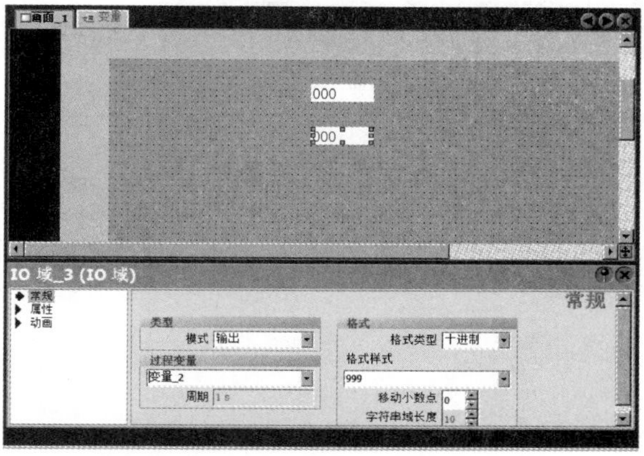 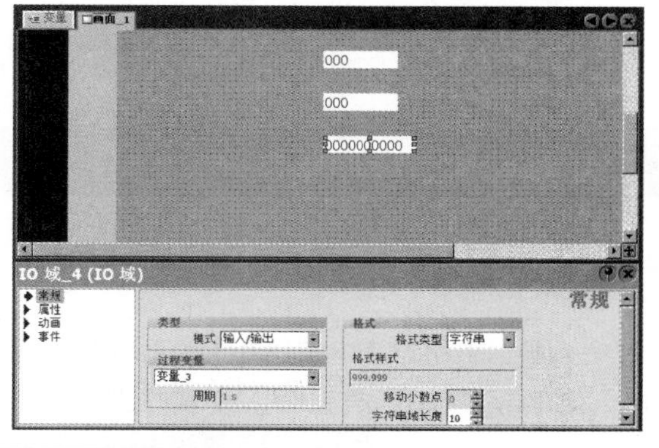
5	最后在画面上放置第三个 IO 域，将类型设为“输入/输出模式”、格式类型设为“字符串”、过程变量设为“变量 3”、格式样式设为默认样式（显示 10 个字符），这样该 IO 域就设为输入/输出域，该区域可以输入或显示 10 个字符，字符存入或取自“变量_3”	

13.1.3　运行测试

在 WinCC 软件的工具栏中单击（启动运行系统）工具，也可执行菜单命令“项目”→“编译器”→“启动运行系统”，软件马上对项目进行编译，然后出现图 13-3a 所示的画面。画面上有三个 IO 域，第一个为输入域，可以输入数据，在该 IO 域上单击，出现屏幕键盘，如图 13-3b 所示，输入“123”后单击回车键，即在第一个 IO 域输入数据“123”，如图 13-3c 所示，该数据会保存到“变量_1”中，第二个 IO 域为输出域，无法输入数据，只能显示“变量_2”的值，当前

“变量_2”的值为0，第三个IO域为输入/输出域，可以输入数据，也能显示数据，在此IO域上单击，会出现屏幕键盘，输入“ABCDE12345”后单击回车键，即在该IO域输入了数据（字符串）“ABCDE12345”，如图13-3d所示，该数据会保存到“变量_3”中，如果用其他方法改变“变量_3”的值，该IO域也会将其值显示出来。

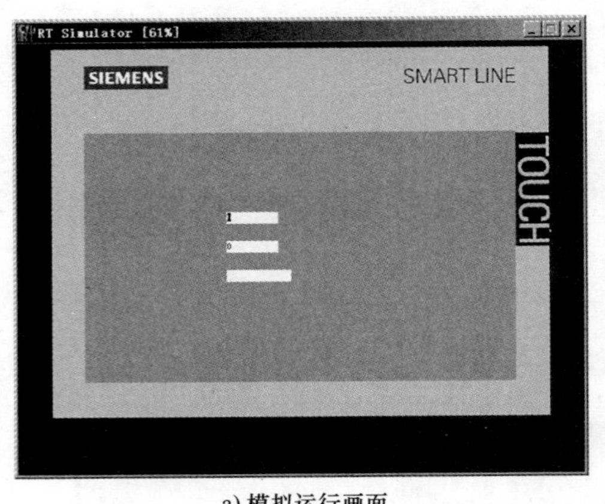

a) 模拟运行画面

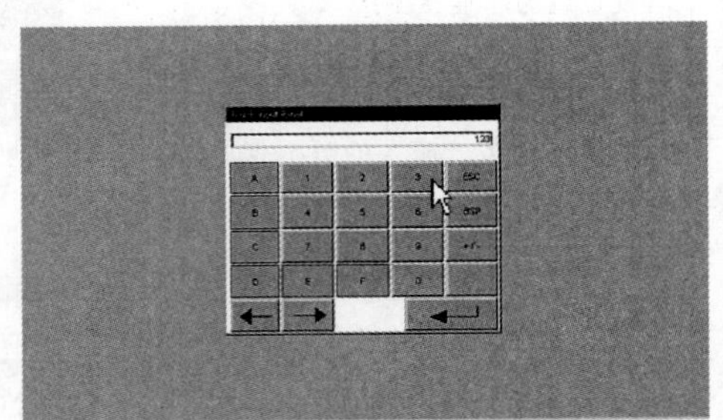

b) 在第一个IO域上单击出现屏幕键盘

c) 在第一个IO域输入“123”

d) 在第三个IO域输入“ABCDE12345”

图13-3　IO域的项目运行测试

13.2　按钮的使用举例

13.2.1　组态任务

要求在一个画面上组态2个按钮和1个IO域，如图13-4所示。当单击“加5”按钮时，IO域的值加5，当单击“减3”按钮时，IO域的值减3。

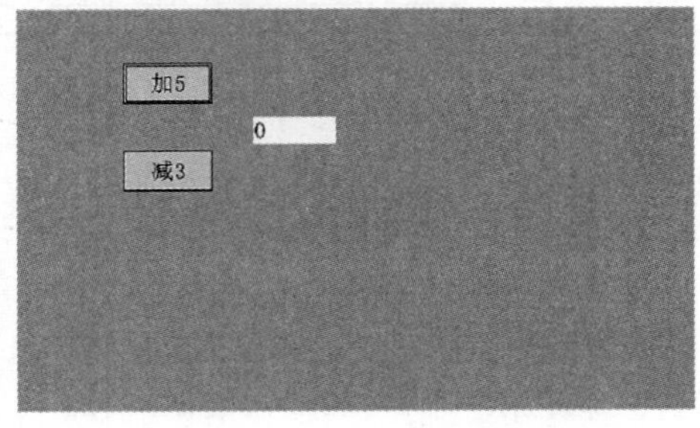

图13-4　组态完成画面

13.2.2　组态过程

1. 组态变量

在 WinCC 软件的项目视图区双击“通讯”下的“变量”，在工作区打开变量表，在变量表的第一行双击，会自动建立一个变量名为“变量_1”的变量，将其数据类型设为 Int（整型数据），其他项保持不变，如图 13-5 所示。

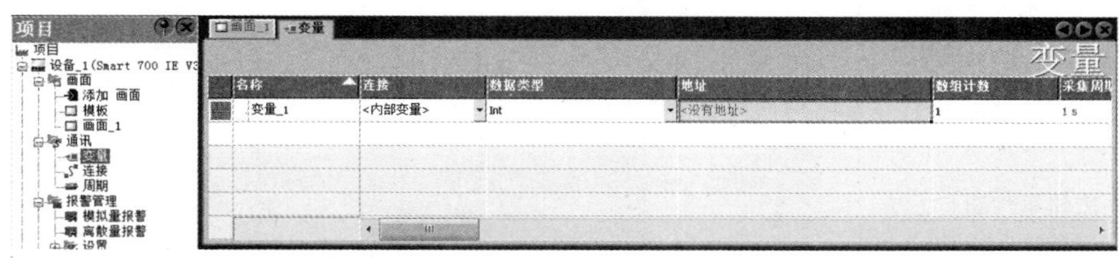

图 13-5　组态一个变量名为“变量_1”的变量

2. 组态按钮（见表 13-2）

表 13-2　组态按钮的操作过程

序号	操作说明	操作图
1	在工作区的左上角点击“画面_1”标签，将工作区切换到画面_1，在工具箱中单击按钮工具	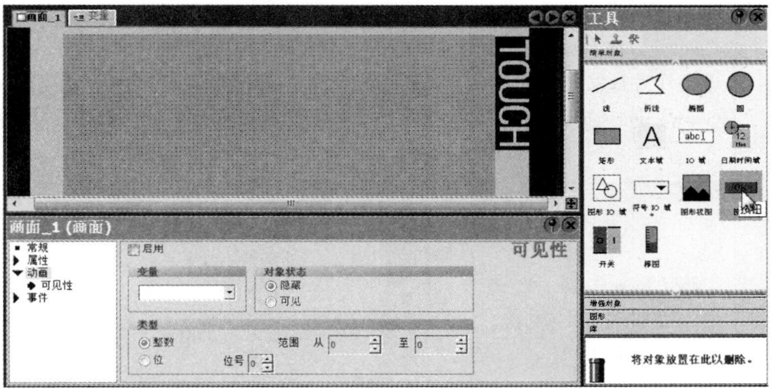
2	将鼠标移到工作区画面合适的位置单击，即在画面中放置了一个按钮	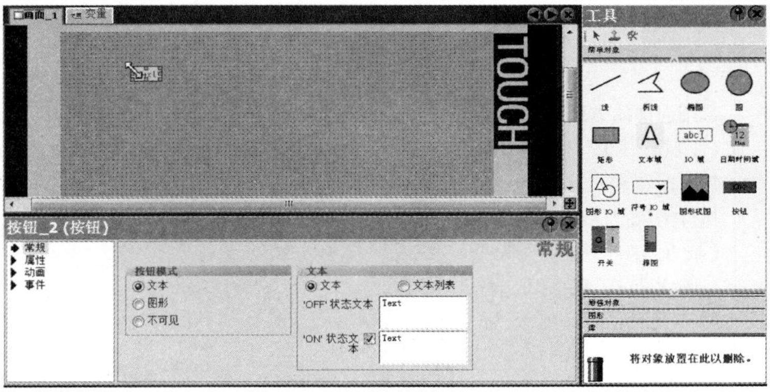

（续）

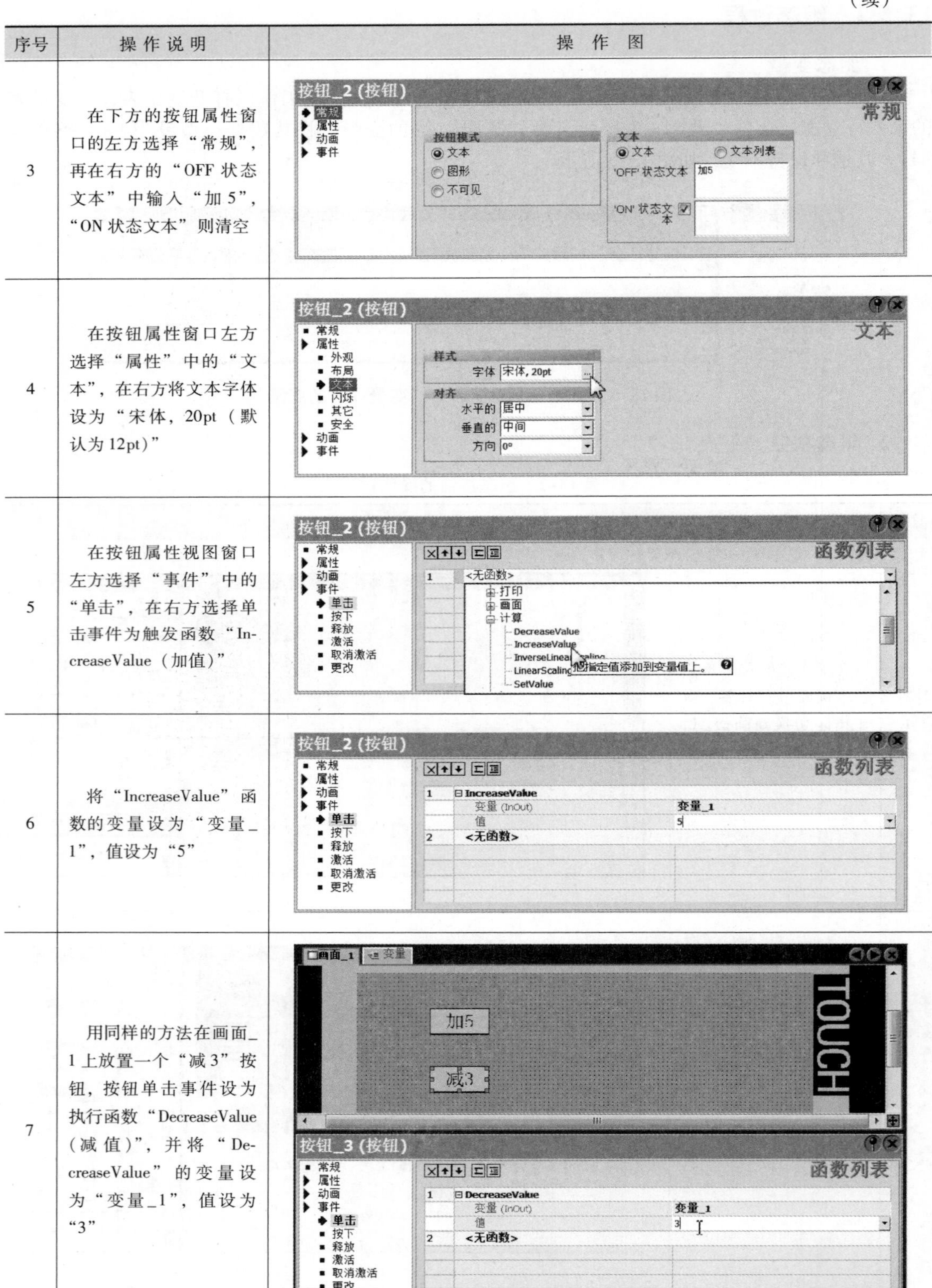

序号	操作说明	操作图
3	在下方的按钮属性窗口的左方选择“常规”，再在右方的“OFF 状态文本”中输入“加 5”，“ON 状态文本”则清空	
4	在按钮属性窗口左方选择“属性”中的“文本”，在右方将文本字体设为“宋体，20pt（默认为 12pt）”	
5	在按钮属性视图窗口左方选择“事件”中的“单击”，在右方选择单击事件为触发函数“IncreaseValue（加值）”	
6	将“IncreaseValue”函数的变量设为“变量_1”，值设为“5”	
7	用同样的方法在画面_1 上放置一个“减 3”按钮，按钮单击事件设为执行函数“DecreaseValue（减值）”，并将“DecreaseValue”的变量设为“变量_1”，值设为“3”	

3. 组态 IO 域

在工具箱中单击 IO 域工具，将鼠标移到工作区合适的位置点击，即放置一个 IO 域，再在下方的 IO 属性窗口的左方选择“常规”，将过程变量设为“变量_1”，如图 13-6a 所示，然后在左方选择“属性”中的“文本”，将文本样式设为“宋体，20pt（默认为 12pt）”，如图 13-6b 所示。

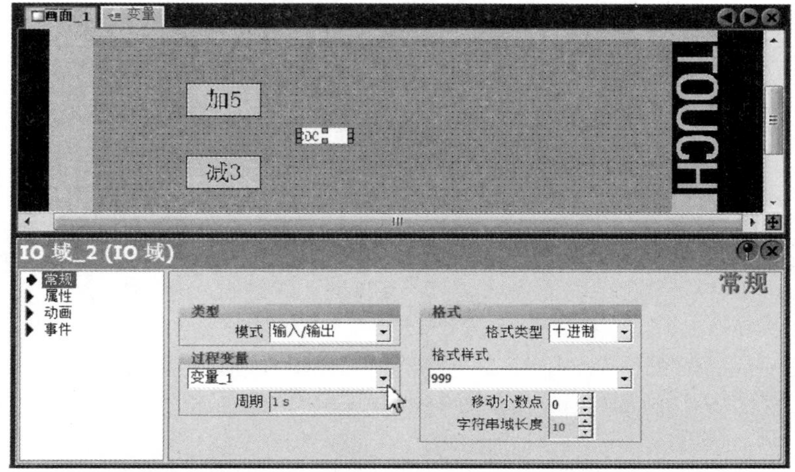

a) 在画面上放置一个 IO 域并将其过程变量设为“变量_1”

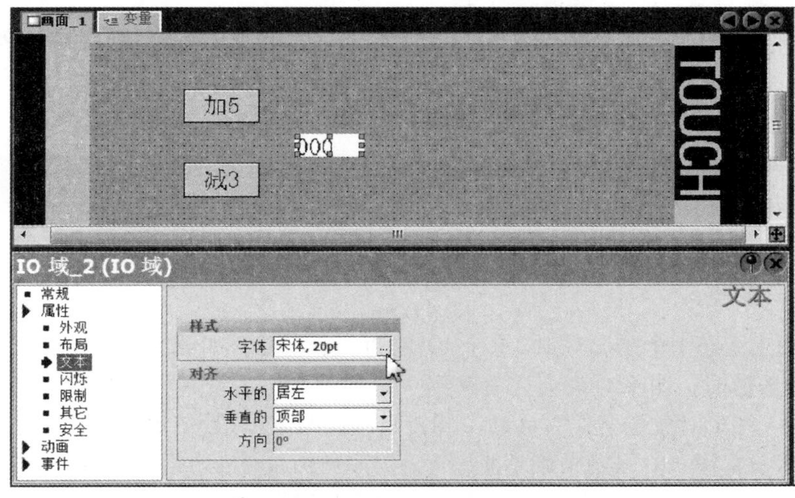

b) 将 IO 域显示的字体设为“宋体，20pt”

图 13-6　组态 IO 域

13.2.3　运行测试

在 WinCC 软件的工具栏中单击（启动运行系统）工具，也可执行菜单命令“项目”→“编译器”→“启动运行系统”，软件马上对项目进行编译，然后出现图 13-7a 所示的画面。IO 域初始显示值为 0，单击“加 5”按钮，IO 域的数值变为 5（见图 13-7b），单击“减 3”按钮，IO 域的数值变为 2（见图 13-7c）。

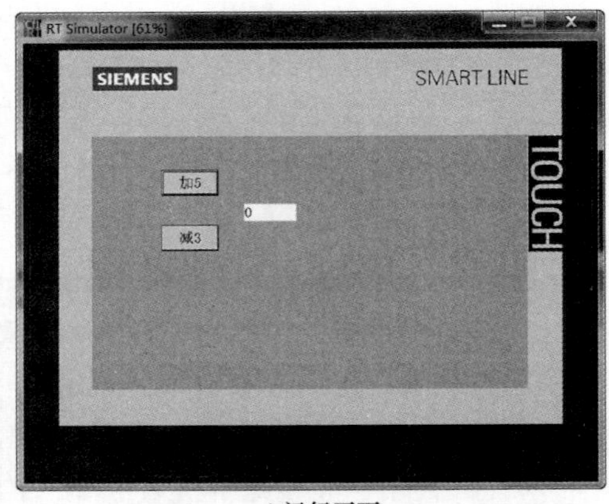

a) 运行画面

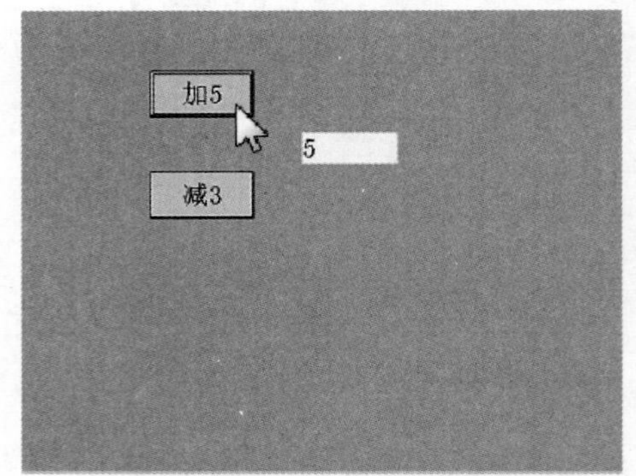

b) 单击“加 5”按钮时 IO 域值变为 5

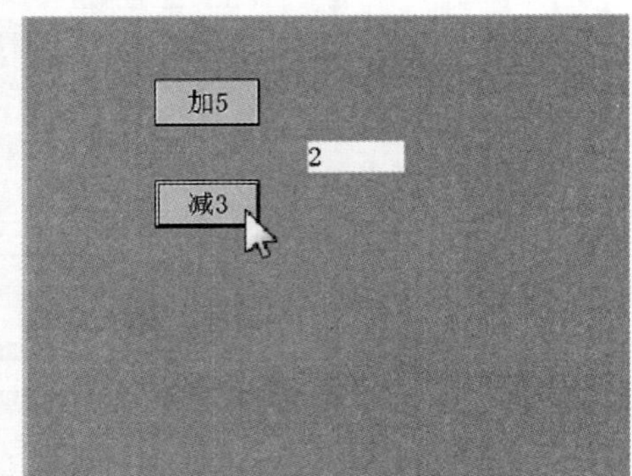

c) 单击“减 3”按钮时 IO 域值变为 2

图 13-7　运行测试

13.3　变量控制对象动画的使用举例

13.3.1　组态任务

在一个画面上组态 1 个图形对象、1 个 IO 域和 1 个按钮，如图 13-8 所示。当在 IO 域输入 0～20 范围内的数值时，图形对象会往右移到一定的位置，数值越大，右移距离越大，当单击“右移”按钮时，图形对象也会往右移动一些距离，同时 IO 域数值增 1，不断单击“右移”按钮，图形对象不断右移，IO 域数值则不断增大。

图 13-8　组态完成画面

13.3.2　组态过程

1. 组态变量

在 WinCC 软件的项目视图区双击“通讯”下的“变量”，在工作区打开变量表，在变量表的第一行双击，会自动建立一个变量名为“变量_1”的变量，将其数据类型设为 Int（整型数据），其他项保持不变，如图 13-9 所示。

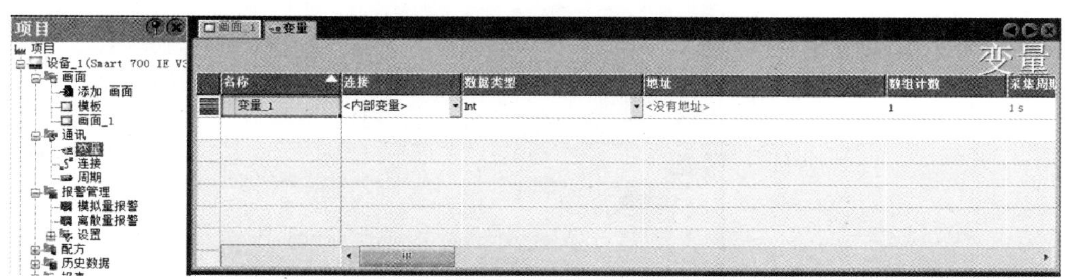

图 13-9　组态一个变量

2. 组态图形对象（见表 13-3）

表 13-3　组态图形对象过程

序号	操作说明	操作图
1	先使用工具箱中的矩形工具在画面上放置一个矩形，然后使用圆形工具在靠近矩形的右边放置一个圆形	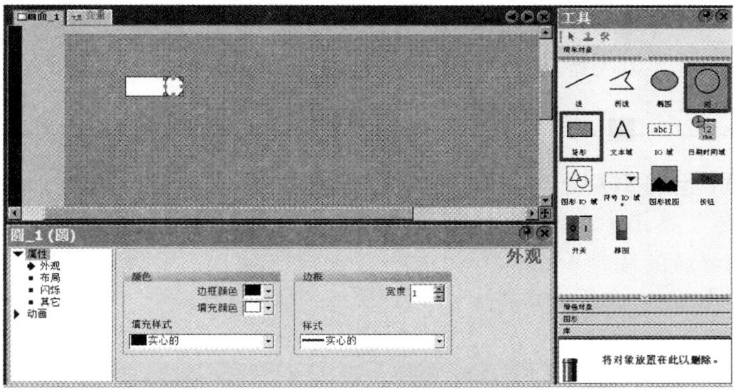
2	用鼠标拉选框的方式将矩形和圆形都选中，然后在图形上单击鼠标右键，在弹出菜单中选择其中的“组合”，矩形和圆形会组合成一个图形组对象	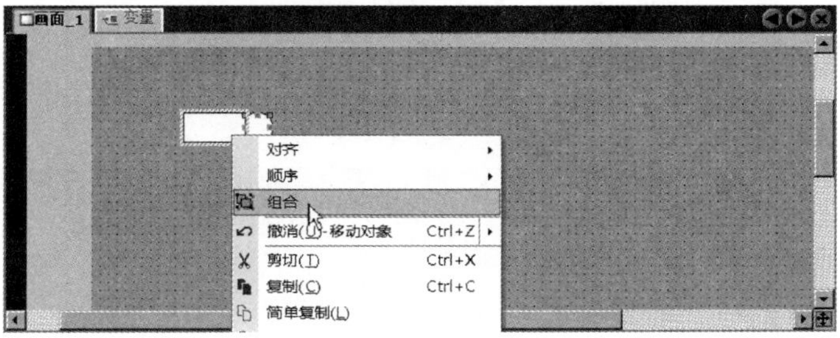

（续）

序号	操作说明	操作图
3	在画面中选中图形组对象，然后在下方的组对象属性窗口中，选择“动画”中的“水平移动”	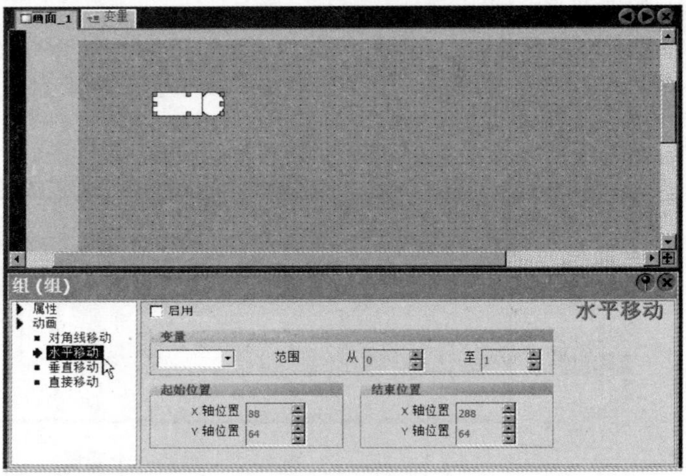
4	在组对象的水平移动设置时，勾选“启用”，变量设为“变量_1”，变量值的范围设为0～20，起始位置和结束位置坐标设置如图所示，由于是水平移动，所以起始和结束的Y轴坐标是一样的	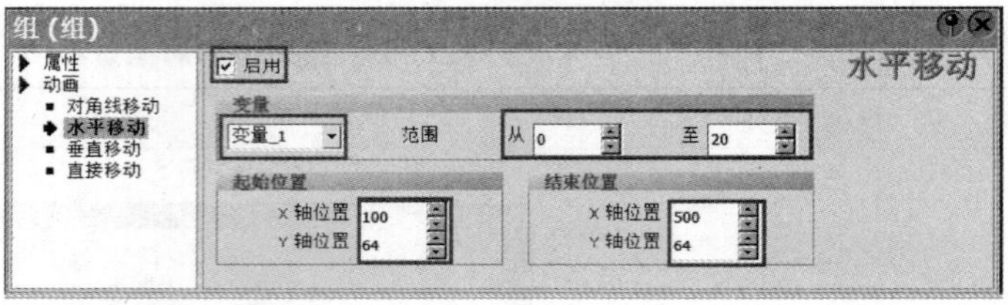

3. 组态IO域

在工具箱中单击IO域工具，再将鼠标移到工作区画面合适的位置单击，放置一个IO域，然后在IO域的属性窗口的左边选中“常规”项，并将模式设为“输入/输出”，过程变量设为“变量_1”，如图13-10所示。

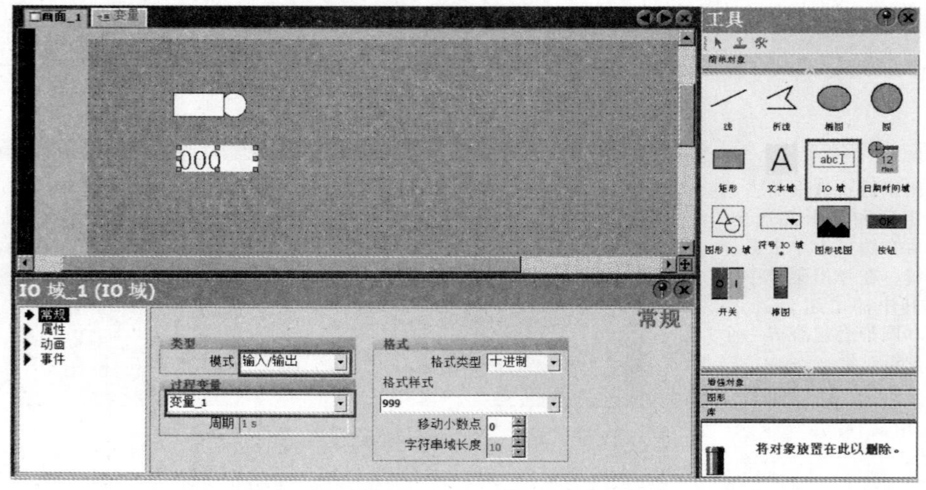

图13-10　在画面上放置一个IO域并设置其属性

4. 组态按钮

在工具箱中单击选中按钮工具，将鼠标移到工作区画面合适的位置单击，放置一个按钮，然后在按钮的属性窗口左边选中“常规”项，在右边将其中的 OFF 状态文本设为“右移”，如图 13-11a 所示，再切换到“事件”项中的“单击”，在右方设置单击事件为触发函数“IncreaseValue（加值）”，函数的变量设为“变量_1”，值设为“1”，如图 13-11b 所示。

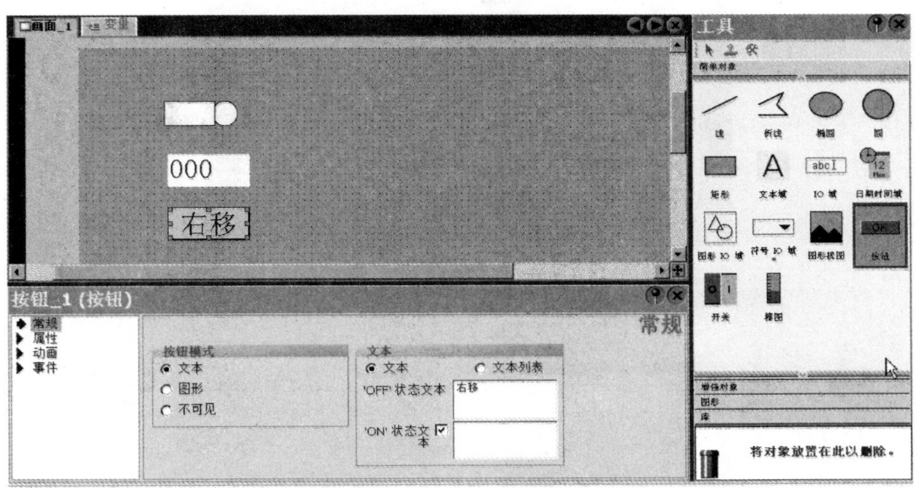

a) 在画面上放置一个按钮并设置其常分泌物属性

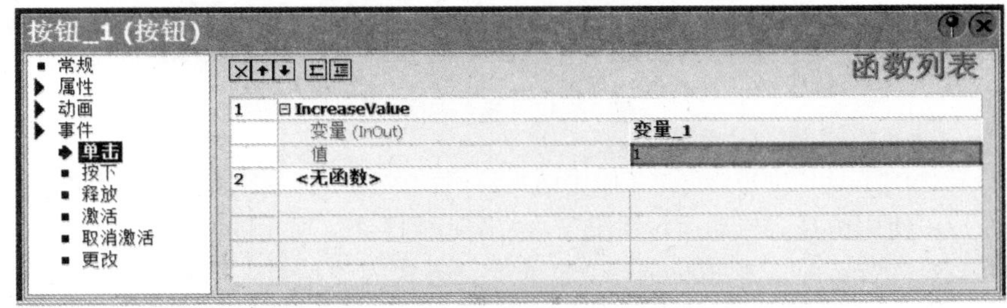

b) 设置按钮的单击事件为触发函数“IncreaseValue (加值)”

图 13-11　组态按钮

13.3.3　运行测试

在 WinCC 软件的工具栏中单击（启动运行系统）工具，也可执行菜单命令“项目”→“编译器”→“启动运行系统”，软件马上对项目进行编译，然后出现图 13-12a 所示的画面。在 IO 域上单击，将出现屏幕键盘，给 IO 域输入数值“10”，回车后，图形对象从画面左端移到中间，如图 13-12b 所示，单击一次“右移”按钮，图形对象往右移动一些距离，同时 IO 域的数值增 1，不断单击按钮时，图形对象不断右移，IO 域的数值不断增大，直到数值达到 20 时，图形对象不再往右移动，如图 13-12c 所示。

13.3.4　仿真调试

如果画面上未组态改变变量值的对象（如 IO 域、按钮等），要想查看变量值变化时与之关联对象的动画效果，可使用 WinCC 的仿真调试功能。

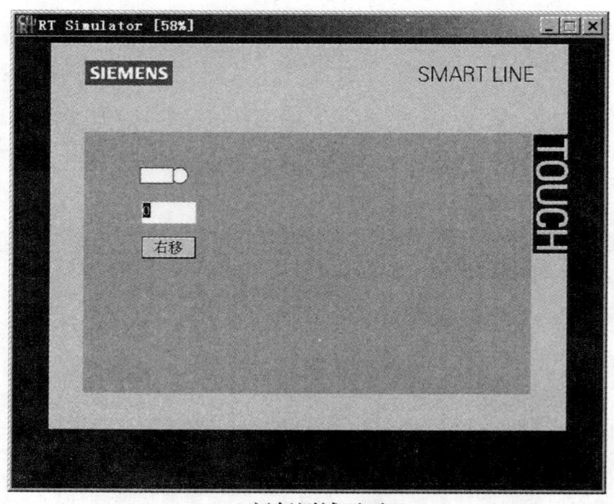

a) 运行测试画面

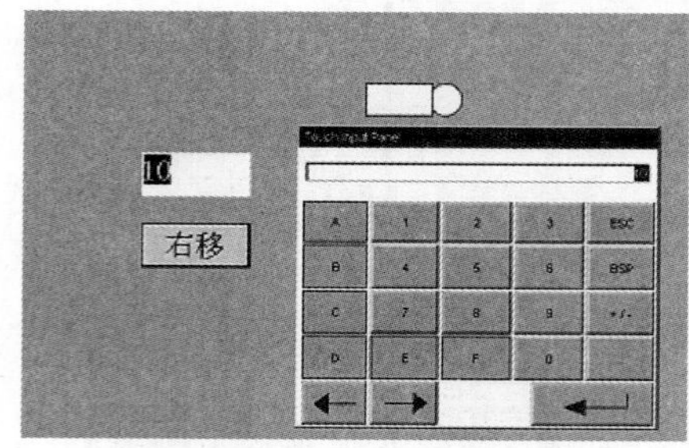

b) IO 域输入 10 时图形对象右移到中间

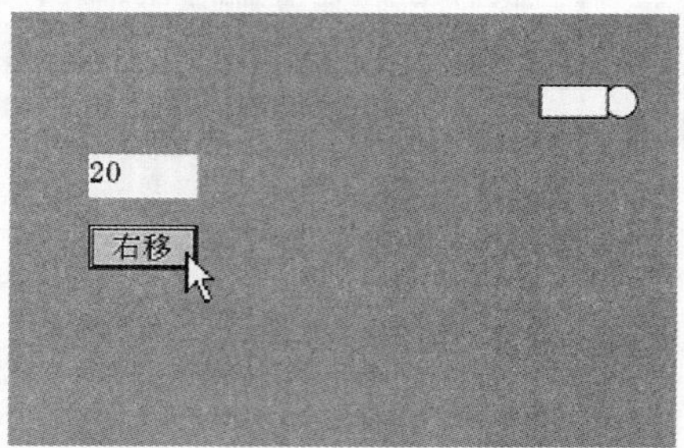

c) 单击“右移”按钮时图形对象右移 (IO 域数值增大)

图 13-12　运行测试

在 WinCC 软件的工具栏中单击（使用仿真器启动运行系统）工具，也可执行菜单命令“项目”→“编译器”→“使用仿真器启动运行系统”，会出现图 13-13a 所示的画面和仿真调试窗口。在调试窗口变量栏选择“变量_1”，模拟栏选择变量的变化方式为“增量”，再将变量的最小值设为 5，最大值设为 15，然后在开始栏勾选即启动仿真运行，如图 13-13b 所示，“变量_1”的值在 5 ~ 15 范围内每 1s 增 1，循环反复，画面中与“变量_1”关联的对象则在一定的范围内循环移动。

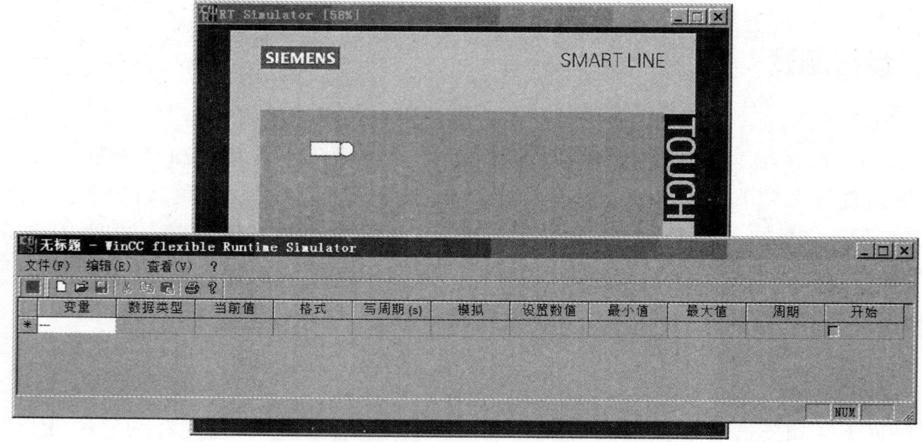

a) 运行画面与仿真调试窗口

图 13-13　仿真调试

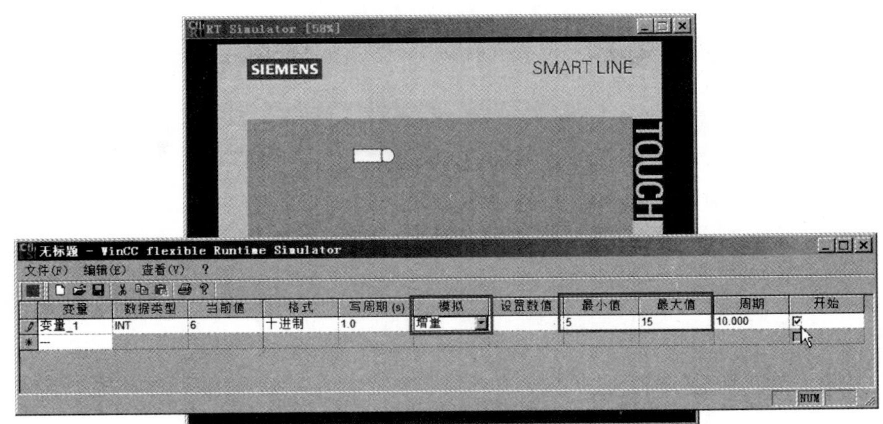

b) 设置变量可控制与之关联的对象

图 13-13　仿真调试（续）

13.4　指针变量的使用举例

13.4.1　组态任务

组态一个水箱选择与液位显示的画面，如图 13-14 所示。当在水箱选择项选择“1 号水箱”时，液位值项显示该水箱的液位值为 3，当选择“2 号水箱”时，液位值项则显示 2 号水箱的液位值为 6。

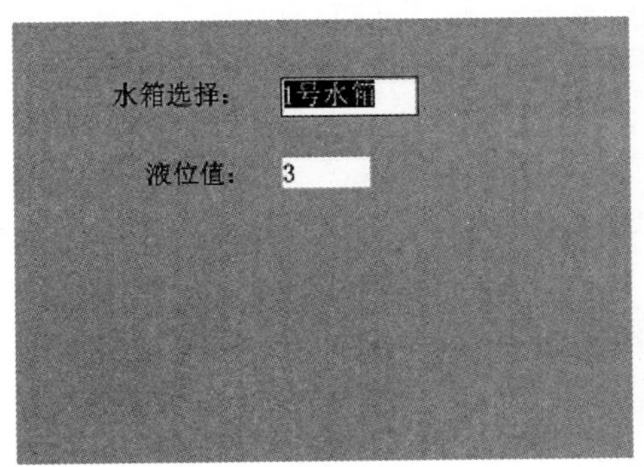

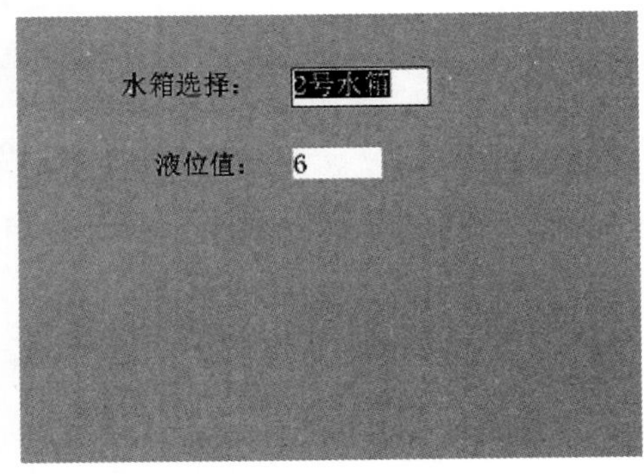

图 13-14　组态完成画面

13.4.2　组态过程

1. 组态变量（见表 13-4）

2. 组态文本列表

组态文本列表如图 13-15 所示。在项目视图区双击“文本和图形列表”中的“文本列表”，在工作区打开文本列表，在文本列表的第一行双击，会自动建立一个名称为“文本列表_1”的文本列表，将名称改为“水箱号”，然后在文本列表下方的列表条目的第一行双击，自动建立一个条目，在第一个条目的数值栏输入“0”，条目栏输入“1 号水箱”。再用上述同样的方法再建立 2 个条目，数值项分别为“1”、“2”，条目项分别为“2 号水箱”、“3 号水箱”。

表 13-4　组态变量的过程

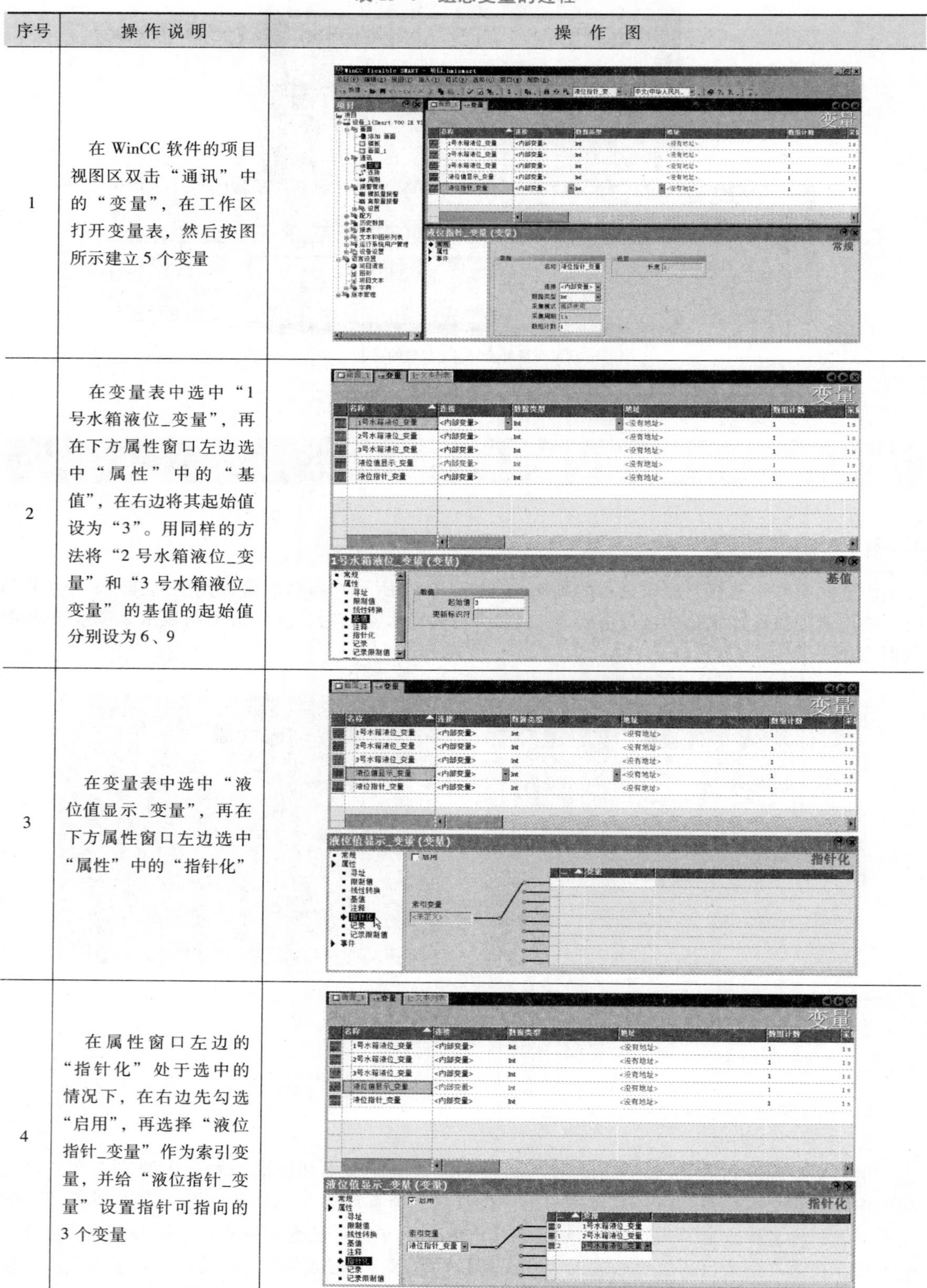

序号	操作说明	操作图
1	在 WinCC 软件的项目视图区双击“通讯”中的“变量”，在工作区打开变量表，然后按图所示建立 5 个变量	
2	在变量表中选中“1号水箱液位_变量”，再在下方属性窗口左边选中“属性”中的“基值”，在右边将其起始值设为“3”。用同样的方法将“2 号水箱液位_变量”和“3 号水箱液位_变量”的基值的起始值分别设为 6、9	
3	在变量表中选中“液位值显示_变量”，再在下方属性窗口左边选中“属性”中的“指针化”	
4	在属性窗口左边的“指针化”处于选中的情况下，在右边先勾选“启用”，再选择“液位指针_变量”作为索引变量，并给“液位指针_变量”设置指针可指向的 3 个变量	

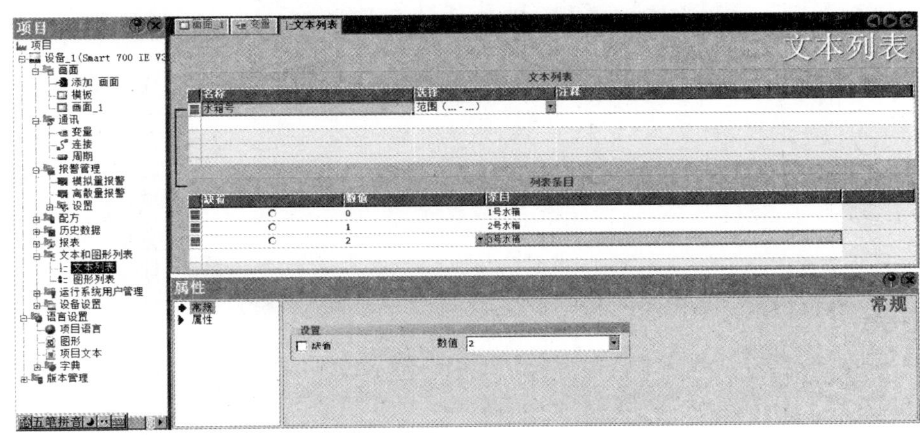

图 13-15　组态文本列表

3. 组态文本域

在工具箱中单击文本域工具，将鼠标移到工作区画面合适的位置单击，放置一个文本域，在下方属性窗口左边选中“常规”项，在右边将文本设为“水箱选择:”，然后用同样的方法在画面上放置一个“液位值:”文本，如图 13-16 所示。

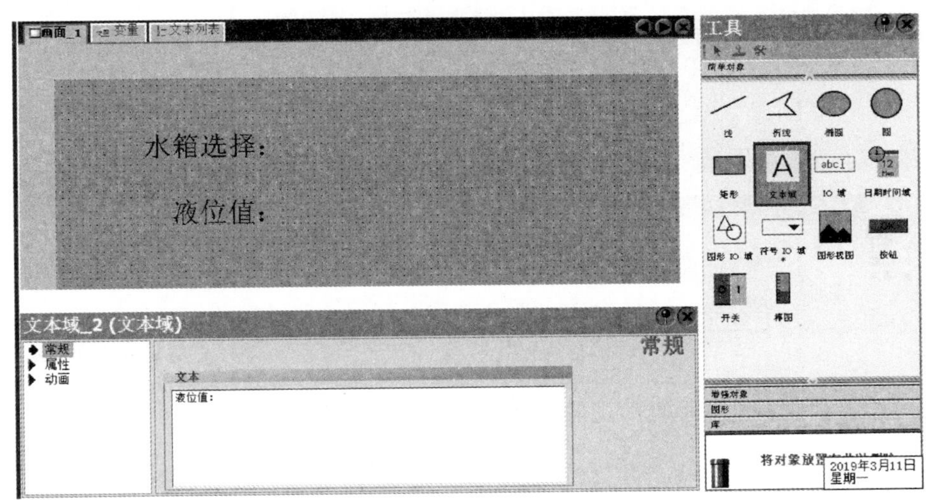

图 13-16　组态文本域

4. 组态符号 IO 域

在工具箱中单击符号 IO 域工具，将鼠标移到工作区画面“水箱选择:”文本右边合适的位置单击，放置一个符号 IO 域，在下方属性窗口左边选中“常规”项，在右边将显示的文本列表设为“水箱号”，将过程变量设为“液位指针_变量”，如图 13-17 所示。这样就将水箱号列表的 3 个条目按顺序与“液位指针_变量”指向的 3 个变量一一对应起来。

5. 组态 IO 域

在工具箱中单击 IO 域工具，将鼠标移到工作区画面“液位值:”文本右边合适的位置单击，放置一个 IO 域，在下方属性窗口左边选中“常规”项，在右边将过程变量为“液位值显示_变量”，如图 13-18 所示。

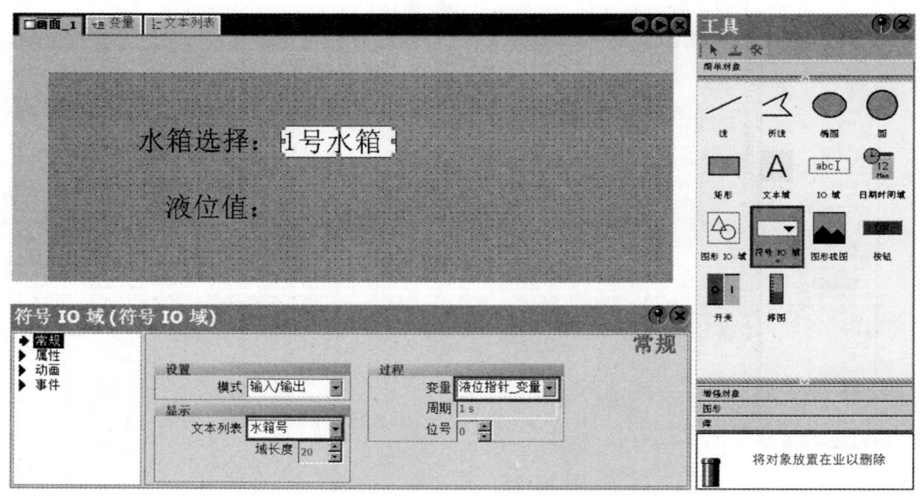

图 13-17　组态符号 IO 域

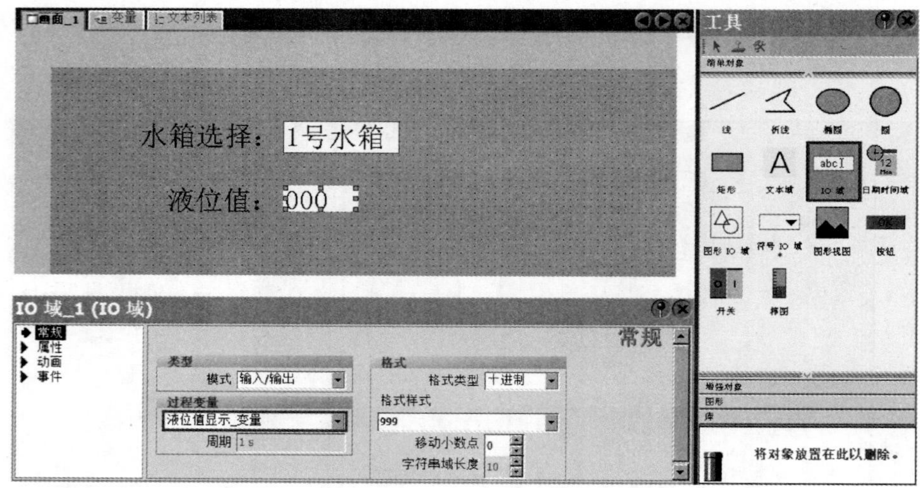

图 13-18　组态 IO 域

13.4.3　运行测试

在 WinCC 软件的工具栏中单击（启动运行系统）工具，也可执行菜单命令“项目”→“编译器”→“启动运行系统”，软件马上对项目进行编译，然后出现图 13-19a 所示的画面。在“水箱选择:”文本右边的符号 IO 域上单击，出现水箱号文本列表的 3 个条目，选择“2 号水箱”，如图 13-19b 所示，回车后，“液位值:”文本右边的 IO 域显示 2 号水箱的液位值，如图 13-19c 所示。

运行原理：当选择水箱号文本列表的第 2 个条目“2 号水箱”时，会使其过程变量“液位指针_变量”的指针指向第 2 个位置，即指向“2 号水箱液位_变量”，该变量的值马上传送给“液位值显示_变量”，“液位值:”文本右边的 IO 域的过程变量为“液位值显示_变量”，故该 IO 域就显示出 2 号水箱的液位值。

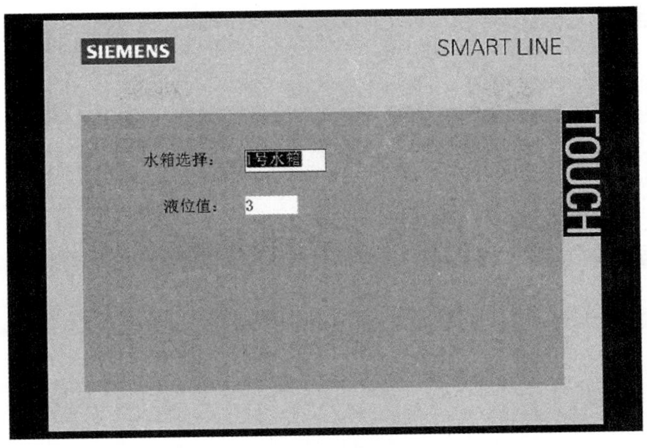

a) 运行测试画面

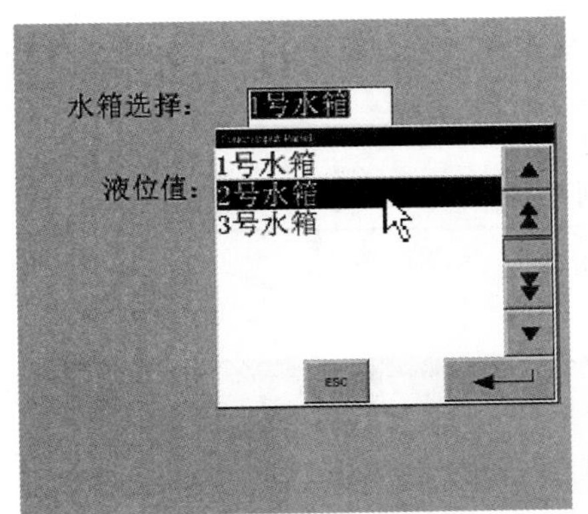

b) 在水箱选择项选择“2号水箱”

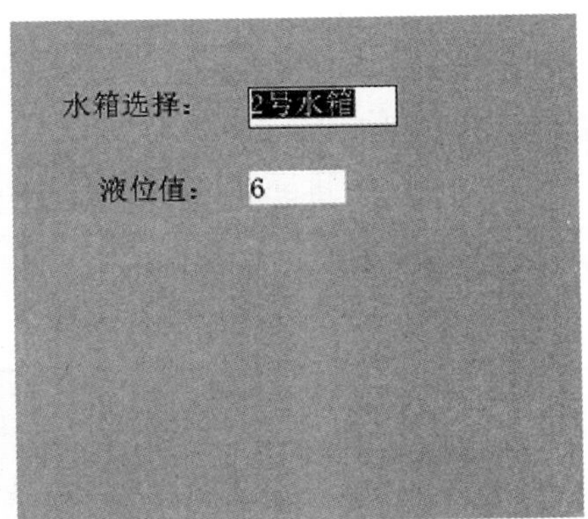

c) 在液位值项显示 2 号水箱的初始液位为 6

图 13-19　运行测试

13.5　开关和绘图工具的使用举例

13.5.1　组态任务

组态一个开关控制灯亮灭的画面，如图 13-20 所示。当单击开关时，开关显示闭合图形，灯变亮（白色变成红色），再次单击开关时，开关显示断开图形，灯熄灭。

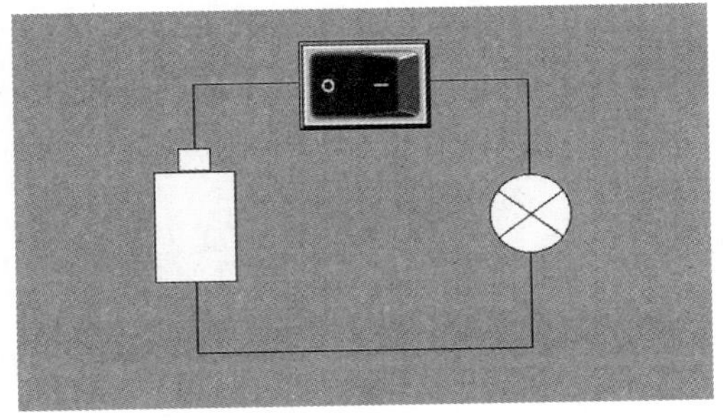

图 13-20　组态完成画面

13.5.2 组态过程

1. 组态变量

在 WinCC 软件的项目视图区双击“通讯”下的“变量”，在工作区打开变量表，在变量表的第一行双击，会自动建立一个变量名为“变量_1”的变量，将其更名为“变量_灯”，其他项保持不变，如图 13-21 所示。

图 13-21　组态变量

2. 绘制图形（见表 13-5）

表 13-5　用矩形、圆形和直线工具在画面上绘制电池、灯和导线的过程

序号	操作说明	操作图
1	用工具箱中的矩形工具在画面上先绘制一个小矩形，再在下方绘制一个较大矩形，这样就绘制成了一个电池的图形	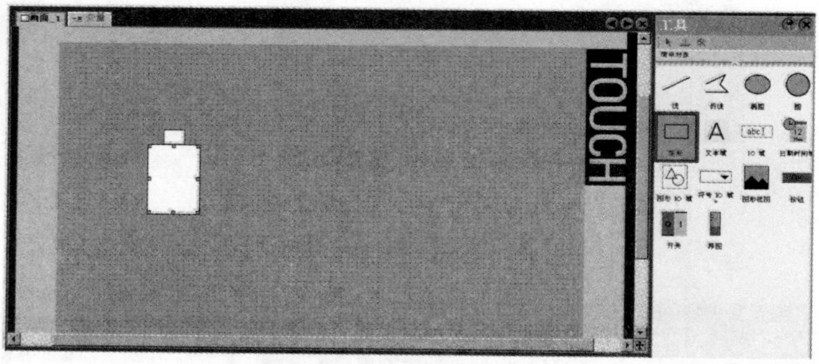
2	用工具箱中的圆形工具在画面上先绘制一个圆形，再用直线工具在圆形内部绘出两根斜线，这样就绘制成了一个灯的图形	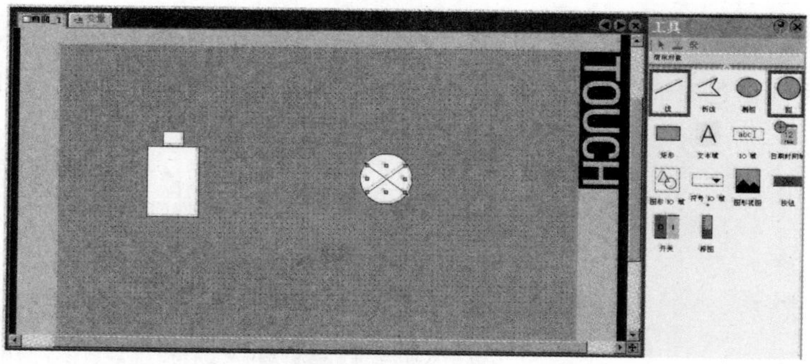

（续）

序号	操作说明	操作图
3	选中组成灯的圆形（不要选中内部的直线），在下方属性窗口的左边选择“外观”项，在右边勾选“启用”，变量选择“变量_灯”，类型选择“位”，在变量值表中，将“0”值的背景色设为白色，将“1”值的背景色设为红色	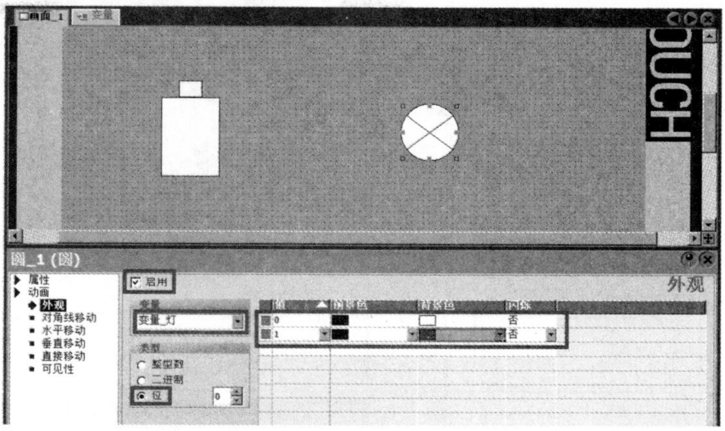
4	用工具箱中的矩形工具按图示绘制一个大矩形，在下方属性窗口的“外观”项中将填充样式设为“透明的”，这样矩形中间透明，只显示四周的线条	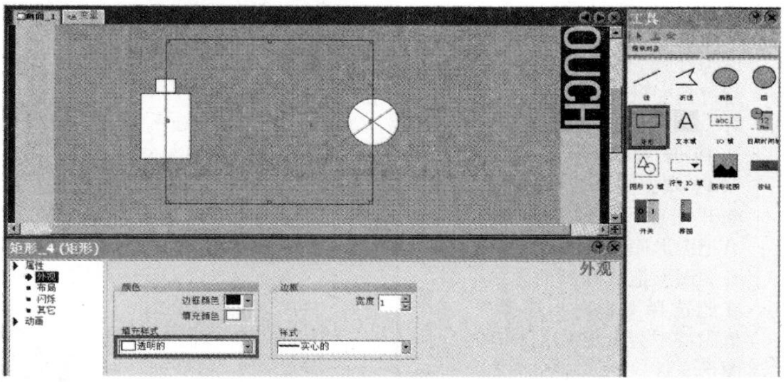

3. 组态开关（见表 13-6）

表 13-6　组态开关的过程

序号	操作说明	操作图
1	在工具箱中打开 WinCC 软件自带的图形库，找到开关断开图形（Off，“○”端按下）和开关闭合图形（On，“－”端按下），将其拖放到画面上	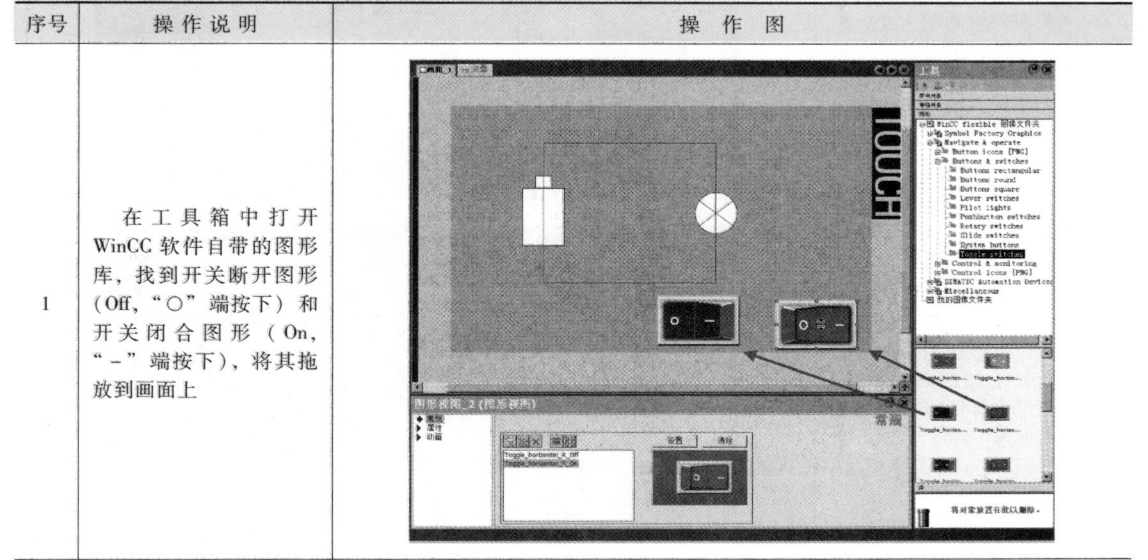

（续）

序号	操作说明	操作图
2	在工具箱中单击开关工具，再将鼠标移到画面的矩形线上单击，放置一个开关	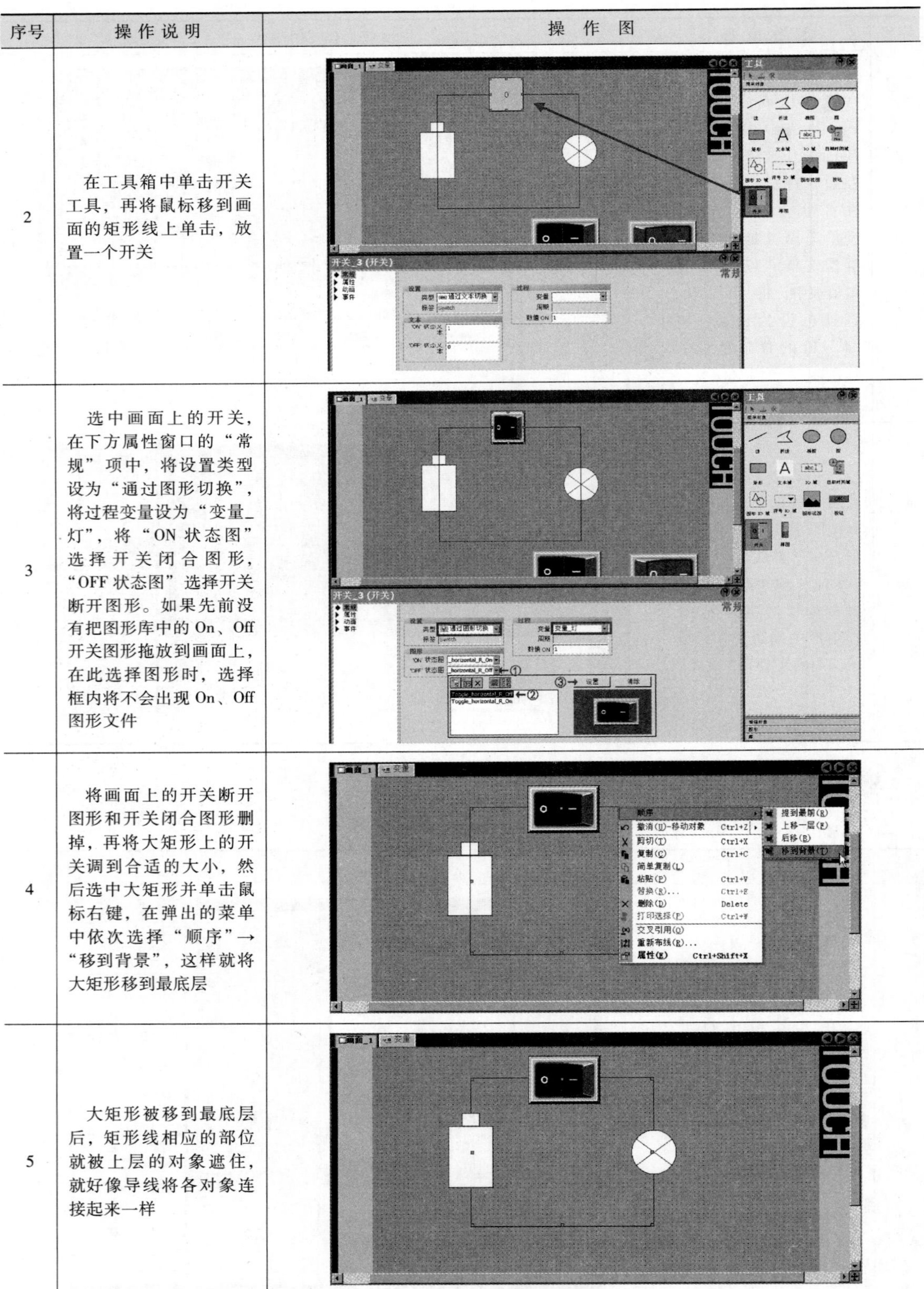
3	选中画面上的开关，在下方属性窗口的“常规”项中，将设置类型设为“通过图形切换”，将过程变量设为“变量_灯”，将“ON状态图”选择开关闭合图形，“OFF状态图”选择开关断开图形。如果先前没有把图形库中的On、Off开关图形拖放到画面上，在此选择图形时，选择框内将不会出现On、Off图形文件	
4	将画面上的开关断开图形和开关闭合图形删掉，再将大矩形上的开关调到合适的大小，然后选中大矩形并单击鼠标右键，在弹出的菜单中依次选择“顺序”→“移到背景”，这样就将大矩形移到最底层	
5	大矩形被移到最底层后，矩形线相应的部位就被上层的对象遮住，就好像导线将各对象连接起来一样	

13.5.3　运行测试

在 WinCC 软件的工具栏中单击（启动运行系统）工具，也可执行菜单命令“项目”→“编译器”→“启动运行系统”，软件马上对项目进行编译，然后出现图 13-22a 所示的画面。在开关上单击，开关变为开关闭合图形，灯变亮，如图 13-22b 所示；在开关上再次单击，开关变成开关断开图形，灯熄灭，如图 13-22c 所示。

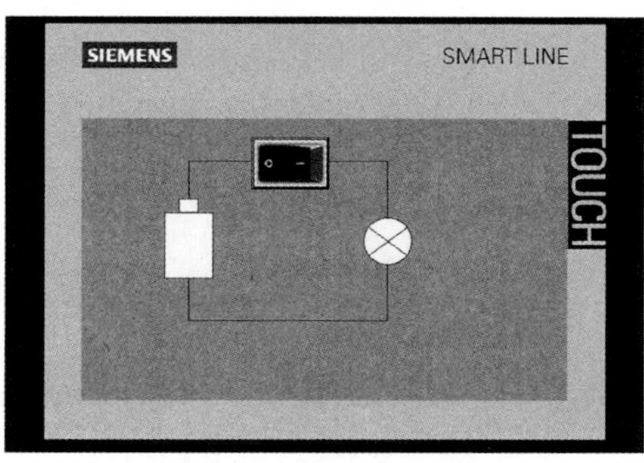

a) 运行测试画面

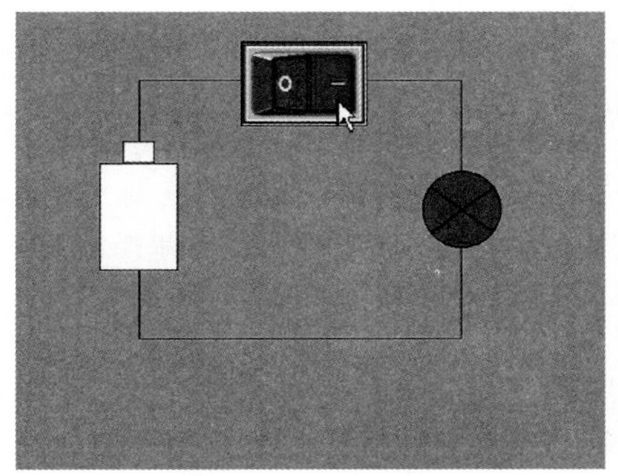

b) 单击开关灯变亮

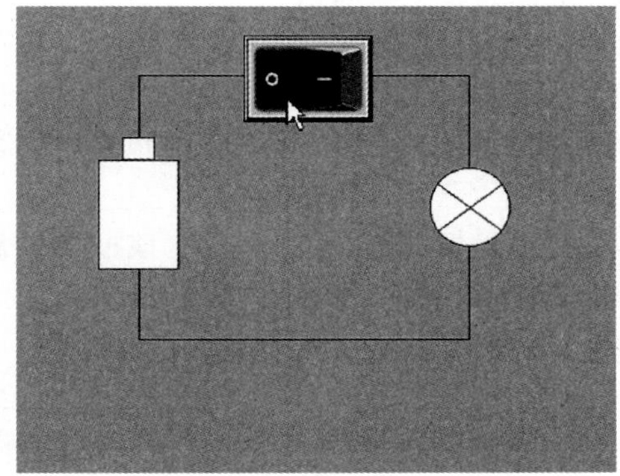

c) 再次单击开关灯熄灭

图 13-22　运行测试

13.6　报警功能的使用举例

13.6.1　报警基础知识

1. 分类

报警可分为自定义报警和系统报警。自定义报警是用户设置的报警，又分为离散量报警和模拟量报警，用来在 HMI 设备上显示过程状态。

系统报警用来显示 HMI 设备或 PLC 中特定的系统状态，是在设备中预先定义的。在 WinCC 软件的项目视图区默认是看不到“系统报警”图标的，如果要显示该图标，可执行菜单命令“选项”→“设置”，在“设置”对话框中展开“工作台”，选择其中的“项目视图设置”，在右边将“更改项目树显示的模式”由“显示主要项”改为“显示所有项”，这样就会在项目视图区出现“系统事件（即系统报警）”，如图 13-23 所示。

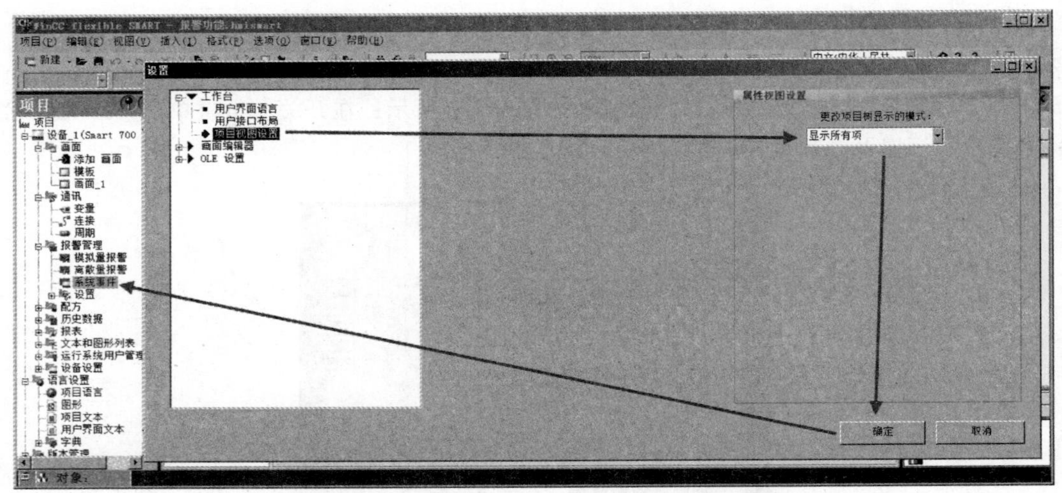

图 13-23　在项目视图区显示系统报警图标的操作方法

2. 报警的状态与确认

（1）报警的状态

自定义报警有下列报警状态：

1）满足触发报警的条件时，该报警的状态为“已激活”。操作员确认报警后，该报警的状态为“已激活/已确认”。

2）当触发报警的条件消失时，该报警的状态为“已激活/已取消激活”。如果操作人员确认了已取消激活的报警，该报警的状态为“已激活/已取消激活/确认”。

（2）报警的确认

对于一些提示系统处于关键性或危险性运行状态的报警，要求操作人员进行确认。确认报警可以在 HMI 设备上进行，也可以用 PLC 程序将指定变量中的一个特定位进行置位来确认离散量报警。

操作员可以用以下方式进行报警确认：

1）操作 HMI 面板上的确认按键。

2）操作 HMI 画面上的相关按钮。

3）在报警窗口或报警视图中进行确认。

报警类型决定了是否需要确认该报警。在组态报警时，可设定报警由操作员逐个确认，也可以对同一报警组内的所有报警进行集中确认。

3. 报警的类型

报警有以下 4 种类型：

1）错误。用于指示紧急或危险的操作和过程状态，这类报警必须确认，用于模拟量报警和离散量报警。

2）诊断事件。用于指示常规操作状态、过程状态和过程顺序，这类报警不需要确认，用于模拟量报警和离散量报警。

3）警告。用于指示不是太紧急或危险的操作和过程状态，这类报警必须确认。用于模拟量报警和离散量报警。

4）系统。用于指示关于 HMI 和 PLC 的操作状态信息，用于系统报警，不能用于模拟量报警和离散量报警。

13.6.2 组态任务

组态一个温度和开关状态报警画面，如图 13-24 所示。当温度值低于 20℃时会出现报警信息，温度值高于 60℃时也会出现报警信息，开关状态值由 00 变为 01 时会出现开关 A 断开报警，00 变为 10 时会出现开关 B 断开报警，单击右下角的“确认”按钮，会清除问题已排除的报警信息。

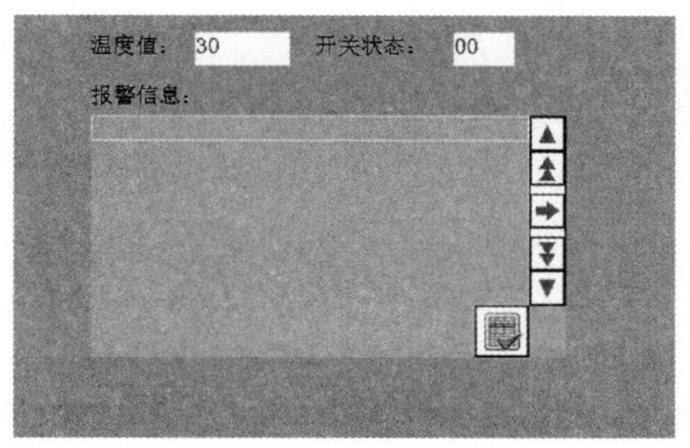

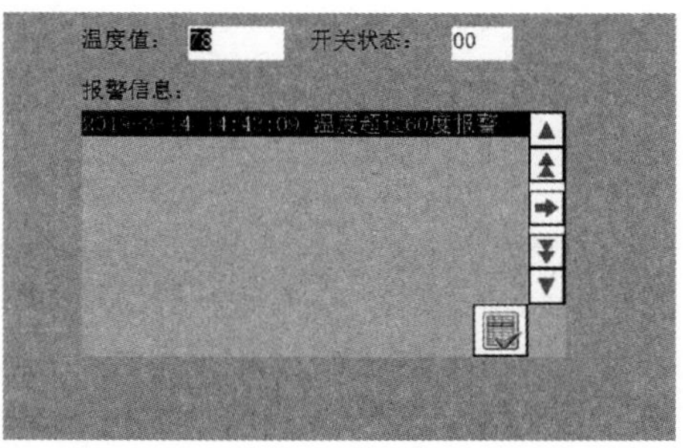

图 13-24 组态完成的温度和开关状态报警画面

13.6.3 组态过程

1. 组态变量

在 WinCC 软件的项目视图区双击“通讯”中的“变量”，在工作区打开变量表，然后按图 13-25 所示建立两个变量，并将“温度值_变量”的起始值设为 30。

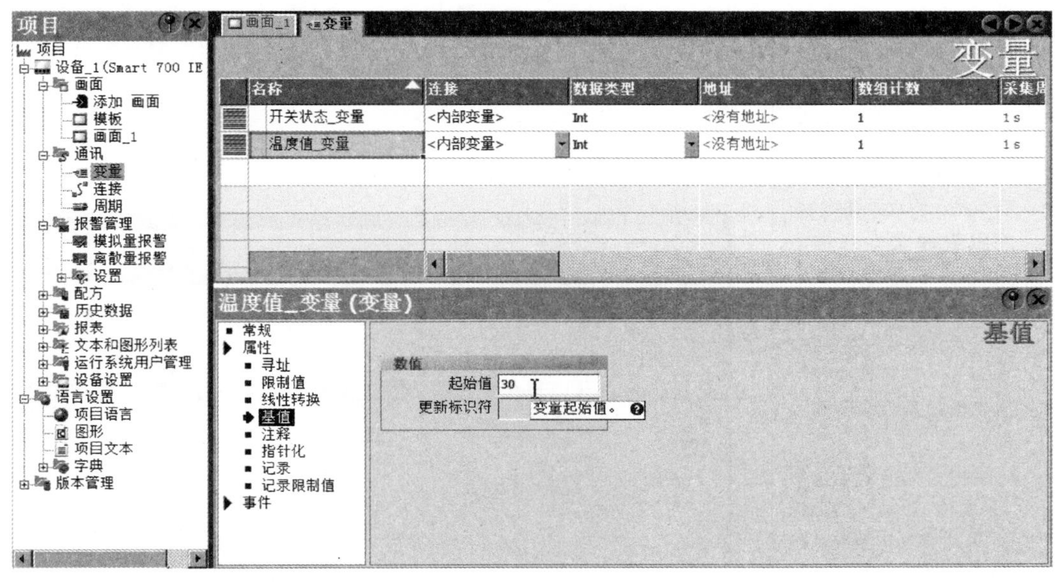

图 13-25 打开变量表建立两个变量

2. 组态模拟量报警（见表 13-7）

表 13-7　模拟量报警组态过程

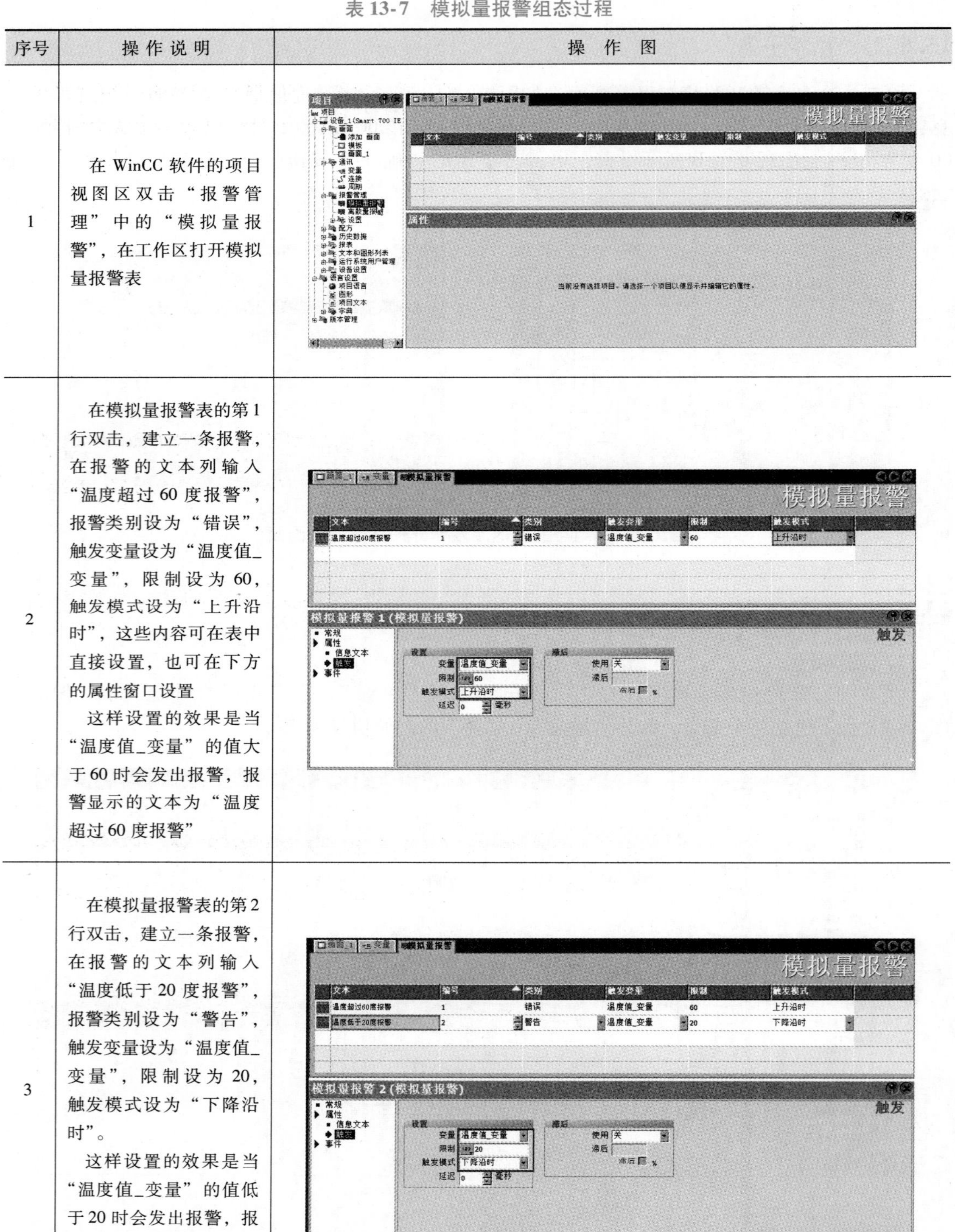

序号	操作说明	操作图
1	在 WinCC 软件的项目视图区双击“报警管理”中的“模拟量报警”，在工作区打开模拟量报警表	
2	在模拟量报警表的第 1 行双击，建立一条报警，在报警的文本列输入“温度超过 60 度报警”，报警类别设为“错误”，触发变量设为“温度值_变量”，限制设为 60，触发模式设为“上升沿时”，这些内容可在表中直接设置，也可在下方的属性窗口设置 这样设置的效果是当“温度值_变量”的值大于 60 时会发出报警，报警显示的文本为“温度超过 60 度报警”	
3	在模拟量报警表的第 2 行双击，建立一条报警，在报警的文本列输入“温度低于 20 度报警”，报警类别设为“警告”，触发变量设为“温度值_变量”，限制设为 20，触发模式设为“下降沿时”。 这样设置的效果是当“温度值_变量”的值低于 20 时会发出报警，报警显示的文本为“温度低于 20 度报警”	

3. 组态离散量报警（见表 13-8）

表 13-8　离散量报警组态过程

序号	操作说明	操作图
1	在 WinCC 软件的项目视图区双击“报警管理”中的“离散量报警”，在工作区打开离散量报警表	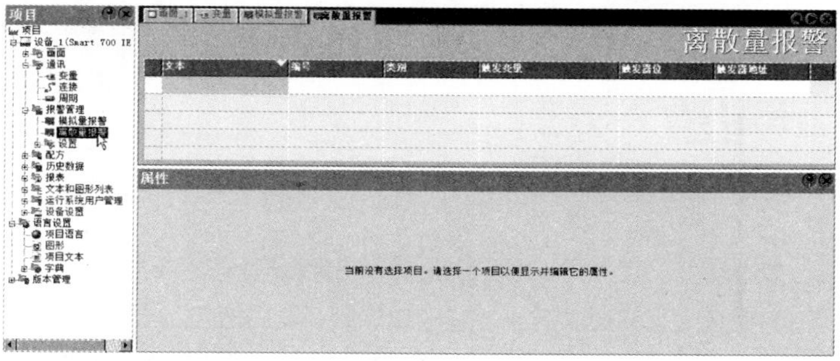
2	在离散量报警表的第 1 行双击，建立一条报警，在报警的文本列输入“开关 A 断开报警”，报警类别设为“错误”，触发变量设为“开关状态_变量”，触发器位设为 0，这些内容可在表中直接设置，也可在下方的属性窗口中设置 这样设置的效果是当“开关状态_变量”的第 0 位（变量的最低位）置 1 时会发出报警，报警显示的文本为“开关 A 断开报警”	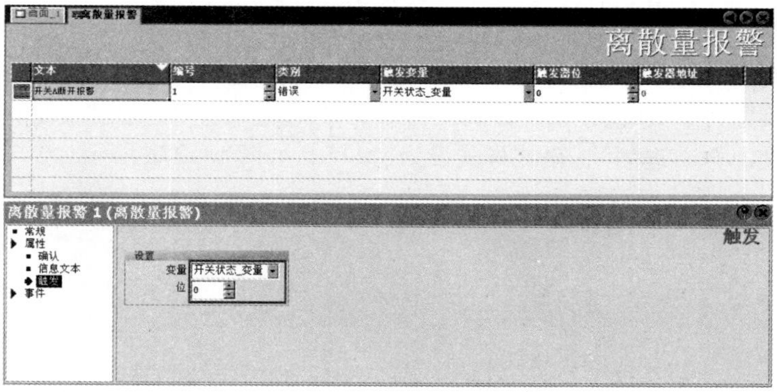
3	在离散量报警表的第 2 行双击，建立一条报警，在报警的文本列输入“开关 B 断开报警”，报警类别设为“错误”，触发变量设为“开关状态_变量”，触发器位设为 1 这样设置的效果是当“开关状态_变量”的第 1 位置 1 时会发出报警，报警显示的文本为“开关 B 断开报警”	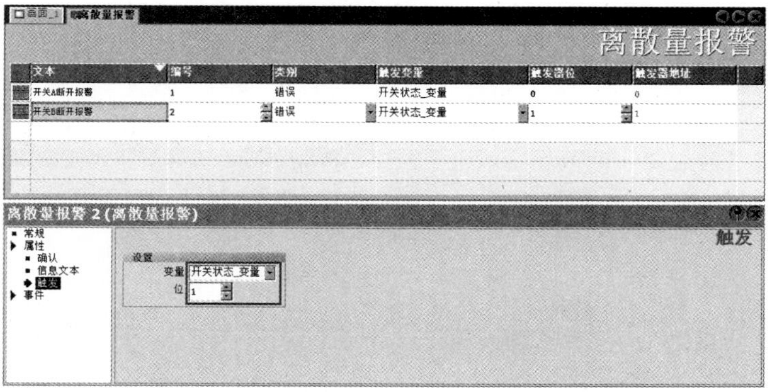

4. 组态文本域

在工具箱中单击文本域工具，将鼠标移到工作区画面合适的位置单击，放置一个文本域，在属性窗口的“常规”项中将文本设为“温度值:”，再用同样的方法在画面上放置一个“开关状态:”和“报警信息:”文本，如图 13-26 所示。

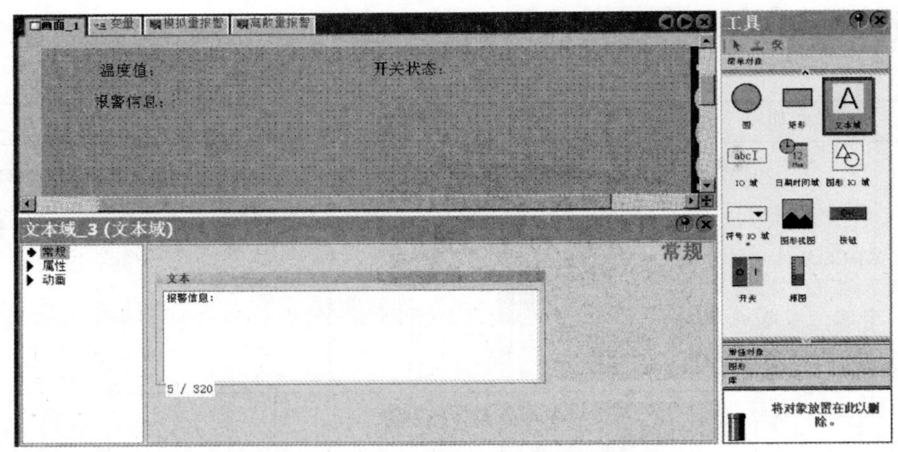

图 13-26　用文本域工具在画面上放置 3 个文本

5. 组态 IO 域

在工具箱中单击 IO 域工具，将鼠标移到工作区画面“温度值:”文本右边单击，放置一个 IO 域，在下方的属性窗口的“常规”项中将过程变量设为“温度值_变量”，格式类型设为“十进制”，格式样式设为“999”，如图 13-27a 所示。再用同样的方法在画面“开关状态:”文本右边放置一个 IO 域，在下方属性窗口的“常规”项中将过程变量设为“开关状态_变量”，格式类型设为“二进制”，格式样式设为“11”，如图 13-27b 所示。

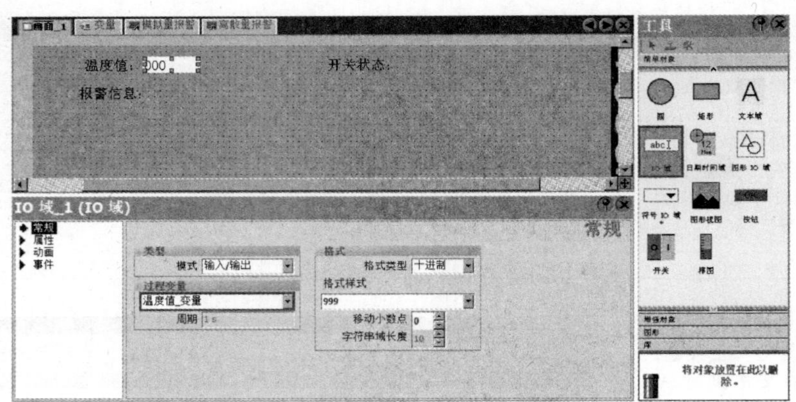

a) 在“温度值：”文本右边放置一个 IO 域

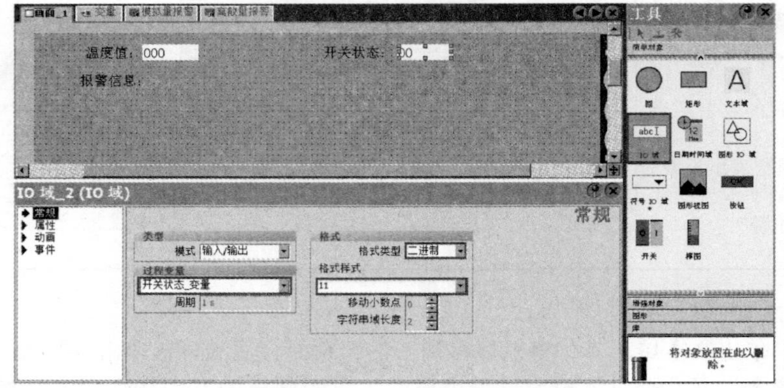

b) 在“开关状态：”文本右边放置一个 IO 域

图 13-27　组态两个 IO 域

6. 组态报警视图（见表 13-9）

表 13-9 组态报警视图的过程

序号	操作说明	操作图
1	在工具箱中打开“增强对象”，单击其中的“报警视图”，将鼠标移到工作区画面“报警信息:”文本下边单击，在画面上放置一个报警视图，可用鼠标调整报警视图的大小	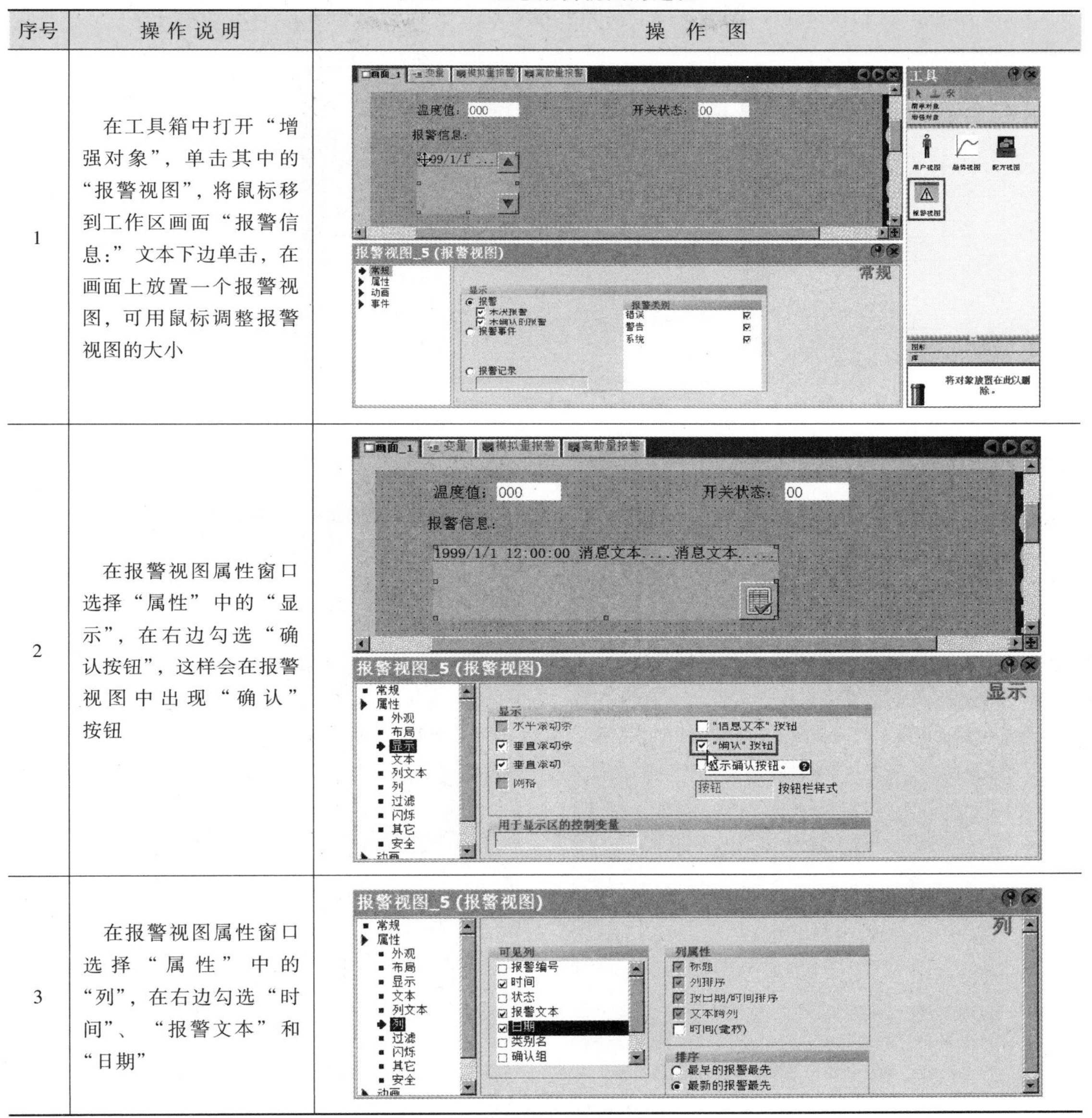
2	在报警视图属性窗口选择“属性”中的“显示”，在右边勾选“确认按钮”，这样会在报警视图中出现“确认”按钮	
3	在报警视图属性窗口选择“属性”中的“列”，在右边勾选“时间”、“报警文本”和“日期”	

13.6.4 运行测试

在 WinCC 软件的工具栏中单击（启动运行系统）工具，也可执行菜单命令“项目”→“编译器”→“启动运行系统”，软件马上对项目进行编译，然后出现图 13-28a 所示的画面，温度值默认为 30，开关状态值为 00。在画面中，将温度值改为 68，超过了“温度超过 60 度报警”报警事件设定的上限值 60（上升沿触发），故报警视图中出现了该报警信息，如图 13-28b 所示；将温度设为 12，其值小于“温度低于 20 度报警”报警事件设定的下限值 20（下降沿触发），该报警信息文本马上出现在报警视图中，如图 13-28c 所示。由于此时温度未超过 60，按下报警视图右下角的“确认”按钮，“温度超过 60 度报警”报警信息会消失，如图 13-28d 所示。画面中的开关状态值默认为 00，将其改成01，“开关状态_变量”的第0位（最低位）被置1，马上触发“开关A断开报警”，如图13-28e所示；将其改成10，“开关状态_变量”的第1位被置1，会触发“开关B断开报警”，如图13-28f所示；将其改成11，则开关A、B断开报警均会被触发，如图13-28g所示。

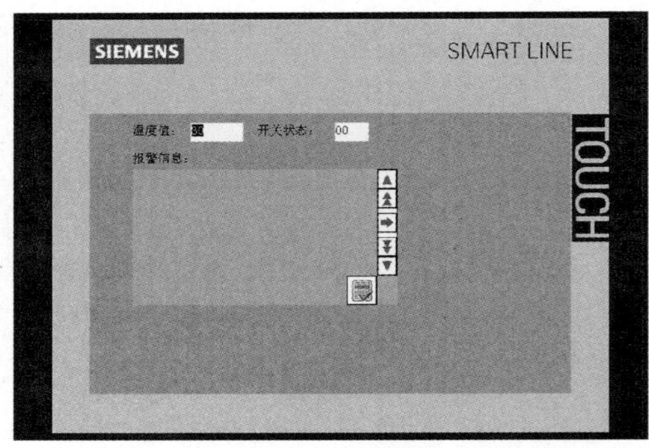

a) 运行测试画面

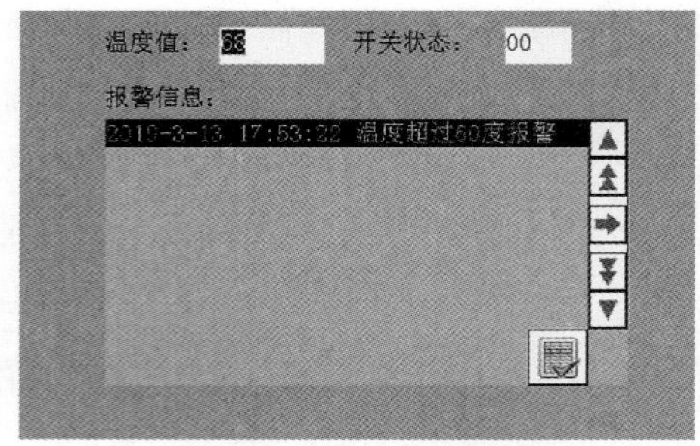

b) 温度值高于60℃会触发“温度超过60度报警”

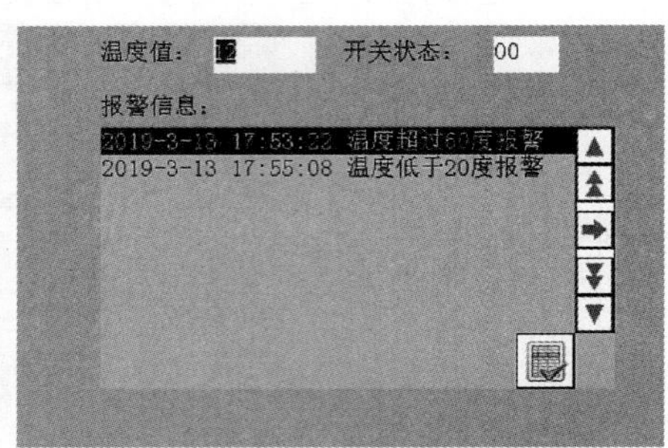

c) 温度低于20℃会触发“温度低于20度报警”

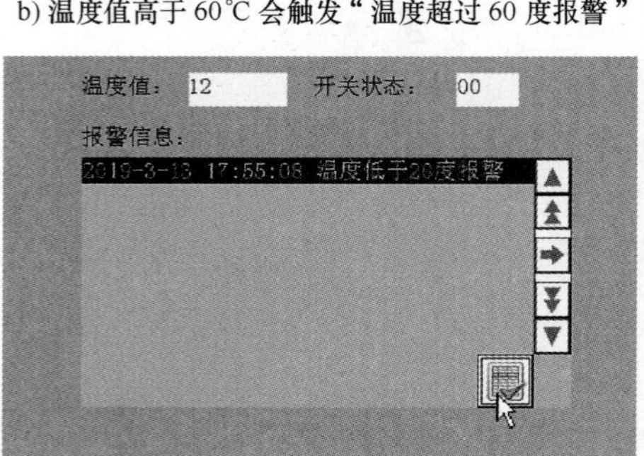

d) 按“确认”键会清除已排除问题的报警

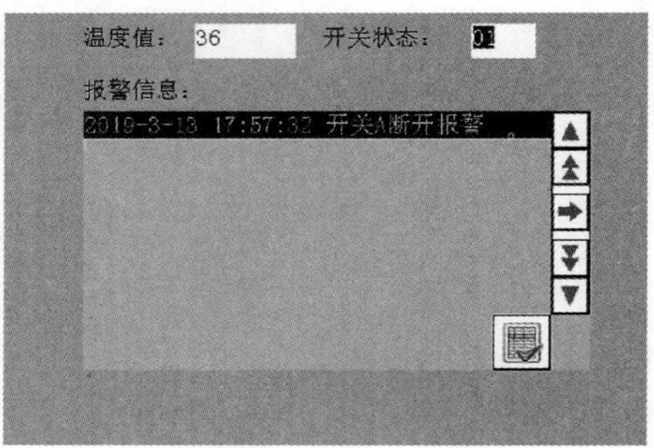

e) 开关状态值设为01时触发“开关A断开报警”

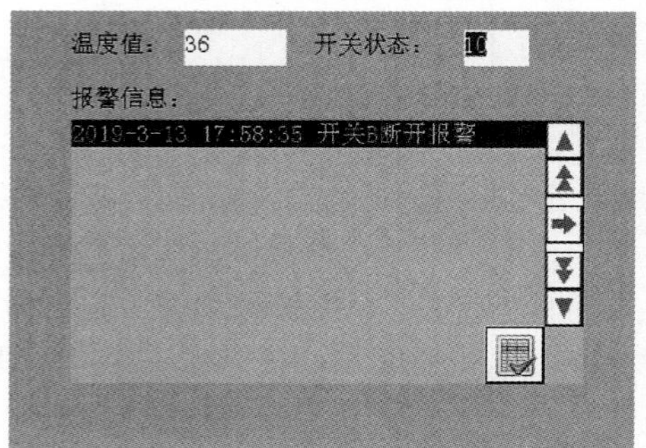

f) 开关状态值设为10时触发“开关B断开报警”

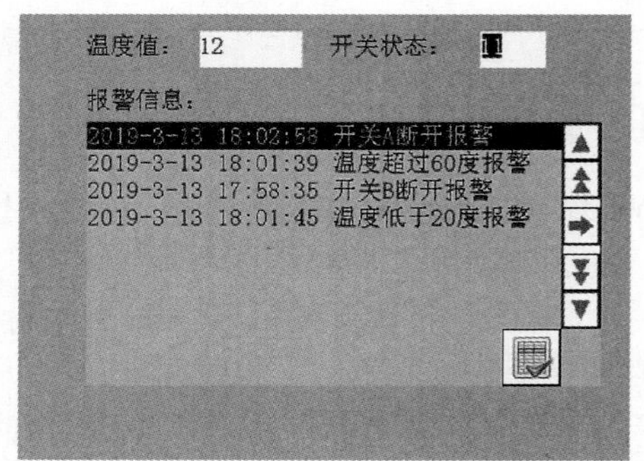

g) 开关状态值设为11时开关A、B断开报警均被触发

图13-28 运行测试

13.7　棒图和趋势图的使用举例

13.7.1　组态任务

在画面上组态一个棒图和一个趋势图，用来监视 IO 域中的变量，如图 13-29a 所示。当单击“增 5”键时，IO 域的变量值由 0 变为 5，棒图中出现高度为 5 的竖条，趋势图的线条纵坐标由 0 变为 5，如图 13-29b 所示；当单击“减 5”键时，IO 域的变量值由 5 变为 0，棒图中竖条消失，趋势图的线条纵坐标由 5 变为 0，如图 13-29c 所示。

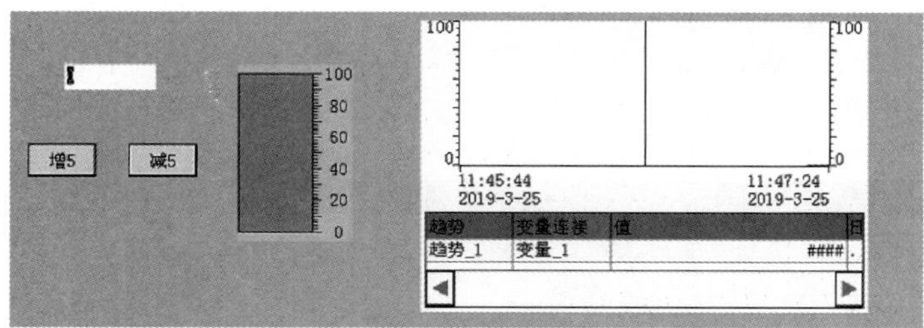

a) 组态完成画面

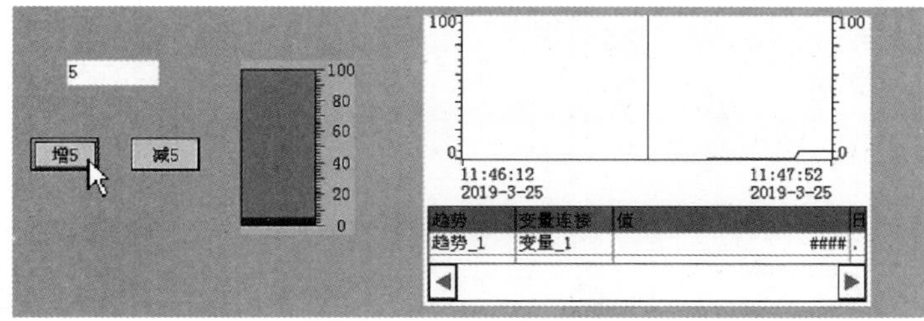

b) 变量增 5 时棒图和趋势图的变化

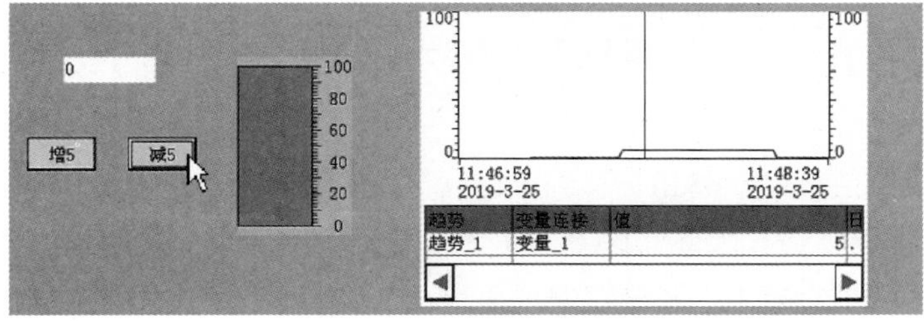

c) 变量减 5 时棒图和趋势图的变化

图 13-29　组态完成的棒图和趋势图画面

13.7.2　组态过程

1. 组态一个变量

在 WinCC 软件的项目视图区双击“通讯”中的“变量”，在工作区打开变量表，在变量表的第一行双击，建立一个名称为“变量_1”的变量，如图 13-30 所示。

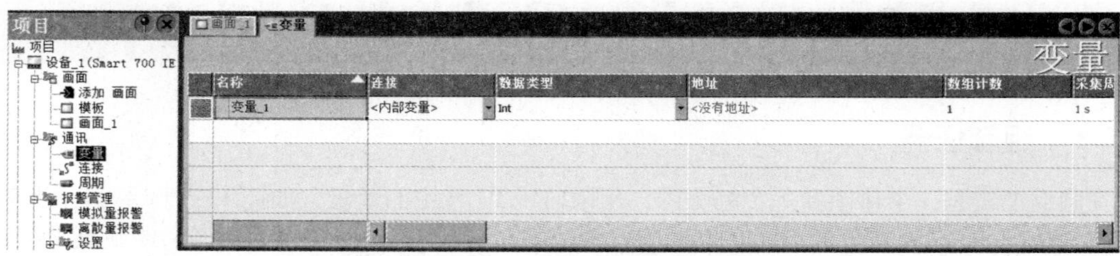

图 13-30　组态一个变量

2. 组态一个 IO 域

在工具箱中单击 IO 域工具，将鼠标移到工作区合适的位置单击，放置一个 IO 域，在下方属性窗口的“常规”项中将过程变量设为“变量_1”，格式类型设为“十进制”，格式样式设为“999”，如图 13-31 所示。

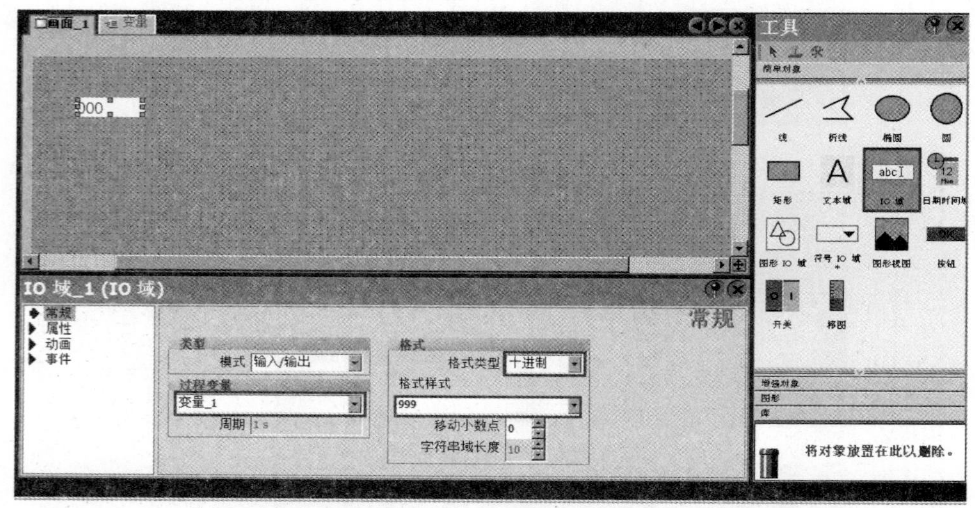

图 13-31　组态一个 IO 域

3. 组态两个按钮

在工具箱中单击按钮工具，将鼠标移到工作区合适的位置单击，放置一个按钮，在下方属性窗口的“常规”项中将“OFF 文本”设为“增 5”，再选择“事件”项下的“单击”，在右边的函数列表中选择“IncreaseValue（变量值加指定值）”函数，变量栏选择“变量_1”，值栏输入 5，如图 13-32a 所示。这样单击本按钮时，变量_1 的值会增加 5。

用按钮工具在画面上再放置一个按钮，在下方属性窗口的“常规”项中将“OFF 文本”设为“减 5”，然后选择“事件”项下的“单击”，在右边的函数列表中选择“DecreaseValue（变量值减指定值）”函数，变量栏选择“变量_1”，值栏输入 5，如图 13-32b 所示。这样单击本按钮时，变量_1 的值会减 5。

4. 组态棒图

棒图是以竖条的伸缩长度来直观反映变量的变化。在工具箱中单击棒图工具，将鼠标移到工作区合适的位置单击，放置一个棒图，在下方属性窗口的“常规”项中将棒图的刻度最小值设为 0，最大值设为 100，之后在变量栏选择变量“变量_1”，如图 13-33 所示。

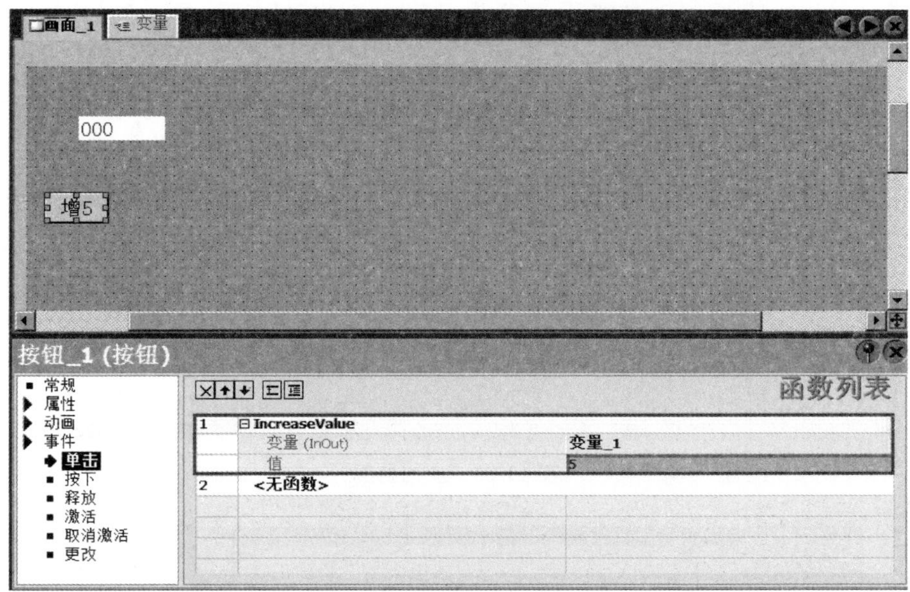

a) 组态“增 5”按钮

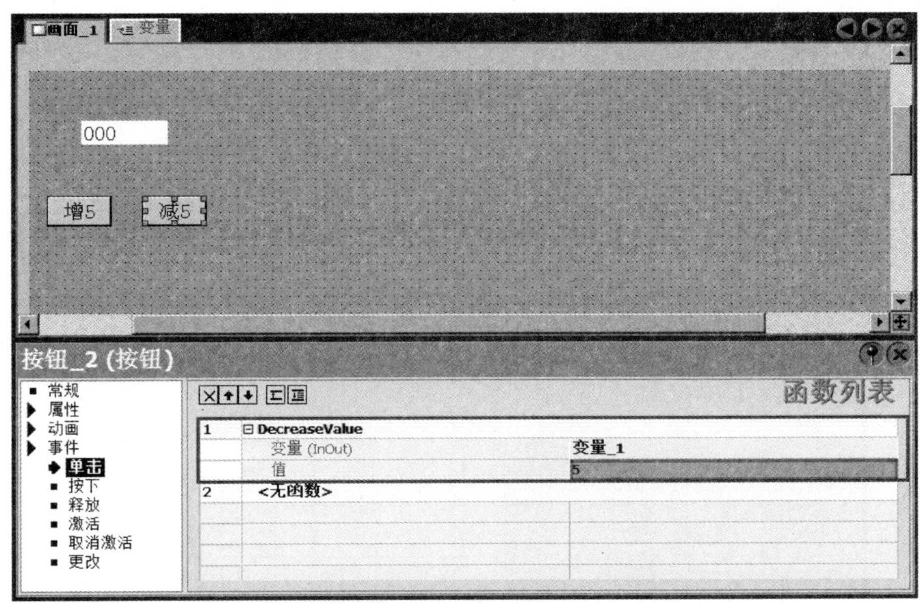

b) 组态“减 5”按钮

图 13-32　组态两个按钮

5. 组态趋势图

棒图可以直观反映变量当前值的情况，趋势图不但可以反映变量当前值的情况，还能反映之前一段时间变量的变化情况。在工具箱中展开“增强对象”，单击其中的趋势图工具，将鼠标移到工作区合适的位置单击，放置一个趋势图，如图 13-34a 所示，在下方属性窗口的“属性”项中选中“趋势”，然后在右边趋势表的第一行双击，建立一个默认名称为“趋势_1”的趋势，再在“源设置”栏选择“变量_1”，如图 13-34b 所示。

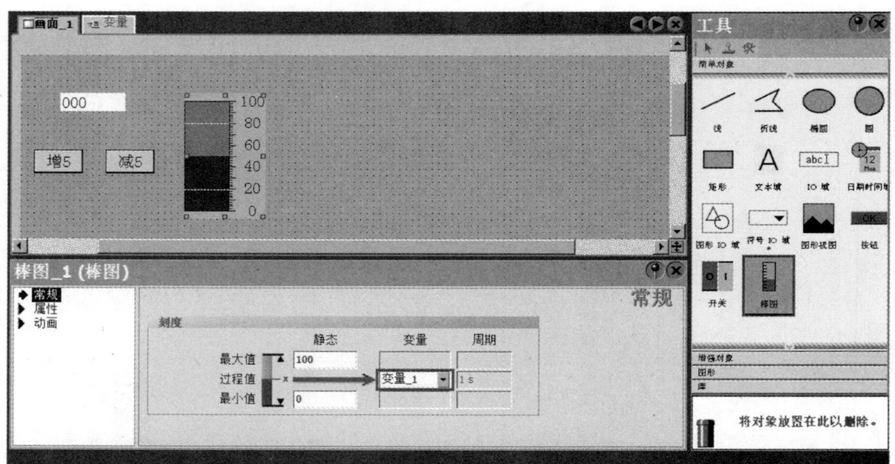

图 13-33　组态棒图

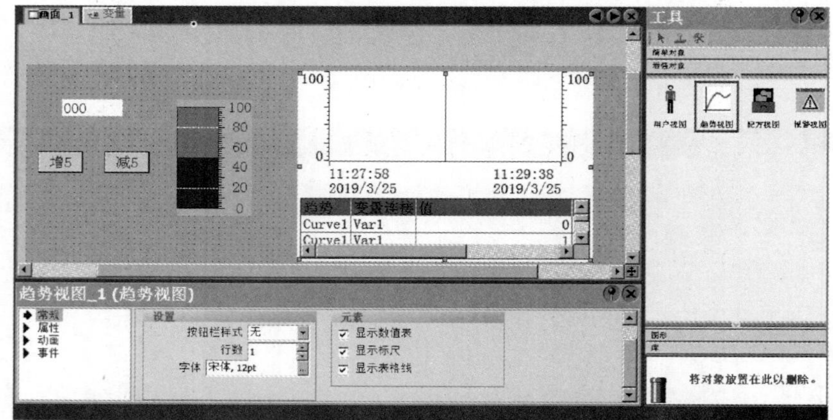

a) 在画面上放置一个趋势图

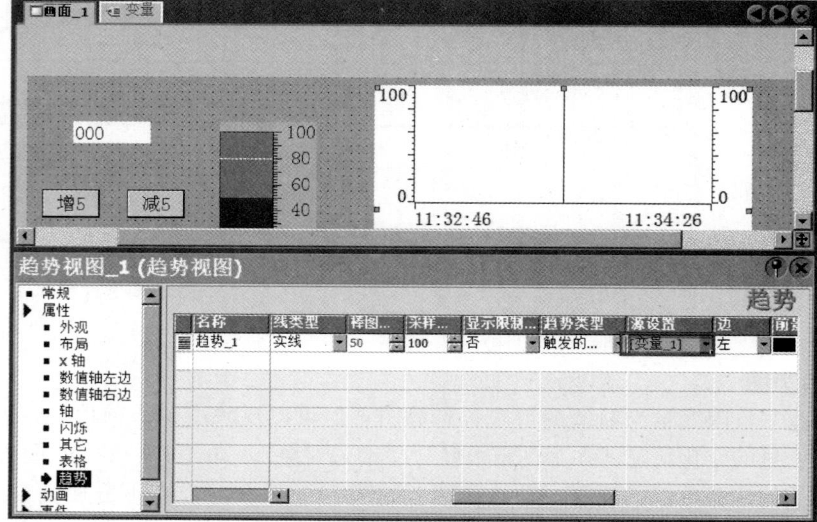

b) 建立并设置一条趋势

图 13-34　组态趋势图

13.7.3　运行测试

在 WinCC 软件的工具栏中单击 （启动运行系统）工具，也可执行菜单命令“项目”→“编译器”→“启动运行系统”，软件马上对项目进行编译，然后出现图 13-35a 所示的画面。单击“增 5”按钮，IO 域的变量值由 0 变为 5，棒图出现高度为 5 的竖条，趋势图的线条当前时刻（最右端）的纵坐标由 0 变为 5，如图 13-35b 所示；再次单击“增 5”按钮，IO 域的变量值由 5 变为 10，棒图的竖条高度变为 10，趋势图的线条当前时刻的纵坐标变为 10，如图 13-35c 所示；单击“减 5”按钮，IO 域的变量值由 10 变为 5，棒图的竖条高度变为 5，趋势图线条当前时刻的纵坐标变为 5，如图 13-35d 所示。

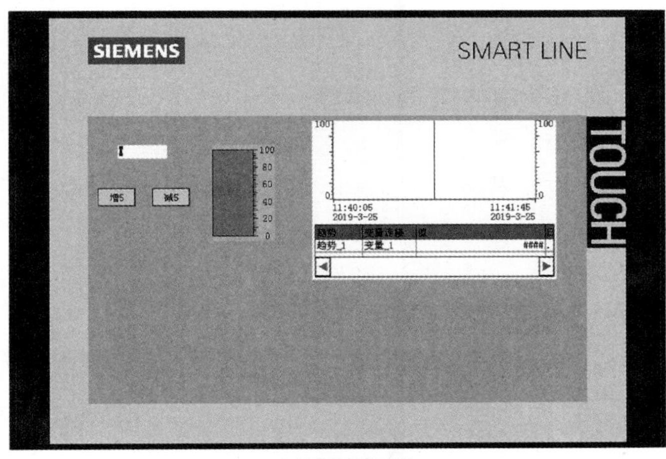

a) 运行测试画面

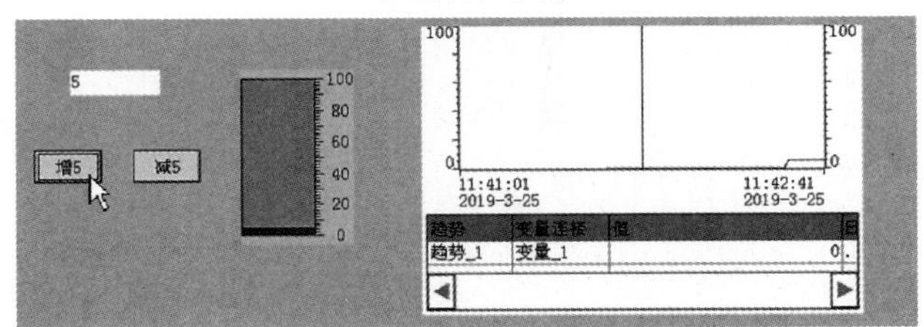

b) 第一次单击“增 5”按钮

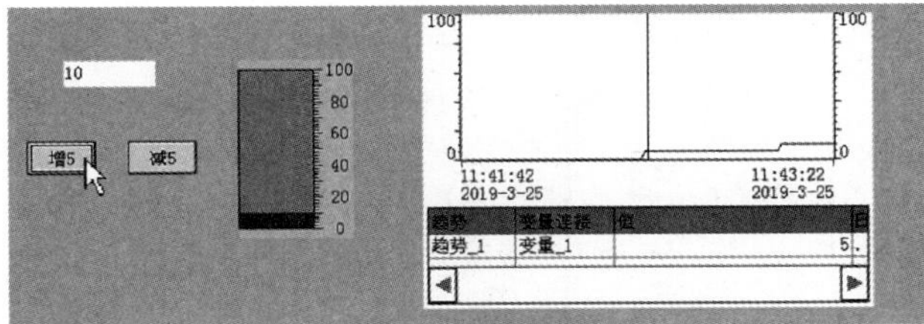

c) 第二次单击“增 5”按钮

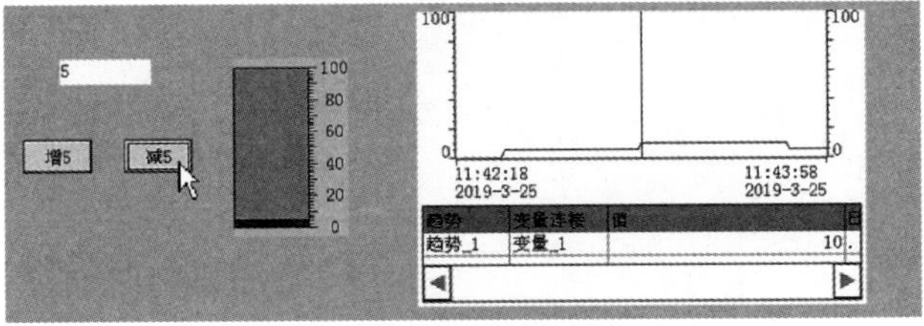

d) 单击“减 5”按钮

图 13-35　运行测试

13.8 画面的切换使用举例

13.8.1 建立画面（见表13-10）

表13-10 建立画面的操作

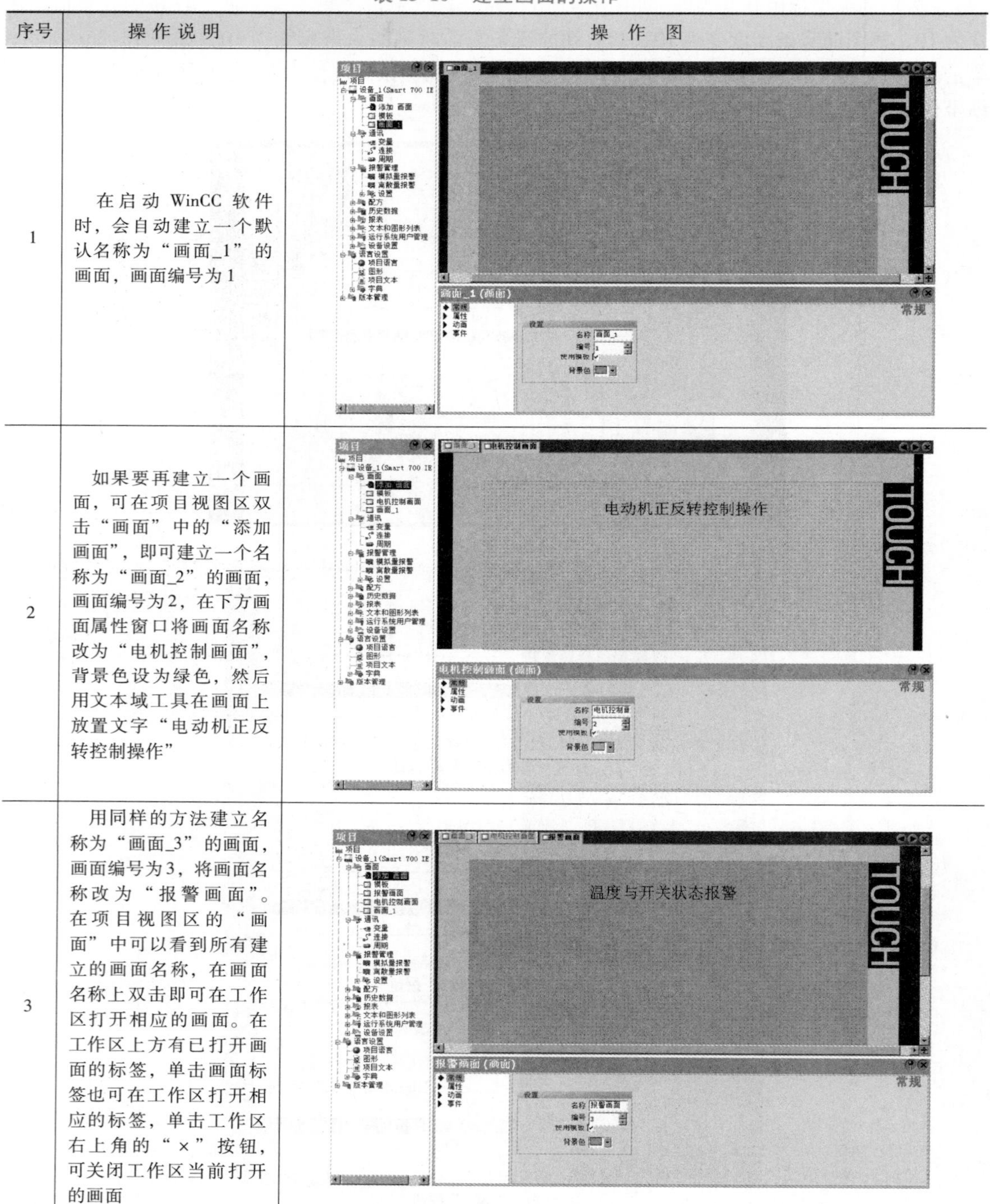

序号	操作说明	操作图
1	在启动WinCC软件时，会自动建立一个默认名称为“画面_1”的画面，画面编号为1	
2	如果要再建立一个画面，可在项目视图区双击“画面”中的“添加画面”，即可建立一个名称为“画面_2”的画面，画面编号为2，在下方画面属性窗口将画面名称改为“电机控制画面”，背景色设为绿色，然后用文本域工具在画面上放置文字“电动机正反转控制操作”	电动机正反转控制操作
3	用同样的方法建立名称为“画面_3”的画面，画面编号为3，将画面名称改为“报警画面”。在项目视图区的“画面”中可以看到所有建立的画面名称，在画面名称上双击即可在工作区打开相应的画面。在工作区上方有已打开画面的标签，单击画面标签也可在工作区打开相应的标签，单击工作区右上角的“×”按钮，可关闭工作区当前打开的画面	温度与开关状态报警

13.8.2　用拖放生成按钮的方式设置画面切换

在项目视图区的“画面”中选择要切换的画面名称，用鼠标将其拖到工作区画面的合适位置，会自动生成一个切换按钮，按钮文本为画面名称，在项目运行单击该按钮时，会从当前画面切换到该画面。用这种方法在“画面_1”画面上放置“电机控制画面”按钮和“报警画面”按钮，如图 13-36 所示。

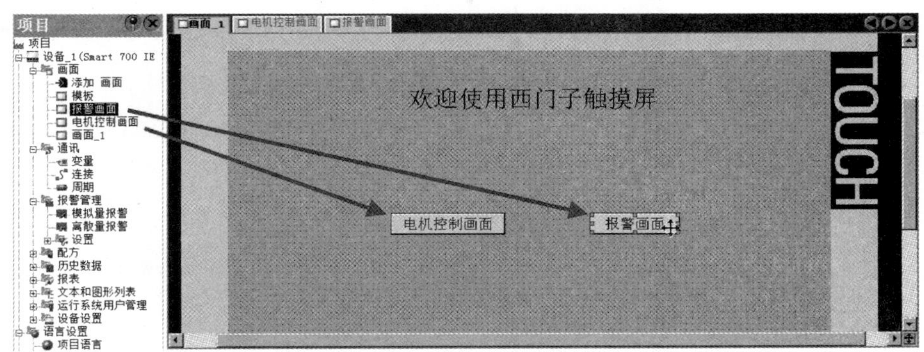

图 13-36　用拖放生成按钮的方式设置画面切换

13.8.3　用按钮配合画面切换函数来实现指定画面的切换（见表 13-11）

表 13-11　用按钮配合画面切换函数来实现指定画面切换的操作

序号	操作说明	操作图
1	在工作区点击上方的标签，切换到“电机控制画面”，用工具箱中的“按钮”工具在画面上放置一个按钮，在下方的按钮属性窗口将按钮文本设为“返回首画面”	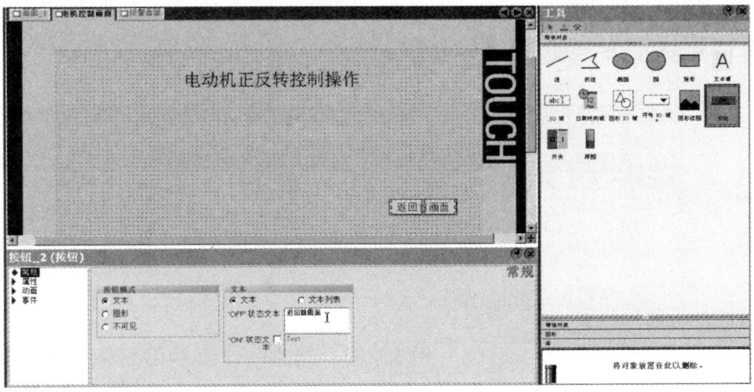
2	在按钮属性窗口展开“事件”，选择“单击”，在窗口右方函数列表中展开“画面”，可以看到 3 个画面切换函数，分别是“ActivatePreviousScreen（后退）”、“ActivateScreen（返回到指定名称的画面）”、“ActivateScreenByNumber（返回到指定编号的画面）”	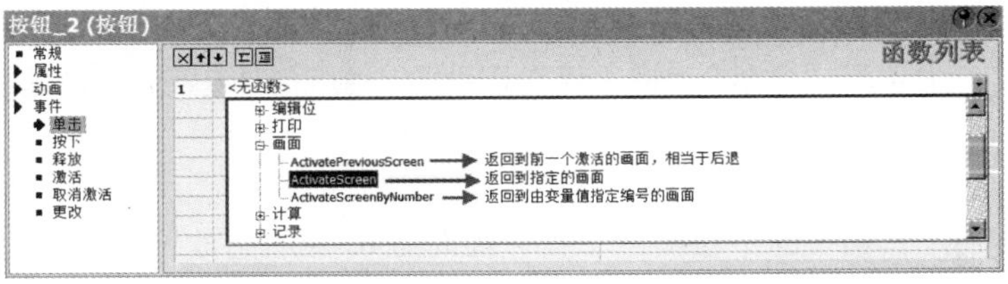

（续）

序号	操作说明	操作图
3	选择“ActivateScreen（返回到指定名称的画面）”函数，再在函数的画面名一栏选择“画面_1”。这样当单击“返回首画面”按钮时，会切换到“画面_1”画面	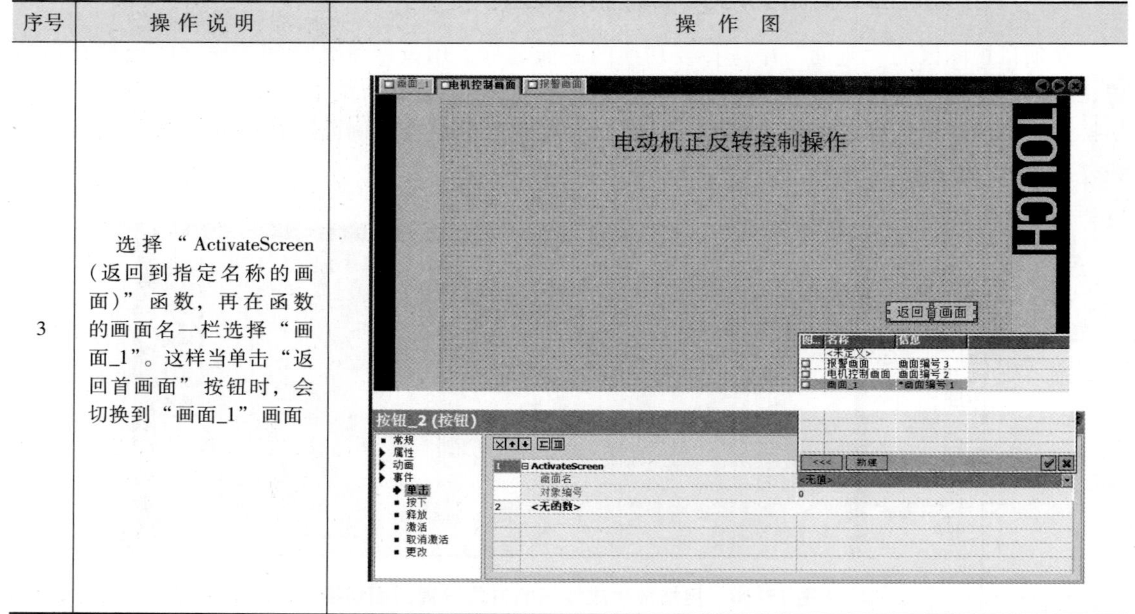

13.8.4 用按钮配合画面切换函数来实现任意编号画面的切换

1. 组态一个存放画面编号的变量

在WinCC软件的项目视图区双击“通讯”下的“变量”，在工作区打开变量表，在变量表的第一行双击，建立一个变量名为“变量_1”的变量，将其名称改为“画面编号_变量”，其他项保持默认不变，如图13-37所示。

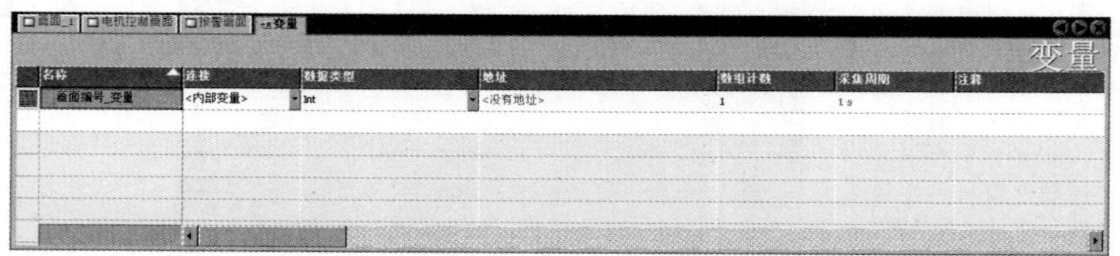

图13-37 建立一个存放画面编号的变量

2. 组态一个用于输入画面编号的IO域

在工作区点击上方的标签切换到“报警画面”，先用工具箱中的文本域工具在画面上放置“跳到画面:”文本，再用IO域工具在“跳到画面:”文本右边放置一个IO域，在下方IO域属性窗口中选择“常规”，将过程变量设为“画面切换_变量”，这样在IO域输入的数值会存放到“画面切换_变量”变量中，如图13-38所示。

3. 组态按钮

用工具箱中的“按钮”工具在画面的IO域右边放置一个按钮，并在下方的按钮属性窗口将按钮文本设为“确定”，如图13-39a所示。在按钮属性窗口展开“事件”，选择“单击”，在属性窗口右方函数列表中选择“ActivateScreenByNumber（返回到指定画面编号的画面）”函数，再在函数画面编号一栏选择“画面编号_变量”如图13-39b所示。

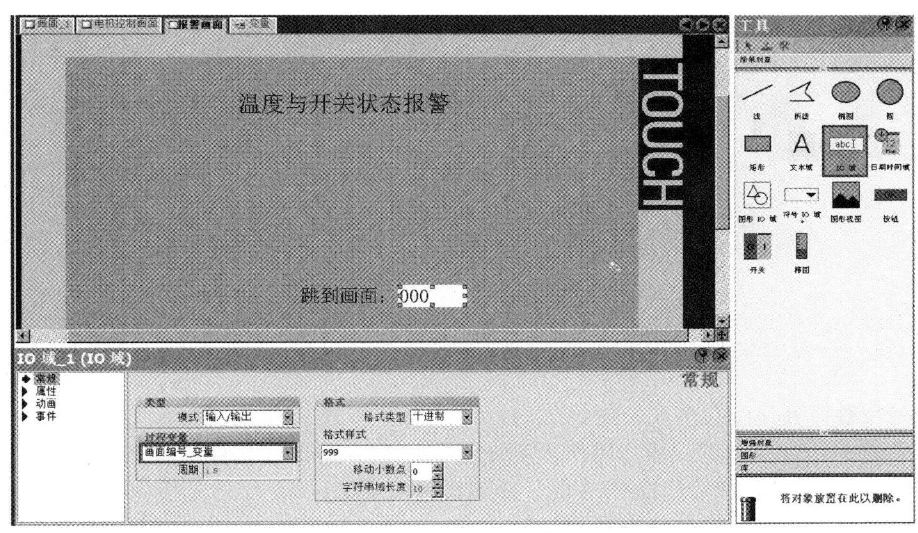

图 13-38　组态一个用于输入画面编号的 IO 域

这样，当在 IO 域输入某画面编号时，再单击右边的“确定”按钮，就会切换到指定编号的画面。

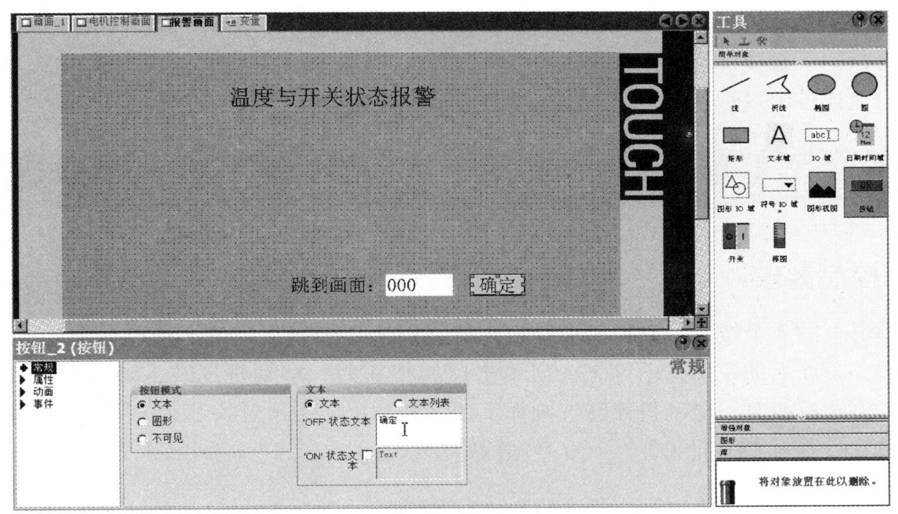

a) 在 IO 域的右边放置一个“确定”按钮

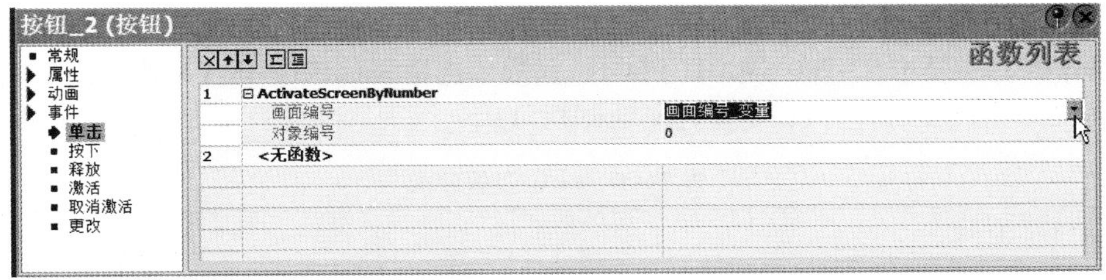

b) 选择按钮单击触发函数“ActivateScreenByNumber（返回到指定画面编号的画面）”

图 13-39　组态按钮及画面切换函数

第 14 章 西门子触摸屏操控 PLC 实战

单独一台触摸屏是没有多大使用价值的，将其与 PLC 连接起来使用，不但可以当作输入设备，给 PLC 输入指令或数据，还能用作显示设备，将 PLC 内部软元件的状态和数值直观显示出来。也就是说，使用触摸屏可以操作 PLC，也可以监视 PLC。

触摸屏操控 PLC 的一般开发过程如下：

1）明确系统的控制要求，考虑需要用的软元件，再绘制电气线路图。

2）在计算机中用编程软件为 PLC 编写相应的控制程序，再把程序下载到 PLC。

3）在计算机中用组态软件为触摸屏组态操控 PLC 的画面工程，并将工程下载到触摸屏。

4）将触摸屏和 PLC 用通信电缆连接起来，然后通电对触摸屏和 PLC 进行各种操作和监控测试。

本章以西门子触摸屏连接 PLC 控制电动机正转、反转和停转，并监视 PLC 相关软元件状态为例来介绍上述各个过程。

14.1 明确要求、规划变量和电路

14.1.1 控制要求

用触摸屏上的 3 个按钮分别控制电动机正转、反转和停转。当单击触摸屏上的正转按钮时，电动机正转，画面上的正转指示灯亮；当单击反转按钮时，电动机反转，画面上的反转指示灯亮；当单击停转按钮时，电动机停转，画面上的正转和反转指示灯均熄灭。另外，在触摸屏的一个区域可以实时查看 PLC 的 Q0.7 ~ Q0.0 端的输出状态。

14.1.2 选择 PLC 和触摸屏型号并分配变量

触摸屏是通过改变 PLC 内部的变量值来控制 PLC 的。本例中的 PLC 选用西门子 CPU ST20 DC/DC/晶体管型（属于 S7-200 SMART PLC），触摸屏选用 Smart 700 IE V3 型（属于西门子精彩系列触摸屏 SMART LINE）。PLC 变量分配见表 14-1。

表 14-1 PLC 变量分配

变量或端子	外接部件	功能
M0.0	无	正转/停转控制
M0.1	无	反转/停转控制
Q0.0	外接正转接触器线圈	正转控制输出
Q0.1	外接反转接触器线圈	反转控制输出

14.1.3　设备连接与电路

触摸屏与 PLC 的连接及电动机正反转控制电路如图 14-1 所示，触摸屏与 PLC 之间可使用普通网线连接通信，也可以用 9 针串口线连接通信，但两种通信不能同时进行。

该线路的软、硬件完成后，可达到以下控制功能：当点按触摸屏画面上的“正转”按钮时，画面上的“正转指示”灯亮，画面上状态监视区显示值为 00000001，同时 PLC 上的 DQa. 0 端（即 Q0. 0 端）指示灯亮，该端内部触点导通，有电流流过 KM1 接触器线圈，线圈产生磁场吸合 KM1 主触点，三相电源送到三相异步电动机，电动机正转；当点按触摸屏画面上的“停转”按钮时，画面上的“正转指示”灯熄灭，画面上状态监视区显示值为 00000000，同时 PLC 上的 DQa. 0 端指示灯也熄灭，DQa. 0 端内部触点断开，KM1 接触器线圈失电，KM1 主触点断开，电动机失电停转；当点按触摸屏画面上的“反转”按钮时，画面上的“反转指示”灯亮，画面上状态监视区显示值为 00000010，PLC 上的 DQa. 1 端（即 Q0. 1 端）指示灯同时变亮，DQa. 1 端内部触点导通，KM2 接触器线圈有电流流过，KM2 主触点闭合，电动机反转。

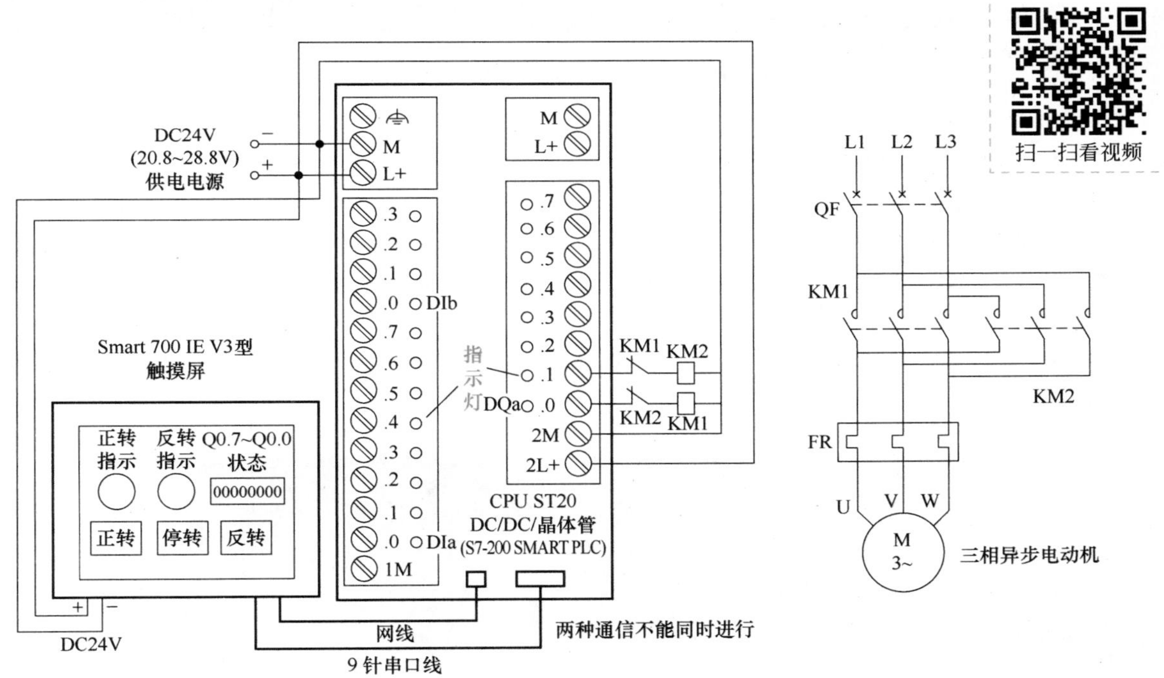

图 14-1　触摸屏与 PLC 的连接及电动机正反转控制电路

14.2　编写和下载 PLC 程序

14.2.1　编写 PLC 程序

在计算机中启动 STEP 7-Micro/WIN SMART 软件（S7-200 SMART PLC 的编程软件），编写电动机正反转控制的 PLC 程序，如图 14-2 所示。

扫一扫看视频

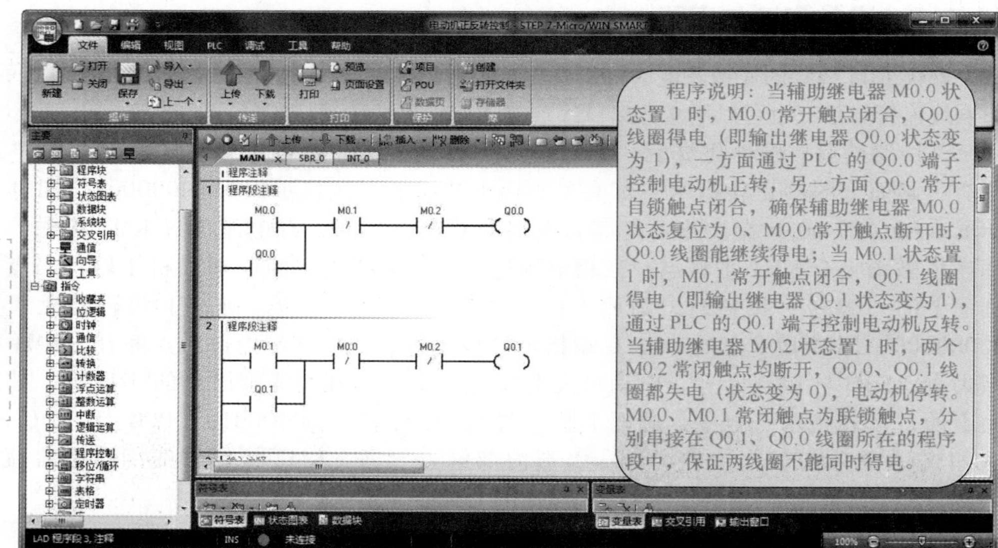

图 14-2　在 STEP 7-Micro/WIN SMART 软件中编写电动机正反转控制程序

14.2.2　PLC 与计算机的连接与设置

1. 硬件连接

如果要将计算机中编写好的程序传送到 PLC，应把 PLC 和计算机连接起来。STEP7-Micro/WIN SMART 软件只支持以太网与 S7-200 SMART PLC 建立通信连接，即两者只能通过网线连接才能下载程序。

S7-200 SMART PLC 与计算机的硬件连接如图 14-3 所示。网线为普通网线，内部有 8 根线，两端均为 RJ45 接头。下载程序时，PLC 需要接通电源。

扫一扫看视频

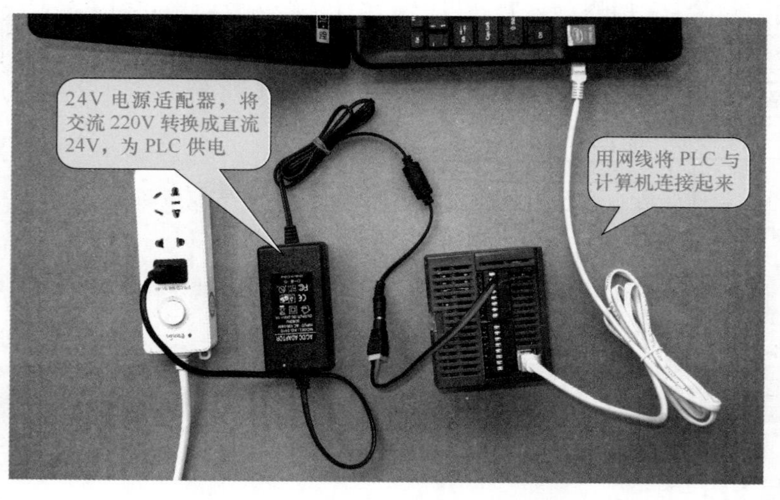

图 14-3　S7-200 SMART PLC 与计算机的硬件连接

2. 通信设置

在进行以太网通信时，需要为通信的各个设备分配不同的 IP 地址，如果通信的各个设备属于同一网段（比如用网线直连的两台设备就属于同一网段），要求各设备的 IP 地址前三组值相同，后一组值不同。在通信设置时，先查看 PLC 的 IP 地址，再设置计算机的 IP 地址，使之与 PLC 的 IP 地址前三组值相同，后一组值不同，然后两者就可以进行通信，进行下载或上传程序了。

（1）查看 PLC 的 IP 地址

S7-200 SMART PLC 的 CPU 模块都有一个 IP 地址，在用网线将计算机与 PLC 连接好后，可以在编程软件中查看到 PLC 的 IP 地址。在 STEP7-Micro/WIN SMART 软件中双击项目指令树中的“通信”图标，弹出“通信”窗口，如图 14-4 所示，单击左下角的“查找 CPU”按钮，等待一段时间后，在上方“找到 CPU”下面会出现 PLC 的 IP 地址（192.168.2.200），右方有 PLC 更详细的地址信息。如果在系统块中没有设置 PLC 的固定 IP 地址（参见图 14-6），也可单击右边 IP 地址旁的“编辑”按钮，IP 地址栏处于可编辑状态，可在此处更改 PLC 的 IP 地址。

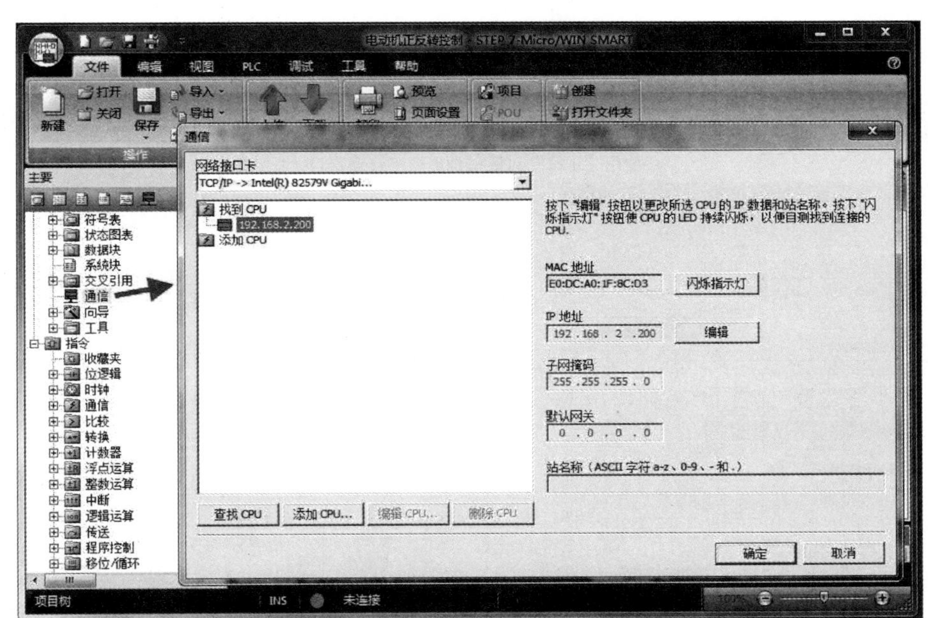

图 14-4　查看 PLC 的 IP 地址

（2）设置计算机的 IP 地址

在计算机键盘上同时按下 Windows 徽标键（在 Alt 键旁边）和 R 键，弹出“运行”对话框，如图 14-5a 所示。在其中输入“ncpa.cpl”后回车，出现右边的“网络连接”窗口，在“本地连接”图标上单击右键，在弹出菜单中选择“属性”，马上弹出图 14-5b 所示对话框，选择“…(TCP/IPv4)”，再单击“属性”按钮，会出现图 14-5c 所示对话框，将 IP 地址前三组值设置得与 PLC 一样，第四组值与 PLC 不能相同，子网掩码会自动生成，不用设置，网关前三组值与 IP 地址相同，第四组数一般为 1，如果仅与 PLC 通信，网关也可不设置。

14.2.3　下载和上传 PLC 程序

1. 设置和查看系统块

PLC 的通信地址等系统参数保存在系统块中，在编程软件中设置系统块的某些参数后，下载到 PLC 就可以修改 PLC 的这些参数，如果将 PLC 内的系统块上传到计算机编程软件，查看系统块就可以了解 PLC 的一些系统参数。

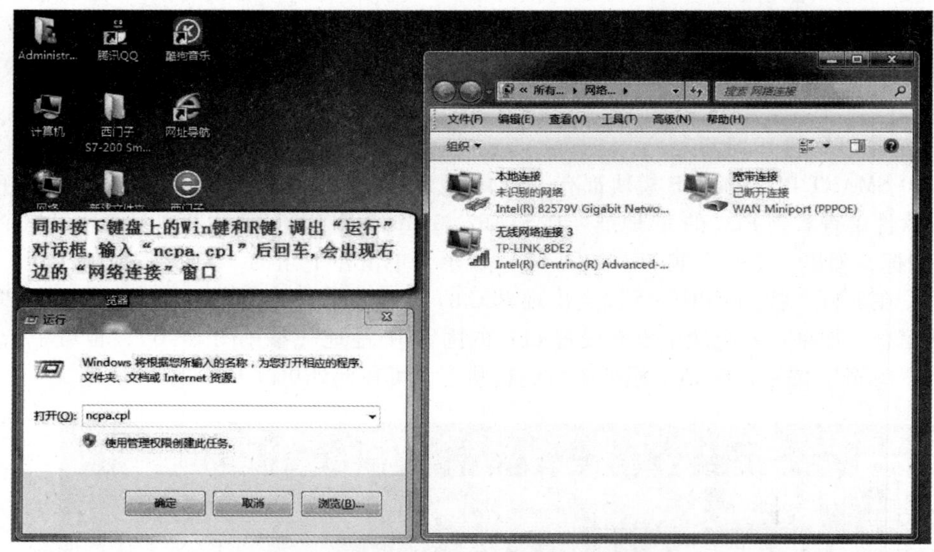

a) 使用“运行”对话框调出网络连接窗口

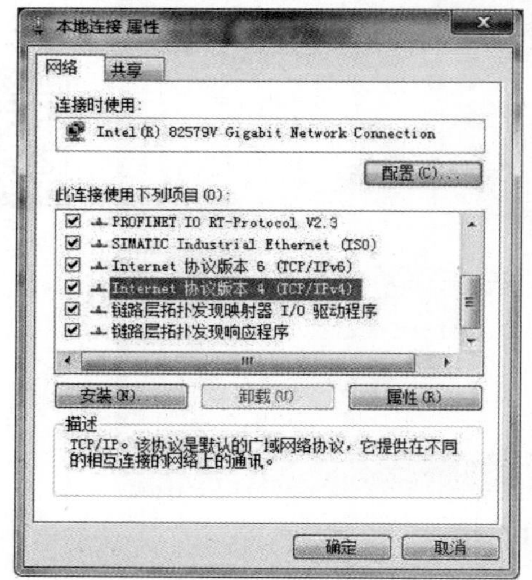

b) 在对话框中选择“…（TCP/IPv4）”

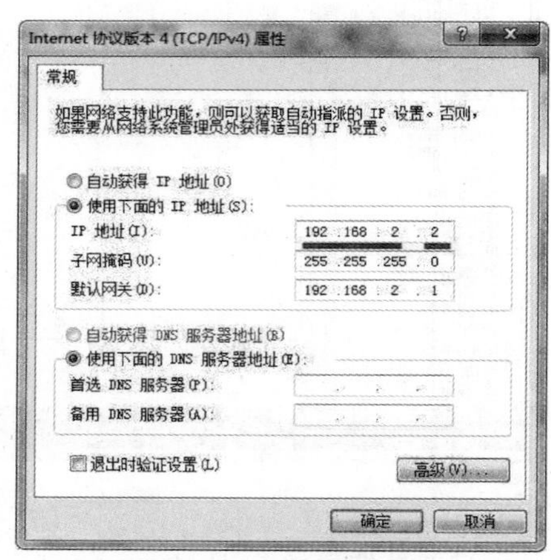

c) 将计算机 IP 地址前三组值设置与 PLC 相同

图 14-5　设置计算机的 IP 地址

在 STEP7-Micro/WIN SMART 软件中，双击项目指令树中的“系统块”，弹出“系统块”窗口，如图 14-6 所示。在此可以设置 PLC 以太网通信的 IP 地址和 RS-485 串口通信的地址及通信速率（波特率）。如果要修改 PLC 的 IP 地址，尽量将 IP 地址前三组值与计算机作相同设置，否则系统块下载到 PLC 后，PLC 新 IP 地址前三组值与计算机不同，两者将无法通信，虽然重新修改计算机 IP 地址的前三组值，将其与 PLC 新 IP 地址前三组值进行相同设置可以恢复通信，但操作麻烦。如果不勾选“IP 地址数据固定为下面的值…”，下载系统块就不会覆盖 PLC 内的原 IP 地址，且可在“通信”窗口（见图 14-4）中修改 PLC 的 IP 地址。

S7-200 SMART PLC 可用以太网端口与 Smart 700 IE V3 型触摸屏进行以太网连接通信，两者也可以用 RS-485 端口进行串行通信，PLC 以太网通信的 IP 地址和 RS-485 串行接口的地址及通信速率由系统块的设置决定，系统块下载到 PLC 后这些设置在 PLC 中生效。

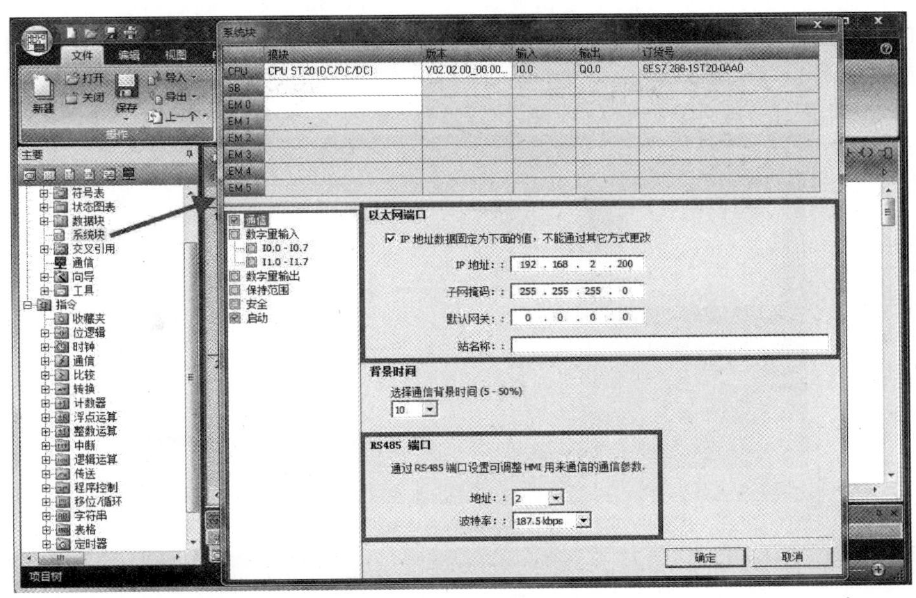

图 14-6　在系统块中可以查看或设置 PLC 的通信参数

2. 下载和上传程序

在 STEP7-Micro/WIN SMART 软件中单击工具栏上的“下载”工具，弹出“下载”对话框，如图 14-7a 所示。选择要下载到 PLC 的内容（程序块、数据块和系统块），然后单击“下载”按钮，即将编程软件中的程序下载到 PLC。如果单击工具栏上的“上传”工具，弹出“上传对话框”对话框，如图 14-7b 所示。选择所有的块后，单击“上传”按钮，PLC 内的程序会上传到编程软件，打开系统块可以查看 PLC 的一些系统信息（比如通信参数）。

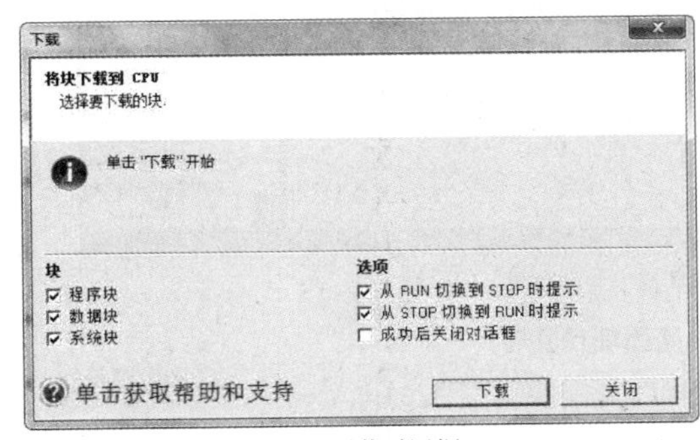

a) 下载对话框

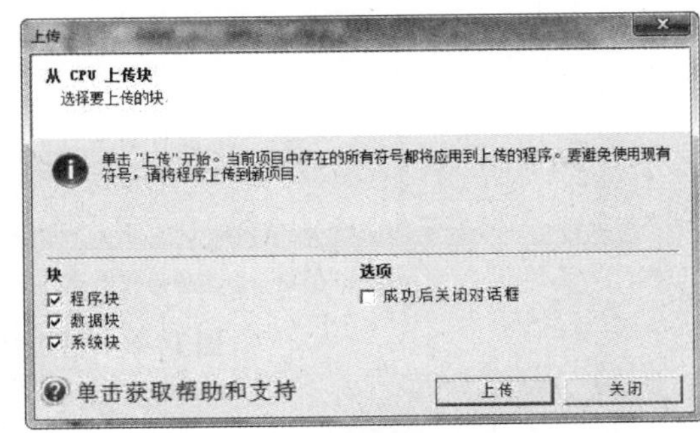

b) 上传对话框

图 14-7　下载和上传程序

14.3　组态和下载触摸屏画面项目

14.3.1　创建触摸屏画面项目文件

在计算机中启动 WinCC flexible SMART 软件，选择创建一个空项目，并在随后出现的“设备选择”对话框中选择所用触摸屏的型号和版本号，如图 14-8a 所示，确定后会自动创建一个名称为“项目 . hmismart”的触摸屏画面项目文件，将其保存并更名为“电动机正反转控制画面 . hmismart”，如图 14-8b 所示。

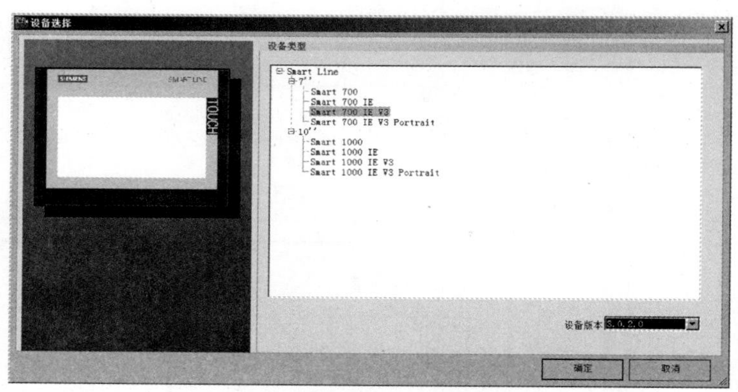

a) 选择触摸屏的型号和版本号

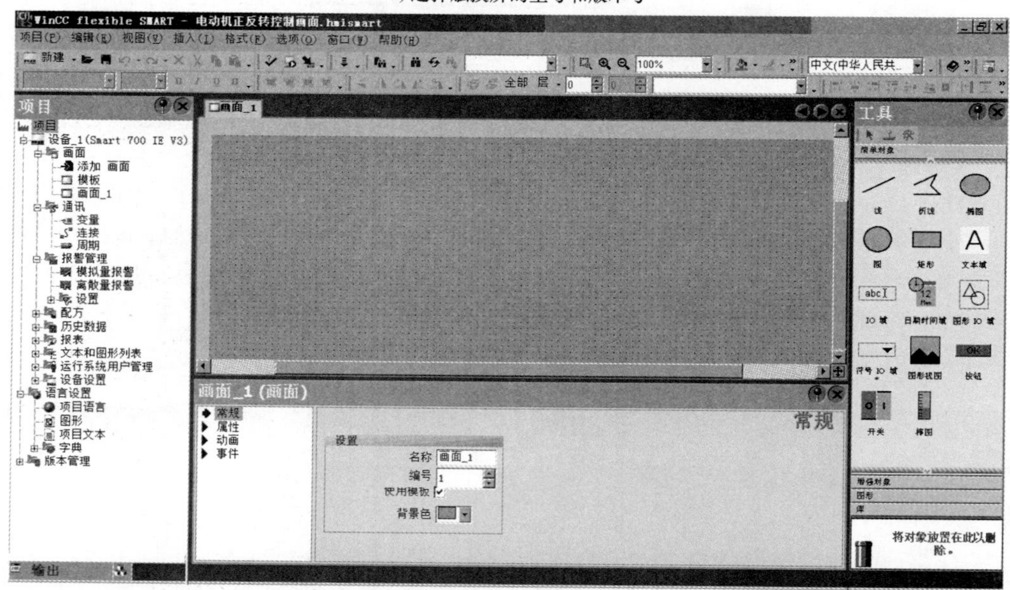

b) 创建一个名称为“电动机正反转控制画面.hmismart”的项目文件

图 14-8　创建触摸屏画面项目文件

14.3.2　组态触摸屏与 PLC 的连接

在 WinCC flexible SMART 软件的项目视图区双击“通讯”下的“连接”，在右边的工作区将出现连接表，如图 14-9a 所示。在连接表的“名称”列下方空白格处双击，自动会生成一个默认名称为“连接_1”的连接，将“通讯驱动程序”设为“SIMATIC S7-200 Smart”，将“在线”设为“开”，如图 14-9b 所示。

西门子 SMART LINE 触摸屏和 S7-200 Smart PLC 都有一个 9 针串口和一个以太网端口，两者之间既可以使用 9 针串口连接通信，也可使用以太网端口连接通信，但两种通信方式不能同时使用。

如果触摸屏和 PLC 使用 9 针串口连接通信，可按图 14-9b 所示，在接口项选择“IF1B”，HMI 设备波特率（通信速率）选择 187500，地址为 1，网络配置选择“MPI”，PLC 设备的地址设为 2，项目文件下载到触摸屏后，触摸屏就按此参数与 PLC 通信。如果触摸屏和 PLC 使用以太网端口连接通信，可按图 14-9c 所示，在接口项选择“以太网”，HMI、PLC 设备的 IP 地址前三组值要设成相同的，第四组值要设成不同的。

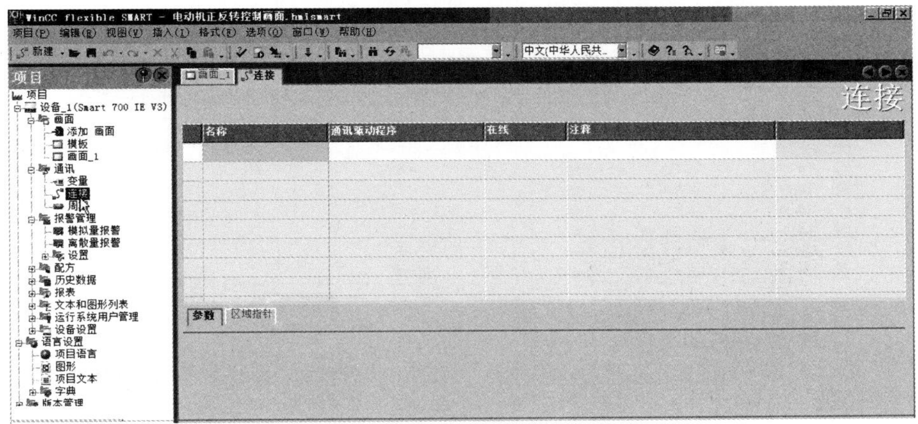

a) 建立一个连接表

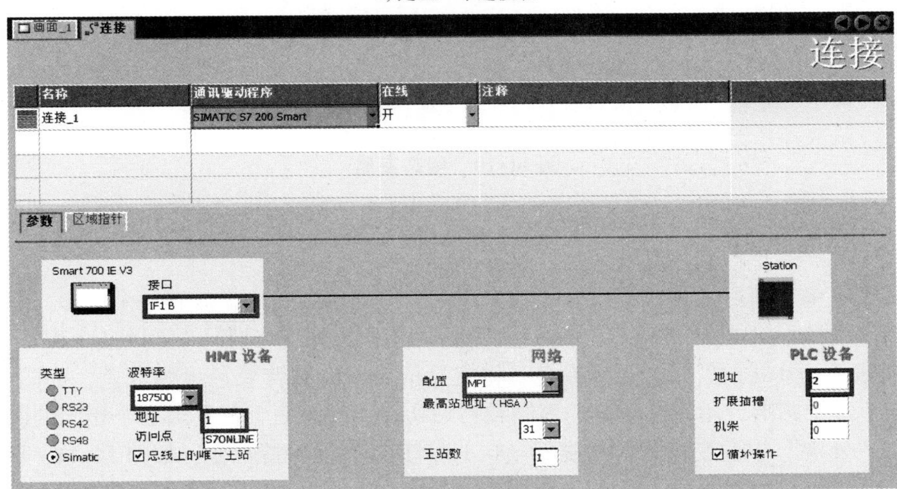

b) 触摸屏和 PLC 使用 9 针串口连接通信时的通信参数设置

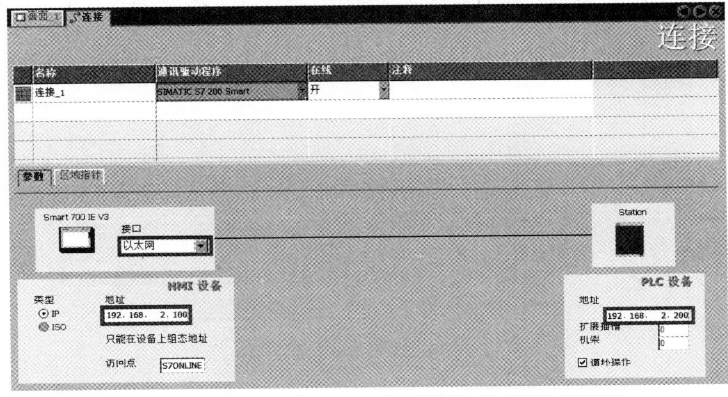

c) 触摸屏和 PLC 使用以太网连接通信时的通信参数设置

图 14-9　建立连接表并设置触摸屏与 PLC 的通信参数

14.3.3　组态变量

在项目视图区双击“通讯”下的“变量”，在右边的工作区出现变量表，在变量表按如图 14-10 所示建立 6 个变量，其中“变量_QB0”的数据类型 Byte（字节型，8 位），其他变量的数据类型均为 Bool（布尔型，1 位），这些变量都属于“连接 1”。

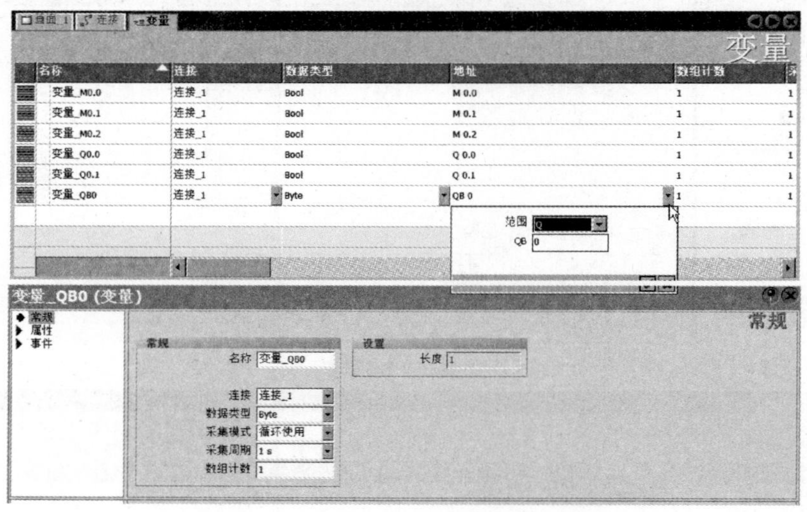

图 14-10　组态变量

14.3.4　组态指示灯

在工具箱中单击圆形工具，将鼠标移到工作区合适的位置单击，放置一个圆形，在下方属性窗口中选择“动画”中的“外观”，在右边勾选“启用”，变量选择“变量_Q0.0”，类型选择“位”，将变量值为 0 时的背景色设为白色，将变量值为 1 时的背景色设为红色，如图 14-11a 所示。在画面上选中圆形，用右键菜单的复制和粘贴功能，在画面上复制出一个相同的圆形，然后将属性窗口“外观”中的变量改为“变量_Q0.1”，其他属性保持不变，如图 14-11b 所示。

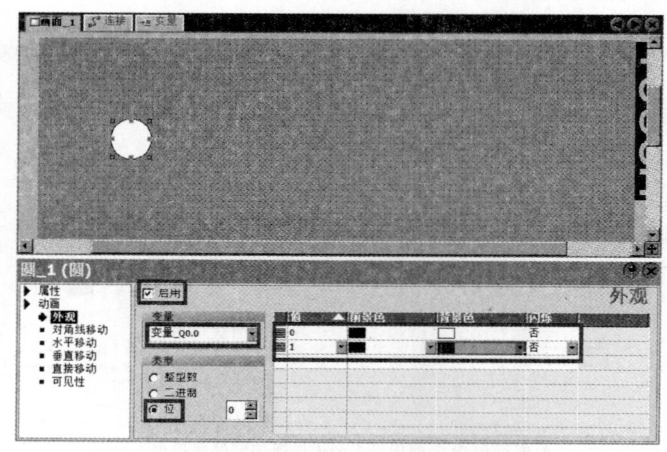

a) 在画面上放置一个圆形并设置属性

图 14-11　组态指示灯

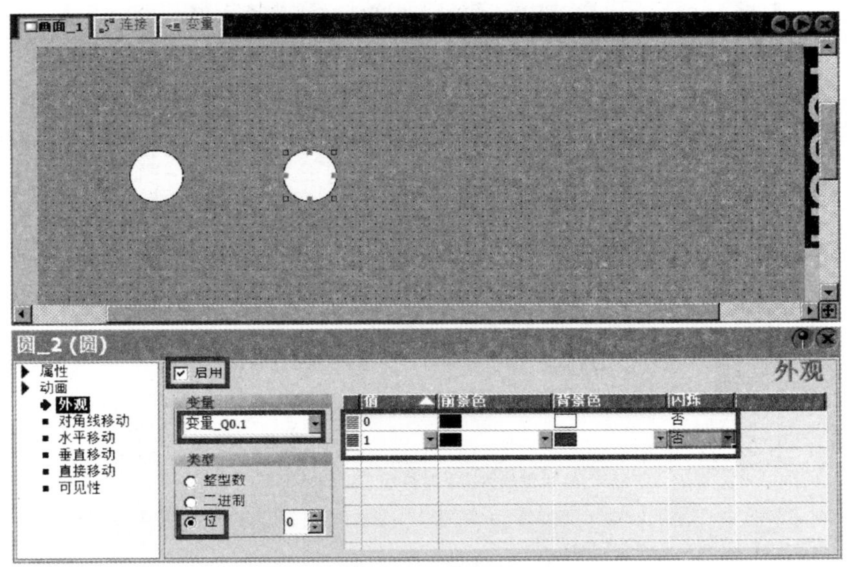

b) 复制出一个相同的圆形（仅变量项改变）

图 14-11　组态指示灯（续）

14.3.5　组态按钮

1. 组态正转按钮

在工具箱中单击按钮工具，将鼠标移到工作区合适的位置单击，放置一个按钮，在下方属性窗口的“常规”项中将“OFF 文本”设为“正转”，然后选择“事件”中的“按下”，在右边的函数列表中选择“SetBit（置位）”函数，变量栏选择“变量_M0.0”，如图 14-12a 所示。之后再选择“事件”中的“释放”，在右边的函数列表中选择“ResetBit（复位）”函数，变量栏选择“变量_M0.0”，如图 14-12b 所示。这样按下本按钮（正转按钮）时，变量_M0.0 被置位，M0.0 =1，松开按钮时，变量_M0.0 被复位，M0.0 =0。单击触摸屏画面上的按钮时，相当于先按下按钮，再松开（释放）按钮。

2. 组态反转按钮

在画面上选中正转按钮，用右键菜单的复制和粘贴功能，在画面上复制出一个相同的按钮，在下方属性窗口中先将“OFF 文本”设为“反转”，然后将按钮“按下”执行的函数 SetBit 的变量设为“变量_M0.1”，如图 14-13a 所示。之后再把按钮“释放”执行的函数 ResetBit 的变量也设为“变量_M0.1”，如图 14-13b 所示。这样按下本按钮（反转按钮）时，变量_M0.1 被置位，M0.1 =1，松开按钮时，变量_M0.1 被复位，M0.1 =0。

3. 组态停转按钮

在画面上选中停转按钮，用右键菜单的复制和粘贴功能，在画面上复制出一个相同的按钮，在下方属性窗口中先将“OFF 文本”设为“停转”，然后将按钮“按下”执行的函数 SetBit 的变量设为“变量_M0.2”，如图 14-14a 所示。之后再把按钮“释放”执行的函数 ResetBit 的变量也设为“变量_M0.2”，如图 14-14b 所示。这样按下本按钮（停转按钮）时，变量_M0.2 被置位，M0.2 =1，松开按钮时，变量_M0.2 被复位，M0.2 =0。

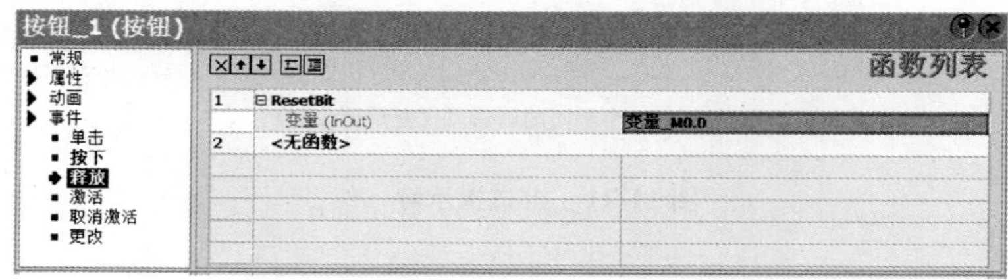

a) 设置按钮按下时执行“SetBit M0.0”

b) 设置按钮释放时执行“ResetBit M0.0”

图 14-12　组态正转按钮

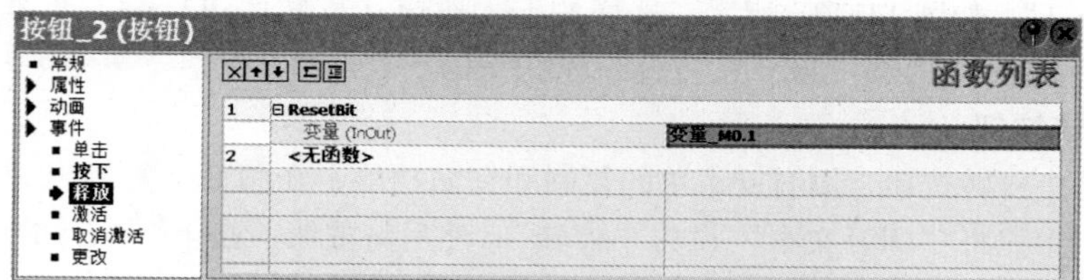

a) 设置按钮按下时执行“SetBit M0.1”

b) 设置按钮释放时执行“ResetBit M0.1”

图 14-13　组态反转按钮

a) 设置按钮按下时执行“SetBit M0.2”

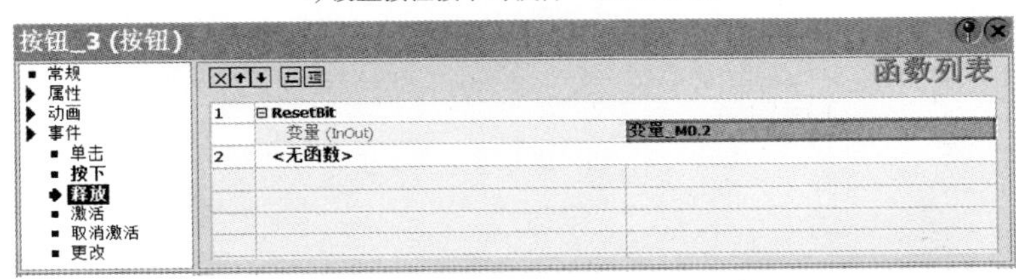

b) 设置按钮释放时执行“ResetBit M0.2”

图 14-14　组态停转按钮

14.3.6　组态状态值监视器

在工具箱中单击 IO 域工具，将鼠标移到工作区合适的位置单击，在画面上放置一个 IO 域，在下方属性窗口的“常规”项中将类型设为“输入/输出”，将过程变量设为“变量_QB0”，将格式设为“二进制”，将格式样式设为“11111111”，如图 14-15 所示，这个 IO 域用于实时显示 PLC Q0.7～Q0.0 的状态值。由于该 IO 域为“输入/输出”类型，故也可以在此输入 8 位二进制数，直接改变 PLC Q0.7～Q0.0 的状态值。

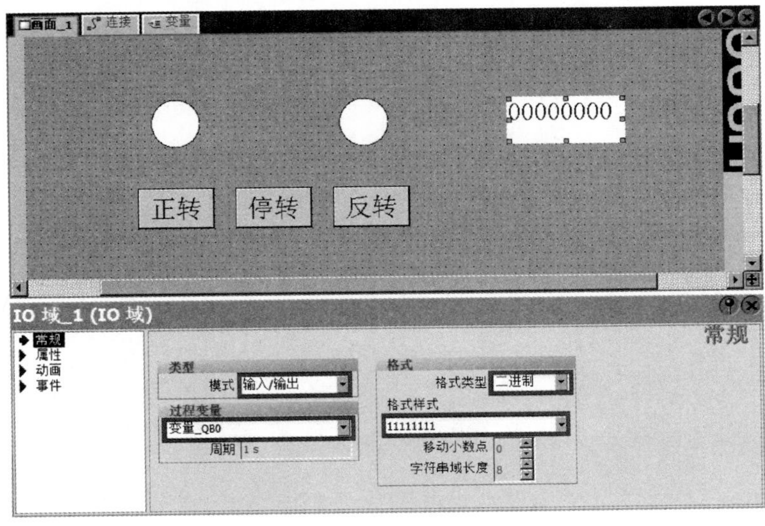

图 14-15　组态状态值监视器

14.3.7 组态说明文本

利用工具箱中的文本域工具，按图 14-16 所示，在正转指示灯上方放置"正转指示（Q0.0）"文本，在反转指示灯上方放置"反转指示（Q0.1）"文本，在状态值监视器上方放置"Q0.7～Q0.0 状态（QB0）"文本。

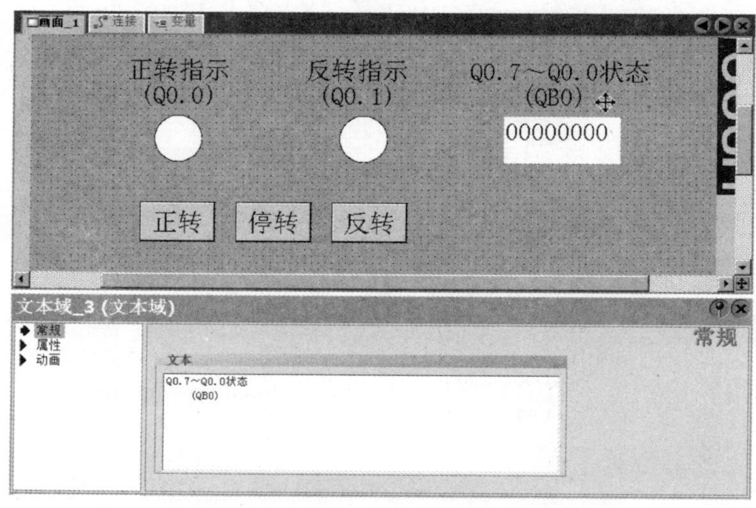

图 14-16 组态说明文本

14.3.8 下载项目到触摸屏

1. 触摸屏与计算机的连接与设置

西门子 Smart 700 IE V3 触摸屏仅支持以太网方式下载画面项目文件，在下载前，用一根网线将触摸屏和计算机连接起来（见图 14-17），然后接通触摸屏电源，进入触摸屏的控制面板，将触摸屏的 IP 地址与计算机 IP 地址的前三组值设置相同，第四组值不同，具体设置过程如图 14-18 所示。下载项目时，触摸屏一定要接通 24V 电源。

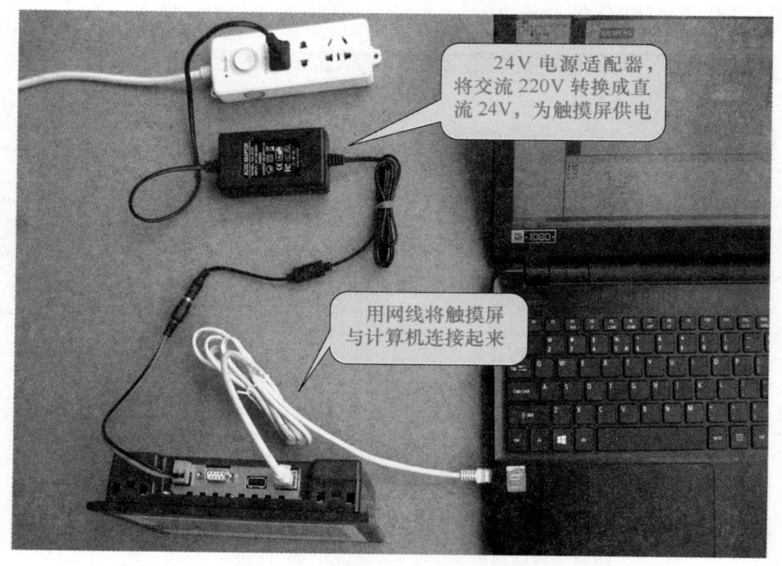

图 14-17 触摸屏与计算机的以太网硬件连接

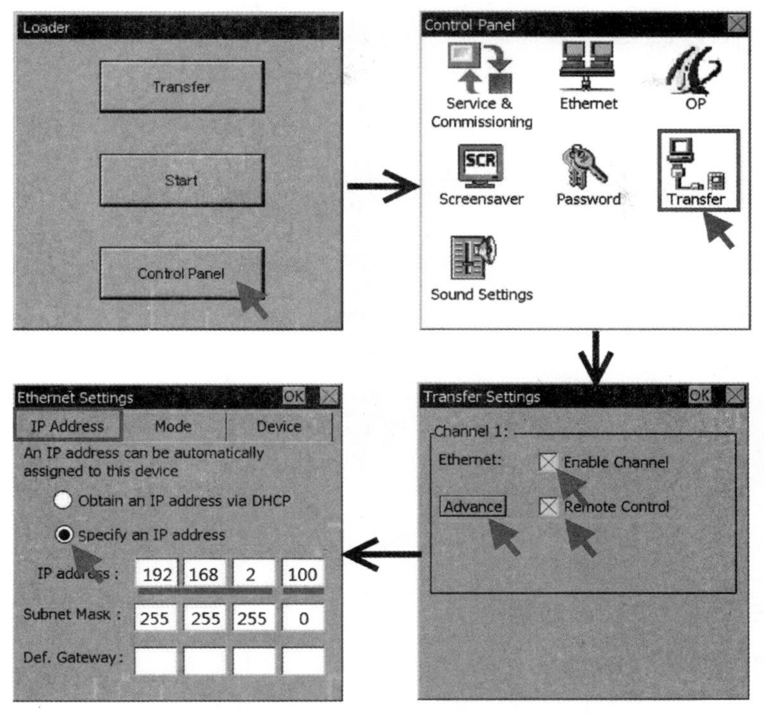

接通触摸屏电源，出现触摸屏启动界面，单击“Control Panel（控制面板）”按钮，打开“Control Panel”窗口，单击其中的“Transfer（传送）”图标，打开“Transfer Settings（传送设置）”对话框，将“Enable Channel（允许传送通道）”和“Remote Control（远程控制）”两项都选中，再单击“Advance（进一步设置）”，打开“Ethernet Settings（以太网设置）”对话框，将 IP 地址与计算机 IP 地址的前三组值设置相同，第四组值不同，子网掩码会自动生成，网关可不用设置。

图 14-18　设置触摸屏的 IP 地址

2. 下载项目

在 WinCC flexible SMART 软件的工具栏上单击 工具，或执行菜单命令“项目”→“传送”→“传输”，将出现图 14-19a 所示的对话框，在“计算机名或 IP 地址”一栏输入触摸屏的 IP 地址，然后单击“传送”按钮，开始下载画面项目。其间会出现图 14-19b 对话框，如果希望保存触摸屏内先前的用户管理数据，应单击“否”，否则单击“是”。在传送过程中，如果在“传送状态”对话框中单击“取消”，可取消下载项目，如图 14-19c 所示。

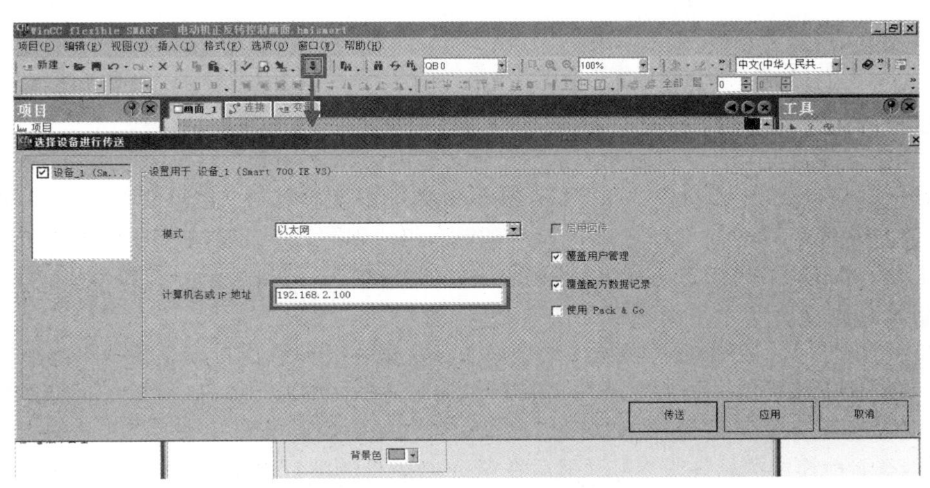

a) 在对话框中输入触摸屏的 IP 地址

图 14-19　下载项目

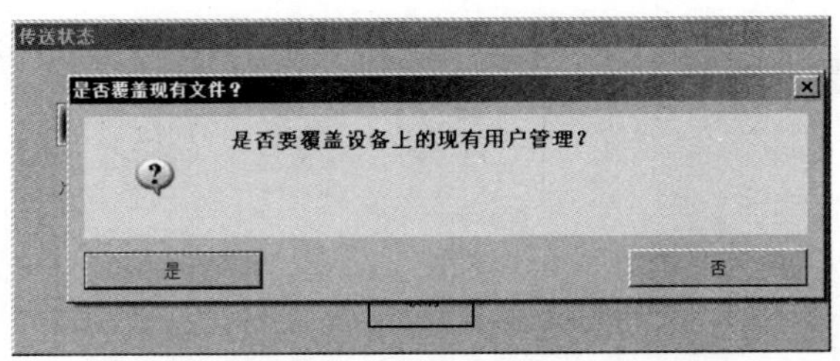

b) 询问是否覆盖触摸屏的原用户管理数据

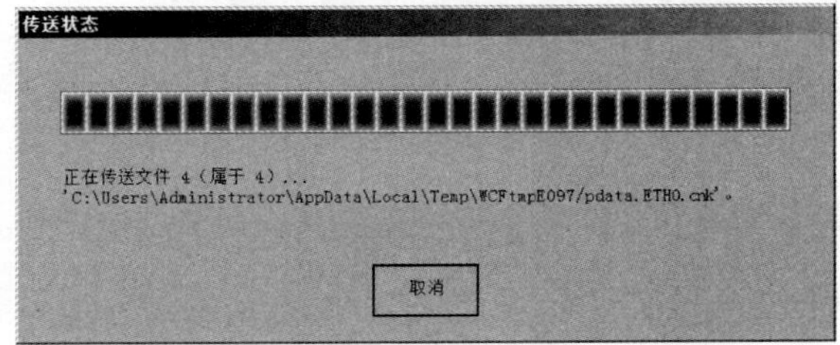

c) 传送状态对话框

图 14-19　下载项目（续）

14.3.9　无法下载项目的常见原因及解决方法

1. 组态的项目有问题

在下载项目时，WinCC 软件会先对项目进行编译，如果项目存在错误，将无法下载。如图 14-20 所示，输出窗口提示“画面 1”中的“按钮 1”有问题。按输出窗口的提示，解决掉问题再重新下载。

输出

时间	分类	描述
17:1...	编译器	编译开始 ...
17:1...	编译器	正在编译 2 个 delta ...
17:1...	编译器	连接目标 '设备_1' ...
17:1...	编译器	ES2RT
17:1...	编译器	分析 ...
17:1...	编译器	对于'画面_1' 中 '按钮...
17:1...	编译器	### 失败，有 1 个错误...
17:1...	编译器	编译完成。

图 14-20　输出窗口提示项目有问题导致编译出错而无法下载

2. 无法连接导致无法下载

在下载时，如果触摸屏和计算机之间连接不正常，输出窗口会出现图 14-21 所示的信息，原因可能是硬件连接不正常，比如网线端口接触不良、触摸屏未接通电源，也可能是触摸屏 IP 地址设置错误，比如触摸屏 IP 地址与计算机 IP 地址的前三组值不同、下载时输入的 JP 地址与触摸屏的 IP 地址不同。找出硬件或软件问题并排除后，再重新下载。

3. 项目版本与触摸屏版本不同导致无法下载

用 WinCC 创建项目时，要求选择触摸屏的型号及软件版本，如果项目选择的版本与触摸屏的版本不同，将无法下载项目，会出现图 14-22a 所示的对话框，单击“是”，开始触摸屏系统版本更新，如果无法更新，出现图 14-22b 所示对话框，可接通触摸屏电源并进入“Control Pannel（控制面板）”，查看触摸屏的软件版本号，然后在 WinCC 软件的项目视图区选择“设备…”，单击鼠标右键，在右键菜单中选择“更改设备类型”，如图 14-23a 所示，弹出更改设备类型对话框（见图 14-23b），在此选择正确的设备型号和版本号，再重新下载项目。

输出

时间	分类	描述
17:3...	传送	为设备_1启动传送
17:3...	传送	正在检查目标设备上的...
17:3...	传送	正在传送项目...
17:3...	传送	正在传输 设备_1 (Smar...
17:3...	传送	准备传送...
17:3...	传送	正在准备与设备建立连...
17:3...	传送	无法建立连接。请验证...
17:3...	传送	传送失败，有错误。

图 14-21　输出窗口提示无法连接而下载失败

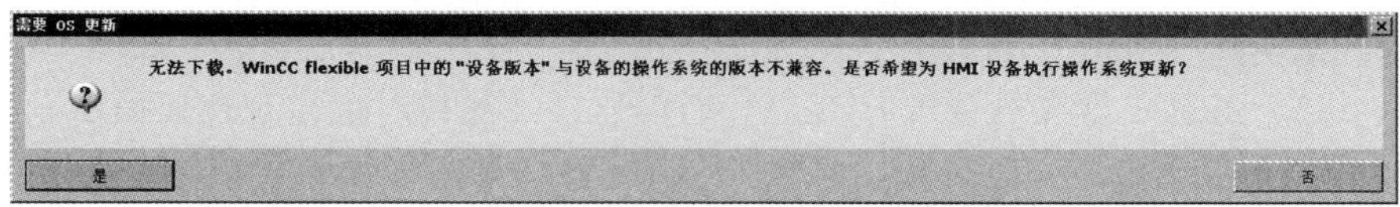

a) 对话框提示项目版本与触摸屏版本不兼容

b) 系统无法更新

图 14-22　项目版本与触摸屏版本不同时出现的对话框

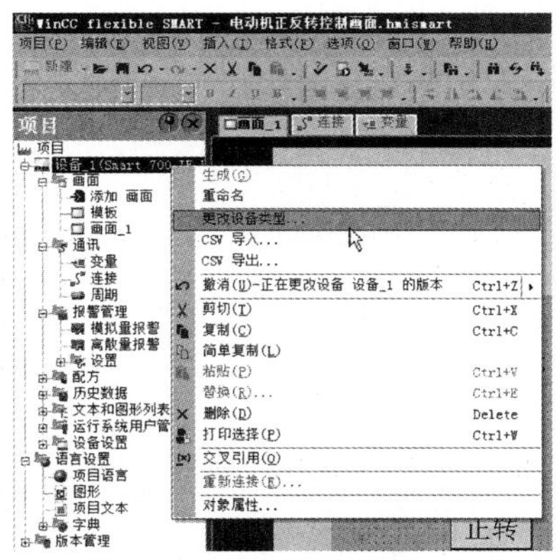

a) 使用右键菜单选择“更改设备类型”

b) 在对话框中选择正确的设备型号和版本号

图 14-23　更改 WinCC 项目的设备型号和版本号

14.3.10 用 ProSave 软件更新触摸屏版本

ProSave 是一款 SMART LINE 系列人机界面（HMI）的管理软件，用户可登录 www.industry.siemens.com.cn（西门子自动化官网）搜索下载。计算机与 HMI 通过 ProSave 软件可实现：①备份/恢复 HMI 数据；②更新操作系统；③恢复出厂设置。

如果在 WinCC 中无法将项目下载到触摸屏，在尝试前面介绍的各种方法后仍无法下载，可以使用 ProSave 软件更新触摸屏的软件版本。图 14-24a 是启动后的 ProSave 软件界面，默认打开“常规”选项卡，可以设置 HMI 的类型，HMI 与计算机通信方式（Ethernet 意为以太网）和 HMI 的地址，这些按实际的 HMI 进行设置，然后切换到 OS（操作系统）更新，如图 14-24b 所示，单击“设备状态”按钮，计算机会与 HMI 进行通信连接（连接时会出现连接提示），如果要更新 HMI 软件版本，可单击“…”按钮，弹出“打开”对话框，在此选择要更新的 OS 版本文件，如图 14-24c 所示，然后回到图 14-24b 所示窗口，单击右下角的“更新”按钮，ProSave 软件就会将选择的 OS 版本安装到 HMI。

a) 在常规选项卡可设置 HMI 的类型，与计算机通信方式和地址

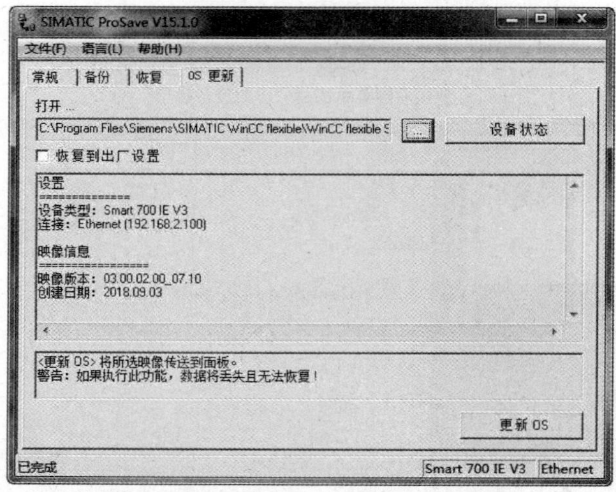

b) 在 OS 更新选项卡可建立通信连接、选择更新文件和进行更新操作

图 14-24 使用 ProSave 软件更新触摸屏的软件版本

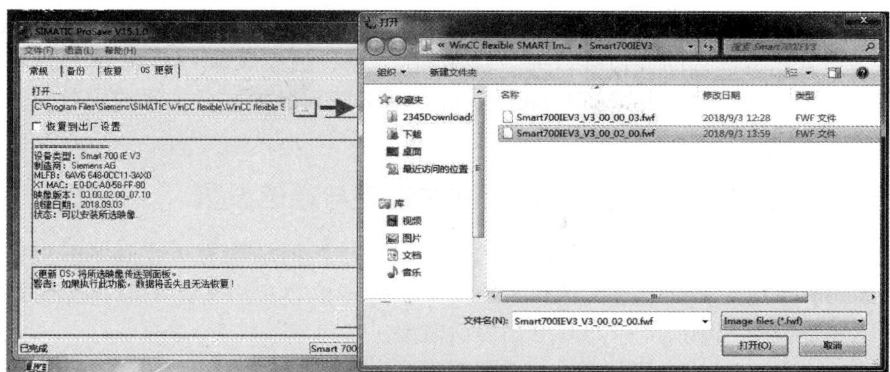

c) 单击“…”按钮可选择要更新版本的 OS 版本文件

图 14-24　使用 ProSave 软件更新触摸屏的软件版本（续）

14.4　西门子触摸屏连接 PLC 的操作与监视测试

西门子 Smart 700 IE V3 型触摸屏与 S7-200 SMART PLC 有两种通信连接方式，分别是以太网通信连接和串行通信连接，两种通信连接不能同时使用，使用何种通信方式由 WinCC 组态项目时的连接设置决定。

14.4.1　触摸屏用网线连接 PLC 的硬件连接与通信设置

图 14-25a 是触摸屏、PLC 和连接用的网线，触摸屏和 PLC 用网线连接如图 14-25b 所示。24V 电源适配器将 220V 交流电压转换成 24V 的直流电压，分作两路为触摸屏和 PLC 分别提供电源。

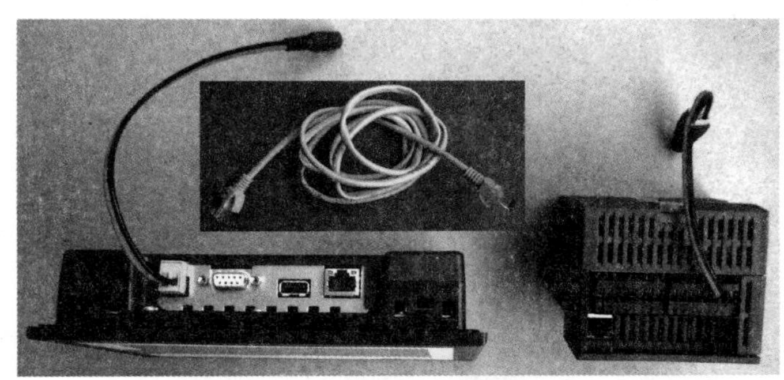

扫一扫看视频

a) 触摸屏、PLC 和连接用的网线

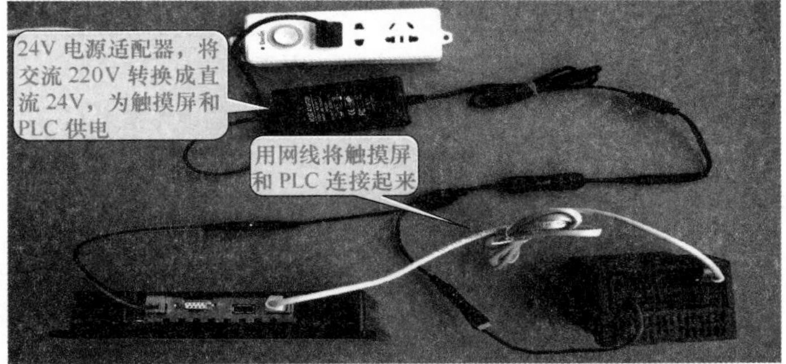

b) 用网线连接触摸屏和 PLC 并由电源适配器提供 24V 直流电压

图 14-25　触摸屏和 PLC 用网线通信的硬件连接

触摸屏和 PLC 用网线连接起来后，为了确保两者能进行以太网通信，在 WinCC 组态项目时，需要在连接表设置相关连接的通信接口为“以太网”，并将触摸屏和 PLC 的 IP 地址前三组值设为相同，第四组值不同，这个设置随 WinCC 项目一同下载到触摸屏后，触摸屏就能按此设置与 PLC 进行以太网通信。

14.4.2 触摸屏用串口线连接 PLC 的硬件连接与通信设置

图 14-26a 是触摸屏、PLC 和连接用的 9 针串口线。该线两端均为 9 针 D-Sub 母接头（也称 COM 口），通信时只用到了其中的 3 号和 8 号线，触摸屏和 PLC 用 9 针串口线连接如图 14-26b 所示，24V 电源适配器为触摸屏和 PLC 分别提供电源。

触摸屏和 PLC 用串口线连接起来后，为了确保两者能进行串行通信，在 WinCC 组态项目时，需要在连接表设置相关连接的通信接口为“IF1B”，再设置触摸屏的地址、波特率（通信速率）和 PLC 的地址，以及两者的网络通信协议（一般为 MPI）。这个设置随 WinCC 项目一同下载到触摸屏后，触摸屏就能按此设置与 PLC 进行串行通信。

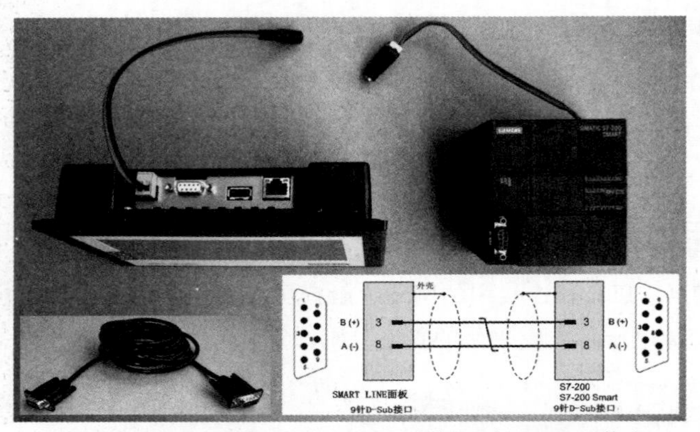

a) 触摸屏、PLC 和连接用的串口线（两端均为 9 针 D-Sub 母接头）

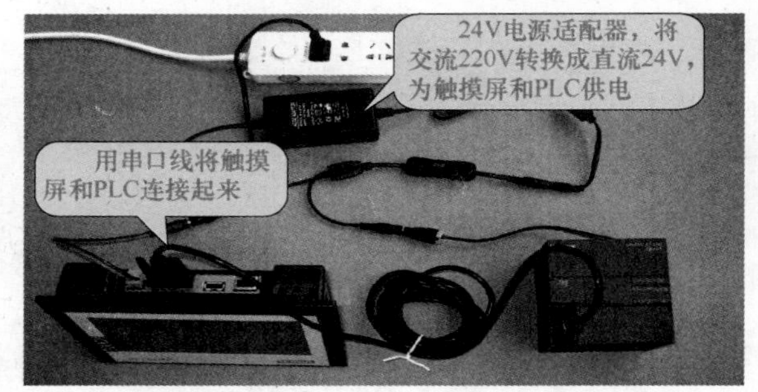

b) 用串口线连接触摸屏和 PLC 并由电源适配器提供 24V 直流电源

图 14-26 触摸屏和 PLC 用串口线通信的硬件连接

14.4.3 西门子触摸屏连接 PLC 的实际操作测试

用网线连接触摸屏和 PLC，接通电源后，触摸屏先显示启动界面，等待几秒（该时间可在触摸屏控制面板中设置）后，会进入组态的项目画面，然后对触摸屏画面的对象进行操作，同时查看画面上的指示灯、状态监视器和 PLC 输出端指示灯，测试操作是否达到了要求。触摸屏连接 PLC 进行操作测试的过程见表 14-2。

表 14-2　触摸屏连接 PLC 进行操作测试的过程

序号	操作说明	操作图
1	接通电源后，触摸屏启动，先显示启动界面，单击“Transfer”进入传送模式，单击“Star”进入项目画面，单击“Control Panel”打开控制面板，不作任何操作，几秒后自动进入项目画面	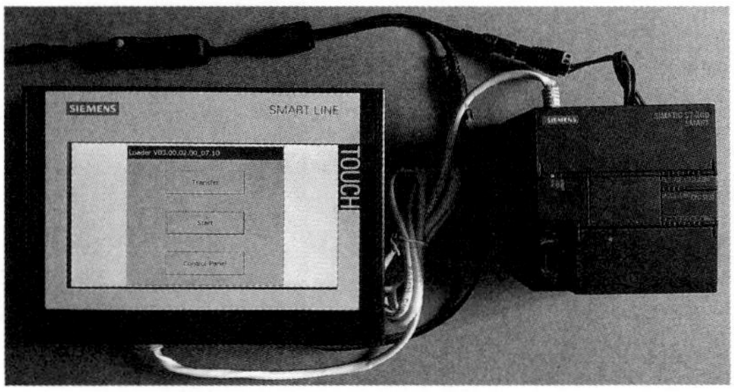
2	触摸屏进入项目画面后，监视器显示“00000000”，表示 PLC 的 8 个输出继电器 Q0.7～Q0.0 状态均为 0，若触摸屏与 PLC 未建立通信连接，监视器会显示“########”	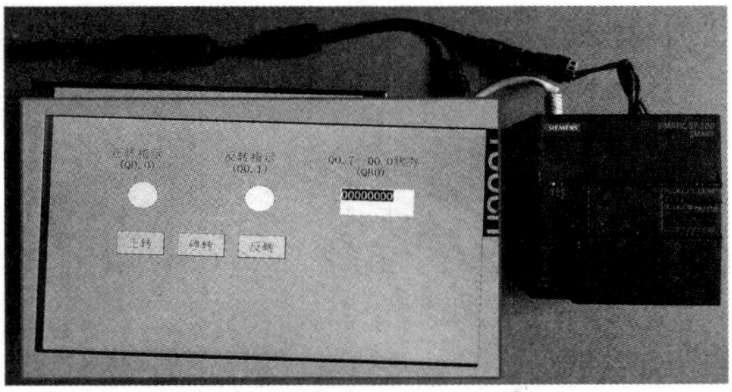
3	用手指单击“正转”按钮，上方的正转指示灯变亮，监视器显示值为“00000001”，说明 PLC 输出继电器 Q0.0 状态为 1，同时 PLC 的 Q0.0 输出端指示灯变亮，表示 Q0.0 端子内部硬触点闭合	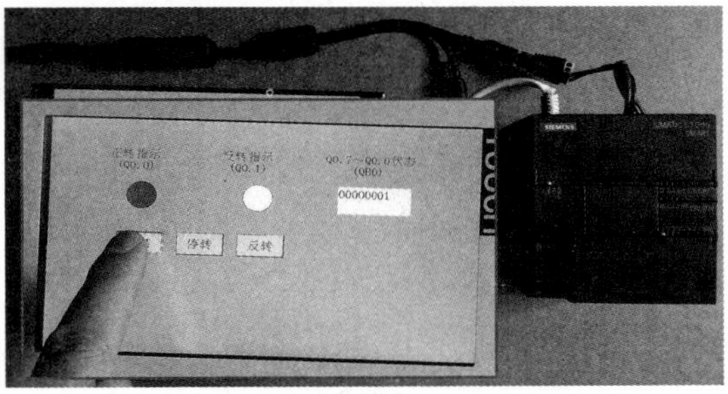
4	用手指单击“停转”按钮，上方的正转指示灯熄灭，监视器显示值为“00000000”，说明 PLC 输出继电器 Q0.0 状态变为 0，同时 PLC 的 Q0.0 输出端指示灯熄灭，表示 Q0.0 端子内部硬触点断开	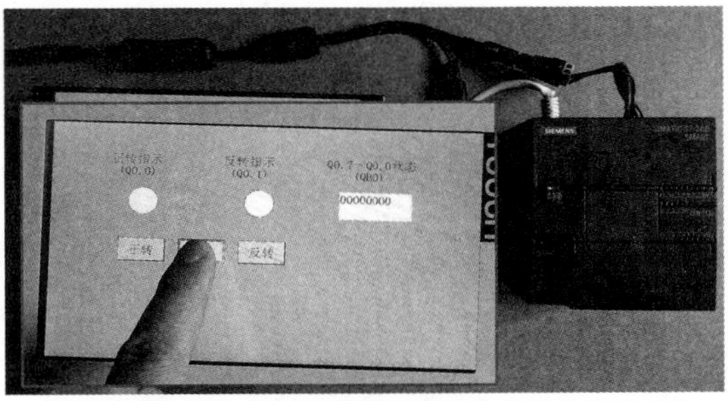
5	用手指单击“反转”按钮，上方的反转指示灯变亮，监视器显示值为“00000010”，说明 PLC 输出继电器 Q0.1 状态为 1，同时 PLC 的 Q0.1 输出端指示灯变亮，表示 Q0.1 端子内部硬触点闭合	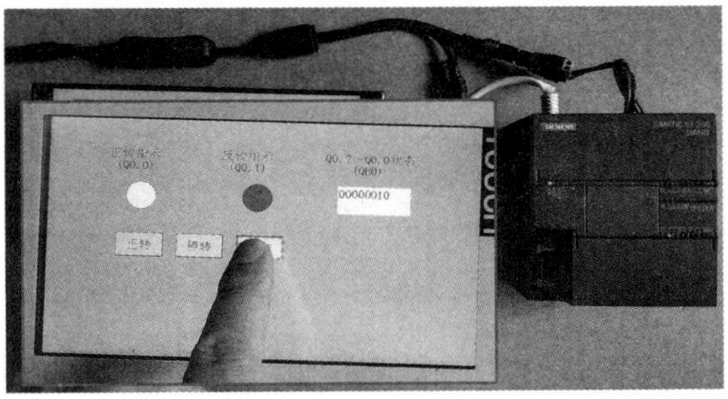

扫一扫看视频

（续）

序号	操作说明	操作图
6	用手指单击“停转”按钮，上方的反转指示灯熄灭，监视器显示值为“00000000”，说明PLC输出继电器Q0.1状态变为0，同时PLC的Q0.1输出端指示灯熄灭，表示Q0.1端子内部硬触点断开	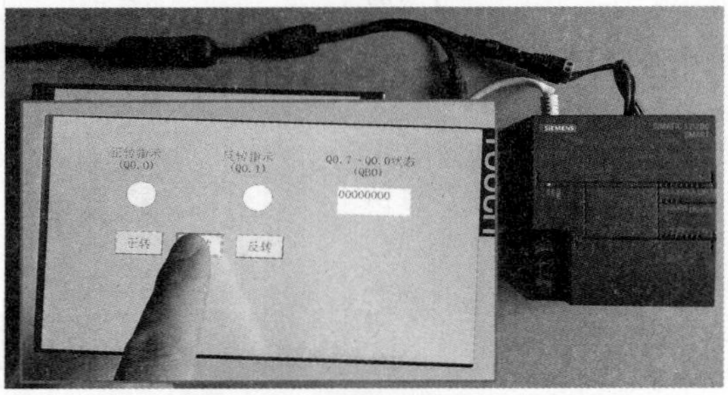
7	用手指在画面的监视器上单击，弹出屏幕键盘，输入“11110001”，再单击回车键，即将该值输入给监视器	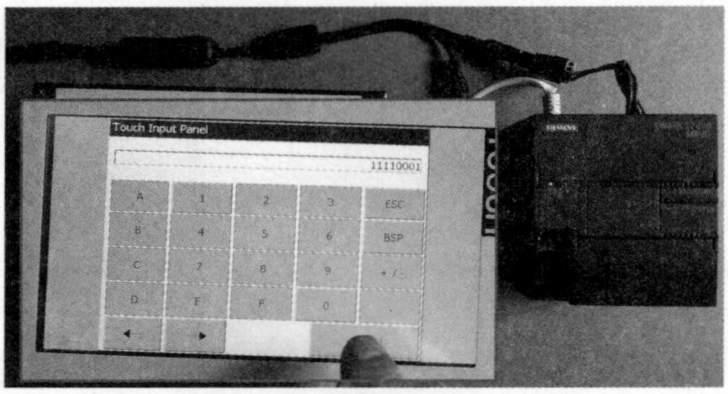
8	在监视器输入“11110001”，即将PLC的输出继电器Q0.7～Q0.4、Q0.0置1，PLC的这些端子的指示灯均变亮，由于Q0.0状态为1，故画面上的正转指示灯会变亮	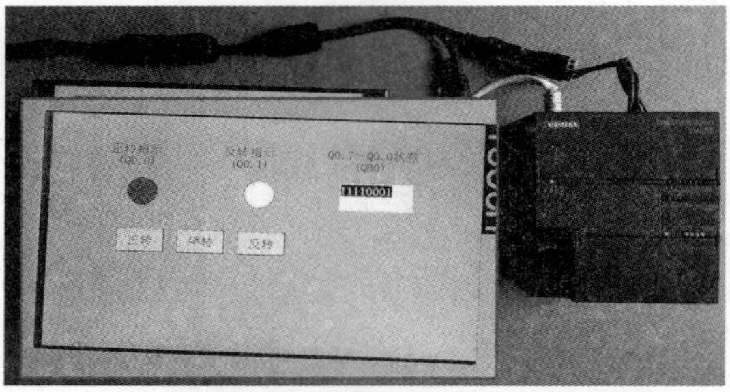
9	用手指单击“停转”按钮，正转指示灯熄灭，监视器的显示值变为“11110000”，PLC的Q0.0输出端指示灯熄灭，这说明停转按钮不能改变输出继电器Q0.7～Q0.4的状态	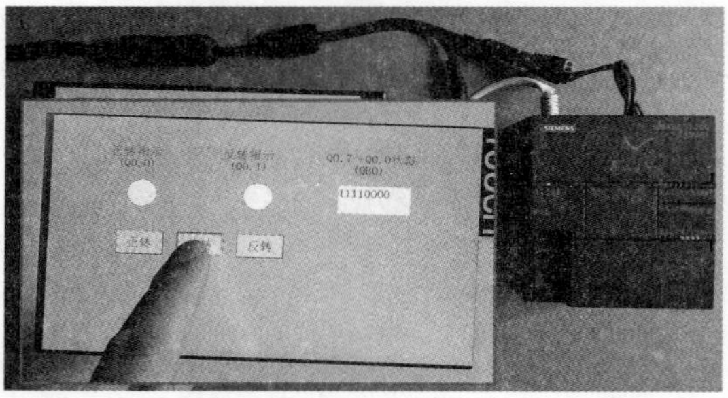